科学出版社"十三五"普通高等教育本科规划教材

微生物学实验

（第四版）

主　　编　蔡信之　黄君红

副主编　陈　龙　魏淑珍　刘汉文　康贻军　苏　龙

编　　委　（按姓氏汉语拼音排序）

蔡信之　陈　龙　陈旭健　黄君红　康贻军

刘汉文　卢冬梅　罗　青　苏　龙　魏淑珍

翟硕莉

科学出版社

北京

内 容 简 介

本书着重介绍微生物学实验的基本技术，适当增加了部分在生产、科研中常用的新技术。全书共 94 个常用实验，分为三部分：基础实验、综合实验和应用实验。基础实验突出微生物学实验的特点，系统介绍了微生物学实验的基本技术——无菌操作技术、显微技术、制片染色技术、纯培养技术、消毒灭菌技术、生长测定技术、生理生化实验技术、分子微生物学基础技术及免疫学技术等。综合实验介绍了常用的综合实验技术——抗生素效价及酶活力的测定、诱变育种、原生质体融合、细菌接合、应用微生物的分离与鉴定、噬菌体的分离纯化与效价测定及动物病毒的鸡胚培养等技术。应用实验结合生产和科研的实际，介绍了常用的应用实验技术——应用微生物的筛选、菌种保藏、食品及药品中微生物的检测、环境中微生物的检测、致癌剂的微生物法检测、固定化活细胞的制备及其发酵试验、高密度培养、发酵培养基配方试验、发酵条件的优选试验、台式自控发酵罐的发酵试验等。各单位可根据自己的教学要求和实际条件，选做相应的实验。书后附有相关染色液、试剂、溶液、消毒剂及培养基等的配制方法，还附有细菌鉴定及检索、常用菌种和病毒学名及饮用水、食品、药品等国家卫生标准等，方便使用。此外，授课教师通过书后教学课件索取方式可获赠教学课件一份。

本书不仅适合作为生物科学、生物技术和生物工程等专业本科生微生物学实验课程的教材，还可以作为相关专业研究生和科研、生产技术人员的参考书。

图书在版编目（CIP）数据

微生物学实验 / 蔡信之，黄君红主编. —4 版. —北京：科学出版社，2019.10
科学出版社"十三五"普通高等教育本科规划教材
ISBN 978-7-03-061196-3

Ⅰ. ①微… Ⅱ. ①蔡…②黄… Ⅲ. ①微生物学 – 实验 – 高等学校 – 教材 Ⅳ. ① Q93-33

中国版本图书馆 CIP 数据核字（2019）第090105号

责任编辑：席 慧 张静秋 马程迪 / 责任校对：严 娜
责任印制：吴兆东 / 封面设计：铭轩堂

科 学 出 版 社 出版
北京东黄城根北街16号
邮政编码：100717
http://www.sciencep.com

天津市新科印刷有限公司印刷

科学出版社发行 各地新华书店经销

*

1996 年 8 月第 一 版 上海科学技术出版社
2002 年 10 月第 二 版 高等教育出版社
2010 年 1 月第 三 版 开本：787×1092 1/16
2019 年 10 月第 四 版 印张：19
2025 年 1 月第十九次印刷 字数：490 000

定价：59.80 元
（如有印装质量问题，我社负责调换）

前　言

　　微生物学是生命科学的重要组成部分，处于生命科学研究的前沿，许多重要的生命活动规律都是在研究微生物时发现的。微生物学是研究生命科学基础理论的主要学科，其独特的实验技术广泛应用于生命科学的各个领域和农业、工业、医药、环保等许多部门。

　　微生物学实验教学是培养学生独立工作能力的重要环节。各高校都加强了微生物学实验教学，纷纷增加课时、开放实验室，许多高校已单设微生物学实验课程；实验条件有了较大改善；微生物学实验技术发展迅速。为了适应迅速发展的形势，编者将已使用10年的《微生物学实验》（第三版）进行修订，按微生物学教学大纲，根据多年的微生物学教学和科研经验，参考了许多兄弟院校有关教材和国内外相关资料，适当增加了部分新技术，补充了许多新内容。内容较全面，重点更突出。全书共94个常用实验，分三部分：基础实验、综合实验和应用实验。基础实验突出微生物学实验的特点，系统介绍微生物学实验的基本技术——无菌操作、显微技术、制片染色、纯培养、消毒灭菌、生长测定、生理生化实验、分子微生物学基础技术及免疫学技术等。综合实验介绍常用的综合实验技术——抗生素效价及酶活力测定、育种、应用微生物的分离与鉴定、动物病毒的鸡胚培养等。应用实验结合生产和科研的实际，介绍常用的应用实验技术——菌种保藏、环境和食品及药品中微生物检测、固定化活细胞制备及其发酵试验、高密度培养、发酵培养基配方试验、发酵条件的优选试验、台式自控发酵罐的发酵试验等。各单位可根据自己的教学要求和实际条件，选做相应的实验。此外，授课教师通过书后教学课件索取方式可获赠教学课件一份。

　　本书修订时努力进一步体现以下特点。

　　1. 突出基础性和系统性，注重微生物学实验基本操作技术的系统训练。不仅使学生准确掌握微生物学实验的基本技术，而且帮助学生加深理解微生物学的理论知识。

　　2. 注重综合性和应用性。第二部分和第三部分分别安排了适量有代表性的综合实验和应用实验。可以提高学生综合应用微生物学实验技术、解决实际问题的能力。

　　3. 实验内容的选用特别注意先进性和可操作性。适当增加了应用较广的新技术和新方法，不仅在重点部分做了详细介绍，还增添了很多图表，以便于理解和操作。

　　4. 注重科学性和严肃性。我们在编写过程中邀请了多位长期在高校从事微生物学教学和科研工作的教师参加本书的修订工作；印发了修订大纲和讨论稿，深入讨论，反复修改；讨论稿于2017年下半年在部分院校试用，大多数实验都已在编者实验室实际操作过；根据讨论和试用结果反复修改、多方查证、仔细审校后定稿。

　　本书修订得到许多单位的大力支持，很多高校的微生物学教师对修订大纲和讨论稿提出了宝贵的修改意见，在此一并表示诚挚的谢意。感谢科学出版社编辑们的热情支持和辛勤劳动。限于编者的水平，不当之处在所难免，恳请微生物学同行和广大读者指正。

编　者

2019 年 3 月

实　验　须　知

　　微生物学实验课的目的是训练学生牢固建立无菌的观念；准确掌握微生物学实验基本的操作技能；深入学习微生物学的基础知识；加深理解微生物学的基本理论。同时，通过实验培养学生观察、分析、解决问题的能力，实事求是、严肃认真的科学态度，独立思考、勇于创新的开拓精神及认真负责、团结协作、勤俭节约、爱护公物的优良作风。

　　为了上好微生物学实验课，并确保安全，必须注意下列事项。

　　1. 每次实验前必须充分预习实验教材，明确实验的目的、原理和方法，做到心中有数，思路清楚，统筹安排。

　　2. 实验室内应保持整洁，非实验必需品请勿带入实验室；进入实验室要穿干净的白色实验服，留长发的须挽在背后；尽量避免在实验室内走动，防止尘土飞扬；切勿高声谈话，以免唾沫四溅，保持实验室内安静。实验室内严禁吸烟，不准吃东西，不准用嘴湿润铅笔、标签等物品，切勿用手指或其他物体接触面部，以防感染。每次实验前要用湿布擦净台面，洗净双手，地面洒水，减少杂菌污染。

　　3. 要认真操作实验，仔细观察，及时做好记录。要牢记无菌概念，严格无菌操作，防止杂菌污染。实验操作中要关闭门窗，防止空气对流。接种时尽量不要讲话和走动。

　　4. 要严格遵守操作规程，注意安全。严禁用嘴吸取菌液和试剂。如果有意外事故发生，应及时报告指导教师，妥善处理，切勿隐瞒。

　　5. 进行高压蒸汽灭菌的人员必须认真负责，中途不准离开。电炉、电热板、酒精灯、煤气灯等用后立即关灭。实验中，切勿使乙醇、乙醚或丙酮等易燃物品接近火源。如遇火险应先关火源，再用湿布或沙土掩盖灭火，必要时用灭火器。

　　6. 爱护国家财产。使用显微镜等贵重仪器时应细心操作，倍加爱护，切勿擅自拆卸；对药品及消耗材料要节约使用，用毕放回原处，严禁药匙交叉使用。

　　7. 每次实验结束后，必须把所有仪器擦净、放妥，将实验室收拾整齐，打扫干净。如有菌液污染桌面或其他地方，应立即用5%石炭酸（苯酚）液覆盖30 min后擦去。

　　凡带菌器具如吸管、涂布棒、试管、锥形瓶等洗涤前应在3%来苏尔液中浸泡20 min消毒，含培养物的器皿应先煮沸10 min灭菌后再清洗，以免污染环境。

　　工作衣、帽如沾有可传染的材料，应立即脱下浸于5%石炭酸等消毒液中过夜或高压蒸汽消毒后再清洗。

　　用过的染色液、有机试剂等切勿直接倒入水池中，必须倒进指定容器内。未染菌的棉球、纸片等直接放入垃圾桶中，切不可扔进水池内，以免堵塞下水道。

　　8. 用于实验培养的材料要贴好标签，放在指定地点培养。实验室中的菌种和物品未经教师许可，不得带出实验室。

　　9. 每次实验后必须如实编写实验报告，内容力求简明、准确，及时交给教师批阅。

　　10. 离开实验室前，应洗净双手，关闭门、窗、水、灯、火、煤气等。

目　录

第二部分　微生物学综合实验

第三部分　微生物学应用实验

第一部分　微生物学基础实验

第一单元　无菌概念和无菌操作技术

实验 1-1　环境及人体表面微生物的检测

【目的要求】

1. 证实环境中普遍存在微生物；确立无菌概念，体会无菌操作技术的重要性。
2. 观察不同类群微生物的菌落特征。

【基本原理】

微生物多种多样，无处不在。它们很小，肉眼看不见。将它们接种到适当的固体培养基上，在适宜温度培养，少量分散的菌体或孢子就可以在培养基上形成肉眼可见的细胞群体——菌落（colony）。不同种的微生物可形成大小、形态、颜色等特征各异的菌落。因此，可以通过平板培养检查环境中微生物的类型和数量。

【实验器材】

牛肉膏蛋白胨琼脂平板培养基（附录二），马铃薯葡萄糖琼脂平板培养基；无菌水，无菌棉签，试管架，酒精灯，记号笔，培养箱等。

【操作步骤】

1. 标记　　在一套牛肉膏蛋白胨琼脂平板培养基的底部划出 8 个等分的小区，并分别标注姓名、日期及代表不同样品的字母（A～H）。在另外两套马铃薯葡萄糖琼脂平板培养基的底部分别标注空气 1、空气 2 及姓名、日期。

2. 检测　　环境及人体表面的微生物多种多样，检测方法各不相同。

（1）空气　　将标有空气 1 的平板培养基打开皿盖，放于实验台上，使培养基表面完全暴露在空气中；将标有空气 2 的平板培养基打开皿盖，放于已灭菌的超净工作台上或接种箱（室）内，1 h 后盖上各皿盖。

（2）人体表面及其他物体上的微生物

1）手指：在酒精灯火焰旁，半开皿盖，用未洗的手指在平板培养基的 A 区内轻轻按一下，迅速盖上皿盖。然后用肥皂洗净双手，自然干燥后仍用同一手指在平板培养基的 B 区轻轻按一下，迅速盖上皿盖。

2）头发：将 1 或 2 根头发轻轻放在平板培养基的 C 区，迅速盖上皿盖。

3）鼻腔：按无菌操作，从试管中取无菌湿棉签在自己鼻腔内滚动数次，立即在平板培养基的 D 区轻轻划线接种，迅速盖上皿盖。将用过的棉签放入另一试管。

4）桌面：按无菌操作，从试管中取无菌湿棉签擦抹实验台面约 2 cm^2，将棉签从皿盖开启处伸至培养基表面，在 E 区划线接种，立即盖上皿盖。放回棉签。

5）水体：按无菌操作，从试管中取无菌干棉签，分别蘸取少量无菌水、自来水，将棉签从皿盖开启处伸至培养基表面，分别在 F 区和 G 区轻轻划线接种。

6）地面：按无菌操作，从试管中取无菌湿棉签，擦抹实验室地面约 2 cm²，将棉签从皿盖开启处伸至培养基表面，在 H 区轻轻划线接种。

3．培养 将牛肉膏蛋白胨琼脂平板培养基倒置于 37℃培养箱中，将马铃薯葡萄糖琼脂平板培养基倒置于 28℃培养箱中，培养 3 d。

4．观察 若有时间，可从第 24 h 起连续观察数次，仔细观察各培养基上不同类型菌落出现的顺序及菌落大小、外形、颜色、数量等的变化。

【实验报告】

1．实验结果 将观察结果记录在表 1-1.1 中。

表 1-1.1 环境中微生物的检测结果记录表

样品	菌落数量	菌落类型	简要说明
A			
B			
C			
D			
E			
F			
G			
H			
空气1			
空气2			

注：菌落数量可用"+"和"-"符号表示，从多到少依次为++++，+++，++，+，-

2．思考题

1）比较不同来源的样品，哪种样品平板菌落数量和类型最多？为什么？

2）比较洗手前后及空气处理前后菌落的变化，体会严格无菌操作的意义。

【注意事项】

1．标记一定要记在皿底，记在皿盖容易张冠李戴。各样品不能记错。

2．接种要严格无菌操作，在酒精灯火焰旁进行，动作要迅速，不能划破培养基。

（蔡信之）

实验 1-2　无菌操作技术

【目的要求】

准确掌握实验室微生物挑菌、接种的无菌操作技术；认真体会无菌操作要领。

【基本原理】

微生物学实验中，无菌操作技术是指为防止杂菌污染纯培养物而采取的一系列措施后的挑菌、接种操作。接种前应向地面洒水，清理台面，移走不必要的物品，用湿布拭净灰尘，消毒台面，洗净双手。菌种管和待接种管都插在试管架上，放在取放方便的位置。接种应在酒精灯火焰旁严格按无菌操作规程（图1-2.1）进行。高温对微生物有致死效应。切忌边接种边聊天和随意走动，以防止杂菌污染。

【实验器材】

大肠埃希氏菌（*Escherichia coli*）；牛肉膏蛋白胨斜面培养基；酒精灯，接种环，试管架，记号笔等。

【操作步骤】

1. 标记　　用记号笔在斜面前方距管口2~3 cm处，分别标记3支装有牛肉膏蛋白胨斜面培养基的试管为A（接菌）、B（接无菌水）、C（非无菌操作接无菌水）。

2. 灭菌　　左手持装有大肠埃希氏菌菌种和待接种的斜面培养基试管，右手持接种环，按图1-2.1的1及图1-2.2所示的方法将接种环在火焰的氧化焰彻底灼烧灭菌（烧红并持续一段时间），再在火焰旁打开装有斜面菌种和待接种斜面培养基试管的棉塞（图1-2.1的2）（棉塞不能放在桌上，应夹在右手指间并朝外），在火焰上灼烧管口。

3. 挑菌　　在火焰旁将接种环插入菌种培养基上部空白处冷却5 s以上，挑取少许菌苔，将接种环退出菌种管。

4. 接种　　将已挑菌的接种环迅速伸入A管斜面底部（环不要碰试管口和壁），从底部开始向上做蛇形密集划线接种（图1-2.1的3）。划线完毕后灼烧管口，塞上棉塞。将接种环彻底灼烧后放回原处（图1-2.1的4和5）。

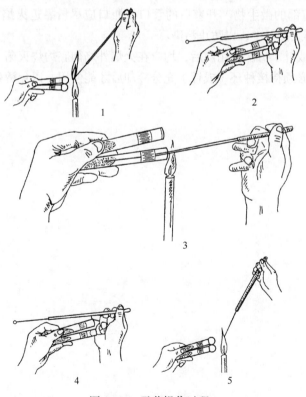

图1-2.1　无菌操作过程

1. 烧环；2. 拔塞；3. 接种；4. 加塞；5. 烧环

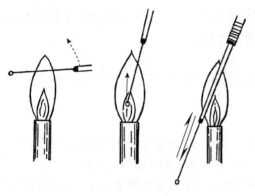

图 1-2.2　接种环（或针）灭菌

5. 接水　同样接种无菌水于 B 管。

6. 对照　以非无菌操作为对照：在无酒精灯或煤气灯的条件下，用未经灭菌的接种环从另一盛有无菌水的试管中挑取一环无菌水划线接种到 C 管中。

7. 培养　将 A、B、C 3 支牛肉膏蛋白胨斜面培养基于 37℃直立培养 24 h。

8. 观察　仔细观察 A、B、C 斜面培养基表面有无纯培养的菌苔生长。

【实验报告】

1. 实验结果　分别描述试管 A、B、C 斜面培养基表面菌苔生长情况。

2. 思考题

1）斜面试管 A、B、C 各起什么作用？你从中体会到什么？

2）你的实验结果正确吗？试解释之。

3）接种时开塞后试管口或锥形瓶口可否朝上？能否远离火焰？为什么？

【注意事项】

1. 无菌操作的试管或锥形瓶在开塞后及回塞前，其口部均应通过火焰 2 或 3 次，以烧去可能附着于口部的微生物。开塞后的管口及瓶口应尽量靠近火焰，平放，切忌口部向上及长时间暴露在空气中，以防止污染。

2. 接种环（或针）每次使用前后，均应在火焰外焰彻底灼烧灭菌。

3. 挑菌前，必须待接种环（或针）充分冷却后才能使用，以免烫死微生物。

（蔡信之）

第二单元　显微技术

实验 1-3　显微镜的使用及细菌形态的观察

熟悉显微镜并掌握其使用技术是研究微生物必不可少的重要手段。配合数码显微摄影技术的使用，对微生物的观察不仅快速、准确，而且便于编辑、储存。

显微镜可分为光学显微镜和非光学显微镜两大类。光学显微镜有普通光学显微镜、相差显微镜、暗视野显微镜、荧光显微镜、偏光显微镜、紫外光显微镜、微分干涉相差显微镜等不同类型。非光学显微镜主要是电子显微镜。

一、普通光学显微镜

【目的要求】

1. 熟悉普通光学显微镜各部分的结构和性能。
2. 掌握油镜的基本原理和使用方法。
3. 观察细菌的基本形态。

【基本原理】

1. 显微镜的结构　　光学显微镜分机械装置和光学系统两大部分（图 1-3.1）。

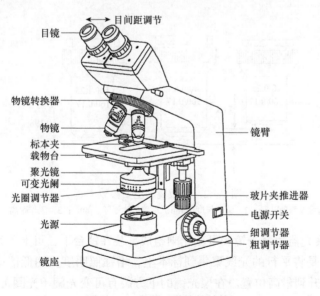

图 1-3.1　光学显微镜的结构

（1）机械装置

1）镜座和镜臂：镜座位于显微镜底部，马蹄形或方形，是显微镜的基座，由它支撑全镜。有的显微镜在镜座内装有照明光源等。

镜臂是显微镜的脊梁，支撑镜筒。直筒显微镜镜臂与镜座间有一倾斜关节，可使显微镜倾斜一定角度，便于观察。

2）镜筒：是一金属圆筒，上接目镜，下接转换器，镜筒长通常是 160 mm，有些显微镜镜筒长度是可调的。根据镜筒数量，光学显微镜分单筒式和双筒式。

3）物镜转换器：是一安装物镜的圆盘，其上可装 3 或 4 个物镜，可使每个物镜通过镜筒与目镜构成一个放大系统。转换物镜时必须用手按住圆盘旋转。

4）载物台：又称镜台，用于安放玻片标本。中心有一个通光孔。载物台上装有一副金属的玻片夹推进器。调节移动器上的螺旋可使标本前后、左右移动。有些移动器上还有刻度，可确定标本的位置，便于重复观察。

5）调焦装置：是调节物镜和标本间距离的机件，有粗调节器和细调节器，可使镜筒或镜台上下移动。当物体在物镜的焦点上时，可得到清晰的图像。

（2）光学系统

1）目镜：目镜装于镜筒上端，作用是把物镜放大的物像再次放大，但不提高分辨率。它由两片透镜组成，在两块透镜中间或下方有一视野光阑。在进行显微测量时要将目镜测微尺放在视野光阑上。不同的目镜上面一般标有 5×、10×、16× 等放大倍数，不同放大倍数的目镜，其口径是统一的，可以互换使用。

2）物镜：物镜是显微镜最重要的部件，由多块透镜组成。它决定成像质量和分辨能力。因靠近被观察的物体，又称为接物镜。作用是将物体进行第一次放大。

各物镜都刻有放大倍数（低倍镜为 10×；高倍镜为 40×～65×；油镜为 95×～100×）、数值孔径（numerical aperture，NA）、镜筒长度及所要求的盖玻片厚度等参数（图 1-3.2）。

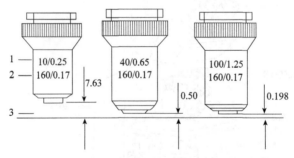

图 1-3.2　显微镜的主要参数
1. 放大倍数及数值孔径；2. 镜筒长度（mm）及盖玻片厚度（mm）；3. 工作距离（mm）

3）聚光器：聚光器由聚光镜和可变光阑组成，装在镜台下，可上下升降。边框上刻有数值孔径。作用是将平行的光线聚集到标本上，增强照明度。用低倍镜时聚光器应下降，用油镜时则要升到最高位置。在聚光镜的下方装有可变光阑（光圈），由十几张金属薄片组成，可放大或缩小，以调节光强度和数值孔径的大小。

4）反光镜：是一个有平凹两面的双面镜，装在聚光器下的镜座上，可在水平与垂直两个方向任意旋转。作用是采集光线并将其射向聚光器。光线较强或用低倍和高倍镜观察时用平面镜；光线较弱或用油镜观察时应用凹面镜。带电光源的显微镜通过调节电源电压调节光线强弱。

2．油镜的基本原理　　油镜常标有"OI"或"HI"字样，有的用一圈红线或白线标记。用不同放大倍数的目镜可使被检物体放大1000～2000倍。使用时油镜与其他物镜不同的是盖玻片和物镜之间隔的不是一层空气而是一层油质，称为油浸系。常用香柏油，因其折射率为1.515，与玻璃折射率（按成分不同折射率n为1.5～1.9，一般为1.52）相近，也可用液体石蜡（$n=1.52$）。油镜的作用如下。

（1）增强视野的照明度　　光线通过盖玻片后可直接经香柏油进入物镜而不发生折射。若盖玻片与物镜间的介质为空气则称为干燥系，光线通过盖玻片后发生折射，进入物镜的光线减少，降低了视野的照明度（图1-3.3）。

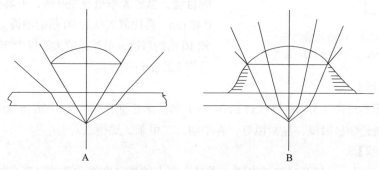

图1-3.3　干燥系（A）与油浸系（B）的光线通路

（2）提高显微镜的分辨率　　利用油镜不但能增加照明度，更重要的是可以提高显微镜的分辨率（resolution）。

显微镜的优劣主要取决于分辨率的大小。所谓分辨率就是显微镜工作时能分辨出物体两点间最小距离（D）的能力。如果显微镜只能放大，没有相应的高分辨率，则放大的物像也是模糊的。D值越小，表明分辨率越高，可用下列公式表示

$$D=\frac{\lambda}{2\mathrm{NA}}$$

式中，λ为光波波长；NA为数值孔径。

由上式可见，要提高分辨率必须缩短光的波长和增大物镜的数值孔径。由于光学显微镜所用的照明光源是可见光（波长为0.4～0.7 μm，平均为0.55 μm），故必须靠增大物镜的数值孔径来提高显微镜的分辨率。

显微镜的放大效能由其数值孔径决定。数值孔径是介质的折射率与镜口角1/2正弦的乘积，可用公式$\mathrm{NA}=n\cdot\sin\frac{\alpha}{2}$表示。式中，$n$为物镜与标本间介质的折射率；$\alpha$为镜口角（物镜光轴上的物点发出的光线投射到物镜前透镜边缘所形成的最大夹角，图1-3.4）。影响物镜数值孔径的因素，一是镜口角α，光投射到物镜的角度越大，显微镜的效能就越好，该角度取决于物镜的直径和焦距，是显微镜光学质量的关键。进入透镜的光线与光轴不可能成90°角，所以$\sin\frac{\alpha}{2}$的最大值小于1。实际上目前所用的油镜镜口角最大只能达到140°，即$\sin\frac{\alpha}{2}=\sin70°=0.94$。影响数值孔径的另一个因素是介质的折射率。不同介质

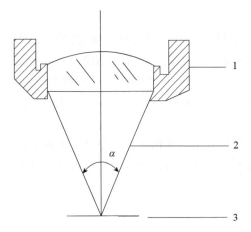

图 1-3.4　物镜的镜口角
1. 物镜；2. 镜口角；3. 标本

的折射率不同：空气为 1.0，水为 1.33，香柏油为 1.515。因此，以空气为介质的数值孔径为 0.94，以香柏油作介质就可使数值孔径增大到 1.2～1.4。用数值孔径为 1.25 的油镜能分辨直径在 0.2 μm 以上的物体。大多数细菌直径在 0.5 μm 左右，在油镜下能看清细菌的形态及某些结构。

显微镜的总放大率是物镜放大率和目镜放大率的乘积。物镜和目镜搭配不同，其分辨率也不同，如用 40 倍的物镜（NA＝0.65）和 24 倍的目镜，总放大率虽有 960 倍，但其分辨率只有 0.42 μm。若用放大率为 90 倍的油镜（NA＝1.25）和 10 倍的目镜，虽然总放大率仅为 900 倍，却能分辨 0.22 μm 的物体。

【实验器材】

金黄色葡萄球菌（*Staphylococcus aureus*）和枯草芽孢杆菌（*Bacillus subtilis*）染色玻片标本；普通光学显微镜，显微镜灯，香柏油，二甲苯，擦镜纸等。

【操作步骤】

1. 调节光源　　打开显微镜电源，通过底座上的光强度滑动开关调节光的强度。

调节光源时，先将光圈完全打开，上升聚光器至与载物台同高，否则使用油镜时光线较暗。然后转下低倍镜，观察光源强弱。对光时要使全视野内达到均匀的最明亮的程度。观察染色标本时光线应强；观察未染色标本时光线宜弱。可通过放大或缩小光圈、升降聚光器或旋转反光镜等调节光线。提高聚光器高度可增强视野的照明度，使用时一般都是将聚光器调到最高位置。

2. 调节聚光器数值孔径　　取下一个目镜，从镜筒边观察视野，边缩放光圈，使光圈的边缘与物镜视野恰好一样大。目的是使入射光展开的角度正好符合镜口角的角度，以充分发挥物镜的分辨率，并将超过物镜所能接受的多余光挡掉，否则会发生干扰，影响清晰度。各物镜的数值孔径不同，每次转换物镜都应这样调节。

实际操作中也可根据视野亮度和标本明暗对比度调节光圈大小，不考虑聚光器数值孔径与物镜一致。只要能达到较好的效果，可根据情况灵活运用。

3. 低倍镜观察　　低倍镜视野大，容易发现目标和确定检查位置，所以观察标本要先用低倍镜观察。

将金黄色葡萄球菌或枯草芽孢杆菌的染色玻片标本置于镜台上，用标本夹夹住，移动推进器使观察对象处于物镜正下方，然后从侧面注视，转动粗调节器降下低倍镜至距标本约 0.5 cm 处，由目镜观察，转动粗调节器使镜筒逐渐上升到看见物像，再转动细调节器使物像清晰。然后移动标本找到合适的目的物并将其移至视野中心，准备用高倍镜观察。

4. 高倍镜观察　　一般物镜都是同焦的。轻轻转动转换器，将高倍镜转至正下方，由目镜观察，仔细调节光圈，使光线的明亮度适宜。再用细调节器调节至物像清晰，找到适宜的观察部位并将其移至视野中心，准备用油镜观察。

5. 油镜观察

1）用粗调节器提高镜筒约 0.5 cm，轻轻转动转换器将高倍镜转离工作位置。

2）在玻片标本的镜检部位加一滴香柏油。

3）将油镜转至正下方，从侧面观察，转动粗调节器，徐徐下降镜筒，使油镜浸入香柏油中并接近玻片，切忌压及玻片，以防压碎玻片、损坏镜头。将聚光器升至最高并开足光圈。若所用聚光的数值孔径超过 1.0，还应在聚光器与载玻片之间滴加香柏油，确保达到最大效能。

用目镜观察，进一步调节光线使视野的亮度合适，转动粗调节器缓慢地提升油镜或下降载物台至物像出现，再用细调节器调节至物像清晰。如果油镜已离开油面仍未找到物像，则有两种可能：一是油镜下降还未到位；二是油镜上升过快。必须再从侧面观察，将油镜降下，重复上述操作。应特别注意不要在下降镜头时用力过猛，或边在目镜观察，边转动粗调节器下降镜头，以免损坏玻片及镜头。

6. 显微镜用毕后处理

1）观察完毕，上升镜筒。先用擦镜纸擦去镜头上的香柏油，再用擦镜纸蘸少许二甲苯擦去镜头上残留的香柏油，最后用干净的擦镜纸擦去残留的二甲苯。用液体石蜡作镜油时，只用擦镜纸即可擦净。擦镜头时要顺着镜头直径向一个方向擦，不能来回或沿圆周方向擦。最后用绸布擦净显微镜的金属部件。

2）清洁后将物镜转成"八"字，再向下旋到最低处。将聚光器降到最低位置。

3）先轻轻擦去大部分染色玻片标本上的香柏油，再加一滴二甲苯使残留的香柏油溶解，用毛边纸轻轻压在涂片上，及时吸掉二甲苯和香柏油，以免损坏涂片。

【实验报告】

1. 实验结果　　绘出观察到的细菌形态，并注明物镜放大倍数和总放大倍数。

2. 思考题

1）用油镜时为何要在盖片上加香柏油？加油时盖片上可否有水？为什么？

2）使用油镜时应注意哪些问题？

【注意事项】

1. 搬动显微镜时应右手握住镜臂。左手托住底座，使镜身保持直立，并靠近身体。切忌单手拎提、摆动，以防目镜脱落。

2. 各个镜面切忌用手或非擦镜纸涂抹，以免污染或损伤镜面。

3. 在更换标本或转换镜头时，必须将载物台略向下调低或将镜筒向上提升，以免损坏标本或镜头。转换物镜时应轻轻转动物镜转换器，切忌直接扳动镜头。

4. 用油镜应特别小心，切忌边在目镜观察边下降镜筒。

5. 用二甲苯擦镜头时量要少，且不宜久抹，以防粘合透镜的树脂溶解。显微镜金属油漆部件和塑料部件如有污垢应用软布蘸中性洗涤剂擦拭，勿用有机溶剂。

（黄君红）

二、相差显微镜

【目的要求】

学习相差显微镜的构造、原理和用法。

【基本原理】

相差显微镜的形状及成像原理和普通显微镜相似，不同的是相差显微镜有专用的相差聚光镜（内有环状光阑）和相差物镜（内装相板）及合轴调节望远镜，使用滤光片（图 1-3.5）。相差显微镜根据光波干涉原理，借助于环状光阑和相板的作用将相位差转变为可见的振幅差，不仅能观察活细胞的形态，还可看到细胞结构及细胞分裂过程。

相差聚光镜和普通聚光镜不同的是装有一个转盘，内有宽狭不同的环状光阑，边上刻有 0、10、20、40、100 等字样，0表示没有环状光阑，相当于普通聚光镜，其他数字表示环状光阑的不同宽狭，要和10×、20×、40×、100× 相应的相差物镜配合使用。环状光阑是一透明的亮环，光线通过环状光阑形成一个圆筒状光柱，通过聚光镜斜射在载玻片的标本上后产生两部分光：直射光和衍射光。

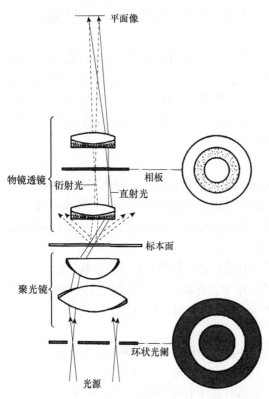

图 1-3.5　相差显微镜成像图

相差物镜是相差显微镜的主要装置，其上刻有 PC 或 PH 或一个红圈。相差物镜和普通物镜相似，不同的是相差物镜在物镜的后焦平面上装有一个相板，相板上有一层金属物质及一个暗环，不同放大倍数的相差物镜，其暗环的宽狭不同。环面（共轭面）上涂有吸光物质，直射光从这部分通过，其中约 80% 的直射光可被吸收，降低了透光度。衍射光分布在整个相板上，环面内外（补偿面）涂有减速物质，使衍射光的相位发生改变，两者结合可分别改变直射光和衍射光的振幅和相位。

在被检物体（菌体）的折射率大于介质折射率的情况下，光线经环状光阑照射到被检标本后产生的直射光透过共轭面时约 80% 被吸收，亮度变暗；产生的衍射光在透过被检标本后其相位已推迟 1/4 波长，再透过相板的补偿面时，相位又推迟 1/4 波长。这两束光线的相位不同（相差 1/2 波长），其合成波的振幅为两者之差，所以光线就更暗。而标本的介质只有直射光，形成明亮的背景和黑暗的标本，称为正相差或暗相差。透明标本内部各构造的折射率不同，因此正相差显微镜特别适用于活细胞的荚膜、细胞壁、细胞核等内部细微结构的观察。相反，如果相板的共轭面涂的是减速物质，推迟直射光相位 1/4，补偿面涂的是吸光物质，结果直射光与衍射光的相位相同（衍射光通过物体时相位推迟了 1/4 波长），其合成波的振幅为两者之和，结果物体明亮而背景黑暗，称为负相差或明相差。

合轴调节望远镜是一种特制的工作距离长的低倍（4 或 5 倍）望远镜，用以调节环状光阑与相板环的重合。

为了获得良好的相差，最好用单色光照明，一般用绿色光。因为相差物镜多属消色差物镜，只纠正黄、绿光的球差，而未纠正红、蓝光的球差，用绿色滤光片效果最好；绿色滤光片有吸热作用（吸收红色光和蓝色光），在活体观察时有利。

【实验器材】

酿酒酵母（*Saccharomyces cerevisiae*）水浸片，枯草芽孢杆菌水浸片；相差显微镜，载玻片，盖玻片等。

【操作步骤】

1）将显微镜聚光器和物镜换成相差聚光器和相差物镜，光路加绿色滤光片。

2）转动聚光器下环状光阑转盘至"0"，光圈开到最大，使视野光亮均匀。

3）将酿酒酵母水浸片置载物台上，夹好。通过普通目镜和低倍相差物镜（如 10×）调节焦距，看清标本。

4）将环状光阑转盘转至 10，使之与所用的 10× 物镜相符，开足光圈。

5）取下目镜，换上合轴调节望远镜，转动望远镜内筒使其升降，对焦使聚光镜中的亮环和物镜中的暗环清晰（图 1-3.5）。

6）转动聚光镜左右两侧的调中螺旋，移动亮环，使两环完全重合（图 1-3.5）。

7）取下望远镜换上目镜即可进行观察。每当更换标本或换用不同倍数的相差物镜时，都必须依上述方法重新合轴调节。

8）换上枯草芽孢杆菌的水浸片进行观察（必须先进行合轴调节）。

【实验报告】

1. 实验结果　　绘出用相差显微镜观察到的酿酒酵母和枯草芽孢杆菌的形态结构。

2. 思考题　　为什么说相差显微镜适合观察活细胞的细微结构？

【注意事项】

1. 光源不要太强，且不带热。

2. 载玻片厚 1 mm，盖玻片厚 0.16～0.17 mm。载玻片过厚则环状光阑的亮环变大，过薄则亮环变小；盖玻片过厚或过薄都会使成像变差、色差增加，影响观察。

3. 使用油浸系相差物镜时要使聚光器浸油。

4. 精确的合轴调节是取得良好观察效果的关键。

（黄君红）

三、暗视野显微镜

【目的要求】

掌握暗视野显微镜的构造、原理和使用方法。

【基本原理】

暗视野显微镜与明视野显微镜的区别是其光线照射方法不同。暗视野显微镜中用的是暗视野聚光器，其底部中央有一块遮光板，使进入反光镜的中央光柱不能直接射入物镜，仅允许光线从聚光器的边缘斜射到标本上，经物体反射或衍射的光线才能进入物镜成像。可在暗视野中见到明亮的物像。

　　暗视野显微镜主要用于观察活细菌及其运动性。在暗视野中即使所观察的微粒小于显微镜的分辨率，仍可通过它们散射的光观察到。对观察菌体细小的梅毒密螺旋体（*Treponema pallidum*）等微生物及细菌鞭毛的运动特别有用。有些活细胞外表比死细胞明亮，可用来区分死、活细胞。暗视野法的不足之处是难以区分物体的内部结构，因为在显微镜下看到的是物体的散射光，只能呈现物体的轮廓，并且比实物大。

　　暗视野聚光镜有两种主要类型：一种是折射型，只要在普通聚光镜放置滤光片的地方放一个中心有光挡的小铁环（图1-3.6）就成为一个暗视野聚光镜，甚至在一圆玻璃片中央贴一块圆黑纸也可获得暗视野效果；另一种是反射型，常用的有抛物面型和同心球面型等，前者顶部是平滑的，后者反射部分呈心形（图1-3.7）。

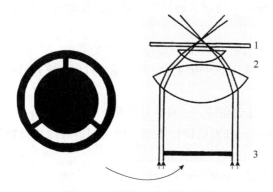

图1-3.6　折射型暗视野聚光镜
1. 载玻片；2. 透镜；3. 遮光板

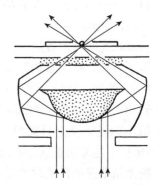

图1-3.7　反射型暗视野聚光镜光路

【实验器材】

酿酒酵母（*Saccharomyces cerevisiae*）；暗视野显微镜，载玻片，盖玻片，无菌水等。

【操作步骤】

1）选厚1.0～1.2 mm的干净载玻片，滴上酿酒酵母悬液，加盖玻片（勿产生气泡）。

2）将聚光镜光圈调至1.4。将光源的光圈孔调至最大。

3）在聚光器上滴一滴香柏油，将标本置于载物台上，升高聚光器接触载玻片。

4）用低倍镜观察，调节聚光器光圈大小，在视野中看到光环的轮廓，再调节聚光器高度使光环变为一亮的光点，光点越小越好，此时聚光器的焦点与标本一致，观察效果最好。如果光点不在视野中央则调节聚光器外侧的两个调中螺旋使光点位于视野中央，使聚光器与物镜的中心一致。逐步扩大光源光圈使光斑扩大，略大于视野。

5）换上所需目镜和高倍镜，缓慢上升物镜调焦至视野中心出现发光的菌体。

6）用油镜观察，在盖玻片上滴一滴香柏油，将油镜转至工作位置，调节反光镜及聚光器的焦点和中心使暗视野照明最佳，仔细调节粗、细调节器，使菌体清晰。

7）擦净聚光器，妥善清洁镜头及其他部件。

【实验报告】

1. 实验结果　　描述在暗视野中酿酒酵母的形态。

2. 思考题

1）观察活细胞个体形态时，用显微镜的明视野好还是暗视野好？为什么？

2）你观察到的酿酒酵母在暗视野中能否区分死、活细胞？

3）暗视野观察对载玻片、盖玻片有何要求？为什么？

【注意事项】

1. 暗视野观察时聚光镜与载玻片间的香柏油要充满，否则照明光线于聚光镜表面被反射，达不到被检物体，不能形成暗视野照明。且应用强光照明，否则物像不清晰。

2. 暗视野观察标本前，一定要进行聚光镜的中心调节和焦点调节，使焦点对准被检物体。这是暗视野观察的关键，否则被检物体不能形成亮点。

3. 暗视野聚光镜的数值孔径都较大（NA＝1.2～1.4），焦点较浅。过厚的被检物体无法调在聚光镜焦点处，载玻片厚应为 1.0 mm 左右，盖玻片厚应在 0.16 mm 以下。载玻片、盖玻片都要清洁，无油脂及划痕，否则会严重扰乱所形成的物像。

（黄君红）

四、荧光显微镜

【目的要求】

学习荧光显微镜的构造、原理和使用方法。

【基本原理】

荧光显微镜利用紫外光或蓝紫光（不可见光）使标本内荧光物质激发产生不同颜色的荧光（可见光），通过物镜和目镜放大，观察标本内某物体的形态及位置。

荧光显微镜和普通光学显微镜的基本结构是相同的，主要区别在于光源和滤光片不同，具体如下。

第一，荧光显微镜必须有一个紫外光发生装置，通常采用弧光灯或高压汞灯作为发生强烈紫外光的光源。

第二，荧光显微镜必须有吸热装置，因为弧光灯或高压汞灯在发生紫外光时放出很多热量，应使光线通过吸热水槽（通常装有 10% $CuSO_4$ 水溶液）使之散热。

第三，荧光显微镜必须有一个激发荧光滤光片放在聚光镜与光源之间，使波长不同的可见光被吸收，产生单色光源。激发荧光滤光片分为两种：一种只让 325～500 nm 波段的蓝光至紫外光（其国际代号为 BG）通过；另一种只让 275～400 nm 波段的光通过，其中透光度最大的波长为 365 nm，通过的主要是紫外光。

第四，要有一套保护眼睛的屏障滤光片（阻断反差滤光片）装在物镜上方或目镜下方。屏障滤光片透光波段为 410～650 nm，代号有 OG（橙黄色）、GG（淡绿黄色）或 41～65 等。透过激发荧光滤光片的紫外光经过集光器射到被检测物体上使之发生荧光，该荧光可用普通光学显微镜观察。

荧光显微镜镜检时，如用暗视野聚光镜使视野保持黑暗，则暗视野中的荧光物像更加明显，还可能发现明视野显微镜分辨不出的细微颗粒。

根据荧光光源位置的不同，荧光显微镜分为透射式和落射式两种（图 1-3.8 和图 1-3.9）。

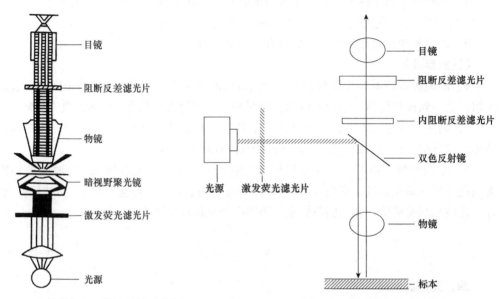

图 1-3.8　透射式荧光显微镜结构示意图　　　图 1-3.9　落射式荧光显微镜原理示意图

透射式荧光显微镜激发光来自被检物体下方，聚光器为暗场聚光器，使激发光不进入物镜，而荧光进入物镜。新型的荧光显微镜多数为落射式，在光路中有分光镜，光源来自被检物体上方，所以对透明和非透明的被检物体都适用。使用高倍物镜时，数值孔径增大，荧光较透射式照明强，明显优于透射式。荧光显微镜的光路图解见图 1-3.10。

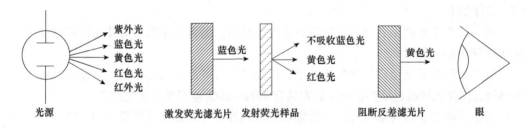

图 1-3.10　荧光显微镜的光路图解（示意：蓝色光激发，发出黄色光）

荧光显微镜灵敏度高，约为可见光显微镜的 100 倍，暗视野中低浓度的荧光染色即可检出样品，已广泛用于微生物检验及免疫学研究，还可用来在显微镜下区分死、活细胞及水质检测中的细菌计数等，特别适用于对抗酸细菌的观察。

荧光显微检验中常用的荧光染料有金胺（auramine）、中性红、品红、硫代黄色素（thioflavine）、樱草素（primuline）等。有些荧光染料对某些微生物有选择性，如金胺可检测抗酸细菌。有些荧光染料对微生物细胞的不同结构具有不同的亲和力，如硫酸黄连素可使细胞质染成深黄色，核被染成黄色；中性红可使细胞质染成黄绿色，液泡染成黄色，异染颗粒染成暗红色。水母的绿色荧光蛋白（green fluorescent protein，GFP）已在大肠埃希氏菌中表达成功，这类生物发光蛋白无须染色即可在荧光显微镜下观察到荧光。

【实验器材】

草分枝杆菌（*Mycobacterium phlei*）；石炭酸复红染色液，亚甲蓝，3%盐酸乙醇溶液；香柏油，二甲苯，擦镜纸，滤纸，荧光显微镜，酒精灯，接种针，载玻片等。

【操作步骤】

1）涂片、干燥、固定后，用石炭酸复红染色液加温染色5～8 min，不断补充染色液，冷却后水洗，用3%盐酸乙醇溶液脱至无色，水洗，然后用亚甲蓝染色30 s，水洗，干燥，加一滴香柏油，在荧光显微镜下镜检。

2）接通电源，打开显微镜高压电源开关，按下激发按钮（IGNITION）数秒，点燃汞灯，待灯室发光后释放按钮。预热5 min。

3）关闭紫外线光阑，将制备的玻片染色标本用玻片夹固定。

4）打开显微镜底座上方的普通照明电源开关，调节目镜间距，在明视场下选用合适放大倍数的物镜聚焦，观察标本。

5）关闭普通照明光源。通过显微镜上方的选择开关（G或B），获得合适的激发紫外光，G代表绿光（green）激发，B代表蓝光（blue）激发。

6）打开紫外光阑，标本被激发光照亮，从目镜观察荧光。

7）调节紫外光阑，控制激发紫外光的强度。

8）用毕后清洁镜头和载物台，待灯室冷却后套上显微镜防尘罩。

结果：抗酸性细菌呈红色，非抗酸性细菌呈蓝色。

【实验报告】

1. 实验结果　　描述在荧光视野中草分枝杆菌的形态。

2. 思考题

1）荧光显微镜有哪些应用？

2）使用荧光显微镜应注意哪些问题？

【注意事项】

1. 透射式荧光显微镜若使用暗视野聚光器，应特别注意光轴中心的调整。

2. 荧光镜检应在暗室观察。

3. 高压汞灯启动后需等15 min左右才能达到稳定，亮度达到最大，此时方可使用。高压汞灯不要频繁开启，否则会使汞灯寿命大大缩短。

4. 在观察与镜检合适物像时，宜先用普通明视野观察，当准确检查到物像时，再转换荧光镜检，这样可减轻荧光消褪现象。

5. 观察与摄影应尽量争取在短时间内完成。可采用感光度较高的底片摄影。

6. 研究者应根据被检标本荧光的色调，选择恰当的滤光片，参见表1-3.1。

表 1-3.1　奥林巴斯（Olympus）BH 系列 BH-RFL 落射式荧光装置滤光片组合表

激发光范围	光谱范围	滤光片组合		
		激发滤片	分色镜（二向色镜）	阻挡滤片
紫外	广 狭	UG-1 UG-1（2 片）	U（DM-400＋L-410）	L-420
紫	广 狭	BG-3＋UG-5 BG-3＋IF-405	V（DM-455＋Y-455）	Y-475
蓝	广 狭	BG-12（2 片） Op＋onIF490（2 片）	B（DM-500＋O-515）	O-530
绿	狭	IF-545＋Bb-36	G（DM-580＋O-590）	R-610

7. 紫外光易伤害人的眼睛，必须避免直视激发光。

8. 光源附近不可放置易燃品。

9. 使用油镜观察荧光时，应用无荧光的特殊镜油。

10. 镜检完毕，应在做好显微镜清洁工作后，方可离开工作室。

（黄君红）

五、偏光显微镜

【目的要求】

学习偏光显微镜的构造、原理和使用方法。

【基本原理】

偏光显微镜是鉴别物质细微结构光学性质的一种显微镜，将普通光改变为偏振光进行镜检，以鉴别某一物质是单折射体（各向同性）还是双折射体（各向异性）。偏光显微镜广泛应用于矿物学、化学和生物学等领域，如鉴别纤维、染色体、纺锤丝、淀粉粒、细胞壁及细胞质，以及判断组织中是否含有晶体等，此外植物病理中病菌入侵时常引起组织内化学性质的改变，也可以通过偏光显微技术进行鉴别。在生物体内，某些组织成分由于光学性质不同，可不经染色，利用偏光显微镜直接进行区别，主要是鉴别细微结构的光学性质，也可鉴别组织中的化学成分。

根据振动的特点，光波可分为自然光与偏振光（图 1-3.11）。自然光的振动特点是在垂直光波传导轴上具有许多振动面，各平面上的振幅分布相同；自然光经过反射、折射、双折射及吸收等作用，可得到只在一个方向上振动的光波，这种光波称为"偏光"或"偏振光"。

偏光显微镜和普通光学显微镜的基本结构是相同的（图 1-3.12），主要区别在于偏光

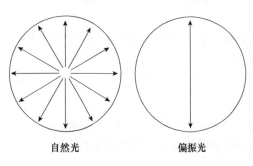

自然光　　　　偏振光

图 1-3.11　自然光和偏振光振动特点示意图

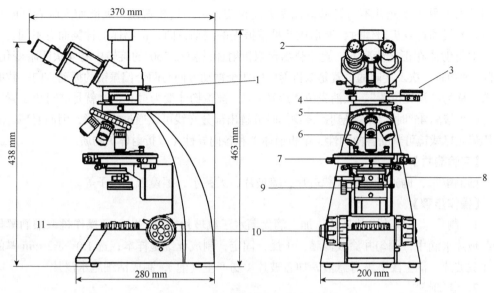

图 1-3.12　偏光显微镜结构示意图

1. 勃氏镜调焦杆；2. 目镜；3. 检偏镜；4. 勃氏镜；5. 物镜转盘；6. 物镜；7. 载物台；8. 镜架；
9. 起偏镜；10. 粗、微调旋钮；11. 视场光阑

装置——起偏镜和检偏镜，具体如下。

第一，偏光显微镜有两个偏振镜，下偏振镜装在光源与被检物体之间，叫作"起偏镜"；上偏振镜装在物镜与目镜之间，叫作"检偏镜"，有手柄可使其伸入镜筒或中间附件外方以便操作，其上有旋转角的刻度。从光源射出的光线通过两个偏振镜，如果起偏镜与检偏镜的振动方向互相平行则视场最明亮；若两者互相垂直则视场完全黑暗；如果两者倾斜，则视场呈现中等的亮度。可见，起偏镜所形成的直线偏振光，如其振动方向与检偏镜的振动方向平行则能完全通过；如偏斜则只可通过一部分；若垂直则完全不能通过。因此，使用偏光显微镜进行镜检原则上要使起偏镜与检偏镜处于正交检偏位。

第二，镜筒中段有可转动的勃氏镜。勃氏镜又称为勃创镜，是一小的凸透镜，位于目镜和上偏光镜之间，通常与高倍物镜在正交偏光镜间联合使用，主要起放大镜的作用。

第三，可旋转载物台，带薄片夹持器。载物台是一个边缘带 360°刻度的圆盘，可水平转动并读取转角。其中心有一圆孔，是光的通道，其上有一对薄片夹持器以固定薄片。

光线通过某一物质时，如果光的性质和进路不因照射方向而改变，这种物质在光学上就具有"各向同性"，又称为单折射体，如普通气体、液体及非结晶固体；若光线通过另一物质时，光的速度、折射率、吸收性和偏振、振幅等因照射方向而有所不同，这种物质在光学上则具有"各向异性"，又称为双折射体，如晶体、纤维等。偏光显微镜在正交检偏位的情况下，视场是黑暗的，如果被检物体在光学上表现为各向同性（单折射体），无论怎样旋转载物台，视场仍为黑暗，这是因为起偏镜所形成的直线偏振光的振动方向不发生变化，仍然与检偏镜的振动方向互相垂直。若被检物体具有双折射特性或含有具双折射特性的物质，则具双折射特性的地方视场变亮，这是因为从起偏镜射出的直线偏振光进入双折射体后，产生振动方向不同的两种直线偏振光，当这两种光通过检偏

镜时，由于另一束光并不与检偏镜偏振方向正交，可透过检偏镜，就能使人眼看到明亮的像。光线通过双折射体时，所形成两种偏振光的振动方向，依物体的种类而有不同。

双折射体在正交情况下，旋转载物台双折射体的像在 360° 的旋转中有 4 次明暗变化，每隔 90° 变暗一次。变暗的位置是双折射体的两个振动方向与两个偏振镜的振动方向一致的位置，称为"消光位置"。从消光位置旋转 45°，被检物体变为最亮，这就是"对角位置"，这是因为偏离 45° 时，偏振光到达该物体时分解出部分光线可以通过检偏镜，因而明亮，故利用偏光显微镜可判断各向同性（单折射体）和各向异性（双折射体）物质。

【实验器材】

酿酒酵母；偏光显微镜，载玻片，盖玻片，无菌水，擦镜纸，镊子等。

【操作步骤】

1. 制片　　取洁净载玻片，加一滴无菌水于载玻片中央，以无菌操作挑取酿酒酵母于载玻片水滴中，调匀并涂成薄膜，干燥，固定，制成死细胞样本；选 1.0～1.2 mm 厚的干净载玻片，滴上酿酒酵母悬液，加盖玻片（勿产生气泡），制成活细胞水浸片。

2. 装卸镜头

1）将选用的目镜插入镜筒，并使其十字线位于东西、南北方向。对于具有双目镜筒的偏光显微镜，还需调节两个目镜之间的距离，使眼睛间距与双筒视域一致。

2）显微镜类型不同，因此物镜的装卸有下列几种情况：弹簧夹型、转盘型、螺丝扣型。

3. 调节照明（对光）　　操作与普通光学显微镜相同。

4. 调节焦距（对焦）　　从侧面看镜筒，转动粗调旋钮，将镜头降至最低位置，若使用高倍镜头，需将镜头降至几乎与薄片接触为止，然后从目镜中观察，同时转动粗调旋钮缓缓提升镜头至视域内物像基本清楚，再转动微调旋钮，直至视域内物像清晰为止。

调焦时绝不能眼睛看着目镜内而下降镜筒，否则极易压坏薄片，特别是用中高倍物镜时。

5. 校正中心　　观察试样时应使显微镜光学系统的光轴与载物台中心重合，如果旋转载物台时，十字线中心的矿物标本偏离中心的位置，就会影响镜检，所以使用显微镜要首先校正中心。由于显微镜光学系统及载物台均已固定，因此中心校正只能旋转物镜镜头上面的两个旋转环。其具体步骤如下。

1）在试样薄片中选一点状物移至目镜十字线的中心。

2）旋转载物台，如该点仍在原处自转则说明显微镜中心已经校正；如该点离开十字线中心以某半径做圆周运动，则说明需校正中心。

3）如图 1-3.13 所示，转动载物台位于中心位置的 a 移至 b，并以 r 为半径做圆周运动，转动载物台一周 a 仍回中心位置，说明物镜中心偏差距离为 r。只需用左右两手的拇指与食指分别捏住物镜的两个环，将 a 由最大的位移距 ab 移至 ab 线的中点

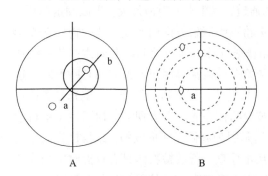

图 1-3.13　偏光显微镜中心校正示意图

A. 中心待校正；B. 中心已校正

即可。

4）再转动载物台，如 a 以视域中心为原点做圆周运动则说明中心已校正；如 ab 仍以某位置为圆心转动则仍需重复第三项工作，直至如图 1-3.13B 所示。

5）为熟练地进行中心校正，可依上述步骤多找几个矿物标本重复进行。

6. 目镜十字线的检查

1）使黑云母矿物的解理方向与十字线的竖线平行，读载物台度数。

2）转动载物台使解理与十字线的横线平行，再读出载物台的度数。

3）若两次度数差 90°，则说明十字线相互垂直，否则需进行调整。

7. 偏光镜的校正　　偏光显微镜的上、下偏光一定要正交，且是东西、南北方向，并与目镜十字线平行。其校正方法如下。

（1）确定下偏光的振动方向　　在薄片找一个黑云母置于视域中心，转动载物台使黑云母颜色变得最深为止。此时，黑云母解理方向即代表下偏光振动方向。如果黑云母解理缝与目镜十字线之一平行，则下偏光正确；如果不平行，则使之平行。然后旋转下偏光镜至黑云母颜色最深。

（2）检查上下偏光是否正交　　载物台不放薄片，推入上偏光镜，如果视域全黑，说明上下偏光正交。若不全黑，说明上下偏光不正交，需要调整下偏光镜。

（3）检查目镜十字线与上下偏光镜振动方向一致　　转动载物台使黑云母解理缝和十字线之一平行，推入上偏光镜，如果视域黑暗，说明十字线和上下偏光镜振动方向一致；如果不全黑，转动载物台使黑云母变暗。推出上偏光镜，转动目镜使十字线之一和黑云母解理缝平行即可。

8. 酿酒酵母细胞的观察　　取下黑云母标本，换上酿酒酵母的涂片和水浸片，分别进行酿酒酵母的死、活细胞观察。

【实验报告】

1. 实验结果　　描述酿酒酵母死、活细胞在偏光显微镜正交情况下的现象。

2. 思考题

1）偏光显微镜的用途有哪些？

2）指出偏光显微镜的主要光学部件。

3）如何校正偏光显微镜？

4）为什么酿酒酵母活细胞在偏光显微镜下是一片暗场？

【注意事项】

1. 制片前应活化所用菌株，并使用新鲜的培养物作材料，如培养 6～7 h 的菌液或培养 12 h 左右的菌苔，保证细胞形态均一。

2. 精确的合轴调节是取得良好观察效果的关键。

3. 调焦时注意不要使物镜碰到试样，以免划伤物镜。

4. 当载物台垫片圆孔中心的位置靠近物镜中心位置时不要切换物镜，以免划伤物镜。

5. 亮度调整切忌忽大忽小，也不要过亮，以免影响灯泡使用寿命和损伤视力。

（卢冬梅）

六、紫外光显微镜

【目的要求】

了解紫外光显微镜的构造、原理和特点。

【基本原理】

用紫外光作照明光源以提高显微镜的分辨力，这种显微镜称为紫外光显微镜。在生物体中，由于各种结构对紫外光吸收能力不同，可不经染色，利用紫外光显微镜来进行区别。紫外光的平均波长为 250 nm，相当于可见光平均波长的 1/2，因此分辨力可增大 1 倍，能看到用染色方法所看不到的结构，尤其对核酸的研究更为重要。

紫外光显微镜和普通光学显微镜的基本结构是相同的，主要区别在于载玻片、盖玻片和透镜不同，具体如下。

第一，在紫外光显微镜中，载玻片、盖玻片和透镜必须使用石英（可透过波长低达 200 nm 的紫外光）、萤石（可透过波长低达 185 nm 的紫外光）等价格昂贵的材料。由于大多数普通玻璃大量地吸收 340 nm 以下波长的光，因此紫外光显微镜通过石英等材料才能透过紫外光形成像。现在用这些材料已经制造出具有短焦距和高数值孔径的紫外光物镜。

第二，紫外光显微镜必须使用高压气体放电灯。高压气体放电灯在紫外光区域能够发射足够数量的辐射能，而一般白炽灯在紫外光区域内的辐射产量几乎等于零。

第三，紫外光显微镜中所使用的标本必须在石英载玻片和石英盖玻片之间，而且石英载玻片比一般玻璃载玻片小且薄，尺寸为 25 mm×37.5 mm×0.5 mm，石英盖玻片也比一般玻璃盖玻片薄得多，厚度大约为 0.025 mm。同时，使用这种盖玻片必须校正紫外光物镜。

第四，紫外光显微镜中用的封藏介质和浸润液必须能透过紫外光，一般用无水甘油。

第五，紫外光波长短，人眼不可见，且对人眼睛有损伤，不能用眼睛直接观察，被检物的物像需用荧光屏显示或感光胶片记录后方可进行观察研究。

紫外光显微镜通过使用具有短波长的紫外光，确实在某种程度上提高了显微镜的分辨力。1904 年，柯勒制造出用于紫外光的石英物镜，这种物镜可以透过弧光灯中分离的波长 275 nm 的紫外光，并且对球面差有一定的校正。然后使用波长为 265 nm 的紫外光显微镜观察未染色的人骨髓细胞涂片时，由于细胞核中的核酸显示强烈的吸收，细胞核显示出清晰的核质结构和较高的分辨力。

然而，紫外光显微镜在分辨力上的提高并不能达到令人满意的程度：首先由于波长对场深的直接影响，分辨力的增加必须要求很薄的物体标本；其次是存在色差问题。

（卢冬梅）

七、数码显微摄影技术

【目的要求】

学习数码显微摄影的操作方法；熟悉科技文献中对显微摄影图片的规范与要求。

【基本原理】

数码显微摄影技术是把显微镜下观察到的图像拍摄下来制成照片，或将图像信息传输、记录于其他仪器设备，供进一步研究和分析。其基本装置是数码相机、显微镜、计算机系统／电视机／输出打印机和图像分析软件包等（图 1-3.14）。

图 1-3.14　数码显微摄影技术的基本装置

数码显微摄影技术不仅具有快速、准确的特点，还能记录到其他描述方法无法记录到的特殊现象，而且还可将所观察到的现象与实验结果利用计算机显微图像分析测量系统做更深层次的分析和研究，便于编辑、储存，在生物科学领域应用越来越广。

传统显微摄影技术采用胶片上银盐的光化学反应记录镜头的影像，数码显微摄影技术是用光电耦合元件等影像传感器接收影像信号，将镜头影像的光线亮度信号转化为计算机可识别的、可用数字描述的电子信号，最后通过计算机或其他专用设备将这些数字信息还原成光信号，使影像再现。光电耦合元件由数百万只微型光电二极管构成，通常排列成小面积的长方形。每只光电二极管即为一个像素，构成影像的最小单位，可以记录下投射到表面的光线强度。

数码显微摄影系统中的显微镜和普通显微镜的基本结构是相同的，主要区别（图 1-3.15）如下。

第一，在显微摄影中，需要选择适当的滤光片。一般生物学标本是有颜色的，通过显微镜摄影往往反差较小，影响显微摄影质量。因此，在光路中利用不同的滤光片，使某种颜色的光线加强或减弱，增

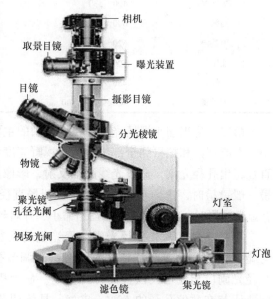

图 1-3.15　数码显微摄影系统中的光学系统结构图

加拍摄影像的反差,达到清晰、准确和层次丰富的目的。在显微摄影中,正确选用滤光片十分重要,可参照表 1-3.2 选用滤光片,即不同颜色的被拍摄物体选择滤光片的颜色应是标本的互补色。由于滤光片对各种色光有选择吸收的特性,凡是与滤光片相同的色光则能通过,而与之互补的色光则被吸收。可在显微镜中观察被拍摄物体的影像,调换不同颜色的滤光片,直至被拍摄物体的反差最合适或结构最清晰为止。

表 1-3.2　根据标本颜色选择滤光片

标本颜色	滤光片颜色	标本颜色	滤光片颜色
蓝	红	棕	蓝
蓝绿	红	橙	蓝
绿	红	紫	绿
红	绿	蓝紫	黄
黄	蓝	绿黄	紫

显微摄影中,各种不同生物染料染成的标本,为了避免出现太大的反差,使标本的微细结构显示不出来,可参照表 1-3.3 选用合适的滤光片组合,得到特定波长的单色光。

表 1-3.3　不同生物染料所采用的滤光片

染料	吸收光带 /nm	推荐的滤光片	所用的光带 /nm
酸性品红	530~560	绿与深黄	510~600
苯胺蓝	550~620	绿与橙	560~600
碱性品红	520~550	绿与深黄	510~600
洋红	500~700	绿与深黄	510~600
结晶紫	550~610	绿与深黄	510~600
曙红 Y	490~530	绿、蓝	510~540
亮绿	600~660	纯红	610~680
甲基绿	620~650	纯红	610~680
亚甲蓝	600~620、650~680	橙、红	590~700
番红	480~540	绿、蓝	510~540
苏丹Ⅲ	蓝绿最高点 500	绿、蓝	510~540

第二,适当缩小视场光阑。视场光阑的主要作用是调节视场照明范围。视场光阑过小,不能观察和拍摄到全部物像,且视野亮度不足,影像不清晰;视场光阑过大,光束直径超出孔径光阑,造成光线的乱反射,影像反差减弱,降低影像的清晰度。普通显微镜一般镜检时,视场光阑应调整到比视场直径稍大,以刚好看不到视场光阑的像为宜。在显微摄影时,视场光阑应再适当缩小,开启到比取景框稍大的位置。

第三,注意调节孔径光阑。聚光镜的孔径光阑有控制拍摄标本景深范围的作用,与显微照片的反差和清晰度直接有关。调节孔径光阑的原则是物镜的放大倍数增大,孔径光阑应相应增大以提高视野亮度。显微摄影要得到高质量照片,聚光镜的孔径光阑要调节在数值孔径的 60%~80%,具体调节多少要根据图像的反差而定。一般是一边调焦观察目镜中的物像，一边调节孔径光阑，直至影像的反差、焦深和清晰度处于最佳状态。

第四，仔细调焦。显微摄影观察的是肉眼无法观察的标本，拍照时调焦要非常仔细，稍不留意就可能聚焦不清晰。实验中应手眼配合，耐心调节。一般原则是先用低倍镜，再用高倍镜；先粗调，后细调；镜台从上往下调节。拍摄时要以摄像目镜聚焦清晰为准。

【实验器材】

酿酒酵母悬液；具数码显微摄影系统的光学显微镜，载玻片，盖玻片，酒精灯等。

【操作步骤】

1. 制备酿酒酵母水浸片　　取一块干净的载玻片，在载玻片中央加一小滴无菌水，用无菌接种环挑取酵母菌少许于无菌水中混匀，将盖玻片斜置慢慢盖在液滴上，勿产气泡。

2. 数码显微摄影系统的检查与调节　　首先进行显微镜的合轴调整，使聚光器、物镜、目镜和光源的中心处在同一直线上，同时使光轴和光束处于同一轴线上。然后调节目镜间距和校正屈光度。用观察目镜观察，先调好两目镜间距，使两个视场的像合二为一；再调节好屈光度以适应观察者的视力，方法是用一只眼（左眼或右眼）通过调节摄像目镜上的屈光调节环使目镜视野中心的"十"字由单线变成清晰的双线。

3. 放置样本　　将待测样本置于载物台上，打开显微镜光源开关。

4. 调准焦点　　用低倍镜调准焦点，目的是确定载物台的位置。

5. 收缩光阑　　将聚光镜的孔径光阑与视场光阑收缩到最小位置，此时视野中出现多边形影像。

6. "下调焦"　　调节聚光镜的升降旋钮上下移动聚光镜，使视场光阑的影像清晰地呈现在标本平面上。

7. 光学合轴　　调节聚光镜上的定心旋钮，将视场光阑的影像调整到视野中心位置。

8. 调节光阑　　调整视场光阑使视场光阑的像比摄影标记范围略大即可；调节孔径光阑在数值孔径的 70% 左右。

9. 调焦观察　　边仔细调焦观察目镜中的物像，边调节孔径光阑，直至影像的反差、焦距和清晰度最佳。

10. 拍照　　拍摄时要从摄像目镜观察，仔细调节焦距，使摄像目镜聚焦清晰，注意要加标尺。

【实验报告】

1. 实验结果　　拍摄酿酒酵母的菌体形态，并将拍摄的照片打印出来。

2. 思考题

1）数码显微摄影系统的基本组成元件及其作用是什么？

2）数码显微摄影系统使用时应注意哪些问题？

【注意事项】

1. 每次更换装片时都要调整焦距、光阑、合轴、光线和屈光度等。

2. 摄像时要以从摄像目镜观察到的图像为准。

（卢冬梅）

八、电子显微镜样品的制备

【目的要求】

了解电子显微镜的工作原理；掌握制备微生物及核酸电镜样品的基本方法。

【基本原理】

显微镜分辨率与所用光的波长密切相关，电子显微镜与光学显微镜的主要区别在于电子显微镜的顶端装有由钨丝制成的电子枪，高压电流通过钨丝，发生高热，放出电子流，用波长比可见光短得多的电子束作光源，使其分辨率较光学显微镜大大提高。电压越高，电子流速度越快，其分辨能力越强。这也决定了电子显微镜与光学显微镜的一系列差别（表 1-3.4）。电子像需用荧光屏显示或感光胶片记录。

表 1-3.4   电子显微镜与光学显微镜的主要区别

类别	分辨率 /nm	光源	透镜	真空
光学显微镜	200	可见光（波长 300～700 nm）	玻璃透镜	不要求真空
	100	紫外光（波长约 200 nm）	石英透镜	
电子显微镜	接近 0.1	电子束（波长 0.01～0.9 nm）	电磁透镜	1.33×10^{-5}～1.33×10^{-3} Pa

根据电子束作用于样品方式的不同及成像原理的差异，现代电子显微镜已有许多种类型，目前最常用的是透射电子显微镜（transmission electron microscope，TEM）（简称透射电镜）（图 1-3.16）和扫描电子显微镜（scanning electron microscope，SEM）（简称扫描电镜）。前者加速电压为 50～100 kV，分辨率在 0.1～0.2 nm，总放大倍数为 1000～1 000 000 倍；后者分辨率小于 6 nm，总放大倍数可在 20～300 000 倍连续调节。

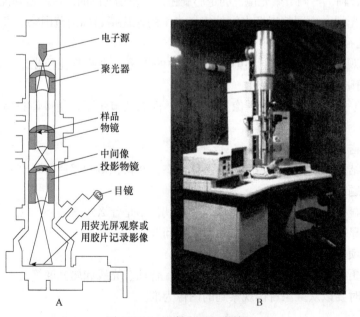

图 1-3.16   透射电子显微镜

A. 透射电子显微镜结构示意图；B. 透射电子显微镜实物照片

【实验器材】

大肠埃希氏菌（*E. coli*）斜面菌种，质粒 pBR322；乙酸戊酯，浓 H_2SO_4，无水乙醇，无菌水，2% 磷钨酸钠（pH 6.5~8.0）水溶液，0.3% 聚乙烯甲醛［溶于三氯甲烷（氯仿）］溶液，细胞色素 c，乙酸铵；普通光学显微镜，铜网（图 1-3.17），瓷漏斗，烧杯，平皿，无菌滴管，无菌镊子，大头针，载玻片，血细胞计数器，真空镀膜机，临界点干燥仪等。

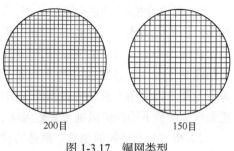

200目　　　　　150目

图 1-3.17　铜网类型

【操作步骤】

（一）透射电镜的样品制备及观察

1. 金属网的处理　　在透射电镜中，因电子流穿透能力很弱，不能穿透玻璃，只能采用网状材料作样品的载物，称为载网。载网因材料及形状不同可分为不同的规格，其中最常用的是 200~400 目（孔数）的铜网。铜网在使用前要处理，除去其上的污物，否则会影响支持膜的质量及标本照片的清晰度。本实验选用 400 目的铜网，可做如下处理：先用乙酸戊酯浸漂几小时，再用蒸馏水冲洗数次，最后将铜网浸漂在无水乙醇中脱水。如果铜网经过以上处理仍不干净，可用稀释的浓 H_2SO_4（1∶1）浸 1~2 min，或在 1% NaOH 溶液中煮沸数分钟，再用蒸馏水冲洗数次，放入无水乙醇中脱水备用。

2. 支持膜的制备　　载网上还应覆盖一层无结构、均匀的薄膜，否则细小的样品会从载网的孔中漏出去，该薄膜称为支持膜或载膜。支持膜应对电子透明，厚度为 15 nm 左右；在电子束的冲击下，该膜还应有一定的机械强度，能保持结构稳定，并有良好的导热性。支持膜在电镜下应无可见的结构，不与承载的样品发生化学反应，不干扰对样品的观察。支持膜可用塑料膜［如火棉胶膜，聚乙烯甲醛（formvar）膜等］，也可用碳膜或金属膜（如铍膜等）。

（1）火棉胶膜的制备　　在一干净容器（烧杯、平皿或下带止水夹的瓷漏斗）中放一定量的无菌水，用无菌滴管滴一滴 2% 火棉胶乙酸戊酯溶液于水面中央，勿振动，待乙酸戊酯蒸发，火棉胶则由于水的张力在水面形成一层薄膜。用镊子将它除掉，再重复一次此操作，以清除水面杂质。再适量滴一滴火棉胶液于水面，其液滴量与形成膜厚度有关，待膜形成后检查膜是否有皱褶，如有则除去，一直到膜制好。

所用溶液中不能有水分及杂质，否则形成的膜质量较差。待膜成型后，可从侧面对光检查所形成的膜是否平整、有无杂质。

（2）聚乙烯甲醛膜的制备

1）将洗干净的玻璃片插入 0.3% 聚乙烯甲醛溶液中静置片刻（时间视所要求的膜的厚度而定），然后取出稍稍晾干便会在玻璃片上形成一层薄膜。

2）用锋利的刀片或大头针尖将膜刻一矩形。

3）将玻璃片轻轻斜插进平皿内的无菌水中，借水的张力使膜与玻璃片分离并漂在水上。

玻璃片要干净，否则膜难以脱落；漂浮膜时动作要轻，手不能抖动，否则膜将发皱；操作时应注意防风避尘，环境要干燥，溶剂必须高纯度，否则都将影响膜的质量。

3. 转移支持膜到载网上　　可有多种方法，常用的有如下两种。

1）将洗净的铜网放入瓷漏斗中，漏斗下套上乳胶管，用止水夹控制水流，缓缓向漏斗内加入无菌水，其量约高 1 cm；用无菌镊子尖轻轻排除铜网上的气泡，并将其均匀地摆在漏斗中心；按"2.支持膜的制备"所述方法在水面上制备支持膜，再松开止水夹使膜缓缓下沉，紧紧贴在铜网上；将一清洁滤纸覆盖在漏斗上防尘，自然干燥或红外灯烤干。膜干燥后用大头针尖在铜网周围划一下，用无菌镊子小心将铜网膜移到载玻片上，置光学显微镜下用低倍镜挑选完整无缺、厚薄均匀的铜网膜备用。

2）按"2.支持膜的制备"所述方法在平皿或烧杯里制备支持膜，成膜后将几片铜网放在膜上，再在上面放一张滤纸，浸透后用镊子将滤纸反转提出水面。将有膜及铜网的一面朝上放在干净平皿中，置于40℃烘箱中干燥。

4. 制片　　透射电镜样品的制备方法很多，如超薄切片法、复型法、冰冻蚀刻法、滴液法等。其中滴液法或在滴液法基础上发展出来的类似方法（如直接贴印法、喷雾法等）主要用于观察病毒粒子、细菌的形态及生物大分子等。生物样品主要由碳、氢、氧、氮等元素组成，散射电子的能力很低，在电镜下反差小，所以在制备电镜的生物样品时通常还要用重金属盐染色或金属喷镀等方法增加样品反差，提高观察效果，如负染色法是用电子密度高、本身不显示结构且与样品几乎不反应的物质（如磷钨酸钠或磷钨酸钾）对样品"染色"。由于这些重金属盐不被样品成分所吸附而是沉淀到样品周围，如果样品具有表面结构，这些物质还能进入表面上凹陷的部分，因而在样品四周有染液沉淀的地方，散射电子能力强，表现为暗区，在有样品的地方，散射电子能力弱，表现为亮区，便能把样品的外形与表面结构清晰地衬托出来。负染色法操作简单，目前在透射电镜生物样品制片时较常用。本实验主要介绍采用滴液法结合负染色法观察细菌及核酸分子的形态。

（1）细菌的电镜样品制备

1）将适量无菌水加入生长良好的细菌斜面试管内，用吸管轻轻拨动菌体制成菌悬液。用无菌滤纸过滤，并调整滤液中细胞浓度为$10^8 \sim 10^9$ 个 /ml。

2）取适量的上述菌悬液与等量的 2% 磷钨酸钠水溶液制成混合菌悬液。

3）用无菌毛细吸管吸取混合菌悬液滴在铜网膜上。

4）经 3～5 min 后用滤纸吸去余水，待样品干燥后置于低倍显微镜下检查，挑选膜完整、菌体分布均匀的铜网。

为了保持菌体的原有形状，常用戊二醛、甲醛、锇酸蒸气等试剂小心固定后再染色。方法是将用无菌水制备好的菌悬液过滤，再向滤液中加几滴固定液（pH 7.2、0.15% 戊二醛磷酸缓冲溶液），稍加固定后离心，收集菌体，制成菌悬液，再加几滴新鲜的戊二醛在室温或4℃冰箱内固定过夜。次日离心，收集菌体，再用无菌水制成菌悬液，并调整细胞浓度为$10^8 \sim 10^9$ 个 /ml。然后按上述方法染色。

（2）核酸分子的电镜样品制备　　核酸分子链一般较长，采用普通的滴液法或喷雾法易使其结构破坏，目前多采用蛋白质单分子膜技术制备核酸分子样品。其原理是：很多球状蛋白均能在水溶液或盐溶液的表面形成不溶的变性薄膜，在适当条件下这一薄膜可以成为单分子层，由伸展的肽链构成一个分子网。当核酸分子与该蛋白质单分子膜作用时，由于蛋白质的氨基酸碱性侧链基团的作用，核酸从三维空间结构的溶液构型吸附于肽链网而转化为二维空间的构型，并从形态到结构均能保持一定程度的完整性。将吸附有核酸分子的蛋白质单分子膜转移到载膜上，用负染等方法增加样品的反差后置于电镜中观察。可用展开法、扩散法、一步稀释法等使核酸吸附到蛋白质单分子膜上，本实验用展开法（图 1-3.18）。

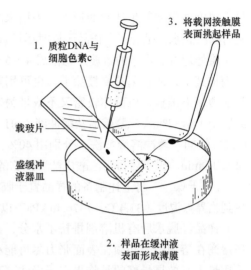

图 1-3.18　用展开法制备质粒 DNA 电镜样品示意图

1）将质粒 pBR322 与一碱性球状蛋白溶液（一般为细胞色素 c）混合，使其浓度分别达到 0.5～2 mg/ml 和 0.1 mg/ml，并加入终浓度为 0.5～1 mol/L 的乙酸铵溶液和 1 mmol/L 的乙二胺四乙酸二钠溶液，成为展开溶液，pH 为 7.5。

2）在一干净平皿中注入一定量下相溶液（蒸馏水或 0.1～0.5 mol/L 乙酸铵溶液），在液面加少量滑石粉。将一干净载玻片斜放于平皿中，用微量注射器或移液枪吸取 50 μl 展开液在距下相溶液表面约 1 cm 的载玻片上前后摆动，滴于载玻片表面。此时可看到滑石粉层后退，说明蛋白质分子膜逐渐形成，整个过程需 2～3 min。载玻片倾斜角度决定展开液下滑至下相溶液的速度，并对单分子膜形成质量有影响，经验表明倾斜度 15° 左右为宜。蛋白质形成单分子膜时，溶液中的核酸分子也分布于蛋白质基膜中并略受蛋白肽链的包裹。理论计算及实验证明，当 1 mg 蛋白质展开形成良好的单分子膜时，其面积约为 1 m²，可根据最后形成的单分子膜面积估计其好坏程度。面积过小说明形成的膜并非单分子层，核酸有局部或全部被膜包裹的危险，使整个核酸分子消失或反差变坏。

单分子膜形成时整个装置最好用玻璃罩盖住，以免操作人员呼吸和旁人走动等引起气流的影响及灰尘的污染。展开液中可适量加一些与核酸分子质量不太悬殊的指示标本（如烟草花叶病毒等）以鉴别单分子膜展开及转移的好坏。

3）单分子膜形成后，用电镜镊子取一覆有支持膜的载网，使支持膜朝下，放置于离单分子膜前沿 1 cm 或距载玻片 0.5 cm 的膜表面上，并用镊子立刻捞起，单分子膜即吸附于支持膜上，多余的液体可用小片滤纸吸去。

4）将载有单分子膜的载网于 10^{-5}～10^{-3} mol/L 乙酸铀乙醇溶液中染色 30 s（可在用乙醇脱水时同时进行），或用旋转投影法将金属喷镀于核酸样品表面。也可将上述两种方法结合，染色后再投影，其效果有时比单独用一种方法更好。

5. 观察　　将载有样品的铜网置于透射电镜中观察。

（二）扫描电镜微生物样品的制备及观察

扫描电镜观察时要求样品必须干燥，并且表面能够导电。因此，扫描电镜生物样品制备一般都需采用固定及脱水、干燥、喷镀等处理步骤。

1. 固定及脱水　　生物样品的精细结构易遭破坏，在制样和电镜观察前必须固定，最大限度地保持其生活时的形态。采用水溶性、低表面张力的有机溶液如乙醇等对样品进行梯度脱水，是为了在样品干燥时尽量减少由表面张力引起的形态变化。

将处理好、干净的盖玻片切割成 4~6 mm^2 的小块，将待检的较浓的大肠埃希氏菌悬液滴加其上，或将菌苔直接涂上，也可用盖玻片小块粘贴菌落表面，自然干燥后置于光学显微镜下镜检，以菌体较密又不成堆为宜；标记盖玻片小块有样品的一面；将上述样品置于 1%~2% 戊二醛磷酸盐缓冲液（pH 7.2 左右）中，于 4℃冰箱中固定过夜。次日以 0.15% 的同一缓冲溶液冲洗，分别用 40%、70%、90% 的乙醇溶液和无水乙醇依次脱水，每次 15 min。脱水后再用乙酸戊酯置换乙醇。

2．干燥　　将上述制备的样品置于临界点干燥仪内，并浸泡于液态二氧化碳中，加热到临界点温度（31.4℃，7376.46 kPa）以上，使之气化进行干燥。

样品经脱水后有机溶剂排挤了水分，占据原来水的位置。水虽然被脱掉了，但样品还浸润在溶剂中，必须在表面张力尽可能小的条件下去除溶剂，使样品真正干燥。目前采用最多、效果最好的是临界点干燥法，其原理是在一装有溶液的密封容器中，随着温度升高、蒸发速度加快，气相密度增加，液相密度下降。当温度增加到某一定值时，气、液二相密度相等，界面消失，表面张力消失。此时的温度及压力称为临界点。将生物样品用临界点较低的物质置换出内部的脱水剂进行干燥，可消除表面张力对样品结构的破坏。目前用得最多的置换剂是二氧化碳。二氧化碳与乙醇不互溶，样品经乙醇分级脱水后还需用与这两种物质都能互溶的"媒介液"乙酸戊酯置换乙醇。

3．喷镀及观察　　将样品放在真空镀膜机内，把金喷镀到样品表面后，取出样品在扫描电镜中观察。

【实验报告】

1．结果　　描述你所制备的细菌和 pBR322 质粒 DNA 电镜制片在电子显微镜下被观察到的形态特点。

2．思考题

1）为什么用透射电子显微镜观察的样品要放在以金属网作支架的火棉胶膜（或其他膜）上，而扫描电子显微镜则可以将样品固定在盖玻片上？

2）用负染色法制片时，磷钨酸钠或磷钨酸钾起什么作用？

【注意事项】

1．制样前应活化所用菌株，并使用新鲜的培养物作材料，如培养 6~7 h 的菌液或培养 12 h 左右的菌苔，保证细胞形态均一。

2．进行重金属负染时，应使滤纸轻轻接触铜网的侧下方，保证在多余液体被吸掉的同时，使样品能更好地铺满支持膜。

3．用盖玻片小块制备扫描电镜样品时，加样后要在有样品的一面做好标记，保证观察时不会将加有样品的一面弄错。

（黄君红）

第三单元　微生物制片及染色技术

实验 1-4　细菌的单染色法

【目的要求】

1. 学习微生物涂片、染色的基本技术，掌握细菌的单染色法。
2. 巩固显微镜油镜的使用方法。

【基本原理】

染色是微生物学实验的基本技术。细菌体积小，比较透明，未经染色时在光学显微镜下不易识别。染色可使细菌着色，与背景对比鲜明，易于在显微镜下观察。

染料一般由苯环、染色基团和助色基团三部分组成。助色基团具有电离性，电离后的染料离子能与细胞牢固结合。按电离后所带电荷的性质，染料可分为碱性染料、中性染料、酸性染料和单纯染料 4 类。在中性、碱性或弱酸性溶液中，细菌因等电点较低（约为 pH 5.0）通常带负电荷，常用碱性染料染色。碱性染料不是碱，其与其他染料一样是盐，电离时染料离子带正电荷，易与带负电荷的细菌结合而着色。常用的碱性染料有亚甲蓝、结晶紫、碱性复红、番红（沙黄）、孔雀绿和甲基紫等。

对细菌的染色方法可分为简单染色法和复合染色法：简单染色法是用单一染料对细菌染色，操作简便，适用于对菌体一般形态的观察，不能鉴别其特殊结构；复合染色法是用两种或两种以上的染液染色，可鉴别细菌的结构，故也称为鉴别染色法。

染色前必须固定细胞，以便杀死菌体，使细胞质凝固，固定细菌的形态，并使之较牢固地黏附在载玻片上，不易脱落；同时增加其对染料的亲和力，促进着色。常用的方法有加热和化学固定。固定时应尽量维持细胞原有形态，防止变形。

【实验器材】

金黄色葡萄球菌，枯草芽孢杆菌，大肠埃希氏菌；吕氏碱性亚甲蓝染色液，石炭酸复红染色液；显微镜，酒精灯，载玻片，接种环，双层瓶（盛放香柏油和二甲苯），擦镜纸，生理盐水等。

【操作步骤】

1. 涂片　　取 3 片洁净载玻片，各加一滴生理盐水于载玻片中央，以无菌操作分别挑取金黄色葡萄球菌、枯草芽孢杆菌和大肠埃希氏菌于载玻片水滴中，调匀并涂成薄膜。

2. 干燥　　于室温下自然干燥。

3. 固定　　涂片面向上，通过酒精灯火焰 2 或 3 次。

4. 染色　　放平标本，加一滴染色液于菌膜上。染色时间随不同染色液而定。吕氏碱性亚甲蓝染色液染 2～3 min，结晶紫和石炭酸复红染色液染 1～2 min。

5. 水洗　　到时间后倾去染色液，用自来水轻轻冲洗至流下的水无色为止。注意冲洗水流不宜过急、过大，水由载玻片上端流下，避免直接冲在涂片处。

6. 干燥　　将标本先用吸水纸轻轻吸干，再晾干或用电吹风机吹干。

7. 镜检　　按实验1-3中"一、普通光学显微镜"的操作步骤进行观察。

【实验报告】

1. 实验结果　　绘出所观察到的经单染色的3种细菌形态，并注明放大倍数。

2. 思考题

1）涂片为什么要固定？固定时应注意什么问题？如果加热温度过高、时间过长，结果会如何？应如何掌握？

2）涂片后菌膜的厚度对染色结果是否有影响？为什么？

3）你在涂片中曾碰到什么问题？试分析其中原因。

【注意事项】

1. 挑菌量宜少，涂片宜薄，过厚不易染色，不便观察。

2. 热固定温度不宜过高、过久，以载玻片背面不烫手为宜，否则会破坏细胞形态。

3. 涂片必须完全干燥后才能用油镜观察。

（黄君红）

实验1-5　革兰氏染色法

【目的要求】

了解革兰氏染色的原理；掌握革兰氏染色的方法。

【基本原理】

革兰氏染色法是细菌学中重要的鉴别染色法。先将细菌用初染液（草酸铵结晶紫）染色，加媒染剂（碘液，能与结晶紫结合形成相对分子质量较大的复合物，使染料较易保留在细胞内）媒染后，用脱色剂（乙醇或丙酮）脱色，再用复染液（番红）染色。据革兰氏染色的结果可将所有细菌分为两大类：菌体呈蓝紫色的称为革兰氏阳性菌，用 G^+ 表示；呈红色的称为革兰氏阴性菌，用 G^- 表示。细菌对于革兰氏染色的不同反应，主要是由于它们细胞壁的成分和结构不同：革兰氏阳性菌的细胞壁是主要由肽聚糖构成的网状结构，肽聚糖层厚，交联度高，在染色中用乙醇处理时由于脱水作用引起网状结构的孔径变小，通透性降低，结晶紫碘复合物被保留在细胞中不易脱色，因此呈蓝紫色；革兰氏阴性菌细胞壁中肽聚糖层薄，且交联度低，脂类物质多，乙醇处理时脂类物质溶解，细胞壁通透性增加，结晶紫碘复合物易被乙醇抽出而脱色，后被染上复染液（番红）的颜色，因而呈红色。

【实验器材】

大肠埃希氏菌，苏云金芽孢杆菌（*Bacillus thuringiensis*）（或枯草芽孢杆菌、金黄色葡萄球菌）；显微镜；载玻片，革兰氏染色液，染色缸等。

【操作步骤】

（一）经典法

1. 涂片　　挑取少许大肠埃希氏菌和苏云金芽孢杆菌，在载玻片两端分别涂成薄片，或将两种菌涂在一起制成混合涂片。也可用"三区"涂片法：在载玻片中央偏左和偏右方各加一滴无菌水，先分别挑取少量大肠埃希氏菌、苏云金芽孢杆菌在左右两方涂片，再将两方的菌液延伸至中间区，使大肠埃希氏菌、苏云金芽孢杆菌在中间区相互混合，并涂匀。

2. 固定　　按常规方法加热固定。

3. 染色

（1）初染　　加草酸铵结晶紫染色液一滴，染色 1 min，水洗至无色，吸干。

（2）媒染　　加卢氏碘液一滴，覆盖约 1 min，水洗，吸干。

（3）脱色　　斜置载玻片于染色缸（或烧杯）上方，并在载玻片背面衬一白纸，于菌斑前方滴加 95% 乙醇溶液，流经菌斑使之脱色，并轻轻摇动载玻片，使脱色均匀，滴至流出的乙醇刚刚不出现紫色时即停止（约 0.5 min）。立即用水洗净乙醇，并轻轻吸干。

（4）复染　　加番红液一滴，染色 2 min，水洗。

4. 干燥　　先用吸水纸轻轻吸干，再晾干或用电吹风机吹干。

5. 镜检　　用油镜观察：革兰氏阴性菌呈红色；革兰氏阳性菌呈蓝紫色。以分散的单个细菌革兰氏染色反应为准，过于密集的细菌常由于脱色不完全而呈假阳性。

（二）三步法

此法是我国学者黄元桐等建立的改良的革兰氏染色法，操作简便、结果可靠。

1. 制片　　同"（一）经典法"。

2. 染色和脱色

（1）染色　　在涂片上加草酸铵结晶紫染色液一滴，染 2 min，水洗，吸干。

（2）媒染　　滴加碘液一滴，染 1~2 min，水洗，吸尽水滴。

（3）复染与脱色　　加复红乙醇溶液一滴，保持 1 min，水洗，轻轻吸干。

3. 镜检　　同"（一）经典法"。

【实验报告】

1. 实验结果　　报告观察到的两种细菌革兰氏染色的结果并绘图。

2. 思考题

1）革兰氏染色涂片为什么不能过于浓厚？

2）革兰氏染色成功的关键在哪一步？为什么？应如何掌握？

3）三步法染色为何能将细菌分为 G^+ 和 G^- 两大类？

【注意事项】

1. 革兰氏染色操作的关键在于严格掌握乙醇脱色程度：脱色过度则阳性菌被误染为阴性菌；脱色不够则阴性菌可被误染为阳性菌。要确证一个未知菌的革兰氏染色反应，应同时另做一张已知的革兰氏阳性菌和阴性菌的混合涂片作为对照。

2. 在染色中不可使染色液干涸。

3. 选用适龄的培养物，一般以培养 10~16 h 为宜。菌龄过长，会因芽孢形成或菌体自溶而影响染色效果。

（黄君红）

实验 1-6　细菌的抗酸性染色法

【目的要求】

掌握细菌抗酸性染色的原理和方法。

【基本原理】

抗酸性染色是鉴别分枝杆菌属（*Mycobacterium*）等的染色法。分枝杆菌属等细菌（及芽孢、孢子等）的细胞壁含有丰富的分枝菌酸（蜡质），它阻止染色液透入菌体内着色，染料进入菌体也不易脱色，因此普通染色法染不上颜色。加热时完整的细胞能与石炭酸和复红形成的复合物牢固地结合，并能抵抗酸性乙醇的脱色，故被染成红色。经过这样染色的细胞即使用酸或碱处理也不脱色，具有这种性质的细菌称为抗酸细菌。非抗酸性细菌因不含分枝菌酸，故易脱色，并被复染剂染成蓝色。

【实验器材】

草分枝杆菌，金黄色葡萄球菌；生理盐水；石炭酸复红染色液，3% 盐酸乙醇液，吕氏亚甲蓝液；显微镜，无菌研钵，水浴锅，培养皿（6 cm），无菌试管；其他同实验 1-4。

【操作步骤】

1. 菌液的制备　　用经火焰灼烧灭菌的接种环从斜面上刮取少许菌苔，放入盛有 1～2 ml 生理盐水的试管中，摇匀。将试管置于 80℃水浴中加热 1 h，冷却后再加热，如此处理 3 次，以杀死菌体。将菌液倾入无菌研钵中研磨，使细胞充分分散，并呈轻度乳浊。如菌液太浓可再加些无菌生理盐水。倒入无菌培养皿中，供染色用。

2. 涂片　　制备草分枝杆菌及草分枝杆菌与金黄色葡萄球菌混合涂片，晾干。

3. 固定　　同实验 1-4。

4. 染色

（1）初染　　滴加石炭酸复红染色液于菌斑上，微火加热到染料冒蒸汽（不可使染料沸腾或干涸，并不断补充染料），维持 8 min，倾去染料。在金属片上加温效果更佳。

（2）脱色　　用 3% 盐酸乙醇液脱色，至流下的液体无色为止。

（3）水洗　　同实验 1-4。

（4）复染　　加吕氏亚甲蓝液一滴，染 1 min。

（5）干燥　　水洗，吸干后自然干燥。

5. 镜检　　最好用荧光显微镜观察：草分枝杆菌呈红色；金黄色葡萄球菌呈蓝色。

【实验报告】

将观察结果记录于表 1-6.1 中。

表 1-6.1　抗酸性染色结果记录表

菌名	菌体形态	菌体颜色	是否抗酸性菌
草分枝杆菌			
金黄色葡萄球菌			

【注意事项】

菌液常成块，不易分散，要仔细研磨，否则不能得到好的涂片。

（黄君红）

实验 1-7 细菌芽孢染色法

【目的要求】

掌握细菌芽孢染色的原理和方法；观察芽孢杆菌的形态与特征。

【基本原理】

细菌芽孢（图 1-7.1）具有厚而致密的壁，透性低、着色、脱色都比营养细胞困难。芽孢染色法就是根据这一特点设计的：先用着色力强的染料，用微火加热，并延长染色时间，使菌体和芽孢同时着色后再水洗，菌体脱色而芽孢仍保留已着的颜色，再用另一种对比鲜明的染料让菌体着色，使菌体和芽孢呈现不同的颜色。

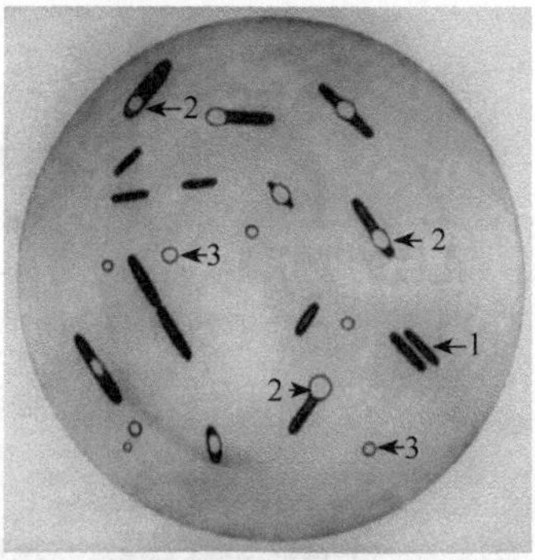

图 1-7.1 细菌芽孢
1. 营养细胞；2. 菌体内的芽孢；
3. 已释放的芽孢

【实验器材】

枯草芽孢杆菌（或苏云金芽孢杆菌）；孔雀绿染色液，0.5% 番红水溶液；显微镜；木夹，载玻片，酒精灯等。

【操作步骤】

（一）方法 I

1. 涂片 取培养 24 h 左右的枯草芽孢杆菌，涂片、干燥、固定。

2. 初染 加 3～5 滴孔雀绿染色液于已固定的涂片上，用木夹夹住载玻片，微火加热至染色液冒蒸汽时开始计算时间，维持约 10 min。加热中应随时注意补加染色液，切勿使标本染色液沸腾或干涸。

3. 水洗 待载玻片冷却后倾去染色液，洗至水无色为止，用粗滤纸吸干。

4. 复染 加 0.5% 番红水溶液一滴，染色 2 min，水洗，吸干后晾干。

5. 镜检 最好用相差显微镜观察：芽孢呈绿色；芽孢外菌体呈红色。

（二）方法 II

1. 制备菌液 加无菌水 2～3 滴于小试管中（0.75 cm×10 cm），用接种环从斜面上挑取较多的菌苔于试管中，充分混匀，成较浓稠的菌液。

2. 初染 加 5% 孔雀绿染色液（0.3～0.4 ml）于小试管中，充分混匀，在沸水浴（小烧杯）中加热 15～20 min（注意：勿使水进入试管）。

3. 涂片 从试管中挑菌液于干净的载玻片上，涂成薄膜，烘干。

4. 固定 通过微火 3 次。

5. 脱色 水洗至无色，使菌体脱色，吸干。

6. 复染 加 0.5% 番红水溶液一滴，染色 3 min，倾去染色液后直接用吸水纸吸干。

7. 干燥 室温自然干燥或烘干。

8. 镜检　　用油镜观察：芽孢呈绿色；菌体呈红色。

【实验报告】

1. 实验结果　　绘图表示枯草芽孢杆菌菌体与芽孢的形状、大小及其着生位置。

2. 思考题　　芽孢染色为什么要加热并延长染色时间？

【注意事项】

1. 加热中勿使染色液沸腾或干涸，以免芽孢囊破裂。加热不充分时芽孢难着色。

2. 方法Ⅱ的效果较好，可优先选用。采用方法Ⅱ时，应注意制备浓稠的菌液，并在挑菌液时要先搅拌再挑取，否则涂片时菌体太少。

（黄君红）

实验 1-8　鞭毛染色法及活细菌运动性的观察

【目的要求】

1. 掌握鞭毛染色法，观察细菌鞭毛的形态特征。

2. 学习用压滴法和悬滴法观察活细菌的运动性。

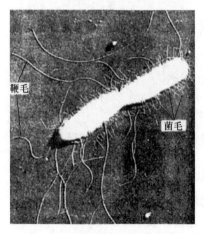

图 1-8.1　伤寒沙门氏菌的鞭毛

【基本原理】

细菌的鞭毛（图 1-8.1）极细，直径通常为 10～20 nm，只能用电子显微镜观察。要用普通光学显微镜观察细菌的鞭毛，必须用特殊的鞭毛染色法。其原理是在染色前先用媒染剂处理，让它吸附或沉积在鞭毛上，使其直径加粗，然后再进行染色。

在显微镜下观察活细菌的运动性，可以初步判断细菌是否有鞭毛。细菌运动性的观察可用不影响其细胞活性的压滴法和悬滴法。观察时要适当减弱光线强度以增加反差；若光线太强，细菌和周围的液体将难以区分。

【实验器材】

苏云金芽孢杆菌，金黄色葡萄球菌；硝酸银鞭毛染色液，Leifson 鞭毛染色液，0.01% 亚甲蓝水溶液；载玻片，盖玻片，凹载玻片，无菌水，凡士林，显微镜，暗视野聚光器等。

【操作步骤】

（一）鞭毛染色

1. 硝酸银染色法

（1）菌种准备　　老龄细菌鞭毛易脱落，要用对数期的菌体进行鞭毛染色和运动性的观察。冰箱保存的菌种要连续移种 2 或 3 次，取新配制的营养琼脂斜面接种，28～32℃培养 10～14 h。挑取斜面与冷凝水交接处的培养物作染色观察的材料。

（2）载玻片准备　　载玻片要求光滑、洁净，忌带油迹。将载玻片在含适量洗衣粉的水中煮沸约 20 min，取出用清水充分洗净，沥干水后置 95% 乙醇溶液中脱水，用时取出在火焰上烧去乙醇及可能残留的油迹，立即使用。

（3）菌液制备　　取斜面或平板菌种培养物数环于盛有 1~2 ml 无菌水的试管中，制成轻度浑浊的菌悬液。在最适温度下保温 10 min，让幼龄菌的鞭毛松开。

（4）制片　　取一滴菌液于载玻片的一端，将载玻片倾斜放置，使菌液缓缓流向另一端，让鞭毛舒展，用吸水纸吸去载玻片下端多余菌液，室温（或 37℃ 温箱）自然干燥。

（5）染色　　干后加一滴硝酸银染色 A 液覆盖 3~5 min，用蒸馏水充分洗净 A 液。吸干后加 B 液一滴染色 1 min，当涂面出现明显褐色时立即用蒸馏水冲洗。若加 B 液后显色较慢可用微火加热，直至显褐色时立即水洗。自然干燥。

（6）镜检　　用油镜观察：菌体呈深褐色；鞭毛呈褐色，通常呈波浪形。

2.　改良的 Leifson 鞭毛染色法

（1）载玻片及菌种材料的准备　　均同硝酸银染色法。

（2）制片　　用记号笔在载玻片反面将玻片分成 3 或 4 个等分区，在每一小区的一端放一小滴菌液。将载玻片倾斜，让菌液缓缓流到小区的另一端，用滤纸吸去多余的菌液。室温（或 37℃ 温箱）自然干燥。

（3）染色　　加 Leifson 鞭毛染色液一小滴覆盖第一区的涂面，隔数分钟后，加染液一小滴于第二区涂面，如此继续染第三、四区。间隔时间自行决定，其目的是确定最佳染色时间。在染色过程中仔细观察，当整个载玻片都出现铁锈色沉淀，染料表面出现金色膜时，直接用水轻轻冲洗（不要先倾去染料再冲洗，否则背景不清）。染色时间大约 10 min。自然干燥。

（4）镜检　　干后用油镜观察：菌体和鞭毛均呈红色。

（二）运动性的观察

载玻片与菌种材料的准备均同鞭毛染色法。

1.　压滴法

（1）制片　　在洁净载玻片上加一滴无菌水，挑一环菌液与水混合，再加一环 0.01% 亚甲蓝水溶液混匀。用镊子取一洁净盖玻片使其一边与菌液边缘接触，将盖玻片慢慢放下盖在菌液上。观察专性好氧菌时可在加盖玻片时压入小气泡，以防细菌因缺氧而停止运动。

（2）镜检　　用低倍镜找到标本，再用高倍镜观察，也可用油镜。观察时用略暗点的光线，最好用暗视野显微镜观察。有鞭毛的细菌可做直线、波浪式或翻滚、颤动等方式的运动。

2.　悬滴法

（1）涂凡士林　　取洁净盖玻片，在其四周均匀地涂少许凡士林。

（2）加菌液　　在盖玻片中央滴一小滴菌液，菌液不能加得太多。

（3）盖凹载玻片　　将凹载玻片凹槽的中心对准盖玻片上的菌液，轻轻盖在盖玻片上。轻压，使盖玻片与凹载玻片黏合在一起，把滴液封闭在小室中。迅速翻转凹载玻片，使菌液滴悬在盖玻片下并位于凹槽中央（图 1-8.2）。

（4）镜检　　先用低倍镜找到标本，将液滴移至视野中央，再用高倍镜观察，最好用暗视野显微镜观察。油镜观察要十分细心，以免压碎盖玻片、损坏镜头。观察要用略暗点的光线。

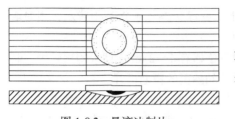

图 1-8.2　悬滴法制片

【实验报告】

1. 实验结果　　所观察的两种细菌是否都有鞭毛？是否都能运动？做何种方式的运动？绘图表示有鞭毛细菌的形态特征。

2. 思考题

1）用鞭毛染色法准确鉴定一株细菌是否具有鞭毛，要注意哪些环节？

2）悬滴法中，为什么要涂凡士林？为什么加的菌液不能太多？如果发现显微镜视野内大量细菌向一个方向流动，是什么原因造成的？

【注意事项】

1. 选用对数生长期的菌种作材料，老龄菌体鞭毛易脱落。

2. 载玻片必须清洁、光滑，否则菌液不能均匀散开，难以看清。

3. 制片条件要温和，不能剧烈振荡、搅动、加热，以免鞭毛脱落。

4. 准确确定最佳的染色时间。

（蔡信之）

实验 1-9　荚膜染色法

【目的要求】

掌握荚膜染色的基本原理和常用方法。

【基本原理】

荚膜（图 1-9.1）是包围在细菌细胞外面的一层黏液，主要成分是水和多糖。染料与荚膜之间亲和力弱，不易着色；且染料可溶于水，易在水洗时被除去。故常用负染色法，使菌体和背景着色，荚膜不着色，荚膜在菌体周围呈一透明圈。荚膜很薄，含水量又高（90% 以上），故染色时不能加热干燥固定，以免荚膜皱缩变形。

图 1-9.1　一种不动杆菌的荚膜

【实验器材】

褐球固氮菌（*Azotobacter chroococcum*）；6% 葡萄糖溶液，荚膜染色液，甲醇；显微镜，载玻片等。

【操作步骤】

（一）湿墨水法

1. 制菌液　　加一滴黑墨水于清洁的载玻片中央，再挑少量菌体与之充分混匀。

2. 加盖玻片　　放一清洁盖玻片于混合液上，在盖玻片上盖一张滤纸，轻压吸去多余的菌液。

3. 镜检　　依次用低倍镜、高倍镜、油镜观察。最好用相差显微镜观察。

结果：背景灰色，菌体较暗，在其周围有一明亮的透明圈，即荚膜。

（二）干墨水法

1．制片　在载玻片一端加一滴 6% 葡萄糖溶液，取少许培养 72 h 的褐球固氮菌，在水滴中制成菌悬液，加一滴碳素绘图墨水与菌悬液充分混匀。另取一块载玻片作推片，将推片一边与菌液以 30° 角接触后顺势将菌液拉向前方，使其涂成一薄膜（图 1-9.2），风干。

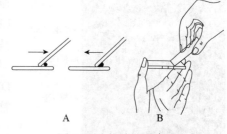

图 1-9.2　推片法示意图
A．推片倾斜角度及推动方向；
B．手持载玻片及推片

2．固定　加一滴纯甲醇于涂片上，固定 1 min，立即倾去甲醇，自然干燥。

3．染色　加一滴 1% 甲基紫溶液，染色 1～2 min，细水流适当冲洗，自然干燥。

4．镜检　背景灰色，荚膜呈一清晰透明圈，菌体呈紫色。最好用相差显微镜观察。

【实验报告】

1．实验结果　绘图表示褐球固氮菌菌体及荚膜的形状。

2．思考题

1）荚膜染色为什么用负染色法？

2）为什么荚膜染色一般不用热固定，而必须用纯甲醇固定？

【注意事项】

1．载玻片必须清洁，否则菌液不易均匀铺开。

2．绘图墨水用量宜少，以免覆盖菌体与荚膜，影响观察。

3．固定、干燥均不能加热，以免破坏荚膜形态。

（蔡信之）

实验 1-10　微生物拟核的体内和体外染色观察

【目的要求】

1．掌握用富尔根氏染色法体内观察微生物拟核的原理和方法。

2．初步掌握提取细菌染色体 DNA 及其体外观察的方法。

【基本原理】

富尔根氏（Feulgen）染色法是根据席夫（Schiff）试剂进行的反应建立的微生物拟核染色法。席夫试剂含有碱性复红和亚硫酸，二者结合后失去醌式结构变为无色。当 DNA 经酸作用生成的醛化合物与席夫试剂结合后使醌式结构恢复，合成一种带紫红色的碱性复红衍生物。此染色法对 DNA 具有特异性。微生物细胞用此法染色后，可在普通光学显微镜下原位观察到细胞内拟核的形态和位置。

富尔根氏染色法分两步：①将细胞用 1 mol/L HCl 溶液温和水解，使 DNA 的嘌呤碱与戊糖分开，放出戊糖醛基；②放出的戊糖醛基与席夫试剂作用呈紫红色。

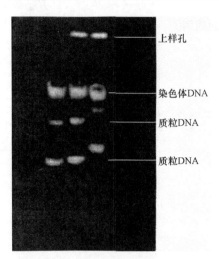

上样孔

染色体DNA

质粒DNA

质粒DNA

图 1-10.1　染色体 DNA 的凝胶电泳

如将微生物细胞裂解，提取其染色体 DNA，经溴化乙锭（ethidium bromide，EB）染色并做琼脂糖凝胶电泳，便观察到释放至胞外的染色体 DNA。EB 是一种扁平分子染料，可特异性地插入 DNA 碱基对间，在紫外光照射下使 DNA 呈现荧光，可观察到凝胶中的染色体 DNA。提取时大分子染色体 DNA 会随机断裂，故经凝胶电泳后形成的是一条不整齐的浓荧光带（图 1-10.1）。

【实验器材】

酿酒酵母，大肠埃希氏菌；1 mol/L HCl 溶液，2% 锇酸，Schandiun 固定液，亚硫酸溶液，席夫试剂，TE 缓冲液，10% 十二烷基硫酸钠（SDS），蛋白酶 K（20 mg/ml），5 mol/L NaCl 溶液，十六烷基三甲基溴化铵（CTAB）/NaCl 溶液（10% CTAB/0.7 mol/L NaCl），酚：氯仿：异戊醇（25：24：1），异丙醇，70% 乙醇溶液，溴酚蓝缓冲液，TAE 电泳缓冲液；高速离心机，5 ml 离心管，真空干燥器，锇酸蒸气瓶，显微镜等。

【操作步骤】

（一）富尔根氏染色法

1）取培养 8～10 h 的酿酒酵母，涂片，室温风干。

2）将涂片置于盛有 2% 锇酸的蒸气瓶口上，用锇酸蒸气固定 5 min，再放入加热至 60℃的 Schandiun 固定液中 10 min。

3）用水冲洗固定后的标本，然后放在 60℃、1 mol/L HCl 溶液中水解 8 min，水洗。

4）用席夫试剂作用 30～40 min。

5）再放在亚硫酸溶液中洗 5 min。

6）取出，水洗，干燥，用油镜观察。最好用相差显微镜观察。

（二）DNA 的提取和溴化乙锭染色

1）取 4.5 ml 大肠埃希氏菌培养液于 5 ml 塑料离心管中，12 000 r/min 离心 2 min，弃上清。

2）将细胞沉淀悬浮于 1.7 ml TE 缓冲液中，加入 10% SDS 90 μl 和 20 mg/ml 的蛋白酶 K 9 μl，混匀，37℃保温 1 h。

3）加 5 mol/L NaCl 溶液 300 μl，混匀，再加 240 μl CATB/NaCl 溶液，混匀，置 65℃水浴 10 min。

4）加等体积的酚：氯仿：异戊醇（25：24：1）混匀，12 000 r/min 离心 5 min。

5）将上清水相转入另一洁净塑料离心管中，加 0.6 倍体积的异丙醇使 DNA 沉淀。

6）快速离心数秒，弃上清，用 70% 乙醇溶液淋洗 DNA 两次，将 DNA 沉淀真空干燥后溶于 300 μl TE 缓冲液。此法获得的染色体 DNA 可用于限制性酶切等分子生物学操作。

7）取少量（3～5 μl）提取的 DNA 样品（其余置 −20℃保存），加入 3 μl 溴酚蓝缓冲液，混匀后上样进行琼脂糖凝胶电泳 1～2 h。琼脂糖中加有 EB，将插入 DNA 分子。

8）戴上一次性塑料手套，将凝胶取出置于紫外分析仪上观察染色体 DNA 荧光带。

【实验报告】

1．实验结果

1）根据实验结果，绘图表示细胞拟核的形态和位置。

2）绘图表示观察到的琼脂糖凝胶中的染色体 DNA 带。

2．思考题

1）凝胶上显现的染色体 DNA 带为什么是不整齐的？

2）大肠埃希氏菌染色体是环形还是线形的？从凝胶上观察到的体外染色体 DNA 应是环形还是线形的？为什么？

【注意事项】

1．EB 是强诱变剂，用时要戴一次性塑料手套，用后妥善处理，切勿随意丢弃。

2．在紫外分析仪上观察染色体 DNA 荧光带时，必须戴防护眼镜，以免损伤眼睛。

（蔡信之）

实验 1-11　细菌细胞壁的染色和质壁分离的观察

【目的要求】

掌握细菌细胞壁的染色方法；通过质壁分离观察细菌的细胞壁和细胞质膜。

【基本原理】

细菌细胞壁的主要化学物质是肽聚糖。革兰氏阳性菌和革兰氏阴性菌细胞壁的化学成分有明显的差别：革兰氏阳性菌细胞壁较厚，为 20～80 nm，只有肽聚糖层，由 40 层左右的网状分子组成；革兰氏阴性菌细胞壁比革兰氏阳性菌复杂，其外壁层由脂蛋白、脂多糖和磷脂组成，厚 18～20 nm，内壁层为 1～2 层肽聚糖网状分子，厚 2～3 nm。由于细菌细胞壁薄，且与染料结合能力差，不易着色，通常的细菌细胞染色都是经过细胞壁的渗透、扩散等作用，使染料进入细胞内，细胞质被着色，而细胞壁并未染色。为了能使细胞壁着色，需通过单宁酸或磷钼酸的媒染作用，单宁酸相对分子质量较大，不易透过质膜，仅沉积在细胞壁上，磷钼酸能与细胞壁形成可着色的复合物，再经过结晶紫或甲基绿染色，可使细胞壁着色，而细胞质不被着色。

细菌细胞在高渗透压的盐溶液中会发生质壁分离现象，经染色后在光学显微镜的油镜下可观察到细胞壁和细胞质膜（图 1-11.1）。

【实验器材】

巨大芽孢杆菌（*Bacillus megaterium*），枯草芽孢杆菌；0.2% 结晶紫染色液，0.01% 结晶紫染色液，5% 单宁酸（鞣酸）溶液，1% 磷钼酸溶液，25% NaCl 溶液，

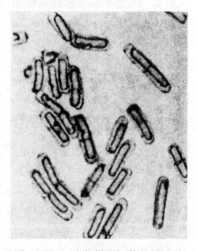

图 1-11.1　巨大芽孢杆菌的细胞壁

1% 甲基绿溶液；载玻片，接种环，酒精灯，玻片架，擦镜纸，滤纸，双层瓶（同时装香柏油和二甲苯），废液缸，光学显微镜等。

【操作步骤】

1. 革兰氏阳性菌细胞壁染色

（1）单宁酸法

1）用接种环以无菌操作挑取培养 16～18 h 的巨大芽孢杆菌菌苔一环，涂片。

2）加一滴 5% 单宁酸溶液媒染 5 min，水洗，用滤纸吸干载玻片上的残留水。

3）加一滴 0.2% 结晶紫染色液染色 3～5 min，水洗，吸干残留水，吹干。

4）油镜观察：细胞壁呈紫色；细胞质呈淡紫色。

（2）磷钼酸法

1）用同样方法挑取巨大芽孢杆菌菌苔涂成浓厚的涂片。在涂片尚未干燥时，滴加 1% 磷钼酸溶液，使它布满菌苔涂片，媒染 3～5 min。

2）媒染后，将载玻片上的磷钼酸溶液倾入废液缸中，吸干残水。加一滴 1% 甲基绿溶液染色 3～5 min，水洗，吸干残留水，吹干。

3）油镜观察：细胞壁呈绿色；细胞质无色。

2. 质壁分离现象的观察

1）加一滴 25% NaCl 溶液于洁净的载玻片上，用接种环以无菌操作挑取培养 6 h 的枯草芽孢杆菌菌苔一环，均匀涂布在 25% NaCl 液滴中自然风干（切勿在火焰上烘烤）。

2）加一滴 0.01% 结晶紫染色液，使其布满菌膜，染色 30 s，水洗，吸干残水，吹干。

3）油镜下观察菌体的质壁分离现象。

【实验报告】

1. 实验结果　　以文字和绘图的方式描述细胞壁的形态和质壁分离现象。

2. 思考题　　根据所做试验的结果，你认为哪种细胞壁染色方法的效果更好？

【注意事项】

1. 单宁酸法中，为增强染色效果，加单宁酸溶液媒染时可适当加热或延长媒染时间。

2. 质壁分离现象的观察制片操作中切勿在火焰上烘烤，以免破坏细胞质膜。

（陈旭健）

实验 1-12　放线菌形态的观察

【目的要求】

掌握观察放线菌形态的常用方法；观察放线菌的形态特征。

【基本原理】

放线菌是有分枝菌丝体的一类革兰氏阳性原核微生物。菌丝体（图 1-12.1）的形态特征是放线菌分类鉴定的重要依据，常用以下方法观察放线菌自然生长状态的形态特征。

1. 插片法　　将放线菌接种在琼脂培养基平板上，插上无菌盖玻片后培养，使菌丝沿着培养基表面与盖玻片交界处生长而附着在盖玻片上。观察时轻轻取出盖玻片置于

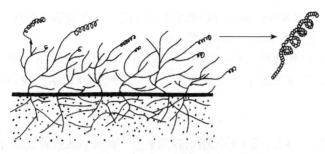

图 1-12.1　链霉菌属菌丝体的形态图

载玻片上直接镜检。可观察到放线菌自然生长状态的特征，且便于观察不同生长期的形态。

2. 玻璃纸法　　玻璃纸是一种透明的半透膜，将无菌玻璃纸覆盖在琼脂培养基平板表面，接种放线菌于玻璃纸上，经培养，放线菌在玻璃纸上生长形成菌苔。观察时揭下玻璃纸，固定在载玻片上直接镜检。这种方法既能保持放线菌的自然生长状态，也便于观察不同生长期的形态特征。

3. 印片法　　将要观察的放线菌的菌落或菌苔先印在载玻片上，经染色后观察。主要观察孢子丝的形态、孢子的排列方式及其形状等。方法简便，但菌体形态有所改变。

【实验器材】

细黄链霉菌（*Streptomyces microflavus*）（5406）；高氏 1 号琼脂培养基；石炭酸复红染色液；培养皿，玻璃纸，盖玻片，玻璃涂布棒，载玻片，接种环，接种铲，镊子，显微镜等。

【操作步骤】

1. 插片法

（1）倒平板　　取熔化并冷至 50℃的高氏 1 号琼脂培养基约 20 ml 倒平板，凝固。

（2）接种　　用接种环挑取菌种斜面培养物（孢子），在琼脂培养基平板密集划线接种。

（3）插片　　以无菌操作用镊子将无菌盖玻片以约 60° 斜插在接种线上（图 1-12.2）。

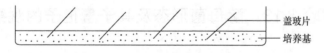

图 1-12.2　放线菌插片法示意图

（4）培养　　将平板倒置，28℃培养 2～3 d。

（5）镜检　　用镊子拔出盖玻片，擦去背面培养物，有菌丝的面朝上放在载玻片上镜检。

2. 玻璃纸法

（1）倒平板　　同插片法。

（2）铺玻璃纸　　以无菌操作用镊子将无菌（155～160℃干热灭菌 2 h）、略小于平皿的玻璃纸铺在琼脂培养基表面，用无菌玻璃涂棒压平，除尽气泡，使其紧贴在琼脂培养基表面。

（3）接种　　用接种环挑取菌种斜面培养物（孢子）在玻璃纸上密集划线接种。

（4）培养　　将平板倒置，28℃培养 3 d。

（5）镜检　　在载玻片上加一滴水，用镊子小心提起玻璃纸，剪下一小块，菌面朝上放在水滴上，使玻璃纸平贴在载玻片上，先用低倍镜观察，找到适当视野后换高倍镜观察。

3．印片法

（1）接种培养　　用高氏 1 号琼脂培养基平板，常规划线接种或点种，28℃培养 3～4 d。也可用上述两种方法的琼脂培养基平板上的培养物作为制片观察的材料。

（2）印片　　用接种铲将平板上的菌苔连同培养基切下一小块，菌面朝上放在载玻片上。另取一洁净载玻片置火焰上微热后盖在菌苔上，轻压，使培养物（气生菌丝、孢子丝及孢子）黏附（"印"）在后一块载玻片的中央。有印迹的一面朝上，通过火焰 2 或 3 次固定。印片时不要压碎琼脂块，也不要错动，以免改变放线菌的自然形态。

（3）染色　　加一滴石炭酸复红染色液覆盖印迹，染色约 1 min 后轻轻水洗。

（4）镜检　　干燥后用油镜观察。

【实验报告】

1．实验结果　　绘图表示所观察到的放线菌的形态特征。

2．思考题

1）试比较 3 种培养和观察放线菌方法的优缺点。

2）玻璃纸法是否可用于其他类群微生物的培养和观察？为什么？

3）镜检时，如何区分放线菌的基内菌丝和气生菌丝？

【注意事项】

1．插片法和玻璃纸法划线要密，操作中勿碰撞有菌丝的表面，以免破坏菌丝形态。

2．印片时用力要轻，且不要错动，染色水洗时水流要缓，以免破坏孢子丝形态。

3．镜检时要特别注意放线菌的基内菌丝、气生菌丝和孢子丝的形态、粗细及色泽。

（蔡信之）

实验 1-13　酵母菌形态及其子囊孢子的观察

【目的要求】

1．观察酵母菌的细胞及其子囊孢子的形态与出芽生殖方式，区分酵母菌的死、活细胞。

2．掌握观察酵母菌及其子囊孢子的基本方法。

【基本原理】

酵母菌是不运动的单细胞真核微生物，比细菌大几倍至十几倍。大多数酵母菌以出芽方式进行无性繁殖，有的进行分裂繁殖；少数进行有性繁殖，通过接合产生子囊孢子。

酵母菌个体大且出芽，涂片法制片有可能损伤细胞。一般通过亚甲蓝染液水浸片和水-碘液水浸片观察酵母菌的形态和出芽生殖。亚甲蓝染液水浸片法还可区分酵母菌的死、活细胞。

亚甲蓝是对细胞毒性较低，又易与细胞结合的染料，它的氧化型呈蓝色，还原型无色。用亚甲蓝对酵母的活细胞染色时，由于活细胞新陈代谢中的脱氢作用，细胞内具有较强的还原能力，能使亚甲蓝接受氢后由蓝色的氧化型变为无色的还原型。因此，经亚甲蓝染色后，具有还原能力的酵母活细胞是无色的，死细胞或代谢作用微弱的衰老细胞则呈蓝色或淡蓝色，借此可对酵母菌的死细胞和活细胞进行鉴别。亚甲蓝的浓度、作用时间对结果有影响，应加以注意。

子囊孢子是子囊菌类真菌有性生殖产生的有性孢子。能否形成子囊孢子及其形态是酵母菌分类鉴定的重要依据之一。酵母菌形成子囊孢子需要一定的条件，对不同种属的酵母菌要选择适合形成子囊孢子的培养基。葡萄糖乙酸钠培养基有利于酿酒酵母子囊孢子（图 1-13.1）的形成。

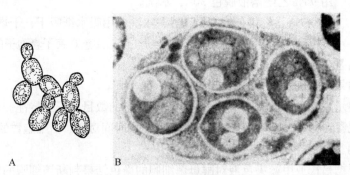

图 1-13.1　酿酒酵母
A. 酿酒酵母的营养细胞；B. 酿酒酵母的子囊与子囊孢子

【实验器材】

酿酒酵母；麦芽汁琼脂斜面，葡萄糖乙酸钠琼脂斜面；0.05% 和 0.1% 吕氏亚甲蓝染色液，卢氏碘液，5% 孔雀绿染色液，0.5% 番红染色液，95% 乙醇溶液；显微镜，载玻片，盖玻片等。

【操作步骤】

（一）酵母菌形态观察

1. 亚甲蓝水浸片

（1）挑菌　　在载玻片中央加一滴 0.1% 吕氏亚甲蓝染色液，按无菌操作挑取少许培养 48 h 的酿酒酵母于亚甲蓝染色液中轻轻混匀。

（2）加盖玻片　　用镊子轻放一盖玻片于菌液上，避免产生气泡，染 3 min。用滤纸吸去多余液体。

（3）镜检　　先用低倍镜再换高倍镜观察酵母菌的形态和出芽情况。注意区分死、活和老细胞。染色 0.5 h 后再观察死、活和老细胞的数量是否有变化。

（4）重复实验　　用 0.05% 吕氏亚甲蓝染色液重复上述实验。

2. 水-碘液水浸片　　在载玻片中央加一小滴卢氏碘液，再加 3 小滴清水，取酵母菌少许于液滴中，使菌体与溶液轻轻混合均匀，加盖玻片，镜检：菌体呈淡黄色；肝糖粒呈红褐色。

（二）酵母菌脂肪粒观察

在载片上加一滴福尔马林，挑一环酵母菌与之混匀，静置 5 min，加一滴亚甲蓝染色液，10 min 后再加一滴苏丹Ⅲ染液，加盖玻片，镜检：原生质呈蓝色；脂肪滴呈橘黄色；液泡不着色。

（三）酵母菌子囊孢子观察

1. 菌种活化　　将酿酒酵母移至新鲜麦芽汁琼脂斜面，25℃培养 24 h，再转种两次。

2. 产孢培养　　将活化的菌种转接到葡萄糖乙酸钠琼脂斜面上，25～28℃培养约一周。

3. 制片　　取经产孢培养的酵母菌斜面培养物，在洁净载玻片上涂片、干燥、固定。

4. 染色　　加一滴 5% 孔雀绿染色液染 1 min 后水洗。

5. 脱色　　用 95% 乙醇溶液脱色 30 s，水洗。

6. 复染　　用 0.5% 番红染色液复染 30 s，水洗，用吸水纸吸干，干燥。

7. 镜检　　子囊孢子呈绿色；菌体和子囊呈粉红色。注意观察子囊孢子的数目及形态。

【实验报告】

1. 实验结果

1）绘图表示观察到的酵母菌及其子囊、子囊孢子的数目及形态特征。

2）说明观察到的吕氏亚甲蓝染色液的浓度和作用时间对死、活细胞数的影响及原因。

2. 思考题

1）如何根据吕氏亚甲蓝染色液对酵母菌细胞的染色结果判断该细胞的发育阶段？

2）如何区别酵母菌的营养细胞和释放于子囊外的子囊孢子？

【注意事项】

1. 染色液不宜过多或过少，否则加盖玻片时染色液过多会溢出；过少易产生气泡。

2. 加盖玻片时要倾斜缓慢覆盖，以免产生气泡。

3. 活化酵母菌的麦芽汁培养基要新鲜，培养基表面要湿润，以利于酵母菌良好生长。

4. 酵母菌在麦芽汁培养基上活化后，加量接种到产孢培养基上可提高子囊形成率。

（陈　龙）

实验 1-14　霉菌形态及其接合孢子的观察

【目的要求】

观察霉菌及其接合孢子的形态特征；掌握观察霉菌及其接合孢子形态的基本方法。

【基本原理】

霉菌菌丝体较粗大，细胞容易收缩变形，且孢子容易飞散，观察时不宜用水浸片。常用乳酸石炭酸棉蓝染色液制片，该法的特点是：细胞不易干燥，不易变形，可防止孢子飞散，有染色作用，并有杀菌防腐的作用，使标本能保持较长时间。为了得到清晰、完整和保持自然状态的霉菌形态，还可用插片法和玻璃纸法观察。后者是利用玻璃纸的半透膜特性及透光性，将霉菌培养在覆盖玻璃纸的培养基上，然后将长菌的玻璃纸揭起并剪取小片，贴在载玻片上用显微镜观察。

接合孢子是霉菌的一种有性孢子，由两条不同性别的菌丝特化的配子囊接合而成。有的为同宗配合，有的为异宗配合。根霉的接合孢子属于异宗配合，将它们的两种不同性别的菌株（分别记为"＋"和"－"）接种在同一琼脂平板中，经一定时间培养即可形成接合孢子。

【实验器材】

青霉（图 1-14.1），曲霉（图 1-14.2），根霉（图 1-14.3），毛霉（图 1-14.4）；查氏平板培养基，马铃薯葡萄糖平板培养基，培养接合孢子培养基（1% 蛋白胨，6% 葡萄糖，0.5% 酵母膏，pH 5.6～6.0）；乳酸石炭酸棉蓝染色液，50% 乙醇溶液；无菌吸管，无菌玻璃纸，显微镜，载玻片，盖玻片，无菌平皿，镊子，接种环，酒精灯等。

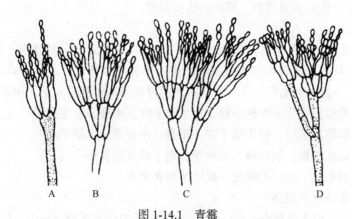

图 1-14.1　青霉
A. 单轮生；B. 对称二轮生；C. 多轮生；D. 不对称生青霉

【操作步骤】

（一）霉菌形态观察

1. 插片法

（1）倒平板　　熔化马铃薯葡萄糖培养基，冷却至 50℃左右倒平板，每皿 20 ml，冷凝。

（2）接种　　用接种环挑取青霉斜面菌种孢子，在平板培养基上密集划线接种。

（3）插片　　接种后斜插无菌盖玻片于接种线上。

（4）培养　　将插片平板倒置于 28℃培养 2～3 d。

（5）镜检　　用镊子轻轻取下盖玻片盖在滴有乳酸石炭酸棉蓝染色液的载玻片上，即可观察。

2. 制片观察

（1）制片　　在洁净载玻片的中央加一小滴乳酸石炭酸棉蓝染色液，用解剖针从菌落边缘挑取少量带有孢子的霉菌菌丝，先置于 50% 乙醇溶液中浸一下以洗去脱落的孢子，再放入载玻片上的染色液中，细心地将菌丝散开，轻轻盖上盖玻片，注意避免产生气泡。

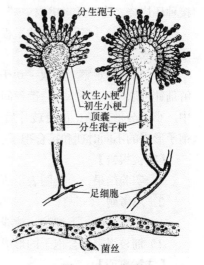

图 1-14.2　曲霉

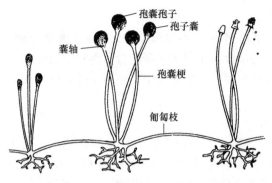

图 1-14.3　根霉

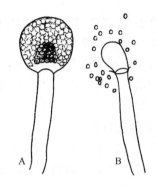

图 1-14.4　毛霉
A. 孢囊梗和孢子囊；B. 囊轴和孢囊孢子

（2）镜检　　先低倍镜观察，再换高倍镜观察。

3. 玻璃纸法

（1）菌种制备　　先向霉菌斜面试管中加入 3 ml 无菌水，制成孢子悬液。再吸取 0.2 ml 孢子悬液均匀地涂布在覆盖玻璃纸的查氏平板培养基上，28℃培养 48 h。

（2）观察　　揭起并剪取一小片长有菌丝的玻璃纸贴于载玻片上，用显微镜观察。

1）青霉：观察扫帚状分生孢子穗及分生孢子梗、小梗、分生孢子。

2）曲霉：观察足细胞、分生孢子梗、顶囊、小梗及分生孢子。

3）根霉：观察假根、匍匐枝、孢囊梗、孢子囊及孢囊孢子。

4）毛霉：观察孢子囊、孢囊梗、囊轴及孢囊孢子。

（二）霉菌接合孢子观察

1. 倒平板　　以无菌操作法将已熔化的琼脂培养基倒入无菌平板中，待凝固后接种。

2. 接种　　用无菌接种环挑取匍枝根霉"＋"菌株的菌丝少许，在平板左侧点接，接种环灼烧、冷却后再挑取"－"菌株的菌丝在平板右侧点接。

3. 培养　　将已接种的平板置于 24℃培养 5 d 后观察。温度超过 25℃会影响接合孢子的形成。

4. 制片与观察　　取一块干净载玻片，加一滴蒸馏水或乳酸石炭酸棉蓝染色液，用解剖针挑取"＋"和"－"菌丝间的菌丝少许，用 50% 乙醇溶液浸润并用水洗涤后放于其中，小心分散菌丝，加盖玻片后先置于低倍镜下观察，必要时再转换高倍镜，观察接合孢子形成的不同时期和接合孢子、配子囊的形状。

【实验报告】

1. 实验结果　　绘图表示所观察到的霉菌和接合孢子的形态特征。

2. 思考题

1）比较显微镜下细菌、放线菌、酵母菌、霉菌形态上的异同。

2）匍枝根霉接合孢子的形成经过哪几个阶段？

【注意事项】

1. 挑菌、制片要细心，尽量减少菌丝断裂、形态破坏，加盖玻片时避免产生气泡。

2. 插片法及玻璃纸法接种量要少，且尽量分散均匀，培养时间也不宜过长，避免菌丝过于密集从而影响观察。

3. 接种匍枝根霉的"＋"和"－"菌株时两菌之间应有一定距离，菌种在接合培养前需要活化 2 或 3 代。

（陈　龙）

实验 1-15　伞菌担子及担孢子形态的观察

【目的要求】

掌握观察伞菌担子及担孢子的方法。

【基本原理】

蘑菇的子实体形如伞状，其有性繁殖器官担子和担孢子着生在菌盖下面菌褶两边的子实层上，用压片法或徒手切片法将菌褶切成薄片后制成水浸标本片，可在显微镜下观察到伞菌担子和担孢子的形状、颜色及其着生方式等（图 1-15.1）。

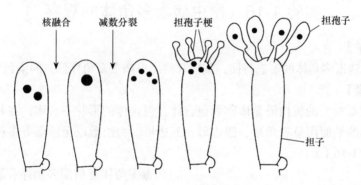

图 1-15.1　担孢子的形成

【实验器材】

从栽培场所或野外采集的成熟的伞菌标本（也可用商品干菇），胡萝卜；蒸馏水，50 g/L KOH 溶液；眼科镊子，小烧杯，刀片，解剖针，显微镜，载玻片，盖玻片等。

【操作步骤】

（一）压片法

1. 制片　　取载玻片和盖玻片数片，用干净纱布擦净后，用镊子夹住分别在酒精灯火焰上来回通过几次，以烧去玻片上的有机物。盖玻片易烧碎，不要久烤，并要均匀加热。

在冷却的载玻片中央加一小滴蒸馏水（若是干标本可用 50 g/L KOH 溶液，能使干缩的担子及担孢子等组织结构恢复原来的尺寸）。用眼科镊子在菌褶中部夹取米粒大小的一块褶片置于载玻片的蒸馏水或 KOH 溶液中，用解剖针将褶片分散（若用干菇则要浸润后再分散）。

取一盖玻片将其一边浸在载玻片上的溶液中，缓慢将盖玻片盖在分散褶片上，避免产生气泡。

2. 镜检　　用铅笔上的橡皮头轻压或敲盖玻片，至材料呈极薄的膜状分散。置于显微镜下，先低倍镜后高倍镜观察。如光线太强可降低聚光器或缩小光圈减弱视野亮度。只要光照适当、材料适宜（不能太老）便可清楚地看到伞菌的担子、担孢子和其他结构的形态。

（二）徒手切片法

1. 制片　　将菌褶片用眼科镊子取下一小块，用刀片切取胡萝卜两片，将菌褶块夹在两片胡萝卜之间，左手拿夹有菌褶的胡萝卜片，右手拿刀片，由外向内切片，将切下的小片放入小烧杯内的水中，用镊子从烧杯中选取极薄的菌褶切片放在载玻片上，制成水浸片。

2. 镜检　　只要切片薄且匀，显微镜下可看到伞菌的担子、担孢子和其他结构的形态。

【实验报告】

1. 实验结果　　绘出伞菌担孢子着生在担子上的形态图，并注明各部位的名称。

2. 思考题　　如何通过菌褶的颜色来区分子实体的生长时期？

【注意事项】

压片要小心，不要敲碎盖玻片；选择极薄且均匀的菌褶切片观察。

（陈　龙）

实验 1-16　昆虫病毒多角体的观察

【目的要求】

观察昆虫病毒多角体的形态特征；掌握观察昆虫病毒多角体形态的染色方法。

【基本原理】

包裹有病毒粒子的蛋白质晶体称为包含体。包含体的形状不规则，在相差显微镜下观察，包含体的平面图呈三角形、四边形、五边形、六边形以至圆形等多种形状，故称为多角体（图 1-16.1）。

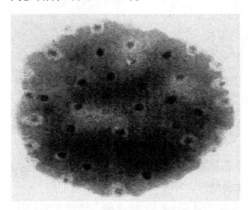

病毒多角体有核型多角体和质型多角体：核型多角体主要存在于昆虫组织的脂肪体、真皮和气管基质的细胞核中；质型多角体则存在于昆虫的中肠上皮组织的细胞质内。在昆虫细胞组织中形成的多角体，通过特殊染色后可在光学显微镜下观察到。

【实验器材】

分别感染核型多角体病毒和质型多角体病毒致死的斜纹夜蛾虫尸；5% 伊红染色液（附录一），乙醇-福尔马林固定液（附录三），质型多角体染色液 I（附录一），质型多角体染色液 II

图 1-16.1　包含体的电镜照片

（附录一），吉姆萨染色液（附录一），1% NaOH 溶液，香柏油，二甲苯，甲醇；研钵，离心机，离心管，纱布，蒸馏水，指形管，接种环，显微镜，载玻片，盖玻片，擦镜纸等。

【操作步骤】

（一）核型多角体的观察

1. 制片

（1）方法 I　　将感染核型多角体病毒死亡的虫尸放入研钵内，加入少量无菌水，碾碎，取悬液于载玻片上涂片，晾干。

（2）方法Ⅱ　　　将感染核型多角体病毒死亡的虫尸放入研钵加少量无菌水碾碎，用两层纱布过滤，再用离心机 3000 r/min 离心 30 min。管中液体分 3 层：上层是清液；下层是虫体碎片等杂质；中层乳白色浑浊液中含有大量的多角体。用吸管小心吸出乳白色浑浊部分于指形管中，用无菌水反复洗涤并离心几次，可得到多角体的粗提纯液。适当稀释后涂片，晾干。

2. 固定　　　用乙醇-福尔马林固定液固定 10～20 min，用滤纸吸干。

3. 碱处理　　　加 1% NaOH 溶液一滴，处理 1 min。

4. 染色　　　加 5% 伊红染色液一滴，染色 3～5 min，倒掉染色液，自然干燥。

5. 镜检　　　加一滴香柏油在载玻片的涂面上，用油镜观察，多角体呈粉红色。

（二）质型多角体的观察

1. 方法Ⅰ

（1）制片　　　用感染质型多角体病毒死亡的虫尸，具体制法同上。

（2）固定　　　加甲醇一滴，固定 2～3 min，晾干。

（3）染色　　　加质型多角体染色液Ⅰ一滴，染色 3 min，水洗，晾干。

（4）镜检　　　用油镜观察：多角体呈青色；背景为淡红色。

2. 方法Ⅱ（Sikorowski 染色法）

（1）制片　　　涂片制作同前，风干 1～2 h 或 50℃干燥 10 min。

（2）染色　　　在电热板上加热到 40℃，滴加质型多角体染色液Ⅱ，染色 5 min（室温染色 20 min），注意中途不要让染色液蒸干。取下载玻片，倒掉染色液，晾干。

（3）水洗　　　用自来水轻轻冲洗 5 s。

（4）镜检　　　晾干后用油镜观察：质型多角体呈海军蓝色；背景呈淡蓝色。

（三）核型多角体与质型多角体的区别染色

1. 制片　　　按常规方法制备涂片。

2. 干燥　　　将涂片在火焰上微火加热干燥。

3. 染色　　　在涂片上加一滴吉姆萨染色液染 1 min 后加一滴蒸馏水，摇匀，再染 30 min。

4. 镜检　　　水洗、干燥后用油镜观察：质型多角体呈紫色；核型多角体不着色。

【实验报告】

1. 实验结果　　　绘图表示所观察到的昆虫病毒多角体的形态特征。

2. 思考题　　　比较核型多角体与质型多角体的异同。

【注意事项】

1. 质型多角体的染色方法Ⅱ中，注意加热染色时不要让染色液蒸干。

2. 核型多角体与质型多角体的区别染色中，加热干燥要用微火，温度不能过高，以玻片背面不烫手为宜。

（蔡信之）

第四单元 微生物纯培养技术

实验 1-17 培养基的制备

【目的要求】

学习微生物培养基配制的原理；掌握常用微生物培养基配制的一般方法和操作步骤。

【基本原理】

培养基是按微生物生长繁殖的需要人工配制的营养基质，其中含碳源、氮源、无机盐、能源、生长因子和水，并调节 pH 和渗透压到一定范围，可供微生物生长繁殖、积累代谢产物。其种类很多，不同微生物需要不同的培养基，实验目的不同所用培养基也不同。

配制供细菌、放线菌、酵母菌和霉菌生长的通用培养基的方法大致相同，按配方称取试剂，用少量水溶解各组分，待完全溶解后补足水量，调整 pH，分装，灭菌，备用。有的实验要求培养基灭菌后要在合适的温度下培养过夜，确认无菌后才可使用。

配制一般的固体培养基可以直接用市售的琼脂作凝固剂。这类琼脂常含有少量的矿物质和色素。如果要求用较纯净的琼脂，就需要做特殊的处理，以除去其中的杂质：先将琼脂放在蒸馏水中浸泡数天，每天换水一次，除去其中可溶性的无机盐和有机物，再用 95% 乙醇溶液浸泡过夜，取出放在干净的纱布上晾干，备用。

为防止培养基中微生物生长繁殖而消耗养分，改变培养基的成分和酸碱度，带来不利影响，配制好的培养基必须立即灭菌。如果来不及灭菌，应暂时保存于冰箱内。

【实验器材】

牛肉膏，蛋白胨，可溶性淀粉，葡萄糖，蔗糖，黄豆芽，琼脂，孟加拉红 1% 水溶液，链霉素 1% 水溶液，蒸馏水，K_2HPO_4，KNO_3，$MgSO_4$，$FeSO_4$，$NaNO_3$，$NaCl$，KCl，1 mol/L NaOH 溶液，1 mol/L HCl 溶液；天平，试管，锥形瓶，烧杯，漏斗，量筒，玻璃棒，培养皿，吸管，角匙，培养基分装器，高压蒸汽灭菌锅，纱布，棉花，记号笔，牛皮纸，电炉，线绳，精密 pH 试纸等。

【操作步骤】

（一）好氧菌培养基的配制

1. 称量　　培养细菌用牛肉膏蛋白胨培养基，培养放线菌用高氏 1 号培养基，培养霉菌用查氏培养基，培养酵母菌用豆芽汁蔗糖培养基。按培养基配方（附录二）依次准确称取各成分于烧杯（或铝锅、不锈钢锅）中。牛肉膏较黏稠，可先称量玻璃棒和小烧杯，再用玻璃棒挑取牛肉膏放在烧杯中一起称重，热水溶化后倒入大烧杯。也可在称量纸上称后放入热水，牛肉膏便与称量纸分离，立即取出纸片。蛋白胨极易吸潮，称量要迅速。严防药品混杂造成污染，一种药品用一把角匙，瓶盖不要盖错。

2. 溶化　　在烧杯（或锅）中先加入 4/5 的水，在石棉网上加热，搅匀，药品溶解后再补足水分。若配制固体培养基，将称好的琼脂加入已溶化的药品中，再加热熔化。不断搅拌以防烧焦使烧杯破裂，烧煳的培养基不宜再用。应控制火力以免培养基溢出。最后补充所失的水分。不可用铜锅或铁锅加热熔化以免金属离子进入培养基影响细菌生长。

3. 调 pH　　加琼脂前，先用精密 pH 试纸测量培养基原始 pH。偏酸可用滴管逐滴加入 1 mol/L NaOH 溶液，边加边搅拌，随时用 pH 试纸检测，直至 pH 达到所需范围。偏碱则用 1 mol/L HCl 溶液调节。pH 不要调过头，以避免回调而影响培养基内各离子浓度。配制 pH 低的琼脂培养基，可在中性 pH 灭菌，最后再调 pH，以防琼脂因水解不能凝固。

4. 过滤　　趁热过滤。液体培养基用滤纸过滤，固体培养基用 4 层纱布过滤，以利于观察结果。无特殊要求这步可省去。

5. 分装　　按要求将配制好的培养基趁热分装于试管或锥形瓶内（图 1-17.1）。不要使培养基沾在管口或瓶口上，以免沾污棉塞引起污染。

分装量：液体培养基分装高度以试管高度的 1/4 为宜，锥形瓶不超过容积的一半。固体培养基不超过管高的 1/5（3～4 ml），灭菌后制成斜面；锥形瓶不超过容积的一半。半固体培养基以试管高度的 1/3 为宜，灭菌后垂直待凝。

6. 加棉塞　　培养基分装完毕后，在试管口或锥形瓶口塞上棉塞（或泡沫塑料塞、试管帽等），以防止外界微生物进入培养基造成污染，并保证有良好的通气性。使棉塞总长的 3/5 塞入管口或瓶口内（图 1-17.2），以防止棉塞脱落。

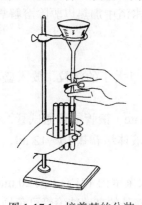

图 1-17.1　培养基的分装

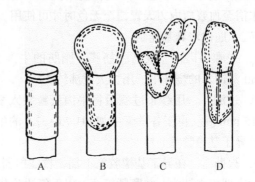

图 1-17.2　试管帽和棉塞
A. 试管帽；B. 正确塞入的棉塞；C、D. 不正确塞入的棉塞

7. 包扎　　加塞后在锥形瓶或试管（试管先扎成捆）外包一层牛皮纸或双层报纸，用线绳扎好，以防灭菌时冷凝水沾湿棉塞。许多微生物在摇床振荡培养时需要良好的通气，锥形瓶塞常由 8 层纱布制成。灭菌前将方形纱布盖在瓶口，其中部用手指塞入瓶口内，将四角折成塞子状后加纸套包扎，灭菌。待接入菌种后将塞状纱布拉开，包扎在瓶口外即成通气塞，于摇床上振荡培养。用记号笔注明培养基名称、组别、配制日期等。

8. 灭菌　　将包扎好的培养基按所需灭菌时间和温度进行高压蒸汽灭菌或其他方法灭菌。如不能及时灭菌，应放入冰箱内短期保存。

9. 搁置斜面　　固体培养基灭菌后冷至 50℃左右（以防冷凝水太多），趁热将试管口搁在长木条上，斜面不超过试管的一半（图 1-17.3）。

10. 无菌检查　　将灭菌培养基于 37℃培养 24～28 h，以检查灭菌是否彻底。

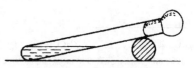

图 1-17.3　斜面的放置

（二）厌氧菌培养基的配制

1. 配方　　蛋白胨 5 g，酵母膏 10 g，葡萄糖 10 g，胰酶解酪蛋白 5 g，盐溶液[①] 10 ml，刃天青溶液 4 ml，半胱氨酸盐酸盐 0.5 g，琼脂 15 g，水 1000 ml，pH 7.0，121℃灭菌 20 min。

该培养基中的半胱氨酸为还原剂。刃天青是氧化还原指示剂，它具有双重作用，在有氧条件下起 pH 指示剂的作用：碱性时呈蓝色；酸性时呈红色；中性时呈紫色。当培养基处于无氧状态时，刃天青变成无色。此时，培养基的氧化还原电位约为 −40 mV，可满足一般厌氧菌的生长繁殖。

2. 称药品　　称取除半胱氨酸和盐溶液、刃天青溶液以外的各种成分于烧杯中，加水溶解后再加盐溶液和刃天青溶液，最后加半胱氨酸。

3. 调 pH　　用 1 mol/L NaOH 溶液调 pH 至 7.0。

4. 分装　　取培养基 100 ml 加入 150 ml 血浆瓶中，再加 1.5% 琼脂，旋紧瓶盖。

5. 灭菌　　在每一血浆瓶盖上插一枚注射器针头，于高压蒸汽灭菌锅内，121℃灭菌 20 min。打开灭菌锅后立即拔去针头，以减少冷却过程中空气溶入培养基中而增加溶解氧，在培养基冷却过程中若用高纯氮气维持瓶压的下降，则培养基的无氧状态保持得更好。

6. 加热驱氧　　灭菌后，随着放置时间的延长，培养基中的溶解氧也随之增加（液体培养基更易溶入氧气），因此在使用前必须把培养基放入沸水浴中加热以驱除溶解氧，即沸水浴至血浆瓶内刃天青褪至无色时才可使用。

（三）庖肉培养基配制

1. 去膘牛肉　　取已去筋膜、脂肪的牛肉 500 g 切成黄豆大小的颗粒，放入盛有 1000 ml 蒸馏水的烧杯中，用文火煮沸约 1 h。

2. 过滤　　用纱布过滤后将牛肉渣粒装入亨盖特（Hungate）滚管或普通试管，装量约 15 mm 高。再于各试管中加 pH 7.4～7.6 的牛肉膏蛋白胨液体培养基 10～12 ml，塞上黑色异丁基橡胶塞。

3. 灭菌　　在异丁基橡胶塞上插一枚注射器针头，放入灭菌锅内 121℃灭菌 20 min。灭菌后立即拔去针头，并塞紧管塞。以无氧法分装成的无氧培养基的亨盖特滚管可免插注射针头，但要将各滚管塞压紧后再进行灭菌，这样制备成的滚管称为 PRAS 培养基（或称为预还原性厌氧无菌培养基），使用前也不必驱氧，但需无氧无菌操作法转移或接种。

4. 使用前除氧　　若厌氧培养基在存放中有氧气渗入，使用前置水浴中煮沸 10 min，以除去溶入的氧气，在高纯氮气饱和下冷却后避氧无菌操作接种。

【实验报告】

1. 实验结果　　记录本实验配制培养基的名称、配方、配制过程，分析其中碳源、氮源、能源、无机盐及维生素的来源。

2. 思考题

1）在配制培养基的操作中应注意些什么？为什么？其中关键操作是什么？

---

① 盐溶液的成分：无水 $CaCl_2$ 0.2 g，$MgSO_4 \cdot 7H_2O$ 0.48 g，K_2HPO_4 1 g，KH_2PO_4 1 g，$NaHCO_3$ 10 g，NaCl 2 g，蒸馏水 1000 ml。配法：先在 300 ml 蒸馏水中加入 $CaCl_2$ 和 $MgSO_4 \cdot 7H_2O$，待溶解后再加 500 ml 蒸馏水，并陆续加入其余盐类，不断搅拌，待全部溶化后补足水分至 1000 ml。

2）培养基配好后为什么必须立即灭菌？如何检查灭菌后的培养基是否无菌？若不能及时灭菌应如何处理？

3）厌氧菌培养基通常分装在带异丁基橡胶塞（耐高温）的亨盖特滚管或血浆瓶中，为何灭菌时在胶塞上插一枚针头？若不插排气针头该采取何种措施分装与灭菌？

【注意事项】

1. 称量药品要迅速。严防药品混杂造成污染，一种药品用一把角匙，瓶盖不要盖错。

2. 调 pH 要细心，不要调过头，以避免回调而影响培养基内各离子浓度。

棉塞的制作（图 1-17.4）

棉塞的作用：防止杂菌污染；保证通气良好。因此，要求棉塞形状、大小、松紧与管口或瓶口完全适合。过紧妨碍空气流通，操作不便；过松则达不到滤菌的目的。棉花要选纤维较长的，一般不用脱脂棉，因其易吸水变湿造成污染，价格也较贵。

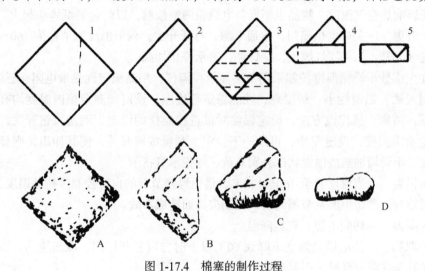

图 1-17.4　棉塞的制作过程

1～5.棉塞制作示意图；A~D.实物演示图

（陈　龙）

实验 1-18　消毒与灭菌

【目的要求】

1. 了解消毒与灭菌的基本原理和应用范围。

2. 掌握实验室中常用的消毒与灭菌方法。

【实验器材】

电热干燥箱，灭菌锅，紫外灯；甲醛，石炭酸，来苏尔，新洁尔灭，乙醇等。

【基本原理与方法】

消毒一般是指消灭病原菌和有害微生物的营养体。灭菌是指杀灭所有微生物。在微生物学实验中，需要进行纯培养，不能有任何杂菌污染。对所用物品、场所等都要严格消毒和灭菌。消毒和灭菌的方法很多，可分为物理法和化学法两大类：物理法包括加热灭菌（干热和湿热）、过滤除菌和紫外线灭菌等；化学法主要是利用化学药品对实验室用具和其他物体表面进行灭菌和消毒。灭菌对象不同、实验目的不同，采用的灭菌方法也不同。一般来说，玻璃器皿可用干热灭菌，培养基用高压蒸汽灭菌，某些不耐高温的培养基如血清、牛乳等可用巴斯德消毒法、间歇灭菌法或过滤除菌法灭菌，无菌室、无菌罩等可用紫外线照射、化学药剂喷雾或熏蒸等方法灭菌。下面分述几种消毒、灭菌方法的原理及操作步骤。

1. 干热灭菌　　干热灭菌是利用高温使微生物细胞蛋白质凝固变性从而灭菌，包括火焰灼烧和热空气灭菌两种。火焰灼烧适用于接种环、试管口等的灭菌。热空气灭菌是在电热烘箱内灭菌，适用于玻璃器皿、金属用具的灭菌。橡胶、塑料制品不能干热灭菌。此法灭菌温度不能超过180℃，否则包装纸和棉塞就会烧焦，甚至引起燃烧。操作步骤如下。

（1）装物　　将包好的待灭菌的培养皿、试管、吸管等放入电烘箱内，不可装得太挤，以免影响热空气流通。物品也不要与电烘箱内壁接触，以防包装纸烤焦起火。

（2）升温　　关好电烘箱门，接通电源，打开开关，调节温度调节器为160～170℃，使温度逐渐上升。如果红灯熄灭，绿灯亮，表示停止加温。

现在大多数干燥箱温度控制采用数字显示控温仪，用高稳定性热敏电阻作感温元件，具有感温灵敏、热惯性小、精度高、性能稳定等优点，设定和测定箱内温度均有数字显示，直观、清晰。操作也方便，设定温度时撤进控温仪的设定、测量按钮开关，旋转设定旋钮至所需温度，设定完毕，再撤一下设定、测量按钮开关，使其伸出，则显示箱内测量温度。干燥箱加热或恒温状态分别有黄、绿指示灯指示。

（3）恒温　　当温度升至160～170℃，借恒温调节器的自动控制维持此温度2 h。中间应注意检查，严防恒温调节器的自动控制失灵而造成事故。

（4）降温　　切断电源，自然降温。

（5）取物　　待电烘箱温度下降到60℃以下时方可打开箱门，取出物品，以免骤然降温（尤其是气温较低时）引起玻璃器皿炸裂。

已灭菌的培养皿、移液管等应在使用时才从纸包里取出来，避免污染。

2. 高压蒸汽灭菌　　高压蒸汽灭菌是将待灭菌物品放在密闭的加压灭菌锅内，加热使灭菌锅夹层中的水沸腾产生蒸汽。待蒸汽将锅内冷空气从排气阀驱尽后关闭排气阀，继续加热。因蒸汽不能逸出而增加锅内压力，水的沸点增高，高于100℃，导致菌体蛋白质凝固变性从而实现灭菌的目的。同一温度，湿热的灭菌效力比干热大得多：蛋白质含水量增多时凝固所需温度降低，湿热中菌体细胞吸水蛋白质较易凝固；湿热的蒸汽有潜热，由气态变为液态时放出热量能提高灭菌物体的温度；湿热的穿透力比干热大（表1-18.1）。

表 1-18.1　干热、湿热穿透力及灭菌效果比较

| 温度 /℃ | 时间 /h | 透过布层的温度 /℃ | | | 灭菌效果 |
		20 层	40 层	100 层	
干热 130～140	4	86	72	70.5	不完全
湿热 105.3	3	101	101	101	完全

灭菌的主要因素是温度而非压力。灭菌锅内冷空气是否完全排尽极为重要，因为空气的膨胀压大于水蒸气的膨胀压，在同一压力下含空气蒸汽的温度低于饱和蒸汽的温度。若锅内有一半的空气，压力表虽已指在 0.1 MPa，但锅内温度却只有 112℃，灭菌不彻底。

现在法定压力单位已不用 lb（磅）和 kg/cm² 表示，而用 Pa（帕）和 bar（巴）表示，其换算关系是：1 kg/cm²＝98 066.5 Pa；1 lb/in²＝6894.76 Pa（1 in＝2.54 cm）。一般培养基用 0.1 MPa（相当于 1.05 kg/cm² 或 15 lb/in²）、121℃、15～30 min，可以彻底灭菌。

实验室常用的非自控高压蒸汽灭菌锅有卧式（图 1-18.1）和手提式（图 1-18.2）。

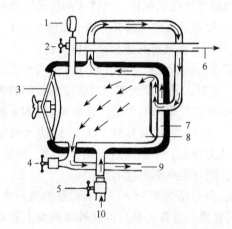

图 1-18.1 卧式高压蒸汽灭菌锅示意图
1. 压力表；2. 蒸汽排气阀；3. 门；4. 温度计阀；5. 蒸汽供应阀；6. 排气口；7. 夹层；8. 室；9. 通风口；10. 蒸汽进口

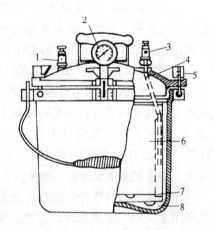

图 1-18.2 手提式高压蒸汽灭菌锅示意图
1. 安全阀；2. 压力表；3. 排气阀；4. 软管；5. 紧固螺栓；6. 灭菌桶；7. 筛架；8. 水

手提式高压蒸汽灭菌锅的使用方法如下。

（1）加水　打开灭菌锅盖，取出内层桶，向锅内加入适量水，水面与三角搁架相平。

（2）装料　放回内层桶，装入待灭菌物品，不要太挤，棉塞不要接触桶壁，以免冷凝水沾湿棉塞或冷凝水渗透棉塞进入培养基等。

（3）加盖　将盖上排气软管插入内层桶的排气槽内，移正、盖上锅盖，两两对称地拧紧所有螺栓，勿使漏气。

（4）排气　打开排气阀，加热，水沸腾后约 5 min 排出气流很强并产生大量雾汽，还有嘘声，表明空气已排尽。

（5）升压和保压　关闭排气阀，压力上升。压力表指针达到所需压力刻度时控制热源，开始计时，维持压力至所需时间。本实验用 0.1 MPa、121℃、20 min 可彻底灭菌。

（6）降压　灭菌后停止加热，让压力自然下降到零后方可打开排气阀，放尽余下的蒸汽，用对称顺序拧松螺栓，打开锅盖，取出物品，放掉锅内剩水。

现在越来越多的实验室使用自动手提式灭菌器，其具有效果优良、操作简便、安全可靠等优点。灭菌器盖装有双刻度压力表，有温度、压力读数指示，清晰、直观。设有定时开关，可根据灭菌的需要设定灭菌时间。装有压力控制器，可根据灭菌物品设定、控制灭菌压力。装有安全阀和排气阀，压力超过 0.14 MPa 时安全阀自动释放过高的压力，性能可靠。具有自动保护功能，灭菌器内断水时电路自动切断，同时蜂鸣器响起，提醒补水。使用简便，加水、装料、加盖后即可通电加热。先将定时器旋钮指示线旋至"ON"处，压力控制器调至刻度线的中间位置，再开电源开关，工作指示灯亮，灭菌器加热，打开排气阀，排除空气后关闭排气阀。根据需要设定灭菌压力和时间。加热至工作指示灯灭，灭菌指示灯亮。此时压力控制器上所对应的位置即为压力表上所指示的压力和温度。保压灭菌中，灭菌指示灯与工作指示灯交互闪烁，表明已达恒温、恒压状态。达到设定灭菌时间后定时器指针回到零位（"OFF"），工作指示灯、灭菌指示灯灭，灭菌结束指示灯亮。

（7）无菌检查　　将灭菌培养基于37℃培养24 h，无杂菌生长者可备用。

3. 煮沸消毒　　煮沸消毒可使菌体蛋白质凝固变性而死亡。将待灭菌物品用纱布包好，放入煮沸消毒器，加水煮沸15～20 min，一般可杀灭细菌的营养体。煮沸1～2 h，可杀灭芽孢。在水中加入2% Na_2CO_3可促使芽孢死亡，而且可防止金属器械生锈。

4. 紫外线灭菌　　紫外线灭菌是用紫外灯进行的，波长200～300 nm的紫外线都有杀菌能力，以260 nm为最强。紫外线的波长一定时，其杀菌效率与其强度和时间的乘积成正比。其灭菌机理：一是可导致DNA中胸腺嘧啶二聚体的形成，从而抑制DNA的复制；二是紫外辐射使空气中的O_2电离成[O]，使O_2氧化成臭氧（O_3），或使水氧化成H_2O_2，O_3和H_2O_2都有杀菌能力。紫外线穿透能力很差，不能穿过玻璃、衣物、纸张等，仅适于物体表面或无菌室、接种箱内空气消毒。照射距离不超过1.2 m。

化学消毒剂与紫外线结合可增强灭菌效果，开灯前先喷3%～5%石炭酸溶液，桌面、凳子用2%～3%来苏尔溶液擦洗。为检查灭菌效果，可在灭菌后的接种室内桌上和桌下各放一套无菌牛肉膏蛋白胨平皿，打开盖，15 min后盖上，37℃培养。如果每个平皿中菌落不超过4个则可认为灭菌效果良好；若菌落多则需延长照射时间或加强其他措施。

紫外线对人体有害，人不能在开着的紫外灯下工作，特别要避免对眼睛的灼伤。可见光使形成的二聚体复原，因此开紫外灯时不能同时开日光灯及白炽灯。

5. 化学灭菌　　微生物实验室中常用于消毒灭菌的化学药剂有以下几种。

（1）福尔马林　　福尔马林为甲醛的水溶液，浓度为37%～40%，它是一种强杀菌剂，可使菌体蛋白质凝固。10%福尔马林常用于固定组织标本。其蒸气常用于接种室和培养室熏蒸灭菌。熏蒸福尔马林的用量通常按每立方米空间2～6 ml计算。可用加热法或氧化法。加热法用酒精灯加热，酒精量以能蒸干甲醛溶液即可。高锰酸钾是强氧化剂，其氧化反应使甲醛挥发为气体。氧化法是先称好高锰酸钾（甲醛用量的1/2），放在瓷碗或大烧杯里，将甲醛倒入碗或杯内，立即出屋关门。甲醛熏蒸应在使用前至少24 h进行，熏蒸后密闭12 h以上，再处理使用。

（2）石炭酸（苯酚）　　石炭酸是一种常用的防腐剂或杀菌剂，其作用机制是使菌体蛋白质凝固，而且其渗透力也强，配制成的3%～5%石炭酸溶液是一种常用的消毒剂。一般用于接种室内喷雾，进行桌面、地面及墙壁的消毒。

（3）来苏尔　　来苏尔即煤酚皂液，它是甲酚和肥皂制成的乳浊液，杀菌效力比石炭酸大4倍。1%～2%来苏尔溶液常用于无菌操作前洗手消毒，或用于室内喷雾消毒。也可用3%来苏尔溶液浸泡用过的吸管及玻璃器具（浸泡约1 h）消毒。

（4）乙醇　　乙醇是常用的消毒剂，其杀菌力随浓度的改变而变化：浓度过高（95%～100%）的乙醇接触菌体后立即使菌体表面蛋白质凝固，形成一层保护膜而阻止乙醇分子渗入菌体内，影响杀菌效果；浓度过低则杀菌力减弱。实验证明，70% 乙醇溶液杀菌作用最强，常用于皮肤或器具表面消毒，浸泡载玻片、盖玻片。

　　按要求配制实验室中常用的几种化学消毒剂：① 5% 来苏尔溶液；② 70% 乙醇溶液；③ 10% 福尔马林；④ 0.25% 新洁尔灭液。

　　6. 微孔滤膜过滤除菌　　过滤除菌是通过机械作用滤去含有易受热分解物质的液体或气体中细菌的方法。它不能去除支原体和病毒等。根据不同的需要选用不同的过滤器和滤板材料。微孔滤膜过滤器是由上下两个分别具有入口和出口连接装置的塑料盖盒组成，入口处可连接针筒，出口处可连接针头。当溶液从针筒注入滤器时，将各种菌体阻留在微孔滤膜上面，实现除菌。根据待除菌溶液的量可选用不同大小的滤器。此法除菌的最大优点是不破坏溶液中各种物质的化学成分。由于滤量有限，因此一般只适用于实验室中小量溶液的过滤除菌。

　　（1）组装、灭菌　　将 0.22 μm 孔径的滤膜装入清洗干净的塑料滤器中，旋紧压平，包装灭菌（0.1 MPa，121℃灭菌 20 min）后待用。

　　（2）连接　　将无菌滤器入口在无菌条件下以无菌操作连接于装有待滤液（2% 葡萄糖溶液）的注射器上，将针头与出口处连接并插入带橡皮塞的无菌试管中（图 1-18.3）。

　　（3）压滤　　将注射器中待滤溶液加压缓缓过滤到无菌试管中，滤毕，将针头拔出。压滤时，用力要适当，不可太猛、太快，以免细菌被挤压通过滤膜。

　　（4）无菌检查　　无菌操作吸取除菌滤液 0.1 ml 于牛肉膏蛋白胨平板上，涂布均匀，置 37℃温室中培养 24 h，检查是否有菌生长。

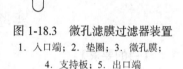

图 1-18.3　微孔滤膜过滤器装置
1. 入口端；2. 垫圈；3. 微孔膜；
4. 支持板；5. 出口端

　　（5）清洗　　弃去塑料滤器上的微孔滤膜，将塑料滤器清洗干净，并换上一张新的微孔滤膜，组装包扎，再经灭菌后使用。

　　全过程应在无菌条件下严格无菌操作，以防污染。过滤时应避免各连接处出现渗透。

【实验报告】

1. 实验结果　　检查高压蒸汽灭菌及紫外线灭菌的效果。

2. 思考题

1）说明高压蒸汽灭菌、紫外线灭菌的原理及操作关键。

2）高压蒸汽灭菌为何要将锅内冷空气排尽？灭菌后压力未降到零时为何不可开盖？

3）相同温度下，为什么湿热灭菌比干热灭菌效果好？

4）以下左侧所列物品各采用右侧何种消毒灭菌法？

　　　　无菌室空气消毒　　　　干热灭菌

　　　　血清　　　　　　　　　巴斯德消毒法

　　　　乳糖　　　　　　　　　过滤除菌法

　　　　镊子、剪刀等　　　　　紫外线灭菌法

　　　　牛奶　　　　　　　　　高压蒸汽灭菌（112℃）

5）下列物品常采用何种消毒剂？

空气：

桌面（因菌液不慎洒在桌上）：

吸过菌液的吸管：

载玻片、盖玻片：

皮肤：

【注意事项】

1. 使用手提式高压蒸汽灭菌锅前应仔细检查其各部件是否完好，并严格按操作规程规范操作，防止意外事故发生。

2. 自动手提式灭菌器设定温度和时间时，旋转设定旋钮要先旋过所需位置再旋回所需位置，以确保准确。

3. 高压蒸汽灭菌时操作者切勿擅自离开岗位，要随时观察压力表指针动态，避免压力过高或安全阀失灵等原因诱发事故。

4. 高压蒸汽灭菌结束务必待锅压下降到零位后再打开排气阀排出余汽，开盖取物，否则因锅内压力突然下降，培养基或其他液体易发生复沸腾，造成瓶内液体沾湿棉塞或溢出等事故，甚至烫伤人员。

5. 高压蒸汽灭菌锅装料前切记加足水量，若锅内缺水会干烧而引发重大事故。

（陈　龙）

实验 1-19　微生物接种技术

【目的要求】

1. 学习倒平板的方法和平板划线分离的操作技术。

2. 掌握斜面、平板、液体和穿刺等接种方法；巩固无菌操作技术。

【基本原理】

微生物接种技术是生命科学研究中的一项最基本的操作技术。无菌操作是微生物接种技术的关键。微生物接种是在无菌环境中，按无菌操作规程给无菌培养基接种目的菌。培养基状态不同（有斜面、平板、液体、半固体），接种操作略有不同，采用的接种工具（图 1-19.1）也不同，分别称为斜面接种、平板接种、液体接种、穿刺接种等。

用于制作接种环（针）的金属丝应软硬适中，必须具有灼烧时红得快、冷却迅速、耐反复灼烧、不易氧化、无毒等性能，常用镍铬丝或铂金丝为材料。用于接种细菌和酵母菌的接种环可用直径为 0.5 mm 的镍铬丝，一端弯成内径 2～3 mm 的圆环，环端要吻合，环面要平整，另一端固定于金属棒或玻璃棒内，棒外的金属丝总长 7.5 cm 左右。

1）斜面培养基用于菌种扩增或保藏。

2）固体培养基一般添加凝固剂形成，也可用固体物料配制成。可装于试管、培养皿、培养瓶、锥形瓶、罐头瓶、塑料袋等容器中。装于培养皿的称为平板培养基，常用

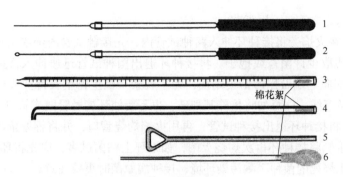

图 1-19.1　接种工具

1. 接种针；2. 接种环；3. 移液管；4. 弯头吸管；5. 涂布棒；6. 滴管

于菌种分离或菌落计数。其他的用于目的菌培养。

3）液体培养基不加凝固剂，用于扩大菌种、生理生化研究等特殊目的。

4）半固体培养基是状态介于液体和固体之间的培养基，在液体培养基中添加 0.2%～0.7% 琼脂即得。常用于观察细菌运动、厌氧菌培养、菌种鉴定及保藏等。

【实验器材】

细菌或酵母菌及其适宜培养基（斜面、固体、液体、半固体培养基）；超净工作台，培养箱，振荡培养箱，酒精灯，镊子，接种针，接种环，无菌涂布棒，试管振荡器，无菌吸管，培养皿；70%～75% 乙醇溶液，无菌水。

【操作步骤】

1. 接种准备　　清洁超净工作台，将酒精灯及已灭菌的培养基（标注菌种名、日期、接种者）和接种工具（接种针、接种环、镊子、吸管等）原封放到台面上，开启鼓风机、紫外灯杀菌 30 min。接种箱需同上准备后熏蒸灭菌，提前 12 h 按每立方米 10 ml 福尔马林加 7 g 高锰酸钾的标准熏蒸消毒。用前放一小杯氨水于箱内以除去残留甲醛。

穿上洁净工作服，用肥皂洗净手、臂，自来水冲洗干净后晾干，关紫外灯，于工作台前用 70%～75% 乙醇溶液仔细擦洗手、臂及菌种管外面，尤其是管口周围，勿留死角。点燃酒精灯。剥去接种工具包装，放在台面内侧备用。

2. 接种

（1）斜面接种

1）准备：将菌种试管和待接种斜面试管并排握在左手中（图 1-19.2），中指夹在两试管之间，无名指和食指分别夹住两试管边缘。也可采用横握法。斜面向上，成水平状态。在火焰旁用右手松动试管塞，以便接种时拔出。

2）灭菌：右手握接种环柄在火焰氧化焰将环烧红，将可能伸入试管的环以上部分均匀通过火焰灭菌，在火焰旁（无菌区）用右手小鱼际[①]和小指、小指和无名指分别夹持棉塞或试管

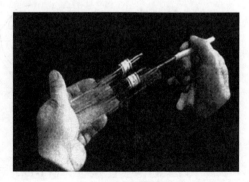

图 1-19.2　斜面接种

帽并取出，迅速灼烧管口一周灭菌。

3）接种：在火焰旁将接种环伸入菌种试管内，先接触试管内壁或未长菌的培养基使之冷却，然后挑取少许菌苔或孢子。将接种环退出菌种试管迅速伸入待接种试管，用环在斜面上自底部向上端做蛇形密集划线，为了观察某微生物生长特征或检查菌株纯度时也可轻轻划一条直线。注意勿将培养基划破，也不要使环接触管壁或管口。

4）灼烧：将接种环退出接种试管，再用火焰灼烧管口，并将棉塞依次过火后在火焰旁边将试管塞上。将接种环再次灼烧灭菌，如果环上粘菌过多，应先将环在火焰边烤干，再灼烧，以免未烧死的菌种飞溅污染环境，接种病原菌时更要注意。

5）培养：把接好菌种的试管直立于培养箱中，调至适宜温度培养。

（2）平板接种

1）倒平板：将培养基完全熔化，冷至50～60℃（不烫手），在酒精灯火焰旁，右手持盛培养基的试管或锥形瓶（先松动管塞或瓶塞），用左手的小指和无名指夹住塞子轻轻拔出，试管（瓶）口在火焰上过火一周灭菌，然后左手将无菌培养皿盖在火焰附近打开一缝，迅速倒入培养基12～15 ml，加盖后轻轻摇动培养皿使培养基分布均匀，平放于桌面，凝固后即成平板。贴标签，注明菌种名、接种者、接种日期。操作时在火焰旁，皿盖不要打开过大，玻璃器皿勿被火烤裂，瓶口勿朝上（图1-19.3和图1-19.4）。

图1-19.3 持皿法倒平板培养基　　图1-19.4 叠皿法倒平板培养基

2）接种：用接种环挑取菌种，放下菌种管，按图1-19.5划线接种。在皿底用记号笔划分4个不同面积的区域，使A＜B＜C＜D，各区的夹角约为120°，使D区与A区线

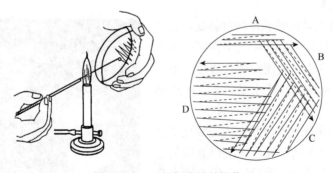

图1-19.5 平板划线接种操作

① 小鱼际：经穴名。

条平行、美观。先在 A 区轻轻地划 3 条连续的平行线，烧去接种环上残余的菌样。冷却后通过 A 区在 B 区划 5 条平行线，同样在 C 区和 D 区划更多的平行线，并使 D 区的平行线与 A 区的平行，但不能接触 A 区和 B 区的平行线。盖上皿盖，灼烧接种环。也可按图 1-19.6 的方法划线接种。

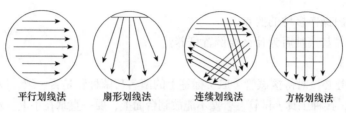

平行划线法　　　扇形划线法　　　连续划线法　　　方格划线法

图 1-19.6　平板划线示意图

接种量大或要求定量接种时可将无菌水或液体培养基注入菌种试管，用接种环将菌苔刮下，摇匀，用无菌吸管定量吸取菌种悬液或直接倒入培养基，然后用无菌涂布棒平放在培养基表面，将菌悬液先沿一条直线轻轻地来回推动，再沿圆周涂布均匀（图 1-19.7）。

若是丝状真菌则可以用垂直法或水平法将接种针沾着孢子以垂直的方向轻轻点接到平板培养基表面预先做好标记的部位，注意点接时切勿刺破培养基。

3）培养：将培养皿倒置于培养箱中，调至适宜温度培养。

（3）液体接种　　试管或培养瓶标注菌种名、接种者、接种日期。液体培养基接种，接种量小的操作步骤与斜面接种基本相同。不同之处是挑取菌体的接种环放入液体培养基后应在液体表面处的管壁上轻轻摩擦，使菌体从环上脱落，混进液体培养基，塞好试管塞后摇动试管使菌体在培养基中分布均匀，或用试管振荡器混匀。接种量大或要求定量接种时可将无菌水或液体培养基注入菌种试管，用接种环将菌苔刮下摇匀，用无菌吸管定量吸取菌种悬液或直接倒入培养基中混匀。接过种的试管、锥形瓶置于振荡培养箱中，调至适宜温度、频率振荡培养。

（4）穿刺接种　　同斜面接种步骤，在试管外离管口约 3 cm 处标注菌种名、接种者、接种日期，用接种针挑取菌种，自培养基的中心垂直慢慢刺入半固体培养基中，直至接近管底（培养基 3/4－4/5 处），然后沿原穿刺路线轻轻将接种针拔出（图 1-19.8），灼烧管口，塞上试管塞，灼烧接种针。接种针不能弯曲，试管尽量平放，从管口刺入时手要平稳，穿刺线路要端正、均匀、笔直。将试管直立于培养箱中，调至适宜温度培养。

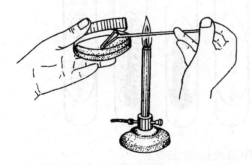

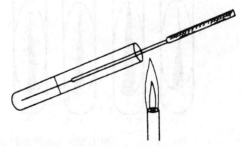

图 1-19.7　平板涂布操作示意图　　　　　　图 1-19.8　穿刺接种示意图

上述几种接种方法的无菌操作均按实验 1-2 的方法进行，实验者应反复练习并熟练掌握无菌接种技术。

【实验报告】

1. 实验结果　　观察培养结果，分析污染原因。

2. 思考题

1）总结无菌操作接种的要点。

2）平板培养基接种后为什么要倒置培养？

【注意事项】

1. 接种前务必核对待接试管（皿）标签上的菌名与菌种管是否一致，以防接错菌种。

2. 接种中，接种工具、试管、管塞不能放到台面上，要一直拿在手上。及时灼烧灭菌。

3. 接种环自菌种管转移至待接种培养基的过程中，切莫通过火焰或接触其他物品，以防接种失败或污染杂菌。

4. 挑菌时只需用接种环前端在菌苔上部刮取少量菌体，接种时用含菌的前端在待接斜面培养基表面轻轻摩擦，流畅划线。切不可乱划或划破培养基。

（蔡信之）

实验 1-20　微生物培养特征的观察与识别

【目的要求】

1. 了解不同微生物在斜面、平板、液体和半固体培养基上的培养特征。

2. 观察细菌、酵母菌、放线菌和霉菌四大类微生物的菌落特征，掌握识别方法。

3. 进一步熟练掌握微生物的无菌操作接种技术。

【基本原理】

微生物的培养特征是指微生物培养在培养基上表现出的群体形态和生长情况。一般可用斜面、平板、液体和半固体培养基检验不同微生物的培养特征。它们培养在斜面培养基上可呈丝线状、刺毛状、串珠状、扩展状、树枝状、假根状等（图 1-20.1）。在平板

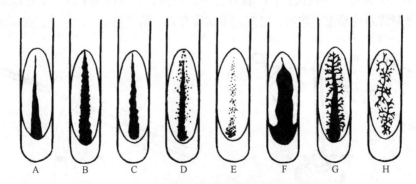

图 1-20.1　细菌在斜面接种线上的生长特征

A. 丝线状；B. 刺毛状；C. 有突起的；D. 串珠状；E. 薄膜状；F. 扩展状；G. 树枝状；H. 假根状

培养基上可呈圆形、不规则状、菌丝体状、假根状等（图 1-20.2）。生长在液体培养基内可呈浑浊、絮状、黏液状，形成菌膜、上层清澈而底部显沉淀状。

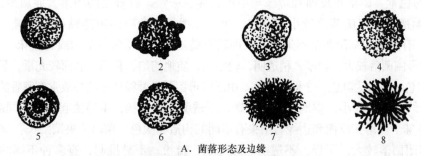

A.菌落形态及边缘

1.边缘整齐；2.不规则状；3.边缘波浪状；4.边缘锯齿状；5.同心圆状；
6.边缘缺刻状；7.丝状；8.假根状

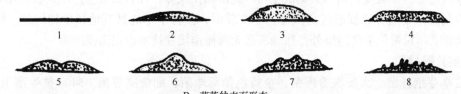

B.菌落的表面形态

1.扁平、扩展；2.低凸面；3.高凸面；4.台状；5.脐状；6.突脐状；7.乳头状；8.褶皱凸面

图 1-20.2　细菌菌落特征

穿刺培养时细菌在半固体培养基中，可以沿接种线向四周蔓延；或仅沿线生长；也可上层生长得好，甚至连成一片，底部很少生长；或底部生长得好，上层甚至不生长（图 1-20.3）。微生物的培养特征可以作为其种类鉴定和识别纯培养是否污染的参考。

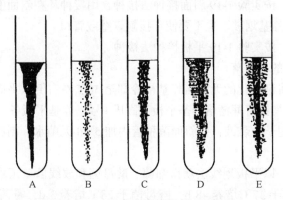

图 1-20.3　细菌半固体穿刺生长特征

A.丝线状；B.串珠状；C.乳头状；D.羽毛状；E.树根状

区分和识别各大类微生物，包括菌落特征和个体形态的观察。微生物个体形态结构、分裂方式、运动能力、生理特征及产生色素等方面不同，在固体培养基上生长的菌落也各有特点。微生物的个体形态是菌落特征的基础，菌落特征是个体形态的集中反映。每一类微生物都有其独特的细胞形态，在一定的培养条件下都有各自的菌落特征，形态、

大小、色泽、透明度、致密度、边缘情况等都有明显差异。

1）细菌菌落较小、较薄、较透明，质地均匀、湿润、黏稠，表面光滑，易挑起，常产生不同的色素，菌落正反面和边缘与中央的颜色一致。有鞭毛的菌落大而扁平，边缘不圆整；无鞭毛的细菌菌落较小，突起，边缘光滑。有荚膜的菌落黏稠、光滑、透明，呈鼻涕状。有芽孢的细菌菌落不透明，表面较粗糙。细菌菌落常有酸味或腐臭味。

2）酵母菌菌落较大、较厚，稍透明，较湿润，质地均匀、黏稠，表面较光滑，易挑起。一般为乳白色，少数为红色，个别为黑色。由于酵母菌可发酵糖产生乙醇故常有酒香味。

3）放线菌菌落较小，质地致密、干燥，不透明，粉末状，不易挑起，有不同颜色和泥腥或冰片味。菌落正反面和边缘与中央有不同的构造和颜色，菌落中央菌龄长、颜色深。

4）霉菌菌落较大，干燥，不透明，绒毛状，疏松，不易挑起，有多种不同的颜色。菌落的正反面及边缘与中央有不同的构造和颜色，菌落中心菌龄长、颜色深。

根据这些特征就能识别四大类微生物。此法简便快捷，在科研和生产中常被采用。

检测微生物培养特征或进行微生物学实验时，接种中不能被其他微生物污染。除工作环境要求尽量避免杂菌污染外，熟练掌握无菌操作接种技术也很重要。

【实验器材】

枯草芽孢杆菌、大肠埃希氏菌、金黄色葡萄球菌、细黄链霉菌（5406 抗生菌）、灰色链霉菌、蕈状芽孢杆菌（*Bacillus mycoides*）、粘质沙雷氏菌（粘质赛氏杆菌）（*Serratia marcescens*）、酿酒酵母、粘红酵母、热带假丝酵母、黑曲霉、产黄青霉、白地霉（*Geotrichum candidum*）、球孢白僵菌等菌的斜面菌种；牛肉膏蛋白胨斜面培养基、平板培养基、液体培养基及半固体培养基，马铃薯蔗糖培养基，高氏 1 号培养基，无菌水；无菌吸管，无菌培养皿，接种环，接种针，酒精灯，电热恒温培养箱等。

【操作步骤】

1. 斜面接种　　按实验 1-19 斜面接种法接种，用接种环在斜面上自底部向上端轻轻地划一直线，勿将培养基划破，也不要使环接触管壁或管口。

2. 平板接种　　按实验 1-19 平板接种法接种。

（1）制备已知菌的单菌落

1）制备平板：将已熔化的无菌培养基待冷却至 50℃左右倒入平皿，分别制备牛肉膏蛋白胨培养基平板、马铃薯蔗糖培养基平板和高氏 1 号培养基平板各一皿。

2）制备菌（或孢子）悬液：在斜面菌种管内加 5 ml 无菌水，制成菌（孢子）悬液后备用。

3）制备单菌落：以平板划线法获得细菌、酵母菌和放线菌单菌落。用三点接种法获得霉菌单菌落。细菌于 37℃培养 48 h，酵母菌于 28℃培养 3 d，霉菌和放线菌置于 28℃培养 7 d，待长成菌落后仔细观察四大类微生物菌落的形态特征，并做详细记录。

（2）制备未知菌菌落

1）倒平板：用同样方法制备上述 3 种培养基平板各一皿。

2）接种：可用弹土法接种，采集校园土壤，风干磨碎后，将细土撒在无菌的硬板纸表面，弹去纸面浮土。打开皿盖，使含土的纸面对着平板培养基的表面，用手指在硬板纸背面轻轻一弹即可接种土中的各种微生物。

3）培养：将牛肉膏蛋白胨培养基平板倒置于 37℃培养 2～3 d，将马铃薯蔗糖培养基和高氏 1 号培养基倒置于 28℃培养 3～5 d，即可获得未知菌的单菌落。

4）编号：从培养好的未知菌落中，挑选 8 个不同的单菌落，逐个编号，根据菌落识别要点区分未知菌落类群，并将判断结果填入表中。

3. 液体培养基接种　　按实验 1-19 液体接种法接种。

4. 穿刺接种　　按实验 1-19 穿刺接种法接种。

5. 培养　　将已接种的斜面、液体和半固体培养基 28～30℃培养 3 d 观察结果。

6. 结果观察

（1）平板培养　　菌落观察除用肉眼外还可用放大镜、低倍显微镜检查。主要内容如下。

1）大小：菌落大小用毫米（mm）表示。细菌菌落直径不足 1 mm 者为露滴状菌落；1～2 mm 者为小菌落；2～4 mm 者为中等大小菌落；大于 4 mm 者为大菌落。

2）形态：菌落的形态有圆形、不规则状、根形、葡萄叶形等（图 1-20.2）。

3）边缘：菌落边缘有整齐、锯齿状、网状、树叶状、虫蚀状、放射状等（图 1-20.2）。

4）表面形态：细菌表面有皱襞状、旋涡状、荷包蛋状，甚至有子菌落等。

5）隆起度：表面有隆起、轻度隆起、中央隆起，也有凹陷、脐状、乳头状等（图 1-20.2）。

6）颜色及透明度：菌落有无色、灰白色，有的能产生各种色素；菌落有光泽或无光泽，透明、半透明、不透明。

7）硬度：黏液状、膜状、干燥或湿润等。

（2）液体培养　　细菌液体培养特征观察注意其浑浊度、沉淀物、菌膜、菌环和颜色。

【实验报告】

1. 实验结果

1）详细描述实验中各微生物在斜面、平板、液体和半固体培养基中的培养特征。

2）将已知菌菌落的形态特征记录于表 1-20.1 中，未知菌菌落的形态特征及判断结果记录于表 1-20.2 中。

表 1-20.1　已知菌菌落的形态特征记录表

微生物类群	菌名	大小	厚薄	疏密	干湿	表面	结合度	边缘	隆起形状	颜色			透明度
										正面	反面	色素溶解性	
细菌	大肠埃希氏菌												
	金黄色葡萄球菌												
	枯草芽孢杆菌												
酵母菌	酿酒酵母												
	粘红酵母												
	热带假丝酵母												
放线菌	细黄链霉菌												
	灰色链霉菌												

续表

| 微生物类群 | 菌名 | 大小 | 厚薄 | 疏密 | 干湿 | 表面 | 结合度 | 边缘 | 隆起形状 | 颜色 | | | 透明度 |
										正面	反面	色素溶解性	
霉菌	产黄青霉												
	黑曲霉												
	球孢白僵菌												

表 1-20.2　未知菌菌落的形态特征记录表

| 菌落号 | 大小 | 厚薄 | 疏密 | 干湿 | 表面 | 结合度 | 边缘 | 隆起形状 | 颜色 | | | 透明度 | 判断结果 |
									正面	反面	色素溶解性		
1													
2													
3													
4													
5													
6													
7													
8													

2．思考题

1）接种时怎样才能更好地保证菌种不被污染？

2）接种环（针）接种前后灼烧的目的是什么？为什么在接种前一定要使之冷却？如何判断它已冷却？

3）具有鞭毛、荚膜或芽孢的细菌在形成菌落时，一般会出现哪些相应特征？

4）四大类微生物的菌落特征有何异同？为什么？

5）菌落干燥与湿润的原因是什么？为何这对四大类微生物的识别有重要意义？

6）从微生物菌落特征区分四大类微生物有何实践意义？

【注意事项】

1．观察时切勿将平皿的标签弄掉、编号搞混，以免造成结果错误。勿打开、挑取。

2．菌落大小与其在平板上的分布疏密有关：一般密集处菌落较小；稀疏处菌落较大。观察时应选稀疏处的菌落。

（陈　龙）

实验 1-21　厌氧微生物的培养

【目的要求】

学习厌氧微生物的培养原理和常用的培养方法。

【基本原理】

　　厌氧微生物在自然界分布广泛，种类繁多，作用也日益重要。由于专性厌氧微生物细胞内缺少超氧化物歧化酶（SOD），不能除去机体在有氧条件下产生的有毒产物——超氧阴离子自由基，导致细胞死亡。因此，分离、培养厌氧微生物的技术关键是使该类微生物处于厌氧或氧化还原电势低的环境中。

　　培养厌氧菌的方法很多（部分厌氧菌培养装置如图 1-21.1 所示），其中最常用的有以下几种。

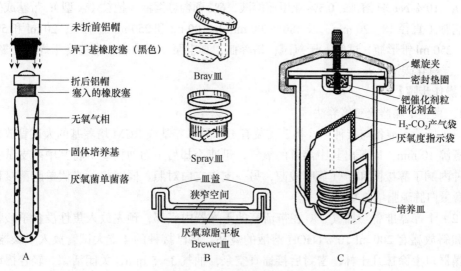

图 1-21.1　厌氧菌培养装置
A. 亨盖特滚管；B. 厌氧培养皿；C. 厌氧罐

　　1. **真空干燥器厌氧培养法**　　此法利用焦性没食子酸和碱液反应的产物碱性没食子盐易氧化成黑、褐色焦性没食子橙，吸收氧气，创造厌氧环境，使厌氧菌生长。此法不适于培养需要 CO_2 的微生物，因 NaOH 会吸收容器中的 CO_2；在氧化中会产生少量 CO，对某些厌氧菌有抑制作用。

　　2. **深层穿刺厌氧培养法**　　此法操作简单，利用半固体培养基深层基本无氧的条件使厌氧菌生长。适用于厌氧微生物的活化和分离，不能用于扩大培养。

　　3. **针筒厌氧培养法**　　该法是在亨盖特滚管技术基础上新发展的简单易行的厌氧菌培养法。适用于厌氧菌活化和小体积扩大培养。在厌氧菌的富集培养、分离纯化等方面有广泛应用，并能培养严格的专性厌氧菌（如产甲烷菌等），还可观察其产气量。

　　4. **厌氧罐培养法**　　厌氧罐是采用某种方法以除去其中的氧，通常利用钯或铂作催化剂，在常温下催化氢与氧化合成水，除去密封的厌氧罐中的氧。适量（2%～10%）的 CO_2 对大多数厌氧菌生长有促进作用，所以要供给一定量的 CO_2。H_2 和 CO_2 可采用贮气钢瓶灌注的外源法供给；也可用化学反应生成的内源法在罐内产生，如将镁与氧化锌制成产氢气袋，放入罐中加水反应产生 H_2，$NaHCO_3$ 加柠檬酸水后产生 CO_2。厌氧罐中一般用亚甲蓝作厌氧度指示剂，其氧化态呈蓝色，还原态无色。

　　5. **庖肉培养基法**　　将精瘦牛肉或猪肉经处理后配制成庖肉培养基，其中既含有易被氧化的不饱和脂肪酸（能吸收氧），又含有谷胱甘肽等还原性物质，可形成负氧化还原电势差，再加上培养基煮沸驱氧及用石蜡凡士林封闭液面，常用于厌氧菌的液体培养。

【实验器材】

丙酮丁醇梭菌（*Clostridium acetobutylicum*）、产气荚膜梭菌（*Clostridium perfringens*），荧光假单胞菌；牛肉膏蛋白胨琼脂培养基，RCM 培养基（强化梭菌培养基），TYA 培养基（胰蛋白胨酵母膏乙酸盐琼脂培养基），玉米醪培养基，中性红培养基，明胶麦芽汁培养基，庖肉培养基（见附录二），$CaCO_3$，焦性没食子酸（邻苯三酚），无菌石蜡凡士林（1∶1），Na_2CO_3，10% NaOH 溶液，0.5% 亚甲蓝溶液，6% 葡萄糖溶液，钯粒（A 型）；带塞或塑料帽玻璃管（直径 18～20 mm，长 180～200 mm），100 ml 和 250 ml 血浆瓶，20 ml 和 50 ml 针筒，250 ml 锥形瓶，试管，厌氧罐，培养皿，真空泵，压力表，带活塞干燥器，氮气、氢气、二氧化碳钢瓶等。

【操作步骤】

1. 真空干燥器厌氧培养法

（1）培养基准备与接种　　将 3 支装有玉米醪培养基或 RCM 培养基的大试管放在水浴中煮沸 10 min，以赶出其中溶解的氧气，迅速冷却后（切勿摇动）将其中两支试管分别接种丙酮丁醇梭菌和产气荚膜梭菌，另一支作空白对照。同时将荧光假单胞菌接种于牛肉膏蛋白胨琼脂培养基。

（2）干燥器准备与抽气　　在带活塞的干燥器内底部，预先放入焦性没食子酸粉末 20 g 和斜放盛有 200 ml 10% NaOH 溶液的烧杯。将已接种的 4 支大试管放入干燥器内。在干燥器口上涂抹凡士林，密封后接通真空泵，抽气 3～5 min，关闭活塞。轻轻摇动干燥器，促使烧杯中的 NaOH 溶液倒入焦性没食子酸中，两种物质混合发生吸氧反应，使干燥器中形成无氧小环境（图 1-21.2A）。

（3）观察结果　　将干燥器置于 37℃恒温培养箱中培养约 7 d，取出培养管，分别制片观察菌体特征。

2. 深层穿刺厌氧培养法

（1）接种培养　　将玻璃管一头塞上胶塞，装入培养基（RCM 培养基或 TYA 培养基），高度为管长的 2/3，套上塑料帽或塞上橡皮塞，灭菌并凝固后，将丙酮丁醇梭菌用接种针穿刺接种（图 1-21.2B）。将荧光假单胞菌接种于牛肉膏蛋白胨琼脂培养基。同时置 37℃培养 6～7 d。

（2）观察结果　　观察菌落形态特征并制片用显微镜观察菌体细胞形态，记录结果。

3. 针筒厌氧培养法

（1）培养基准备　　将灭菌的装有 RCM 培养基或 TYA 培养基的血浆瓶放在沸水浴中加热 10 min，在瓶口胶塞上插上两枚医用针头排气，赶出残留在培养基内的氧气。将血浆瓶从沸水浴中取出，再用氮气钢瓶中的高纯氮气（99.99%）通过胶塞上的一枚针头引入血浆瓶中，使血浆瓶内充满氮气，瓶内培养基在冷却过程中保持无氧状态。

（2）针筒装灌培养基　　将无菌针筒接上针头经胶塞刺入血浆瓶中，利用瓶内氮气的压力将针筒的推杆慢慢推开，待吸入一定体积的氮气后取下针筒，排尽针筒内的气体。按此重复操作 3 次，以排尽针筒内残留空气维持无氧状态。使血浆瓶口朝下倾斜，利用

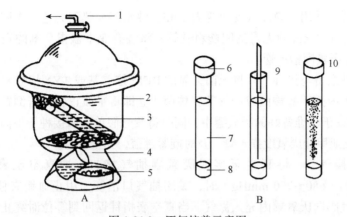

图 1-21.2 厌氧培养示意图
A. 干燥器厌氧培养装置；B. 深层穿刺厌氧培养法

1. 连接真空泵；2. 干燥器；3. 试管；4. 10% NaOH 溶液；5. 焦性没食子酸粉末；6. 塑料盖；
7. 营养琼脂；8. 无菌橡皮塞；9. 接种针穿刺至底部；10. 培养长出菌落

瓶内压力将培养液缓慢灌入针筒内，然后取下针筒，排尽针筒内及橡皮塞孔内气体，用无菌的带孔橡皮塞迅速把针筒头部塞住（图 1-21.3）。

（3）接种培养 以无菌操作，用一只无菌无氧的针筒吸取一定量菌液，在其针头上套上一块无菌橡皮后将针头刺入待接种的针筒培养液中，使两只针筒在对接中靠橡皮紧贴防止漏气（图 1-21.4）。将针筒内的菌液推接至待接针筒内培养液中。同样将荧光假单胞菌接种于牛肉膏蛋白胨琼脂培养基。将接完种并加塞的针筒直立，均置 37℃ 恒温培养。用于菌种活化可培养 16～18 h，用于测定菌体生长可培养 6～7 d。随时观察针筒内培养液的浊度和产气情况，产气强烈的适时记录并排尽筒内气体。

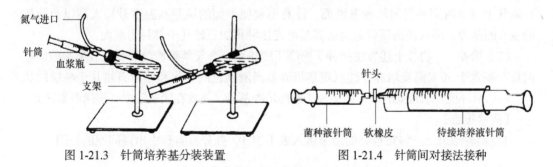

图 1-21.3 针筒培养基分装装置

图 1-21.4 针筒间对接法接种

（4）观察结果 取菌制片，显微镜观察菌体形态特征。

4. 厌氧罐培养法 此法利用透明的聚碳酸酯硬质塑料制成的一种小型罐状密封容器，采用抽气换气法充入氢气，利用钯作催化剂与罐内氧气发生作用以达到除氧的目的，同时充入 10%（V/V）的 CO_2 以促进某些革兰氏阴性厌氧菌的生长（图 1-21.1C）。钯催化剂易受水汽、硫化氢、一氧化碳等的污染而失去活性，每次使用前均应置于 140℃ 烘箱内重新活化 2 h，并密封后置于干燥处备用。

（1）制备厌氧度指示剂 取 3 ml 0.5% 亚甲蓝溶液用蒸馏水稀释至 100 ml；6 ml 0.1 mol/L NaOH 溶液用蒸馏水稀释至 100 ml；6 g 葡萄糖加蒸馏水至 100 ml。将上述 3 种溶液等体积混合，并用针筒注入安瓿管内 1 ml，沸水浴加热至无色，立即封口即成。取一根直径 1 cm、长 8 cm 的无毒透明塑料软管，将装有亚甲蓝指示剂的安瓿管置于软管中，制成亚甲蓝厌氧度指示管。

（2）培养基准备与接种　　将无菌无氧的 RCM 培养基或 TYA 培养基平板以无菌操作迅速划线接种丙酮丁醇梭菌或产气荚膜梭菌，立即将平皿正置（若倒置，抽气时培养基会脱落），叠放于已准备好的厌氧罐中，同时将荧光假单胞菌接种于牛肉膏蛋白胨琼脂培养基。放一支亚甲蓝厌氧度指示管。及时旋紧罐盖，完全密封。

（3）抽气换气　　将真空泵接通厌氧罐抽气接口，抽真空至真空表指针在 0.09～0.093 MPa（680～700 mmHg）时，关闭抽气口活塞，用止血钳夹住抽气橡皮管。打开氮气钢瓶气阀向厌氧罐内充入氮气，当真空表指针返回到零位时终止充氮。再按上述步骤抽气和充入氮气，如此重复 2 或 3 次，使罐中氧的含量达最低度。最后充入的氮气使真空表指针达 0.021 MPa（160 mmHg）时停止充氮气。再开启 CO_2 钢瓶阀门，向罐内充入 CO_2 直至真空表指针达到 0.011 MPa（80 mmHg）时停止。为除尽罐内残留的氧，以氢气袋（用医用"氧气袋"灌满氢气）气管连接向厌氧罐内充入氢气直至真空表指针回到零位为止。充气完毕，封闭厌氧罐（图 1-21.1C）。

（4）培养　　厌氧罐于 37℃温室中培养 6～7 d，注意罐中厌氧度指示剂的颜色变化。

（5）观察结果和镜检　　从罐内取出平皿观察菌落特征。并挑取菌落做涂片，用结晶紫染液染色，镜检，比较不同菌的菌体形态特征及芽孢与菌体的比例，并做记录。

5. 庖肉培养基法

（1）接种　　将盖在培养基液面的石蜡凡士林先于火焰上微微加热，使其边缘熔化，再用接种环将石蜡凡士林块拨成斜立或直立在液面上，然后用接种环或无菌滴管接种。接种后将液面上的石蜡凡士林块在火焰上微微加热，使其熔化，再将试管直立静置，使石蜡凡士林块凝固并封闭培养基液面。注意不要使下面的培养基温度升得太高以免烫死刚接入的菌种。刚灭菌的新鲜庖肉培养基可先接种再加石蜡凡士林封闭液面。

（2）培养　　将按上述方法接种了丙酮丁醇梭菌、产气荚膜梭菌和荧光假单胞菌的庖肉培养基置于 30℃温箱培养，注意观察培养基肉渣颜色的变化和熔封石蜡凡士林层的状态。对厌氧环境要求苛刻的厌氧菌接种于庖肉培养基后，先放在厌氧罐中，再送温室培养。

【实验报告】

1. 实验结果　　将观察到的结果填入表 1-21.1，并分析实验中出现问题的原因。

表 1-21.1　厌氧培养法的培养结果记录表

培养方法	菌种名称	菌落形态特征						菌体形态特征				液体培养特征	备注
		大小	形状	颜色	光滑度	透明度	气味	菌体形态	有无芽孢	芽孢形状	碘液染色		

2. 思考题

1）为什么培养厌氧菌应同时接种一个严格好氧菌作对照。

2）根据你所做的记录，试述各种方法的优缺点。

3）设计一个实验方案，从土壤中分离、纯化和培养厌氧微生物。

【注意事项】

1. 培养需要 CO_2 的厌氧菌时，须在厌氧小环境中供应 CO_2。

2. 氢气是危险易爆气体，使用氢气钢瓶充氢时，应严格按操作规程进行，切勿大意，严防事故发生。氢气钢瓶必须放在安全、通风处，先用氧气袋灌氢后再向厌氧罐灌氢。

3. 选用干燥器、针筒、厌氧罐或厌氧袋时，应事先仔细检查其密封性，以防漏气。

4. 已灭菌的培养基接种前应在沸水中加热 10 min，以驱除溶解在培养基中的氧。

5. 针筒培养液刃天青指示剂出现红色，表明有残留氧气。厌氧罐中亚甲蓝厌氧度指示剂变成蓝色，表明除氧不够。

6. 产气荚膜梭菌为条件致病菌，应防止进入口中或接触伤口。

7. 本实验同时选用绝对好氧的荧光假单胞菌作对照，既可通过实验看到氧对这两种不同类型微生物的重要性，也可利用它们的生长状况判断厌氧装置是否正确。

8. 焦性没食子酸对人体有毒，有可能通过皮肤吸收；10% NaOH 溶液对皮肤有腐蚀作用，操作时必须小心，并戴手套。

（蔡信之）

实验 1-22 从土壤中分离与纯化微生物

【目的要求】

1. 学习从土壤中分离与纯化微生物的基本原理和常用方法。

2. 巩固倒平板的方法和平板划线分离的基本操作技术。

【基本原理】

自然界中，不同种类的微生物绝大多数都是混杂生活在一起的。为了研究、利用某种微生物，必须从混杂的微生物群体中将它分离出来，得到只含这种微生物的纯培养。这种从混杂的微生物群体中获得纯培养的方法称为微生物的分离与纯化。

为了获得某种微生物的纯培养，一般根据该微生物对营养、酸碱度或氧等条件要求的不同，供给它适宜的培养条件或加入某种抑制剂，营造只适合此菌生长而抑制其他菌生长的环境，淘汰一些不需要的微生物，再用稀释涂布平板法、稀释混合平板法或平板划线分离法等分离、纯化该微生物，使它们在固体培养基上形成单菌落，得到纯菌株。

土壤是微生物生活的大本营，其中生活的微生物无论是数量还是种类都极其丰富，可从中分离到许多有用的菌株。

【实验器材】

高氏 1 号培养基，牛肉膏蛋白胨培养基，马丁琼脂培养基；盛 9 ml 无菌水的试管，盛 90 ml 无菌水并带有玻璃珠的无菌锥形瓶，无菌玻璃涂布棒，无菌吸管，接种环，无菌培养皿；10%石炭酸溶液，链霉素溶液，土样等。

【操作步骤】

1. 稀释涂布平板法

（1）倒平板　　将牛肉膏蛋白胨培养基、高氏1号培养基、马丁琼脂培养基熔化，待冷到55～60℃，向高氏1号培养基中加10%石炭酸数滴，向马丁琼脂培养基加链霉素溶液（使其终浓度为30 μg/ml）。混匀后分别倒平板，每种培养基倒3皿，每皿倒12～15 ml。

（2）制备土壤稀释液　　称取土样10 g放入盛有90 ml无菌水并带有玻璃珠的锥形瓶中，摇振约20 min，使土样与水充分混合，将菌体完全分散。用1 ml无菌吸管从中吸取1 ml土壤悬液注入第一支盛有9 ml无菌水的试管中，然后用另一支1 ml无菌吸管吹吸3次，使之充分混匀。从此试管中吸取1 ml土壤悬液注入第二支盛有9 ml无菌水的试管中。以此类推，分别制成10^{-1}、10^{-2}、10^{-3}、10^{-4}、10^{-5}、10^{-6}稀释度的土壤溶液。

（3）涂布　　将上述每种培养基的3个平板底面分别用记号笔写上10^{-4}、10^{-5}、10^{-6} 3种稀释度。用3支1 ml无菌吸管分别由10^{-4}、10^{-5}、10^{-6} 3管土壤稀释液中吸取0.2 ml土壤溶液对号放入各平板中，用无菌涂布棒在培养基表面轻轻地涂布均匀。

（4）培养　　将高氏1号培养基和马丁琼脂培养基平板倒置于28℃温箱中培养3 d，牛肉膏蛋白胨培养基平板倒置于37℃温箱中培养2 d。

（5）挑菌　　选培养后长出的单菌落，分别接种到上述3种培养基斜面，分别置于28℃和37℃培养，待菌苔长成后检查菌苔是否单纯，也可涂片染色用显微镜检查是否是单一的微生物，若有其他杂菌混生要再一次分离、纯化，直到获得纯培养（图1-22.1）。

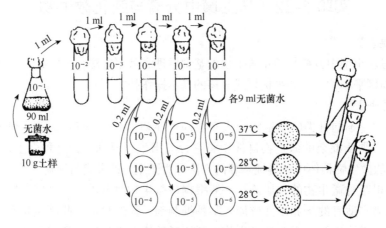

图1-22.1　从土壤分离微生物的操作过程

2. 稀释混合平板法　　混合平板和涂布平板都是最常用的菌种分离纯化方法，还可以用于计数等方面。适合兼性厌氧细菌和酵母菌的分离。混合平板法的培养基不能太烫，以免将不耐热的微生物烫死；也不可太冷，以免过早凝固使微生物分布不匀或表面不平。有孢子或芽孢的微生物较耐热，可用混合平板法分离；大多数细菌不耐热，宜用涂布法。

（1）编号培养皿　　取6套无菌培养皿，分别标记10^{-4}、10^{-5}、10^{-6}和细菌、酵母菌。

（2）吸取土壤稀释液　　用 1 ml 吸管从 10^{-4}、10^{-5}、10^{-6} 各试管中分别吸取 0.2 ml 土壤稀释液对号加入各无菌培养皿中。

（3）浇注平板　　向各培养皿中分别倒入充分熔化并冷却至 45℃左右的牛肉膏蛋白胨培养基和马丁琼脂培养基，立即将平板前后、左右轻轻倾斜晃动或在台面旋转混匀，放平，冷凝。

（4）培养　　将牛肉膏蛋白胨培养基和马丁琼脂培养基平板分别于 37℃和 28℃倒置培养 3 d。

（5）挑菌　　分别挑取细菌和酵母菌的单菌落至相应的斜面试管，培养后保存。

3. 平板划线分离法

（1）倒平板　　按稀释涂布平板法倒平板，并用记号笔标明培养基名称。

（2）划线　　在近火焰处，左手拿皿底，右手拿接种环，挑取上述 10^{-1} 稀释度的土壤悬液一环在平板上划线。划线的方法很多，但无论哪种方法，其目的都是将样品中的菌体在平板上进行稀释、分散，使之形成单个菌落。实际上不同微生物数个细胞在一起繁殖也可以形成一个单菌落，故在科学研究中，必须对实验菌种的单菌落进行多次划线分离，才可获得可靠的纯种。常用的划线方法有以下两种。

1）连续平行划线法：用接种环以无菌操作挑取土壤悬液一环，先在平板培养基的一边做第一次平行划线 3 或 4 条，再转动培养皿约 60°，将接种环上的剩余物烧掉，待冷却后通过第一组平行线做第二次平行划线。再用同法通过第二组平行线做第三次平行划线和通过第三组平行线做第四次平行划线（图 1-19.5 和图 1-19.6）。各组平行线所占面积逐渐增大，收获单菌落的概率也逐步增大。划线完毕盖上皿盖，倒置于温箱中培养。

2）连续折线划线法：将挑取有样品的接种环在平板培养基上连续划线，划线完毕，盖上皿盖，倒置于温箱中培养。

（3）挑菌　　同稀释涂布平板法，一直到菌分纯为止。

【实验报告】

1. 实验结果　　3 种培养基平板长出的菌落分别属于哪个类群？简述其菌落特征。

2. 思考题

1）在平行划线法中，为什么每划完一组平行线都必须将接种环上的剩余物烧掉？

2）如何确定平板上的单菌落是否为纯培养？

【注意事项】

1. 为了取得良好的划线效果，可事先用圆纸垫在培养皿内划 4 个区，再用接种环练习划线，掌握要领后再正式划线。

2. 用于划线的接种环环口必须圆、平，划线时环面与平板的夹角应小，动作要轻，防止划破平板。

3. 用于平板划线的培养基琼脂含量宜高些，培养基宜倒得厚些，倒之前培养基温度不能过高（45℃左右），以免冷凝水过多。如有冷凝水必须先在 37℃下烘干。

（蔡信之）

实验 1-23　显微操纵单细胞分离技术

【目的要求】

学习显微操纵分离微生物单细胞的基本原理和操作方法。

【基本原理】

显微操纵器是在显微镜下操作的一种仪器，它是显微镜的一种附件，代替手进行显微镜下的单细胞分离、细胞解剖及注射等各种操作。

显微操纵器种类很多，根据传动原理的不同大体可分为气压、液压和机械传动三类。现以莱茨高精度显微操纵器为例介绍其结构与操作。

【实验器材】

显微镜：各种显微操纵器都要求显微镜物镜有一个合适的工作距离，选择工作距离长短可调，最好要备有一个长焦距（5～6 mm）的聚光镜，以备在湿室内操作。

显微操纵器：微型工具（微针）固定在可调整位置的滑动板上，由转鼓和连接在它下面的手柄进行操作，可使微针在水平位置上做前后左右的活动。转鼓螺丝的上下移动可调整手柄和微型工具活动范围比例为（16～800）：1，以适应不同的需要和不同放大倍数的物镜。显微操纵器下面外侧靠手柄处有同轴调节的活动板、可做上下移动的粗细升降器。可以在上下、左右、前后 3 个不同方向上任意活动微型工具。

微型工具：显微操纵器使用的微型工具一般由玻璃制成，由于它太小、不便于保存，故使用前需要操作者根据不同的要求自行制作。微型工具的种类见图 1-23.1。

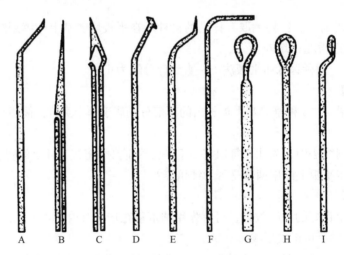

图 1-23.1　微型工具的种类

A～F. 微针；G～I. 微环

微炉是显微操纵器的一种专用附件，用于烧制各种微型工具。显微操纵电热丝见图 1-23.2。

用直径 0.2～0.5 mm 的铂铱合金或铂丝连接在漆包铜线（直径 1～1.5 mm）上，铜线装在玻璃管内，以便固定在显微操纵器上，电热丝（铂丝）长 1～1.5 cm。电源用 10 V 左右的交流电，再通过一个调压变压器控制电热丝的温度，借以烧制微针的前端部分。

1）取直径 1 mm 左右、长约 12 cm 的玻璃毛细管，先在微灯上拉出尖端固定在右侧的显微操纵器上。

2）分别移动和调节微针及电热丝的位置，使两者都出现在视野中。

3）把微针尖端用电热丝烧得更细（直径约几微米），立即断开电源，使微针顶端拉断成一平面（图 1-23.3）。

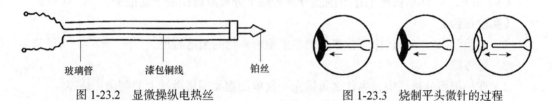

图 1-23.2　显微操纵电热丝　　　　　　　图 1-23.3　烧制平头微针的过程

4）重新调节微针和电热丝的位置，使两者重现于视野中。

5）调节左侧变压器电源，控制电热丝温度，用右手操作操纵器慢慢间断地将针端在电热丝上轻轻触碰，逐步将针弯曲成环状（图 1-23.4）。最后将卷好的微环的柄转 90°，再用电热丝弯成适合使用的形状。

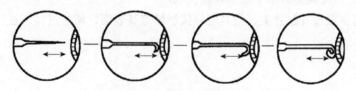

图 1-23.4　烧制微环的过程

湿室是用于在显微操作时保持样品湿度的装置，形状不一，常以普通玻璃和玻璃条用阿拉伯胶自行制作。

【操作步骤】

1. 单细胞分离法

（1）制片　　取两块洁净无菌的盖玻片，其中一块放置待分离的细胞悬液一滴，另一块上滴加无菌的稀琼脂培养基一滴，将两块盖玻片翻转倒盖在湿室上。

（2）调节微针　　将湿室固定在显微镜载物台上，在显微镜下观察，将连在操纵器上的微针的前端调节到视野中央，然后将微针降下。

（3）移动菌悬液　　移动镜台推进器将观察到的待分离的单细胞悬液也移到视野中央。

（4）挑菌　　将微针慢慢升至针尖再现在视野中，并轻轻拨离细胞，当有单细胞附着在针尖后将微针降下。

（5）接种　　再移动镜台推进器，将加有一滴无菌稀琼脂培养基的盖片移到针尖上方，慢慢升起针尖使其轻轻接触培养基表面，将待分离的单细胞从针尖移接到培养基中。

（6）培养　　经观察确认要分离的单细胞已经接到培养基中后，取下盖玻片在合适的条件下培养，即可得到要分离的单细胞培养物。

2. 酵母菌子囊孢子的分离

（1）制片　　取两块洁净无菌的盖玻片，其中一块放置待分离的酵母菌子囊悬液，另一块上滴加无菌的稀琼脂培养基一滴。

（2）解剖　　在显微镜下用微针从子囊群中分离出一个酵母菌子囊，再用直角平头微针轻轻压迫酵母菌子囊使其破裂，并游离出子囊孢子。

（3）分离　　然后按照上述单细胞分离法逐个分离酵母菌的子囊孢子。

【实验报告】

1. 实验结果　　简述你所分离到的单细胞培养物的菌落特征。

2. 思考题

1）在单细胞分离法中，为什么每挑完一次单细胞无须将微针上的剩余物烧掉？

2）如何确定平板上单菌落是否为纯培养？

【注意事项】

1. 烧制微环时要控制好电热丝温度，温度不可过高，也不能过低；用右手操作操纵器慢慢间断地将针端在电热丝上轻轻触碰，逐步将针弯曲成环状，微针弯曲速度不能过快。

2. 单细胞分离所用菌悬液浓度不能过大，并要充分分散；挑取时先用微针针尖轻轻拨离，选择形态特征典型的单个细胞轻轻挑取。

3. 接种时要慢慢升起针尖，使其轻轻接触培养基表面，切勿过猛、过快。

（蔡信之）

第五单元　微生物的生长

实验 1-24　微生物大小的测定

【目的要求】

掌握用显微测微尺测定微生物大小的方法。

【基本原理】

测量微生物细胞大小可用显微测微尺。显微测微尺由目镜测微尺和镜台测微尺组成。目镜测微尺是一块圆形玻片，可放入目镜内的隔板上。玻片中央刻有等分刻度，将 5 mm 分为 50 小格或 100 小格。每格代表的实际长度随所用目镜和物镜的放大倍数而改变，使用前必须用镜台测微尺标定。镜台测微尺是中央刻有精确等分线的特制载玻片，一般将 1 mm 等分为 100 小格，每格长 0.01 mm，上面贴有一厚度为 0.17 mm 的圆形盖片，以保护刻度线。镜台测微尺不能直接测量细胞的大小，专用于标定目镜测微尺每格的相对长度。

【实验器材】

金黄色葡萄球菌、枯草芽孢杆菌的染色玻片标本；目镜测微尺，镜台测微尺，显微镜，擦镜纸，香柏油，二甲苯等。

【操作步骤】

1. 目镜测微尺的标定

（1）放置目镜测微尺　　取出目镜，把目镜上面的透镜旋下，将目镜测微尺放在目镜筒内的隔板上，刻度面向下，旋上目镜透镜，插入镜筒。双目显微镜的左目镜通常配有屈光度调节环，不能被取下。目镜测微尺一般都安装在右目镜中。

（2）放置镜台测微尺　　将镜台测微尺放在载物台上，刻度面朝上，并对准聚光器。

（3）标定目镜测微尺　　先用低倍镜观察，调焦；看清镜台测微尺刻度后转动目镜，使目镜测微尺的刻度线和镜台测微尺的刻度线平行；再用移动器使镜台测微尺与目镜测微尺的某一条刻度线重合（或对齐）。然后于另一端找重合（或对齐）线，分别数出、记录两重合（或对齐）线间目镜测微尺和镜台测微尺各自的格数（图 1-24.1）。

（4）计算　　已知镜台测微尺每格长 10 μm，通过如下公式可计算出目镜测微尺每小格所代表的实际长度。

$$目镜测微尺每格长度（\mu m）= \frac{两重合线间镜台测微尺格数 \times 10}{两重合线间目镜测微尺格数}$$

再用同样的方法分别测出在高倍镜和油镜下目镜测微尺每格代表的实际长度。

2. 菌体大小的测定　　目镜测微尺标定完毕后，移去镜台测微尺，分别换上金黄色葡萄球菌及枯草芽孢杆菌染色玻片标本。先在低倍镜和高倍镜下找到菌体后，再换油镜测定。调焦使标本清晰，通过转动目镜测微尺和移动载玻片，测出金黄色葡萄球菌的直径及枯草芽孢杆菌的长和宽各占目镜测微尺的格数，并详细记录于表 1-24.2 中。将所测出的格数乘以目镜测微尺（用油镜时）每格代表的长度，即为该菌的实际大小。

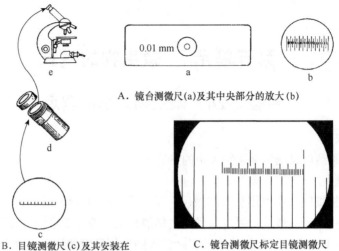

A. 镜台测微尺(a)及其中央部分的放大(b)

B. 目镜测微尺(c)及其安装在
目镜(d)上，再安装在显微镜(e)上

C. 镜台测微尺标定目镜测微尺

图 1-24.1　　显微测微尺的安装及标定

一般用对数期菌体，在同一涂片测 10～20 个，求出平均值，才能代表该菌的大小。

3. 用毕后处理　　取出目镜测微尺，将目镜测微尺和镜台测微尺用擦镜纸擦拭干净，包好，放回盒内保存。

【实验报告】

1. 实验结果

1）将目镜测微尺标定结果填入表 1-24.1 中。

表 1-24.1　目镜测微尺标定结果记录表

物镜及倍数	目镜测微尺格数	镜台测微尺格数	目镜测微尺每格代表的长度 /μm
低倍镜			
高倍镜			
油镜			

目镜放大倍数：

2）将测得的菌体大小值填入表 1-24.2 中。

表 1-24.2　菌体大小测定结果记录表

菌体编号	长		宽	
	目镜测微尺格数	菌体长度 /μm	目镜测微尺格数	菌体宽度 /μm
1				
2				
3				
4				
5				

续表

菌体编号	长		宽	
	目镜测微尺格数	菌体长度 /μm	目镜测微尺格数	菌体宽度 /μm
6				
7				
8				
9				
10				
平均				

目镜放大倍数：　　　　　　　　　　物镜放大倍数：

2. 思考题　　若目镜和目镜测微尺不变，只改用不同放大倍数的物镜，目镜测微尺每格所测量镜台上物体的实际长度是否相同？为什么？

【注意事项】

1. 标定时需对准目镜测微尺与镜台测微尺重合线的中心；切勿压碎镜台测微尺。

2. 去除香柏油时不宜用过多的二甲苯，否则会使镜台测微尺盖片下的树胶溶解。

（陈　龙）

实验 1-25　显微镜直接计数法

【目的要求】

掌握用血细胞计数器进行微生物计数的原理和方法。

【基本原理】

利用血细胞计数器在显微镜下直接计数微生物细胞是一种常用的微生物计数法。其优点是直观、简便、快速。将经过适当稀释的菌悬液（或孢子悬液）放在血细胞计数器计数室中，在显微镜下计数。计数室的容积是一定的（$0.1\ mm^3$），因而可根据在显微镜下观察到的微生物数目换算成单位体积内的微生物数目。此法所测得的结果是活菌体和死菌体的总和。现已采用活体染色、微室培养、加细胞分裂抑制剂等方法计数活菌体。活体染色是将对微生物无毒性的染料（如亚甲蓝、刚果红、中性红等）配成一定浓度，与一定量菌液混合，一定时间后根据不同的颜色在显微镜下区分活菌体和死菌体。

血细胞计数器（图 1-25.1）是一块特制的载玻片，其上有 4 条槽构成 3 个平台。中间的平台比两边的平台低 0.1 mm，它又被一横槽隔成两半，两平台上各刻有一个方格网。每个方格网分 9 个大方格，中间的大方格即为计数室。

计数室的刻度一般有两种规格：一种是一个大方格分成 16 个中方格，每个中方格又分成 25 个小方格；另一种是一个大方格分成 25 个中方格，每个中方格又分成 16 个小方格。每个中方格四周均有双线界限标志，以便区分。无论哪一种规格的计数板，其每个大方格中的小方格数都是相同的，即 16×25＝400 个小方格。

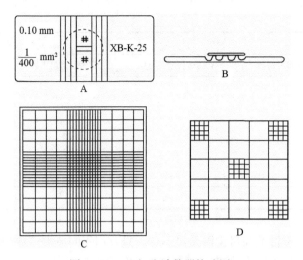

图 1-25.1　血细胞计数器构造图

A. 正面图；B. 纵切面图；C. 放大后的方格网；D. 放大后的计数室

每个大方格边长为 1 mm，面积为 1 mm²，盖上盖玻片后计数室与盖片间的高度是 0.1 mm，计数室的容积为 0.1 mm³。

计数时，通常数 5 个中方格的总菌数，然后求得每个中方格的平均值，再乘上 16 或 25 得出一个大方格中的菌数，最后再换算成 1 ml 菌液中的菌数。

利用血细胞计数器主要计数个体较大的酵母细胞、霉菌孢子等，对形态微小的细菌等样品计数不准确。通常利用 Helber 型细菌计数器对细菌准确计数，它与血细胞计数器的结构和计数原理基本相同，计数过程也类似，不同的是血细胞计数器的计数室较深（0.1 mm），不能用油镜对计数室内的细菌彻底计数。Helber 型细菌计数器的计数室深度为 0.02 mm，在油镜工作距离之内，能精确计数细菌细胞，计数室容积仅为 0.02 mm³。计数时常需计数室内有代表性的 20 个小格内的总菌数，再求得每个小格内的细菌平均数，最后换算成每毫升样品中的细菌总数。对运动活跃的细菌可经染色等杀死菌体后再计数。

细菌活细胞计数也以一定浓度的亚甲蓝染色液适当染色后，根据颜色在计数室中分别计数活细胞和死细胞：活细胞将亚甲蓝还原为无色的亚甲白；死细胞因无还原酶被染成蓝色。

【实验器材】

酿酒酵母悬液；血细胞计数器，显微镜，盖玻片，无菌吸管等。

【操作步骤】

（一）计总菌数

1. 稀释　　将酿酒酵母适当稀释，菌液如不浓不必稀释。一般要求每小格内有 5～10 个菌体。

2. 镜检计数室　　加样前先镜检计数室，有污物要清洗后才能加样计数。盖玻片应用擦镜纸擦干净。

3. 加样　　将清洗、干燥的血细胞计数器盖上盖玻片，再用无菌吸管将稀释的酿酒酵母菌液由盖玻片边缘滴一小滴（不宜过多），让菌液沿缝隙靠毛细渗透作用自行进入计数室。轻压盖玻片使其紧贴计数器。

注意：不能有气泡；取样前先要摇匀菌液，并用吸管将菌液吹吸数次。

4. 显微镜计数　静置 5 min 待菌体分布稳定，将血细胞计数器置于载物台上，先用低倍镜找到计数室位置，再用高倍镜计数。每个计数室选 5 个中格（可选 4 个角和中央的中格，16 个中格的计数室可选 4 个角的中格）中的菌体进行计数。位于中格边线上的菌体一般只数上方线和右边线上的。如遇酵母出芽，芽体大小达到母体细胞的一半时即作为两个菌体计数。计数一个样品要取两个计数室的平均值，若相差太大，则需重新计数。

5. 清洗血细胞计数器　用后将血细胞计数器在水龙头下用水柱冲洗，切勿用硬物搓刷，洗后晾干或吹干，不可烘烤。镜检每个小格内是否有残留菌体或杂物。如有污垢则必须重复冲洗至干净。最后，可用蘸有 95% 乙醇溶液的脱脂棉球轻轻擦拭，再用擦镜纸擦干。

（二）计死、活菌数

1. 制备酵母菌悬液　在培养 48 h 的酿酒酵母麦汁斜面试管内加 10 ml pH 7.0 的磷酸盐缓冲液，将菌苔洗下，倒入有玻璃珠的锥形瓶中充分振荡以分散细胞。将菌液适当稀释。

2. 活体染色　在试管中加 0.9 ml 亚甲蓝液和 0.1 ml 菌液混匀，染色 10 min 后计数。

3. 洗净计数器　清洁血细胞计数器与加盖玻片的方法同前。

4. 加染色菌液　方法同前。

5. 计数与计算　分别计数死细胞和活细胞，计算活细胞百分比。

6. 清洗　清洗血细胞计数器的方法同前。

【实验报告】

1. 实验结果　将结果记录于表 1-25.1 和表 1-25.2 中，两表中：A 表示 5 个中方格中的总菌数；B 表示菌液稀释倍数。

（1）总菌数　记录于表 1-25.1 中。

表 1-25.1　总菌数的计数结果记录表

计数室	各中方格内菌数					A	B	菌数 / ml	二室平均值
	1	2	3	4	5				
第一室									
第二室									

（2）死、活菌数　记录于表 1-25.2 中。

表 1-25.2　死、活菌数的计数结果记录表

计数室		各中方格内菌数					A	B	二室平均值	成活率 /%
		1	2	3	4	5				
第一室	活菌									
	死菌									
第二室	活菌									
	死菌									

2. 思考题　根据你实验的体会，说明用血细胞计数器计数的误差主要来自哪些方

面？应如何尽量减少误差，力求准确？

【注意事项】

1. 计数室内不可有气泡，否则将影响菌液的随机分布，使计数产生误差。

2. 活菌计数常受细胞数与染料比例、染色时间、pH 等因素影响，通常控制 pH 为：酵母菌 6.0～6.8；细菌样品 7.0～7.2。

（蔡信之）

实验 1-26　平板菌落计数法

【目的要求】

掌握平板菌落计数的基本原理和操作方法。

【基本原理】

平板菌落计数法是根据微生物在固体培养基上形成的单菌落是由一个单细胞繁殖而成的原理进行的，即一个长成的菌落代表一个活的单细胞。计数时先将待测样品做一系列稀释，使其中的微生物充分分散成单个细胞，再吸取一定量的稀释菌液接种到培养皿中，使其均匀分布于平板培养基内，培养后由单个细胞生长繁殖形成菌落，统计菌落数目即可计算出单位体积样品内的活菌数。待测样品往往不易完全分散成单个细胞，平板上形成的菌落不一定全是由单个细胞繁殖形成的，因此平板菌落计数结果常比实际细胞数低。现用菌落形成单位（colony forming unit，CFU）取代以前的绝对菌落数来表示样品活菌含量。

平板菌落计数法的优点是能测出样品中的活菌数，此法常用于某些成品（如杀虫菌剂等）的质量检定，生物制品的性能检定，以及食品、饮料、水源的污染程度检测等。为便于实际应用，近年来平板菌落计数法不断向简便、快速、微型和商品化方向发展。

【实验器材】

大肠埃希氏菌悬液；牛肉膏蛋白胨培养基；1 ml 无菌吸管，无菌平皿，盛有 4.5 ml 无菌水的试管，试管架，记号笔等。

【操作步骤】

1. 编号　　取无菌平皿 10 套，用记号笔分别标明 10^{-4}、10^{-5}、10^{-6} 各 3 套。留一套平皿作空白对照。另取 6 支盛有 4.5 ml 无菌水的试管排列于试管架上，依次标明 10^{-1}～10^{-6}。

2. 稀释　　用 1 ml 无菌吸管准确吸取 0.5 ml 大肠埃希氏菌液放入 10^{-1} 试管，吸管尖端不要碰到液面。再用另一支吸管将管内悬液来回吸吹 3 次，吸时伸入管底，吹时离开水面，使其混合均匀。自 10^{-1} 试管内吸 0.5 ml 放入 10^{-2} 试管中，换一吸管吸吹 3 次，其余类推。

3. 取样　　用 1 ml 无菌吸管分别准确吸取 10^{-4}、10^{-5}、10^{-6} 的稀释菌液各 1 ml，放 0.2 ml 到相应稀释度的无菌平皿中。

4. 倒平板　　于上述盛有不同稀释度菌液的平皿中尽快倒入熔化并冷却至 45℃左右（熔化后置于 45℃水浴中保温）的牛肉膏蛋白胨琼脂培养基 12～15 ml，前后、左右轻轻地倾斜晃动或置于桌面上迅速轻轻旋转混匀，凝固后倒置于 37℃恒温培养箱中培养 48 h。

5. 计数　　取出培养皿，算出同一稀释度的 3 个平皿中菌落平均数，按下列公式计算：

每毫升菌落形成单位数（CFU）＝同一稀释度 3 次重复的菌落平均数×稀释倍数×5

一般选择每个平板有 50～200 个菌落的稀释度计算每毫升的菌数最合适。同一稀释度 3 次重复的菌数不能相差过大，由 10^{-4}、10^{-5}、10^{-6} 3 个稀释度计算出的每毫升菌液中的菌数也不能相差过大，如相差过大表示实验不精确。计数时可用彩笔或钢笔在皿底点涂菌落法计数，防止漏数或重复。高密度菌落平板可先通过皿底圆心精确划分出对称的等分扇形区域，再选择有代表性的对角的 2 或 4 个 1/8～1/4 区域粗略统计菌落数。

平板菌落计数法所选择倒平板的稀释度是很重要的，一般以 3 个稀释度中的第二个稀释度倒平板所出现的平均菌落在 50 左右为最好。

平板菌落计数还可用涂布平板的方法进行：先将牛肉膏蛋白胨培养基熔化后倒平板，凝固后编号，并放于 37℃恒温培养箱中保温 30 min 左右使其干燥，然后用无菌吸管吸取 0.1 ml 菌液对号接种于不同培养皿的培养基上，尽快用无菌玻璃涂布棒将菌液在平板上涂布均匀，平放于台上 20～30 min 使菌液渗入培养基内，然后再倒置于 37℃恒温培养箱中培养。

【实验报告】

1. 实验结果　　将计数结果填入表 1-26.1。

表 1-26.1　平板菌落的计数结果记录表

稀释度	菌落数				每毫升菌落形成单位数/（CFU/ml）
	1	2	3	平均	
10^{-4}					
10^{-5}					
10^{-6}					
空白对照					

2. 思考题

1）稀释倒平板法中，为什么熔化后的培养基要冷却到 45℃左右才能倒平板？

2）要使平板菌落计数准确，必须掌握哪几个关键点？为什么？

3）同一菌液用显微镜直接计数和平板菌落计数同时计数的结果是否一样？为什么？

4）试比较平板菌落计数法和显微镜直接计数法的优缺点及应用。

5）仔细观察计数的平板，比较其表面的菌落与内层的菌落有何不同？为什么？

【注意事项】

1. 在做平板菌落计数时，测定样品移入培养皿后要尽快倒入冷却至 45℃的培养基，并迅速混匀，水平静置待凝固。否则，菌体会吸附在皿底，不易分散均匀地形成单菌落。

2. 每支吸管只接触一个稀释度的菌液，在吸取该菌液前都必须在待移菌液中来回吹吸 3 次，使菌液混匀并让吸管内壁达到吸附平衡。

3. 不要用 1 ml 吸管每次只用管尖吸 0.2 ml 稀释液放入培养皿中，否则易加大同一稀释度几个重复平板间的操作误差。

4. 吸取样品必须准确，菌液的混合、涂布一定要均匀。

（蔡信之）

实验 1-27　光电比浊计数法

【目的要求】

掌握光电比浊计数法的基本原理和操作方法。

【基本原理】

光线通过微生物悬液时由于菌体的散射及吸收作用，其透过量降低。在一定范围内，微生物细胞浓度与透光度成反比，与光密度成正比。光密度或透光度可由光电池精确测出。因此，可用一系列已知菌数的菌悬液测定光密度，做出光密度-菌数标准曲线。再根据样品液所测得的光密度，从标准曲线中查出对应的菌数。制作标准曲线时菌体计数可采用血细胞计数器计数、平板菌落计数或细胞干重测定等方法。本实验采用血细胞计数器计数。光波长根据菌体最大吸收波长及稳定性试验确定，通常为 400～700 nm。

光电比浊计数法的优点是简便、迅速，可以连续测定，适合于自动控制。

【实验器材】

酿酒酵母培养液；721 型分光光度计，血细胞计数器，显微镜，试管，吸水纸，无菌吸管，无菌生理盐水等。

【操作步骤】

1．标准曲线制作

（1）编号　　取无菌试管 7 支，分别用记号笔编号为 1、2、3、4、5、6、7。

（2）调整菌液浓度　　用血细胞计数器计数培养 24 h 的酿酒酵母菌悬液，并用无菌生理盐水分别稀释调整为每毫升 1×10^6、2×10^6、4×10^6、6×10^6、8×10^6、10×10^6、12×10^6 含菌数的细胞悬液。再分别装入已编号的 1～7 号无菌试管中。

（3）测定光密度（OD）值　　将 1～7 号不同浓度的菌悬液摇均匀后于 560 nm 波长、1 cm 比色皿中测定 OD 值。比色测定时，用无菌生理盐水作空白对照，将 OD 值填入表 1-27.1。

表 1-27.1　OD 值的测定结果

管号	细胞数 / （$\times 10^6$/ml）	光密度（OD）值	管号	细胞数 / （$\times 10^6$/ml）	光密度（OD）值
1			5		
2			6		
3			7		
4			对照		

（4）绘制标准曲线　　以光密度值为纵坐标、细胞数（/ml）为横坐标，在坐标纸上绘制曲线。

2．样品测定　　将待测样品用无菌生理盐水适当稀释，摇均匀后，用 560 nm 波长、1 cm 比色皿测定光密度值。测定时用无菌生理盐水作空白对照。

3．菌数计算　　根据所测得的光密度值，从标准曲线查得每毫升稀释液的含菌数，再乘以稀释倍数，计算出每毫升样品的含菌量。

【实验报告】

1. 实验结果　　每毫升样品原液菌数＝从标准曲线查得每毫升的菌数 × 稀释倍数

2. 思考题

1）光电比浊计数法的原理是什么？有何优缺点？测定中哪些操作易造成较大误差？

2）光电比浊计数法在生产实践中有何应用价值？

3）本实验为什么采用 560 nm 波长测定酵母菌悬液的光密度值？如果要测定大肠埃希氏菌生长的光密度值，应如何选择波长？

【注意事项】

1. 比色皿要洁净；测定光密度值前务必将样品液充分摇匀，使菌体分布均匀。

2. 用光电比浊计数法测定微生物细胞数量时需将分光光度计指针调零，所用溶液应与待测菌液一致；各操作条件必须与制作标准曲线时相同，否则测得值换算的含菌数不准确。

（蔡信之）

实验 1-28　大肠埃希氏菌生长曲线的测定

【目的要求】

1. 了解大肠埃希氏菌生长曲线的特点及其测定的原理。

2. 掌握用比浊法测定细菌生长曲线的操作方法。

【基本原理】

一定量的微生物接种于合适的新鲜液体培养基中，在适宜温度下培养，以菌数的对数或生长速度作纵坐标，生长时间作横坐标，做出的曲线称为该菌的生长曲线。不同的微生物有不同的生长曲线，同一微生物在不同的培养条件下生长曲线也不一样。一般生长曲线可分为延迟期、对数期、稳定期和衰亡期（图 1-28.1）。测定在一定条件下培养的微生物的生长曲线，了解其生长繁殖规律，对科研和生产都有重要的指导意义。

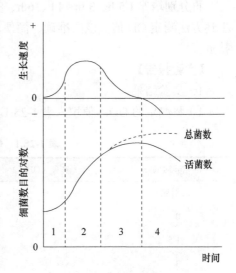

图 1-28.1　细菌的生长曲线
1. 延迟期；2. 对数期；3. 稳定期；
4. 衰亡期

测定微生物生长曲线的方法很多，血细胞计数器法适用于霉菌孢子及酵母的计数；平板菌落计数法适用于单细胞的细菌；称重法适用于霉菌和放线菌生长的测定。本实验用比浊法测定大肠埃希氏菌的生长量。细菌悬液的浓度与浑浊度成正比，故可用光电比色计测定细菌悬液的光密度推知菌液浓度，以测定结果与其相对应的培养时间绘出生长曲线。已有直接用试管便可测定光密度（OD）值的光电比色计，只要接种一支试管，定期用其测定即可。其优点是可不改变菌液体积并在同一试管内连续测定。

【实验器材】

培养 18~20 h 的大肠埃希氏菌培养液，盛有 5 ml 牛肉膏蛋白胨液体培养基的大试管两支，装有 60 ml 牛肉膏蛋白胨液体培养基的 250 ml 锥形瓶一只；722 型分光光度计；恒温摇床，无菌吸管，无菌大试管等。

【操作步骤】

1. 编号 取 11 支无菌大试管，用记号笔分别标注培养时间：0 h、1.5 h、3 h、4 h、6 h、8 h、10 h、12 h、14 h、16 h、20 h。

2. 接种 用 5 ml 吸管吸取 2.5 ml 大肠埃希氏菌培养液，放入装有 60 ml 牛肉膏蛋白胨液体培养基的锥形瓶中，混匀后分别吸取 5 ml 放入已编号的 11 支大试管中。

3. 培养 将 11 支试管置于水浴恒温摇床上，37℃振荡（250 r/min）培养。分别在 0 h、1.5 h、3 h、4 h、6 h、8 h、10 h、12 h、14 h、16 h、20 h 后取出，放入冰箱中贮存，最后一起比浊测定。

4. 比浊 以未接种的牛肉膏蛋白胨培养液作空白，充分摇匀后选用 540~560 nm 波长进行光电比浊测定。从最稀浓度的菌悬液开始依次测定。对浓度大的菌悬液用未接种的牛肉膏蛋白胨培养液适当稀释后再测定，使其 OD 值在 0.1~0.65，记录 OD 值。

本操作步骤也可用简便的方法代替：先用 1 ml 无菌吸管吸取 0.25 ml 大肠埃希氏菌过夜培养液转入有 5 ml 牛肉膏蛋白胨液体培养基的试管中，混匀后直接插入分光光度计比色槽中，比色槽上方用自制的暗盒将比色槽暗室全部罩上，形成一个暗环境，另以一支盛有牛肉膏蛋白胨培养液但未接种的试管调零点，测定培养 0 h 样品的 OD 值。测定完毕取出试管置于 37℃振荡（250 r/min）培养。

再分别培养 1.5 h、3 h、4 h、6 h、8 h、10 h、12 h、14 h、16 h 和 20 h，取出试管按上述方法测定 OD 值。该法准确、简便。但必须注意所用的两支试管要很干净、透光度接近。

【实验报告】

1. 实验结果

1）将测定的 OD_{560} 值填入表 1-28.1。

表 1-28.1 OD 值测定结果记录表

培养时间 /h	光密度（OD_{560}）值	培养时间 /h	光密度（OD_{560}）值
对照		8	
0		10	
1.5		12	
3		14	
4		16	
6		20	

2）以菌悬液 OD 值为纵坐标，培养时间为横坐标，在坐标纸上绘出大肠埃希氏菌生长曲线，并标出生长曲线中 4 个时期的位置及名称。

2．思考题

1）为什么比浊法测定细菌的生长只表示细菌的相对生长状况？它有何优点？

2）用光电比浊法（比浊法的一种）测定 OD 值时应如何选择其波长？为什么要用未接种的牛肉膏蛋白胨培养液作空白对照？

【注意事项】

1．选择试管时应力求选取质地相同、内外直径一致、管壁厚薄均匀的试管。在比色管架上以分光光度计的计值法选取则更精确。

2．在生长曲线测定中，要用空白对照管的培养液随时校正分光光度计的零点。

（蔡信之）

实验 1-29　霉菌生长曲线的测定（干重法）

【目的要求】

了解霉菌生长曲线的特点及测定原理；掌握用干重法测定霉菌生长曲线的操作方法。

【基本原理】

霉菌生长量的测定通常采用重量法，若测定经过滤或离心收集的菌丝体重量，为其湿重。如将收集的菌丝体经 80℃烘干，再称重得到其干重。此法适用于不易形成均匀悬液的放线菌、霉菌等有菌丝体的微生物生长量的测定。

【实验器材】

青霉菌；马铃薯葡萄糖液体培养基；分析天平，恒温摇床，电热干燥箱，真空泵，定量滤纸，接种环，移液管，试管，盛有玻璃珠的锥形瓶，含有脱脂棉的无菌注射器等。

【操作步骤】

1．制备孢子悬液　取一支孢子成熟的青霉菌斜面培养物，用无菌移液管吸取 5 ml 无菌水加到菌种管内，以无菌操作，用接种环轻轻刮下孢子，注入盛有玻璃珠的锥形瓶中，同法将另外 15 ml 无菌水分 3 次加到菌种管内，用接种环轻轻刮下剩余孢子，全部注入锥形瓶中，水平旋转振荡 30 min，再倒入含有脱脂棉的无菌注射器过滤，得单孢子悬液。

2．接种　取 12 只 150 ml 锥形瓶，分别标注培养时间：0 d、1 d、2 d、3 d、3.5 d、4 d、4.5 d、5 d、5.5 d、6 d、6.5 d、7 d。向每只锥形瓶中注入 30 ml 马铃薯葡萄糖液体培养基和 1 ml 孢子悬液。

3．培养　将已接种的锥形瓶置摇床 28℃振荡培养，转速 180 r/min，分别培养 0 d、1 d、2 d、3 d、3.5 d、4 d、4.5 d、5 d、5.5 d、6 d、6.5 d、7 d，将相应的锥形瓶取出待测。

4．测定　取 12 张定量滤纸分别称重，记录纸重（a），将锥形瓶内的青霉菌液体培养物全部倒在滤纸上过滤，收集菌体，沥干后称重，记录重量（b），再置于 80℃干燥箱烘干至恒重，记录重量（c）。

5．绘制生长曲线　以培养时间为横坐标、菌体干重为纵坐标，在半对数纸上绘制青霉菌的生长曲线。

【实验报告】

1. 实验结果　　将不同培养时间测得的青霉菌生长量填入表 1-29.1。

表 1-29.1　不同培养时间测得的青霉菌生长量记录表　　　　　　　　（单位：g）

培养时间 /d	纸重（a）	重量（b）	重量（c）	菌体湿重	菌体干重
0					
1					
2					
3					
3.5					
4					
4.5					
5					
5.5					
6					
6.5					
7					

2. 思考题

1）为什么用干重法测定霉菌的生长量？还可以用什么方法测定霉菌的生长量？

2）为什么取样测定要将锥形瓶内的全部培养物都过滤？

3）根据实验结果描述霉菌液体振荡培养的生长特征。

4）比较霉菌和细菌生长曲线的特征，二者有何异同？

【注意事项】

如果霉菌孢子悬液的浓度低或接种量小，在摇瓶中培养仅形成几个菌丝球，应适当提高孢子悬液的浓度或接种量。将孢子悬液静置片刻，去掉上部清液即可提高其浓度。

（康贻军）

实验 1-30　物理因素对微生物生长的影响

【目的要求】

了解几种常用的物理因素对微生物生长的影响及原理；掌握实验方法与步骤。

【基本原理】

不同微生物对物理环境有不同要求。

1. 温度　　温度是影响微生物生长与存活的重要因素之一。每种微生物只能在一定的温度范围内生长。最适生长温度能促进微生物生长，繁殖速度最快，代时最短；过低的温度会使酶活性受抑制，细胞新陈代谢活动减弱；过高的温度会使微生物的蛋白质、酶及核酸变性凝固失活，细胞膜受破坏，菌体死亡。不同微生物对温度的抗性不同。

2. 氧　　各种微生物对氧的要求不同，根据对氧的不同要求可将微生物分为好氧菌、兼性厌氧菌、微好氧菌、耐氧菌和厌氧菌 5 类（图 1-30.1）。

3. 渗透压　　不同微生物对渗透压的抗性不同。微生物对渗透压的抗性都有一定限度，超出限度抑制菌体生长。高渗溶液中细胞失水，抑制生长；低渗溶液中细胞吸水膨胀，吸收养分少。只有在一定的渗透压范围内微生物才能正常生长。

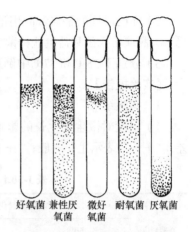

好氧菌　兼性厌　微好　耐氧菌　厌氧菌
　　　　　氧菌　　氧菌

图 1-30.1　不同氧要求的微生物在半固体培养基中的生长状态示意图

【实验器材】

大肠埃希氏菌，枯草芽孢杆菌，丙酮丁醇梭菌（*Clostridium acetobutylicum*），盐生盐杆菌（*Halobacterium halobium*），酿酒酵母；牛肉膏蛋白胨琼脂半固体培养基 4 支，牛肉膏蛋白胨液体培养基 16 支，蔗糖含量分别为 2%、10%、20% 和 40% 的查氏合成培养基（pH 6.8），NaCl 含量分别为 2%、10%、20% 和 40% 的牛肉膏蛋白胨琼脂培养基（pH 7.0），生理盐水；水浴锅，温度计，无菌培养皿等。

【操作步骤】

1. 温度对微生物的影响

1）制备菌悬液：将培养 48 h 的大肠埃希氏菌和枯草芽孢杆菌斜面加无菌生理盐水各 5 ml，刮下菌苔，制成悬液。

2）编号试管：取牛肉膏蛋白胨液体培养基试管 16 支，编号并注明接种的菌名、处理温度及时间。

3）接种：在单号 1、3、5…15 各管中接入大肠埃希氏菌悬液 0.2 ml，在双号 2、4、6…16 各管中接入枯草芽孢杆菌悬液 0.2 ml。

4）处理：将已接种的 1~8 号管同时放入 50℃水浴中处理，10 min 后取出 1~4 号管，再过 10 min 取出第 5~8 号管。将已接种的 9~16 号管放入 100℃水中浴中，10 min 后取出 9~12 号管，再过 10 min 取出第 13~16 号管。

5）培养：各管取出后立即用冷水冲凉。置于 37℃培养 24 h 后观察生长情况。

2. 氧对微生物的影响

1）将牛肉膏蛋白胨琼脂半固体培养基试管 4 支置于水浴锅中加热熔化。

2）待培养基冷到 45℃左右时，按无菌操作分别接种大肠埃希氏菌、枯草芽孢杆菌、丙酮丁醇梭菌各一环于试管培养基中，另一支试管不接种作对照。双手快速搓动试管使细菌均匀混于培养基内。切勿振荡混匀，避免使空气混入培养基。

3）直立凝固后立于 37℃培养，48 h 后开始连续观察几天，直至结果清晰为止。

3. 渗透压对微生物生长的影响

1）将含有不同量蔗糖的查氏合成培养基和不同量 NaCl 的牛肉膏蛋白胨琼脂培养基熔化，冷却至 45℃左右，各倒平皿两套，待凝固后接种。

2）在已凝固的平皿背面用记号笔划成两部分，分别划线接种大肠埃希氏菌和酿酒酵母、大肠埃希氏菌和盐生盐杆菌。各接两套平皿，避免污染。

3）分别于28℃和37℃中倒置培养4 d观察。

【实验报告】

1．实验结果

1）温度对微生物生长的影响：观察生长情况，"－"表示不生长；"＋"表示生长较差；"＋＋"表示生长一般；"＋＋＋"表示生长良好。将结果记在表1-30.1中。

表1-30.1　温度对微生物生长影响的测定结果

菌名	大肠埃希氏菌								枯草芽孢杆菌							
处理温度	50℃				100℃				50℃				100℃			
处理时间	10 min		20 min		10 min		20 min		10 min		20 min		10 min		20 min	
试管编号	1	3	5	7	9	11	13	15	2	4	6	8	10	12	14	16
生长情况																

2）氧对微生物生长的影响：观察生长情况，用"表面生长""底部生长""表面及全部生长"将结果记录于表1-30.2中。

表1-30.2　氧对微生物生长影响的测定结果

菌名	生长情况	图示	呼吸类型
大肠埃希氏菌			
枯草芽孢杆菌			
丙酮丁醇梭菌			

3）渗透压对微生物的影响：观察生长情况，"－"表示不生长；"＋"表示生长；"＋＋"表示生长良好。将结果记录于表1-30.3中。

表1-30.3　渗透压对微生物生长影响的测定结果

菌名	培养时间/d	蔗糖/%				NaCl/%			
		2	10	20	40	2	10	20	40
大肠埃希氏菌									
酿酒酵母									
盐生盐杆菌									

2．思考题

1）结果说明哪种微生物对高温抗性强？为什么？这对消毒、灭菌有何意义？

2）为什么分子氧对厌氧菌有毒害作用？

3）高浓度的糖和盐对微生物有何影响？举几个用渗透压抑制微生物生长的例子。

【注意事项】

1. 做温度对微生物生长的影响试验时应保持处理和培养温度的恒定。

2. 渗透压对微生物生长的影响试验可同时用显微镜观察菌体细胞形态的变化。

3. 各处理及菌名务必标注清楚，避免混乱。

4. 无菌操作必须严格，避免菌种混杂或污染。

（蔡信之）

实验 1-31　化学因素对微生物生长的影响

【目的要求】

了解常用化学药品及 pH 对微生物的影响，确定微生物生长所需要的最适 pH。

【基本原理】

常用的化学消毒剂主要有重金属及其盐类，酚、醇、醛等有机化合物，卤族元素及其化合物，染料和表面活性剂等，它们的杀菌或抑菌作用主要是使菌体蛋白质及核酸变性、失活，或者与酶的—SH 基结合，使酶失去活性，或破坏细胞膜的透性等。

本实验通过观察某些常用化学药剂在一定浓度下对微生物的致死或抑菌作用，以了解它们的杀菌或抑菌性能。

不同微生物生长要求的最适 pH 不同。当环境的 pH 超出其生长的 pH 范围时，微生物的生长就受到抑制。

【实验器材】

金黄色葡萄球菌，枯草芽孢杆菌，细黄链霉菌，酿酒酵母，黑曲霉；牛肉膏蛋白胨琼脂培养基，豆芽汁蔗糖培养基；2.5% 碘酊，1% 来苏尔，0.25% 新洁尔灭，0.1% 升汞（$HgCl_2$），5% 石炭酸，75% 乙醇溶液，0.005% 结晶紫，0.05% 结晶紫，0.2 mol/L K_2HPO_4 溶液，0.2 mol/L H_3BO_3 溶液，0.1 mol/L 柠檬酸溶液，0.2 mol/L NaOH 溶液；培养皿，滤纸片，试管，吸管等。

【操作步骤】

1. 化学药剂的杀菌作用

1）在培养 18～20 h 的金黄色葡萄球菌斜面中加 4 ml 生理盐水，用接种环轻轻将菌苔刮下，振荡，制成均匀的菌悬液。

2）用无菌吸管吸取菌液 0.2 ml，注入无菌平皿内。

3）将熔化且冷却到 45℃ 左右的牛肉膏蛋白胨琼脂培养基倒入平皿内（12 ml 左右），旋转，充分混匀，水平放置，待凝。

4）用记号笔在培养基平板底划分 8 个区域，并标明下述各种药物的名称及浓度。用无菌镊子将无菌小圆滤纸片分别浸蘸 2.5% 碘酊、0.1% 升汞、5% 石炭酸、75% 乙醇溶液、1% 来苏尔、0.25% 新洁尔灭、0.005% 结晶紫、0.05% 结晶紫，在试剂瓶口内壁沥去多余药液，以无菌操作将滤纸片对号放入培养基表面的各小区中央。

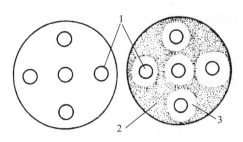

图 1-31.1　圆滤纸片法测定药物的杀菌作用

　　1. 滤纸片；2. 细菌生长区；3. 抑菌区

5）将含菌平皿倒置于 37℃培养。24 h 后观察结果。测量抑菌圈直径，比较各种化学药物杀菌力的强弱（图 1-31.1）。

2. 不同 pH 对微生物生长的影响

1）配制豆芽汁蔗糖培养基，根据表 1-31.1 分别调 pH 为 3、5、7、9、11，每管装 10 ml 培养液，每种 pH 配 5 管，共 5 套，其中一套为对照。

表 1-31.1　不同 pH 的豆芽汁蔗糖培养液配制表

培养液 /ml	pH（近似值）				
	3	5	7	9	11
豆芽汁蔗糖培养液	8	8	8	8	8
0.2 mol/L K$_2$HPO$_4$	0.4	1.0	1.6	—	—
0.1 mol/L 柠檬酸	1.6	1.0	0.4	—	—
0.2 mol/L 硼酸	—	—	—	1.3	0.7
0.2 mol/L NaOH	—	—	—	0.7	1.3
总量	10	10	10	10	10

2）将配好的培养液进行间歇灭菌，即在 100℃下蒸 3 次，每次 20 min。

3）用生理盐水分别将枯草芽孢杆菌、细黄链霉菌、酿酒酵母和黑曲霉制成菌悬液。

4）在准备好的 4 套培养基中分别接种上述 4 种菌悬液各两滴，混匀，与对照一起放置于 28℃条件下培养。3 d 后取出观察结果。

5）根据菌液的浑浊程度，记录各管的生长情况："－"表示不生长；"＋"表示生长较差；"＋＋"表示生长一般；"＋＋＋"表示生长良好。

【实验报告】

1. 实验结果

1）化学药剂对金黄色葡萄球菌的抑菌能力：将结果记录于表 1-31.2 中。

表 1-31.2　化学药剂对金黄色葡萄球菌的抑菌作用实验结果记录表

药剂	抑菌圈直径 /mm	药剂	抑菌圈直径 /mm
2.5% 碘酊		1% 来苏尔	
0.1% 升汞		0.25% 新洁尔灭	
5% 石炭酸		0.005% 结晶紫	
75% 乙醇溶液		0.05% 结晶紫	

2）不同 pH 条件下各类微生物的生长情况：将结果记录于表 1-31.3 中。

表 1-31.3　不同 pH 对各类微生物生长的影响实验结果记录表

菌名	pH				
	3	5	7	9	11
枯草芽孢杆菌					
细黄链霉菌					
酿酒酵母					
黑曲霉					

2. 思考题

1）在本实验"1. 化学药剂的杀菌作用"中，抑菌圈部分是否说明化学药剂已将微生物细胞全部杀死？

2）试设计一简单实验以初步判断某饮料或某食品是否含有防腐剂。

3）枯草芽孢杆菌和酿酒酵母生长所要求的 pH 是否相同？培养细菌和真菌时培养基的 pH 应分别调到什么范围？

4）为什么大肠埃希氏菌在合成培养基中培养 12 h 后群体停止生长，而在牛肉膏蛋白胨培养基中 18～24 h 仍在继续生长？

【注意事项】

1. 制备平板培养基厚度要均匀，表面无冷凝水；纸片形状大小要一致，不可有药液下滴，不能在培养基表面拖动滤纸片，避免消毒剂不均匀扩散。

2. 指示菌涂布平板培养基要均匀，使细菌均匀分布。

3. 化学药剂必须标记准确，避免混乱。

（蔡信之）

实验 1-32　生物因素对微生物生长的影响

【目的要求】

了解抗生素的抗菌作用及实验方法。

【基本原理】

生物因素对微生物生长的影响是多方面的，据其相互作用可分为互生、共生、寄生、竞争、拮抗、猎食等。本实验以拮抗为例。微生物之间的拮抗关系很普遍，制作酸奶和泡菜，抗生素杀菌都是依据这一原理。

抗生素的抗菌谱各不相同，如青霉素一般只对革兰氏阳性菌有抗菌作用，多黏菌素只对革兰氏阴性菌有作用，这类抗生素称为窄谱抗生素；有些抗生素对多种细菌有作用，如土霉素、四环素对许多革兰氏阳性菌和革兰氏阴性菌都有作用，这类抗生素称为广谱抗生素。

本实验利用滤纸条法测定青霉素的抗菌谱。将浸有青霉素溶液的滤纸条贴在豆芽汁葡萄糖琼脂培养基平板上，再与滤纸条垂直划线接种供试菌液。培养后据供试菌抑菌带的长短判断青霉素对各供试菌的影响，确定其抗菌谱。常用供试菌株见表 1-32.1。

表 1-32.1　常用于抗生素筛选的几种供试菌株

供试菌株	所代表的微生物类型
金黄色葡萄球菌（*Staphylococcus aureus*）	革兰氏阳性球菌
枯草芽孢杆菌（*Bacillus subtilis*）	革兰氏阳性杆菌
大肠埃希氏菌（*Escherichia coli*）	革兰氏阴性肠道菌
草分枝杆菌（*Mycobacterium phlei*）	结核分枝杆菌
酿酒酵母（*Saccharomyces cerevisiae*）	酵母状真菌
黑曲霉（*Aspergillus niger*）	丝状真菌

【实验器材】

大肠埃希氏菌，金黄色葡萄球菌，枯草芽孢杆菌；豆芽汁葡萄糖琼脂培养基；无菌青霉素溶液（青霉素含量为 80 万单位 /ml）；培养皿，无菌滤纸条，接种环，镊子，培养箱等。

【操作步骤】

1）将豆芽汁葡萄糖琼脂培养基熔化后冷却至 45℃左右倒平板，37℃干燥 30 mim。

2）按无菌操作用无菌镊子将无菌滤纸条在无菌青霉素溶液中浸润，沥去多余溶液，按图 1-32.1 轻放于已凝固的培养基上。注意滤纸条要边缘整齐、规则、平展，平贴于培养基表面，不能划破培养基，不能在接触培养基后位移，以免青霉素溶液分布不均。

3）用接种环分别在图 1-32.1 所示位置接供试菌。注意几种供试菌浓度要一致，接种量要一致，不要混杂，不要接触滤纸条。

4）将接种完毕的培养皿倒置于 37℃培养箱培养，24 h 后观察。

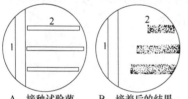

A. 接种试验菌　　B. 培养后的结果

图 1-32.1　滤纸条及接种位置示意图
1. 滤纸条；2. 试验菌

【实验报告】

1. 实验结果　　绘图表示实验结果，说明青霉素对各供试菌的抑制效果并解释之。

2. 思考题

1）如果抑菌带内隔一段时间又长出少数菌落，这是为什么？

2）根据青霉素的抗菌机制，平板上出现的抑菌带是致死效应还是抑制效应？与抗生素的浓度有无关系？

3）滥用抗生素会造成什么后果？为什么？应如何避免？

【注意事项】

1. 严格无菌操作，避免混入杂菌。

2. 培养基要均匀，纸条形状要规则，不能在培养基上拖动以免抗生素扩散不匀。

3. 划线接种尽量靠近但不能接触纸条以免将纸条上的抗生素带到别处。

（蔡信之）

第六单元　细菌鉴定中常规生理生化反应

实验 1-33　用生长谱法测定微生物的营养要求

【目的要求】

掌握生长谱法测定微生物营养要求的基本原理和常用方法。

【基本原理】

微生物生长繁殖需要适宜的营养条件，碳源、氮源、无机盐、微量元素、生长因子等都是微生物生长必需的，缺少任何一种，微生物都不能正常生长、繁殖。在实验室中可配制一种缺乏某种营养物质（如碳源）的琼脂培养基，接入菌种混匀后倒平板，再将所缺乏的营养物质（各种碳源）点植于平板上，在适宜的条件下培养。如果接种的微生物能够利用某种碳源就会在点植的该种碳源物质周围生长繁殖，呈现由许多小菌落组成的圆形区域（菌落圈），该微生物不能利用的碳源周围就不会有微生物生长，最终在平板上呈现一定的生长图形，此法称为生长谱法。不同类型微生物在点植有不同营养物质的平板上有不同的生长谱。该法可以定性、定量地测定微生物对各种营养物质的要求，在微生物育种、营养缺陷型鉴定及饮食制品质量检测等许多方面有重要用途。

【实验器材】

大肠埃希氏菌；合成培养基（缺碳源）；木糖，葡萄糖，半乳糖，麦芽糖，蔗糖，乳糖，生理盐水等；无菌平皿，无菌牙签，无菌吸管等。

【操作步骤】

1）将培养 24 h 的大肠埃希氏菌斜面用生理盐水制成悬液。

2）将合成培养基（缺碳源）熔化并冷却至 50℃左右，加入上述菌悬液并混匀，倒平板。

3）在两平板底用记号笔分别划分成 6 个等分区域，并标明要点植的各种糖（图 1-33.1）。

4）用 6 根无菌牙签分别挑取 6 种糖对号点植，取糖量为小米粒大小即可。

5）糖粒溶化后再将平板倒置于 37℃保温 18～24 h，观察各种糖周围有无菌落圈。

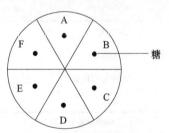

图 1-33.1　生长谱法测定大肠埃希氏菌碳源要求示意图
字母表示不同的区域

【实验报告】

1. 实验结果　绘图表示大肠埃希氏菌在平板上的生长状况。根据实验结果，大肠埃希氏菌能利用的碳源是什么？

2. 思考题

1）在生长谱法测定微生物碳源要求的试验中，发现某一不能被该微生物利用的碳源周围也长出菌落圈，试分析各种可能的原因，并设法解决这个问题。

2）在某微生物学实验室做实验的学生不慎将两种较贵的氨基酸样品标签弄混。这两种氨基酸均为白色粉末，在外观上很难区分；一时难以找到纸层析分析所需的标准氨基酸对照样品，实验室也不具备氨基酸分析仪；但此实验室有许多不同类型的氨基酸营养缺陷型菌株，这时可采取什么简单的微生物学实验将这两种氨基酸区分开？

【注意事项】

1. 点植时糖要集中，取糖量为小米粒大小即可，糖量过多时，溶化后的糖液扩散区域过大易导致不同的糖相互混合。

2. 点植糖粒后不可匆忙地将平板倒置，否则尚未溶化的糖粒会掉在皿盖上。

（蔡信之）

实验 1-34　唯一氮源（无机）试验

【目的要求】

检测细菌利用不同氮源的能力。

【基本原理】

氮是所有细菌合成细胞物质必需的，细菌能否利用不同无机氮（硝态氮和铵态氮）生长反映了其合成能力，可作为细菌鉴别的指标。自然界氮化物种类很多，有有机氮化物、无机氮化物和分子态氮。不同细菌利用氮源的能力不同：有的只能利用铵态氮而不能利用硝态氮；有的既可利用铵态氮又能利用硝态氮，这代表了不同细菌的遗传特性。在无氮基础培养基中分别添加不同的氮源，观察细菌能否生长即可判断它利用氮源的能力。

【实验器材】

根据实验要求，分别选择以铵态氮或硝态氮为氮源的菌种；基础培养基配方见表 1-34.1；磷酸二氢铵或硝酸钾；接种针，试管，培养箱等。

表 1-34.1　基础培养基配方

试剂	用量	试剂	用量
KH_2PO_4	1.36 g	$CaCl_2 \cdot 2H_2O$	0.1 g
Na_2HPO_4	2.13 g	葡萄糖	10 g
$MgSO_4 \cdot 7H_2O$	0.2 g	$FeSO_4 \cdot 7H_2O$	0.02 g
蒸馏水	1000 ml		

注：基础培养基 pH 为 7.2

【操作步骤】

1. 培养基组合　　将待测定铵态氮（磷酸二氢铵）或硝态氮（硝酸钾）加入基础培养基，浓度为 0.05%～0.1%。如果测定菌不能以葡萄糖为碳源，可用其他碳源代替，如柠檬酸盐、乙酸盐或甘露醇等，浓度为 0.2%～0.5%。另做一份不加氮源的空白对照（以等体积的无菌水代替）。调 pH 为 7.2，分装试管，每管约 5 cm 高。112℃灭菌 15 min。培养基要求无沉淀。

2．接种与培养　　用接种针接种生长 18 h 的菌液于上述培养基中，适温培养 3 d。

3．结果观察　　将接种管与对照管比较浑浊度，比对照管浑浊者为阳性反应。

【实验报告】

1．实验结果　　观察记录供试微生物的实验结果。

2．思考题　　为什么能用浑浊度作为阳性反应的依据？

【注意事项】

1．制备好并分装于试管的培养基要求无沉淀。

2．对接种针的灭菌要彻底，接种量要少，并尽量一致。

（陈　龙）

实验 1-35　细菌鉴定中常用的生理生化反应

【目的要求】

了解细菌鉴定中常用的生理生化反应及原理；掌握细菌生理生化反应试验的基本技能。

【基本原理】

细菌的代谢主要取决于酶的催化作用。细菌的酶系统各不相同，因此对各种物质的利用、酶的种类和代谢产物也不同，这充分体现了细菌代谢类型多的特点，也可利用各种细菌不同的生理生化特性，作为细菌分类鉴定的重要依据之一。

【实验器材】

大肠埃希氏菌，枯草芽孢杆菌，普通变形杆菌（ *Proteus vulgaris* ），铜绿假单胞菌（ *Pseudomonas aeruginosa* ），金黄色葡萄球菌，产气肠杆菌；糖发酵培养基，淀粉培养基，明胶培养基，H_2S 试验培养基，石蕊牛奶培养基，蛋白胨水培养基，葡萄糖蛋白胨液体培养基，柠檬酸盐培养基；碘液，乙醚，吲哚试剂，40% KOH 溶液，5% α-萘酚，甲基红（M.R）试剂；试管，小套管，锥形瓶，培养皿，接种针，接种环，恒温培养箱等。

【操作步骤】

1．糖发酵试验　　它是最常用的生化反应，对肠道细菌的鉴定尤为重要。细菌发酵的糖主要是葡萄糖、蔗糖、乳糖、麦芽糖、甘露醇和甘油等，产生各种酸（乳酸、乙酸、丙酸等）或醇类（乙醇、丁醇等）及气体（甲烷、氢气、二氧化碳等）。酸和气体产生与否可根据培养后试管中指示剂颜色的变化（指示剂酸性复红在碱性环境呈黄色，酸性环境呈红色；也可用溴甲酚紫，其在碱性环境呈紫色，酸性环境呈黄色）和小套管内有无气泡产生来判断。

（1）接种培养　　取葡萄糖发酵试验培养基 3 支（内装排尽空气的小套管），分别接种大肠埃希氏菌、普通变形杆菌，轻轻摇匀；第 3 支不接种作为空白对照。在试管上标明菌名和培养基名称。37℃培养 24 h。

（2）观察记录　　与对照比较，培养后指示剂呈原有颜色表明该菌不能利用某种糖，用"–"表示；如培养基颜色改变表明该菌能利用某种糖产酸，用"＋"表示；如培养基颜色改变、小套管内有气泡（图 1-35.1），表明该菌能利用某种糖产酸、产气，用"⊕"表示。

2．淀粉水解试验　　某些细菌能产淀粉酶将淀粉水解为麦芽糖和葡萄糖，再吸收利用。淀粉水解后遇碘不再显蓝色。

（1）接种培养　　将淀粉培养基以沸水熔化，冷却至 50℃倒平板。挑枯草芽孢杆菌在平板一边划"＋"字线接种，挑大肠埃希氏菌在另一边划"之"字曲线（图 1-35.2）。37℃培养 24 h。

（2）观察记录　　滴少量碘液于平板上，轻轻旋转，使碘液均匀铺满平板。菌苔周围出现无色透明圈说明淀粉已被水解，为阳性。透明圈的大小可说明该菌水解淀粉能力的强弱，即产生胞外淀粉酶活力的高低。

3．明胶液化试验　　明胶是一种可溶解在温水中并形成凝胶的动物蛋白质。某些细菌能分泌明胶酶，分解明胶产生小分子物质，使培养基由凝固状态变成液体（图 1-35.3）。

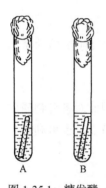

图 1-35.1　糖发酵
　　产气试验
A. 不产气；B. 产气

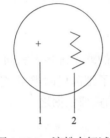

图 1-35.2　淀粉水解试验
1. 枯草芽孢杆菌；
2. 大肠埃希氏菌

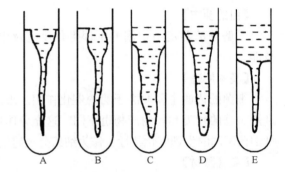

图 1-35.3　明胶穿刺液化的形态
A. 火山口状；B. 芜菁状；C. 漏斗状；D. 囊状；E. 层状

（1）接种　　取明胶培养基，分别穿刺接种大肠埃希氏菌、枯草芽孢杆菌及铜绿假单胞菌。

（2）培养　　立于 20℃培养 5 d 观察液化情况。

4．石蕊牛奶试验　　有些微生物能水解牛奶中的蛋白质酪素，酪素水解可用石蕊牛奶检测。石蕊牛奶培养基由脱脂牛奶和石蕊组成，呈浑浊的蓝色。酪素水解成氨基酸和肽后培养基就会变得透明。石蕊牛奶也常用来检测乳糖发酵，有酸时石蕊会转变为粉红色，过量的酸可引起牛奶的固化（凝乳形成）。氨基酸分解会引起碱性反应使石蕊变为紫色。某些细菌能还原石蕊使试管底部变为白色。

（1）接种培养　　取两支石蕊牛奶培养基试管，以无菌操作分别接种普通变形杆菌和金黄色葡萄球菌，置 35℃恒温培养箱中培养 24～48 h。

（2）观察记录　　观察培养基颜色：石蕊酸性为粉红色；碱性为紫色；还原后为白色。

5．吲哚试验　　有些细菌能产生色氨酸酶，分解蛋白胨中的色氨酸产生吲哚和丙酮酸。吲哚与对二甲基氨基苯甲醛结合，形成红色的玫瑰吲哚。并非所有微生物都具有分解色氨酸产生吲哚的能力，因此吲哚试验可以作为一个生物化学检测的指标。

色氨酸水解反应：

吲哚与对二甲基氨基苯甲醛反应：

（1）接种培养　　取装有蛋白胨水培养基的试管 4 支，分别标记大肠埃希氏菌、产气肠杆菌、普通变形杆菌和空白对照。以无菌操作分别接种少量菌苔到以上相应试管中，第 4 管作空白对照，不接种。贴好标签，置 37℃恒温培养箱中培养 24～48 h。

（2）观察记录　　在培养基中加乙醚 10 滴，充分振荡使吲哚萃取至乙醚中，静置后乙醚浮于液面，沿管壁缓慢加 3 滴吲哚试剂（加后切勿摇动试管，以防破坏乙醚层影响结果观察），如有吲哚存在则乙醚层呈现玫瑰红色，吲哚试验阳性反应，否则为阴性反应。

6. 产 H_2S 试验　　这是检测 H_2S 的产生，也是检查肠道细菌常用的生化试验。某些细菌能分解含硫氨基酸（胱氨酸、半胱氨酸和甲硫氨酸）产生 H_2S。H_2S 遇重金属盐类，如铅盐、铁盐等则生成黑色硫化铅或硫化铁沉淀，可确定 H_2S 的产生。

（1）接种培养　　分别穿刺接种大肠埃希氏菌和变形杆菌于 H_2S 试验培养基，37℃培养 24 h。

（2）观察记录　　如出现黑色沉淀线，则表明有硫化物产生。

该试验也可以在液体培养基中接种细菌，在试管棉塞下吊一块浸有乙酸铅的滤纸条，经培养后看乙酸铅滤纸条是否变黑。

乙酸铅滤纸条制法：将普通滤纸条蘸浸 1% 乙酸铅溶液，高温灭菌后 105℃烘干。

7. 乙酰甲基甲醇试验（V.P 试验）　　某些细菌在糖代谢中分解葡萄糖产生丙酮酸，丙酮酸经缩合、脱羧后，产生中性的乙酰甲基甲醇。乙酰甲基甲醇在碱性条件下，被空气中的氧气氧化为二乙酰，二乙酰与蛋白胨中精氨酸的胍基起作用，生成红色化合物，此即 V.P（Voges-Proskauer）阳性反应。当试管中加 α-萘酚时，可以促进反应的出现。

（1）接种培养　　取 4 支装有葡萄糖蛋白胨液体培养基的试管，以无菌操作分别接种大肠埃希氏菌、产气肠杆菌、普通变形杆菌，1 支空白作对照，贴好标签，37℃培养 24 h。

（2）观察记录　　分别在上述 4 支试管内加入 40% KOH 溶液 10 滴，再加等量的 5% α-萘酚溶液，拔去棉塞，用力振荡，再放入 37℃恒温培养箱保温 15～30 min（或在沸水浴中加热 1～2 min），如培养液出现红色，即为 V.P 阳性反应。

8. 甲基红试验（M.R 试验）　　某些细菌在糖代谢中分解葡萄糖产生丙酮酸，丙酮酸被分解为甲酸、乙酸、乳酸等，加甲基红指示剂检测有机酸。甲基红变色范围为 4.2（红）～6.3（黄）。细菌分解葡萄糖产酸则培养液由橘黄色变为红色，为 M.R 阳性。

（1）接种培养　　取 4 支葡萄糖蛋白胨液体培养基试管，以无菌操作分别接种大肠埃希氏菌、产气肠杆菌、普通变形杆菌，1 支空白作对照，贴好标签，37℃培养 24 h。

（2）观察记录　　分别在上述 4 支试管的培养液中沿管壁加入 M.R 试剂 3 滴：如果出现红色，即为 M.R 阳性反应；变为黄色则为阴性。

9. 柠檬酸盐试验　　可检测柠檬酸盐是否被利用。有些细菌能利用柠檬酸盐作碳源，如产气肠杆菌；有些则不能，如大肠埃希氏菌。细菌利用柠檬酸盐并生成碳酸盐使培养基由中性变为碱性。加入 1% 溴麝香草酚蓝指示剂培养基就由浅绿色变为蓝色（其指示范围：pH<6 呈黄色；pH 在 6.0～7.6 为绿色；pH>7.6 呈蓝色）。

吲哚（indol）试验、甲基红（methyl red）试验、乙酰甲基甲醇（Voges-Prokauer）试验和柠檬酸盐（citrate）试验常缩写为 IMViC（i 是在英文中为发音方便加上的），主要用来快速鉴别大肠埃希氏菌和产气肠杆菌，多用于水的细菌学检查。

（1）标记　　取 4 支柠檬酸盐斜面培养基分别标记大肠埃希氏菌和产气肠杆菌各两支。
（2）接种　　按标记分别接入大肠埃希氏菌和产气肠杆菌，置于 37℃培养 48 h。
（3）观察　　观察柠檬酸盐斜面有无细菌生长，是否变色：蓝色为阳性；绿色为阴性。

【实验报告】

1. 实验结果　　将观察到的结果填入表 1-35.1 中："＋"表示阳性；"－"表示阴性。

表 1-35.1　细菌生理生化反应实验结果记录表

生化反应		菌名					
		大肠埃希氏菌	枯草芽孢杆菌	变形杆菌	铜绿假单胞菌	金黄色葡萄球菌	产气肠杆菌
糖发酵试验	葡萄糖						
	乳糖						
淀粉水解							
明胶液化							
H_2S 的产生							
吲哚试验							
石蕊牛奶试验							
V.P 试验							
M.R 试验							
柠檬酸盐试验							

2. 思考题

1）据淀粉水解试验如何证明淀粉酶是胞外酶而非胞内酶？不用碘液如何证明淀粉被水解？

2）现分离到一株肠道细菌，试结合本实验学到的知识设计一试验方案进行鉴别。

3）M.R 试验和 V.P 试验最初作用物及终产物有何异同？终产物为何不同？

【注意事项】

1. 测定甲基红试验结果时甲基红指示剂不可加得太多，以免出现假阳性反应。

2. 装有小套管的糖发酵培养基在灭菌时要特别注意排尽锅内冷空气，灭菌后要等锅内压力降到"0"时再打开排气阀，否则小套管内会留有气泡，影响实验结果的判断。

3. 接种前必须逐一仔细核对菌名和培养基。

4. 配制吲哚试验用的蛋白胨水培养基时，宜选用色氨酸含量高的蛋白质（用胰蛋白酶水解酪素得到的蛋白胨色氨酸含量高），否则会影响产吲哚的阳性率。

5. 配制柠檬酸盐培养基时 pH 不要偏高，以使加入指示剂的培养基呈浅绿色为宜。

（陈旭健）

第七单元　分子微生物学基础技术

实验 1-36　细菌质粒 DNA 的小量制备

【目的要求】

1. 掌握碱裂解法小量制备质粒 DNA 的原理、方法和技术。
2. 为质粒的转化实验提供材料。

【基本原理】

质粒的分离和提取是最常用和最基本的实验技术，其方法很多。仅大肠埃希氏菌质粒的提取就有 10 多种，包括碱裂解法、煮沸法、氯化铯-溴化乙锭梯度平衡超离心法及各种改良方法等。本实验以大肠埃希氏菌的 pUC18 质粒为例介绍目前常用的碱裂解法小量制备质粒 DNA 的技术。此法提取效果好、得率高。

大肠埃希氏菌染色体 DNA 比质粒 DNA 分子大得多，提取中染色体 DNA 易断裂成线型 DNA 分子，大多数质粒 DNA 则是共价闭环型。碱裂解法就是基于线型的大分子染色体 DNA 与小分子环型质粒 DNA 变性、复性的差异实现分离的。在 pH 12.0～12.6 的碱性环境中，线型染色体 DNA 和环型质粒 DNA 氢键均发生断裂，双链解开而变性，但质粒 DNA 由于其闭合环型结构，氢键只发生部分断裂，而且其两条互补链不会完全分离。当将 pH 调至中性并在高浓度盐存在的条件下，已分开的染色体 DNA 互补链不能复性而交联形成不溶性网状结构，通过离心，大部分染色体 DNA、不稳定的大分子 RNA 和蛋白质 -SDS 复合物等一起沉淀下来被除去；部分变性的闭合环型质粒 DNA 在中性条件下很快复性，恢复到原来的构型，呈可溶性状态留在溶液中，离心后的上清液中便含有所需要的质粒 DNA，再通过酚、氯仿抽提及乙醇沉淀等步骤可获得纯质粒 DNA。

【实验器材】

大肠埃希氏菌 DH5α/pUC18（Amp^r）；含氨苄青霉素（Amp）的 LB（Luria-Bertani）液体和固体培养基；溶液Ⅰ、Ⅱ、Ⅲ和Ⅳ，TE 缓冲液，10 μg/ml 的无 DNase 的 RNase，预冷的无水乙醇，电泳缓冲液（TAE 缓冲液），0.7% 琼脂糖凝胶，凝胶加样缓冲液，1 mg/ml 溴化乙锭溶液，氨苄青霉素水溶液（100 μg/ml）；稳压电泳仪和水平式微型电泳槽，透射式紫外分析仪，旋涡混合器，微量移液器等。

溶液Ⅰ、Ⅱ、Ⅲ、Ⅳ的作用机制

溶液Ⅰ中的葡萄糖是为了增加溶液黏度，以防止染色体 DNA 受机械剪切力作用而降解，污染质粒。溶菌酶（可省略）可水解菌体细胞壁的主要化学成分肽聚糖中的 β-1,4 糖苷键，因而具有溶菌作用。EDTA 有两个作用：①抑制 DNase 对 DNA 的降解作用，因为 EDTA 是一种金属离子螯合剂，而 DNase 作用时需要一定的金属

离子（如 Mg^{2+} 等）作辅基；②保证溶菌酶有一个良好的低离子强度的环境。溶液 Ⅱ 中的 NaOH 可促使染色体 DNA 和质粒 DNA 强碱变性，SDS 是离子型表面活性剂，其作用是溶解细胞膜上的脂肪与蛋白质，破坏细胞膜，解聚核蛋白及形成蛋白质变性复合物以利于沉淀。溶液Ⅲ 实际上是 KAc-HAc 缓冲液，其作用是使变性的质粒 DNA 复性并稳定地存在于溶液中。溶液Ⅳ中的酚和氯仿则是用来抽提 DNA 溶液中的蛋白质，加少量的异戊醇是为了减少抽提中的泡沫产生，以防气泡阻碍相互间的作用，同时也有利于分相（使上层水相、中层变性蛋白质相及下层有机溶剂相维持稳定）。

【操作步骤】

1）挑取大肠埃希氏菌 DH5α/pUC18 的一个单菌落于盛 5 ml LB 液体培养基的试管中（含 100 μg/ml 的氨苄青霉素），37℃振荡培养过夜（16～24 h）。

2）吸取 1.5 ml 的过夜培养物于一小塑料离心管（EP 离心管）中，离心（12 000 r/min，30 s）后，弃去上清液，留下细胞沉淀。离心时间不可过长，以免影响下一步的细胞悬浮。

3）加入 100 μl 冰预冷的溶液 Ⅰ，在旋涡混合器上强烈振荡，完全悬浮，便于裂解。

4）加入 200 μl 溶液Ⅱ，盖严管盖，反复颠倒小离心管 5 或 6 次，或用手指弹动小离心管数次，以混匀内容物。置冰浴中 3～5 min。注意不要强烈振荡，以免染色体 DNA 断裂成小段从而不易与质粒 DNA 分开。

5）加入 150 μl 溶液Ⅲ，将管盖朝下温和振荡 10 s，确保完全混匀，又不使染色体 DNA 断裂成小片段。置冰浴 3～5 min，使细胞壁和杂蛋白质等沉淀。

6）离心（12 000 r/min）5 min，以沉淀细胞碎片和染色体 DNA。取上清液转移至另一洁净的小离心管中。

7）加等体积溶液Ⅳ，振荡混匀，室温下离心 2 min，小心吸取上层水相至另一洁净小离心管中。为了得到高纯度的质粒 DNA，可在加乙醇沉淀之前再用溶液Ⅳ抽提一次。

8）加入两倍体积的冷无水乙醇，置室温下 2 min，以沉淀核酸 DNA。

9）室温下离心 5 min，弃上清。加入 1 ml 70% 乙醇溶液振荡漂洗沉淀。如果得不到质粒沉淀，可以放入 -20℃冰箱 1 h 后再离心。

10）离心后，弃上清液。可见 DNA 沉淀附在离心管壁上，用记号笔标记其位置，用消毒的滤纸条小心吸净管壁上残留的乙醇，将离心管倒置在滤纸上，室温下蒸发痕量乙醇 10～15 min，或真空抽干乙醇 2 min。也可在 65℃烘箱中干燥 2 min。

11）加入 50 μl TE 缓冲液（含 RNase，20 μg/ml）反复洗涤标记的 DNA 沉淀部位，充分溶解。取 5 μl 进行琼脂糖凝胶电泳，剩下的贮存于 -20℃冰箱内，下一个实验用。

12）琼脂糖凝胶电泳观察质粒 DNA。

A. 将微型电泳槽的胶板两端挡板插上，在其一端放好梳子，在梳子的底部与电泳槽底板之间保持约 0.5 mm 的距离。

B. 用电泳缓冲液配制 0.7% 的琼脂糖胶，加热使其完全熔化，加一小滴溴化乙锭溶液（1 mg/ml），使胶呈微红色，摇匀（勿产生气泡），冷却至 65℃左右，倒胶（凝胶厚度一般为 0.3~0.5 cm）。倒胶之前先用琼脂糖封好电泳胶板两端挡板与其底板的连接处，以免漏胶（图 1-36.1A）。

C. 胶完全凝固后小心取出两端挡板和梳子，将载有凝胶的电泳胶板（或直接将凝胶）放入电泳槽平台上，加电泳缓冲液使其高出胶面约 1 mm。

D. 取上述获得的质粒 DNA 溶液 3~5 μl，加 1~2 μl 加样缓冲液（内含溴酚蓝指示剂），混匀后上样（图 1-36.1B）。

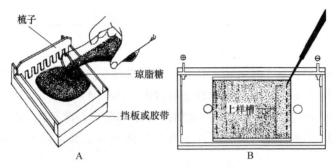

图 1-36.1　琼脂糖凝胶电泳

E. 接通电源，上样槽一端位于负极。DNA 分子在高于等电点的 pH 溶液中带负电荷，在电场中向正极泳动。电压降选为 1~5 V/cm（长度以两个电极之间的距离计算）。

F. 根据指示剂迁移的位置判断是否中止电泳。切断电源后，再取出凝胶置紫外透射仪上观察结果或拍照。

EB 特异性插入 DNA 分子，在琼脂糖凝胶中由于电场及分子筛的作用，不同相对分子质量的 DNA 因泳动速度不同而分离。同一质粒的相对分子质量一致，在凝胶中形成一条整齐的荧光带，不同于染色体弥散型荧光带。相同相对分子质量但构型不同的 DNA 分子也会分离出 3 条泳带：超螺旋质粒 DNA 泳动最快；线型次之；开环质粒 DNA 泳动最慢。

【实验报告】

1. 实验结果　　描绘出（或照相）在紫外透射仪上观察到的质粒凝胶电泳的结果。

2. 思考题

1）试分析下列实验结果产生的可能原因，哪一种正确？

A. 没有观察到任何荧光带。

B. 观察到 2 或 3 条整齐荧光带。

C. 只观察到一片不成带型的"拖尾"荧光。

D. 3 种类型核酸（染色体 DNA、质粒 DNA 和 RNA）均观察到。

2）如果只需要检测某大肠埃希氏菌菌株是否含有质粒（或重组质粒），你能否在本实验的基础上提出一种更简便、迅速的方法设想？ 提示：①可否将有些溶液（或成分）合并成一种溶液而减少操作步骤？ ②仅为检测某菌是否含有质粒，是否一定要将其染色体 DNA、RNA 去除干净？

【注意事项】

1. 选择对数期或对数期后期的菌体可获得大量的质粒，此时质粒拷贝数最高；收集菌体时离心时间不可太长，以免细胞沉淀太紧影响在溶液 I 中分散；尽量除尽水分。

2. 菌体在溶液 I 中要尽量悬浮均匀，提高得率；加入溶液 II 和 III 后只需温和振荡，确保完全混匀，不要强烈振荡，以免染色体 DNA 断裂成小段不易与质粒 DNA 分开。

3. 取出梳子之前，一定要等琼脂糖完全凝固。

4. 上样时要细心，以免枪头刺破凝胶。

5. 电泳时，电极务必连接正确。

6. 染色剂溴化乙锭是强诱变剂，操作时必须戴一次性手套，用后不可随意丢弃。

（蔡信之）

实验 1-37 质粒 DNA 的转化

【目的要求】

1. 掌握基因工程中常用的细菌感受态细胞制备和质粒转化的方法。

2. 检测自制质粒 DNA 的转化活性。

【基本原理】

转化活性是检测质粒生物活性的重要指标。在基因克隆技术中，转化（transformation）是指以质粒 DNA 或以它为载体构建的重组质粒 DNA（包括人工染色体）导入受体细胞的过程，是一种常用的基本技术。该过程的关键是受体细胞的遗传学特性及其所处的生理状态。用于转化的受体细胞一般是限制修饰系统缺陷的变异株，以防止对导入的外源 DNA 的切割，用 R^-M^- 符号表示。为了便于检测，受体菌一般应具有可选择的遗传标记（如抗生素敏感性、颜色变化等）。质粒 DNA 能否进入受体细胞取决于该细胞是否处于感受态（competence）。感受态是指受体细胞处于容易吸收外源 DNA 的生理状态，可通过物理化学的方法诱导形成，也可自然形成（自然感受态）。在基因工程技术中，通常采用诱导的方法形成。大肠埃希氏菌是常用的受体菌，其感受态一般是用 $CaCl_2$ 在 0℃处理细胞形成。基本原理是细菌在 0℃的 $CaCl_2$ 低渗溶液中会膨胀成球形，细胞膜的通透性发生变化，转化混合物中的质粒 DNA 形成抗 DNase 的羟基-钙磷酸复合物黏附于细胞表面，经 42℃短时间热激处理，促进细胞吸收 DNA 复合物，在营养丰富的培养基上生长数小时后球状细胞复原并分裂增殖，在选择培养基上便可获得所需的转化子。

【实验器材】

大肠埃希氏菌 HB101（Amp^s），pUC18 质粒；LB 液体培养基（20 ml/250 ml 锥形瓶），含（和不含）氨苄青霉素的 LB 平板，2×LB 培养基；0.1 mol/L $CaCl_2$ 溶液；10 ml 塑料离心管和 1.5 ml 小塑料离心管，微量进样器，玻璃涂布棒，恒温水浴锅（37℃，42℃），分光光度计，台式高速离心机等。

【操作步骤】

1. 制备感受态细胞（以下步骤均须严格无菌操作）

1）将大肠埃希氏菌 HB101 在 LB 琼脂平板（不含氨苄青霉素）划线，37℃培养 16～20 h。

2）在划线平板上挑一个单菌落接于盛有 20 ml LB 液体培养基的 250 ml 锥形瓶中，37℃振荡培养到细胞的 OD_{600} 值为 0.3～0.5，使细胞处于对数生长期或对数生长前期。

3）将培养物于冰浴中放置 10 min，然后转移到两个 10 ml 预冷的无菌离心管中，4000 r/min，0～4℃离心 10 min。

4）弃上清液，倒置离心管 1 min，流尽剩余液体后置冰浴 10 min。

5）向两管中各加 5 ml 用冰预冷的 0.1 mol/L $CaCl_2$ 溶液悬浮细胞，置冰浴 20 min。

6）4000 r/min，0～4℃离心 10 min 回收菌体，弃上清液。分别向两管内各加入 1 ml 冰预冷的 0.1 mol/L $CaCl_2$ 溶液，重新悬浮细胞。

7）按每份 200 µl 分装细胞于无菌小塑料离心管中，如果不马上用可加入终浓度为 10% 的无菌甘油，置 −20℃或 −70℃贮存备用。制得的感受态细胞在 4℃放置 12～24 h，转化率可提高 4～6 倍，但 24 h 以后转化率将下降。

2. 转化

1）加 10 µl 约含 0.5 µg 自制的 pUC18 质粒 DNA 到上述制备的 200 µl 感受态细胞中。同时设 3 组对照：①不加质粒；②不加受体；③加已知具有转化活性的质粒 DNA。实验中设这 3 组对照对正确判断实验结果至关重要。具体操作参照表 1-37.1 进行。

表 1-37.1　转化操作表

编号	组别	质粒 DNA /µl	TE 缓冲液 /µl	0.1 mol /L CaCl$_2$/µl	受体菌悬液 /µl
1	受体菌对照	—	10	—	200
2	质粒对照	10（0.5 µg）	—	200	—
3	转化实验组 I *	10（0.5 µg）	—	—	200
4	转化实验组 II	10（0.5 µg）	—	—	200

* 阳性对照，用已知具有转化活性的 pUC18 质粒 DNA 转化

2）将每组样品轻轻混匀后置冰浴 30～40 min，然后置于 42℃水浴热激 3 min，迅速放回冰浴 1～2 min。

3）向每组样品中加入等体积的 2×LB 培养基，置 37℃保温 1～1.5 h，让细菌中的质粒表达抗生素抗性蛋白。

4）每组各取 100 µl 混合物涂布于含氨苄青霉素（50 µg/ml）的选择平板上，室温下放置 20～30 min。

5）待菌液被琼脂吸收后倒置平板于 37℃培养 12～16 h，观察结果。

【实验报告】

1. 实验结果

1）自行设计表格记录实验结果。

2）按下列公式计算转化效率。

转化效率（转化子数 / 每微克质粒 DNA）＝转化子总数 /DNA 质粒加入量（μg）

2. 思考题

1）转化实验中 3 组对照各起什么作用？如果阳性对照组（3 号）在选择平板上无菌落生长，转化实验组（4 号）有菌落生长，说明什么问题？相反的结果又说明什么？

2）根据你的实验结果能否判断转化实验组（编号 4）长出的菌落既不是杂菌，也不是自发突变，而是含有 pUC18 质粒的转化子？请予解释。如何进一步确证？

3）本实验介绍的转化方法，有什么地方可以改进简化？谈谈你的设想。

【注意事项】

1. 主要的转化操作都必须无菌操作，并且在冰上进行。

2. 配制试剂、培养基等均须用超纯水。

3. 使用的器皿一定要清洗干净，因为痕量的去污剂或其他化学物质的存在都可能大大降低细菌的转化效率。

4. 菌体浓度是影响感受态效率高低的主要因素，适合于本法的菌体浓度应在 10^8/ml 以下，使菌体处于对数生长期或对数生长前期。$CaCl_2$ 的纯度至关重要。

（蔡信之）

实验 1-38　细菌总 DNA 的制备

【目的要求】

了解细菌总 DNA 制备方法的基本原理；掌握细菌总 DNA 的制备技术。

【基本原理】

制备细菌总 DNA 的方法很多，都包括两个主要步骤：首先裂解细菌细胞；再用化学或酶法除去样品中的蛋白质、RNA、多糖等大分子杂质，经乙醇沉淀得到较纯的总 DNA。

革兰氏阴性菌和革兰氏阳性菌的细胞壁组成不同，因此裂解细胞的方法也不同。采用 SDS 处理即可直接裂解革兰氏阴性菌细胞；裂解革兰氏阳性菌细胞则需要先用溶菌酶降解细菌细胞壁后，再用 SDS 等表面活性剂处理裂解细胞。

DNA 纯化用饱和酚、酚 / 氯仿 / 异戊醇和蛋白酶处理，除去其中的蛋白质和部分 RNA；再用 RNase 除去残留的 RNA；用 CTAB/NaCl 溶液除去其中的多糖和其他大分子物质。

测定 DNA 溶液的 OD_{260} 值和 OD_{280} 值可估算核酸的纯度和浓度。纯 DNA 的 OD_{260}/OD_{280} 的值为 1.8，纯 RNA 的 OD_{260}/OD_{280} 的值为 2.0。如核酸样品被蛋白质或酚污染，OD_{260}/OD_{280} 的值就降低。用 1 cm 石英比色杯测量，纯的核酸样品可按 1 OD_{260} 约相当于双链 DNA 50 μg/ml、单链 DNA 40 μg/ml、RNA 38 μg/ml。对于纯度不高的 DNA 样品可按下列公式估算 DNA 浓度：DNA 浓度（μg/μl）＝OD_{260}×0.063−OD_{280}×0.036

由于不同构型 DNA 的消光系数不同，因此上面估算 DNA 浓度的公式并不适用于质粒 DNA，因为质粒 DNA 有多种构型。

【实验器材】

大肠埃希氏菌，枯草芽孢杆菌；牛肉膏蛋白胨培养基，溶菌酶 100 μg/ml（现配），40 mmol/L Tris-HCl，pH 8.0 的 20 mmol/L 乙酸钠，1 mol/L EDTA，10% SDS，20 mg/ml 蛋白酶 K，5 mol/L NaCl 溶液，异丙醇，70% 乙醇溶液，苯酚 / 氯仿 / 异戊醇（质量比为 25 ：24 ：1），超纯水和 TE 等；微量移液器，1.5 ml 离心管，台式高速离心机，电热干燥箱，紫外分光光度计等。

【操作步骤】

1. 培养菌体　　从培养平板上挑取大肠埃希氏菌或枯草芽孢杆菌的一个单菌落接于装有 5 ml 牛肉膏蛋白胨培养基的试管中，37℃振荡培养过夜（12～16 h）。

2. 收集菌体　　吸取 1.5 ml 培养液于 1.5 ml 离心管中，12 000 r/min 离心 30 s，弃上清，收集菌体。要吸干多余的水分。离心时间不宜过长，以免影响下一步的菌体分散悬浮。

3. 辅助裂解　　革兰氏阳性菌先加 100 μg/ml 溶菌酶 50 μl，37℃处理 1 h，并振荡混匀 2 或 3 次。

4. 裂解细胞　　每管加 200 μl 裂解缓冲液［缓冲液含（终浓度）10 mmol/L Tris-HCl，pH 8.0 的 10 mmol/L 乙酸钠，1 mmol/L EDTA，1% SDS，20 μg/ml RNase］（现配），用吸头抽吸，充分悬浮并裂解细胞，混匀后于 37℃保温 1 h。

5. 解离杂物　　每管再加 66 μl 5 mol/L NaCl 熔液，充分混匀，再加入 40 μl CTAB/NaCl 溶液，混匀后在 65℃继续保温 10 min。

6. 沉淀杂物　　加入与上一步混合液等体积的苯酚 / 氯仿 / 异戊醇，盖紧管盖，轻轻地反复颠倒离心管，既要充分混匀，又不能剧烈振荡，以免基因组 DNA 断裂。12 000 r/min 离心 5 min。

7. 沉淀 DNA　　小心吸取上层水相转移到另一干净离心管中，加入 0.6 倍体积的异丙醇，充分混匀，12 000 r/min 离心 5 min，弃上清。

8. 洗涤 DNA　　用 400 μl 70% 乙醇溶液洗涤两次。12 000 r/min 离心 5 min，弃上清，离心后 DNA 都沉在外侧的底部。

9. 溶解 DNA　　真空干燥后加 50 μl TE 缓冲液或超纯水充分溶解 DNA，-20℃冰箱贮存备用。

10. 电泳检测　　保藏前吸取 5 μl 制得的 DNA 溶液按实验 1-36 的方法进行琼脂糖凝胶电泳，检测 DNA 的纯度及其分子大小。

11. DNA 纯度及浓度检测　　将样品 DNA 溶液以 TE 缓冲液或超纯水稀释后用紫外分光光度计量 OD_{260} 值和 OD_{280} 值，根据 OD_{260}、OD_{280} 及 OD_{260}/OD_{280} 的值检测其浓度和纯度。

【实验报告】

1. 实验结果

1）检查制备的细菌总 DNA 的纯度和浓度。

2）记录细菌总 DNA 电泳的结果。

2. 思考题

1）细菌总 DNA 制备中各步骤的原理是什么？

2）常用 OD_{260}/OD_{280} 的值估算 DNA 的纯度，如某 DNA 样品的 OD_{260}/OD_{280} 的值

为 1.8，是否就说明该 DNA 样品的纯度很高？为什么？

3）除紫外吸收法测定 DNA 的浓度外，还有哪些常用方法？其原理是什么？

4）比较细菌总 DNA 和质粒 DNA 制备方法的异同点，并探讨其原因。

【注意事项】

1. 裂解缓冲液单独配制成母液，然后现配现用。

2. 革兰氏阳性菌溶菌酶处理是关键，效果差的菌液未变清，可补加溶菌酶，延长温浴时间。

3. 细胞沉淀悬浮要充分，细胞裂解要彻底，使细胞的基因组 DNA 能都释放出来。

4. 细胞裂解后的操作要轻柔，避免旋涡振荡，以免使总 DNA 断裂成碎片。

5. 苯酚和氯仿都有毒性，使用时应采取必要的防护措施，如戴上一次性橡胶手套，抽提要在通风橱中进行。

（蔡信之）

实验 1-39　SDS-聚丙烯酰胺凝胶电泳法测定酿酒酵母菌胞外蛋白质相对分子质量

【目的要求】

1. 了解 SDS-聚丙烯酰胺凝胶电泳的原理。

2. 掌握垂直板电泳技术和测定蛋白质相对分子质量的方法。

【基本原理】

聚丙烯酰胺凝胶是由丙烯酰胺单体和少量的交联剂——亚甲基双丙烯酰胺在聚合催化剂的作用下，聚合交联而成的三维网状结构的凝胶。改变单体浓度或单体与交联剂的比例，可以得到不同孔径的凝胶。蛋白质在聚丙烯酰胺凝胶中电泳时，除了电荷效应外，由于凝胶对样品的分子筛选效应和浓缩效应，基于蛋白质分子携带净电荷的多少、分子大小及形状不同进行分离时，则呈现出不同迁移率的区带，通过染色可进行观察。

β-巯基乙醇是还原剂，在蛋白质溶液中加入 β-巯基乙醇可使蛋白质分子中的二硫键还原。十二烷基硫酸钠（SDS）是一种阴离子表面活性剂，它能使蛋白质的氢键和疏水键打开，使蛋白质变性而改变原有的空间构象，SDS 能结合到蛋白质分子上，形成蛋白质 -SDS 复合物。由于 SDS 带有负电荷，且 SDS 带电荷量大大超过蛋白质分子原有的电荷量，掩盖了不同蛋白质间原有的电荷差异，使各种蛋白质 -SDS 复合物都带有相同密度的负电荷，便于被测蛋白质在凝胶中的泳动。蛋白质分子的电泳迁移率主要取决于它的相对分子质量，当蛋白质相对分子质量在 11 万～16 万时，电泳迁移率与相对分子质量的对数呈直线关系。因而以已知相对分子质量的蛋白质作标准，未知相对分子质量的蛋白质与已知相对分子质量的蛋白质在相同条件下同时电泳，将已知相对分子质量标准蛋白质的电泳迁移率与其相对分子质量对数作标准曲线图，由此可测得未知蛋白质的相对分子质量。

凝胶单体和聚合物的化学结构式如下：

丙烯酰胺（Acr）

亚甲基双丙烯酰胺（Bis）

聚丙烯酰胺

【实验器材】

酿酒酵母（*Saccharomyces cerevisiae*）；YEPD 培养基（附录二）；标准蛋白质样品液［磷酸化酶 B（相对分子质量 94 000）、牛血清蛋白（相对分子质量 67 000）、肌动蛋白（相对分子质量 43 000）、碳酸酐酶（相对分子质量 30 000）、溶菌酶（相对分子质量 14 000）］；30% 凝胶贮备液，分离胶缓冲液（pH 8.8），浓缩胶缓冲液（pH 6.8），电泳缓冲液（pH 8.3），10% SDS，10% 过硫酸铵（AP），1% TEMED（*N，N，N′，N′*-四甲基乙二胺），上样缓冲液，固定液，染色液，脱色液，自制酵母菌胞外蛋白质样品（1 mg/ml），Tris-HCl 缓冲液；电泳仪，垂直板电泳槽，注射器（长针头），微量移液器，烧杯，量筒，培养皿（直径 15 cm）等。

【操作步骤】

1. 酿酒酵母菌胞外蛋白质的提取　　将酿酒酵母菌接入 200 ml YEPD 培养基，于 30℃、160 r/min 振荡培养 18 h；将培养液在 3000 r/min 离心 10 min，收集上清液；在上清液中加入等体积的丙酮，混匀，在 4℃冰箱中放置 4 h，3000 r/min，离心 20 min，弃上清液，收集沉淀物，真空干燥。称取 1 mg 样品溶于 1 ml 0.5 mol/L pH 6.8 的 Tris-HCl 缓冲液中。

2. 蛋白质样品处理　　取蛋白质样品液和标准蛋白质样品液各 20 μl（1 μg/μl）分别置于 0.5 ml 离心管中，在 100℃水浴中处理 2 min，使蛋白质变性，冷却至室温后备用。

3. 蛋白质的电泳分离

（1）安装电泳槽凝胶板　　将玻璃板依次用水、10% SDS、乙醇和水洗净，干燥，玻璃板嵌入胶带凹型槽中，两层玻璃片间空隙为 2 mm 左右，拧紧电泳槽外部螺丝使其夹紧。长玻璃片上部与胶带间有 2～3 mm 的距离。须用 1% 琼脂糖胶液沿玻璃板空隙灌入至模板底部，封闭模板底部的窄缝以免制胶时胶液漏出，待琼脂糖凝固后灌胶。

（2）凝胶的聚合　　按表 1-39.1 中溶液的顺序及比例，先配制 10% 分离胶 15 ml，待分离胶聚合后，再配制 5% 的浓缩胶 5 ml。

表 1-39.1　SDS-聚丙烯酰胺凝胶电泳分离胶及浓缩胶所用溶液　　　　　（单位：ml）

试剂名称	10% 分离胶	5% 浓缩胶
水	5.30	2.32
30% 丙烯酰胺溶液	5.00	0.83
1.5 mol/L Tris（pH 8.8）	3.80	0.00
0.5 mol/L Tris-HCl（pH 6.8）	0.00	1.25
10% SDS	0.15	0.05
10% 过硫酸铵溶液	0.15	0.05
1% TEMED	0.60	0.50

加入以上各溶液后轻轻混匀，用滴管沿长玻璃板内侧小心将分离胶注入准备好的玻璃板间隙中，不要产生气泡，将胶液加到距短玻璃板上沿 2 cm 处为止。然后用细滴管沿长玻璃板内侧仔细注入少量水，以阻止空气中的氧对凝胶聚合的抑制作用。

待分离胶聚合好后用滤纸条轻轻吸去上层水，将按表 1-39.1 制备的 5 ml 浓缩胶同法小心注入分离胶上端，插入样品梳子；待浓缩胶聚合后小心拔出样品梳子，加入电泳缓冲液。

（3）加样电泳　　用微量注射器依次在各样品槽内加样，一般加样 10～20 μl。加样完毕，上槽接负电极，下槽接正电极，打开电泳仪开关，开始时电压为 8 V/cm 凝胶，染料进入分离胶后，将电压增加到 15 V/cm 凝胶，继续稳压电泳，直到溴酚蓝指示剂抵达距分离胶底部约 0.5 cm 时，断开电源停止电泳。

（4）染色和脱色　　电泳结束后，取出胶框，在长短两块玻璃板下角空隙间，用刀轻轻撬动，即将凝胶面与一块玻璃板分开，然后将胶片轻轻放入培养皿内固定液中固定过夜；吸去固定液，用考马斯亮蓝染色液室温染色 3～4 h，必要时延长时间。

移去染色液并回收以备再用。用蒸馏水将胶面漂洗几次后，加入脱色液，缓慢摇动进行扩散脱色，期间更换 3 或 4 次脱色液，直到蛋白质带清晰即可。将脱色后的凝胶电泳图谱用相机照相或干燥后用扫描仪扫描，也可用塑料袋封闭保存。

【实验报告】

1. 实验结果

1）测量脱色后凝胶板图谱中每个蛋白质样品的移动距离，测量指示剂的迁移距离。

2）按以下公式计算各蛋白质样品的相对迁移率。

$$相对迁移率 = \frac{样品迁移距离（cm）}{指示剂迁移距离（cm）}$$

3）制作标准曲线：以各标准蛋白质相对迁移率为横坐标，蛋白质相对分子质量的对数为纵坐标在半对数坐标纸上作图，绘制标准曲线。

4）测定蛋白质样品的相对分子质量：根据待测蛋白质样品的相对迁移率，从标准曲线上查得该蛋白质的相对分子质量。

2．思考题

1）测定相对分子质量在 10 000 左右的蛋白质样品，应制备什么样的凝胶？

2）用 SDS- 聚丙烯酰胺凝胶电泳法测定蛋白质相对分子质量时，用什么方法调整凝胶特性？

【注意事项】

1．丙烯酰胺和亚甲基双丙烯酰胺都是中枢神经毒物，使用时应注意防止吸入体内或接触皮肤。

2．配胶时搅拌要向一个方向缓缓旋转混匀，灌胶用滴管沿长玻璃板内侧缓缓加入，防止产生气泡。

（陈旭健）

实验 1-40　微生物 DNA 的体外重组

【目的要求】

了解 DNA 体外重组的一般过程；初步掌握 DNA 体外重组的基本技术。

【基本原理】

DNA 体外重组是将目的基因用 DNA 连接酶连接在合适的质粒载体上，形成重组质粒。再利用转化等方法将重组质粒导入菌体细胞，使连接在重组质粒上的目的基因在受体细胞中表达。重组 DNA 最主要的方法是运用限制性内切核酸酶和 DNA 连接酶对 DNA 进行体外切割和连接，DNA 片段体外连接是重组 DNA 技术的关键。具有相同黏性末端的 DNA 分子较易连接。把目的基因和质粒载体用同一种限制性内切核酸酶处理可带有相同黏性末端，再将二者混合，经 DNA 连接酶处理即可将它们连接起来。

【实验器材】

感受态细胞（如 *E. coli* JM109、DH5α 菌株等）；载体（如质粒 pUC19 等），目的基因（如绿色荧光蛋白 *GFP* 基因），限制性内切核酸酶（如 *Eco*R I 、*Hin*d Ⅲ），T$_4$ DNA 连接酶，0.1 mol/L CaCl$_2$ 溶液，LB 琼脂平板两个（含氨苄青霉素），LB 液体培养基 5 ml（含氨苄青霉素），5-溴-4-氯-3-吲哚-β-D-半乳糖苷（X-gal），异丙基硫代-β-D-半乳糖苷（IPTG），琼脂糖，双蒸水；恒温培养箱，恒温摇床，恒温水浴槽，EP 离心管，加样器，吸头，电泳仪，电泳槽等。

【操作步骤】

（一）酶切质粒及目的基因

1．酶切质粒　　在无菌 EP 离心管中，加 5 μl（2～4 μg）质粒 DNA（如 pUC19），5 μl 酶切缓冲液（10×），1～2 μl 限制性内切核酸酶（如 *Eco*R I），加双蒸水至 50 μl，轻轻混匀，37℃反应 2～3 h。

2．酶切目的基因　　在另一无菌的 1.5 ml EP 离心管中，加入 5 μl（4～6 μg）目的基因，5 μl 酶切缓冲液（10×），1～2 μl 限制性内切核酸酶（如 *Eco*R I），加双蒸水至 50 μl，轻轻混匀，37℃反应 2～3 h。

3. 电泳检测　　各取 5 μl 反应液进行琼脂糖电泳，分析酶切产物。

（二）连接与转化

1. 分离　　向余下的酶解液中加入 1/10 体积的 3 mol/L 乙酸钠溶液，2.5 倍体积的 −20℃预冷无水乙醇，于 −20℃放置 20 min，13 000 r/min 离心 10 min，弃上清，加 1 ml 70% 乙醇溶液洗沉淀，离心 5 min，弃上清，室温干燥或真空干燥后加双蒸水 10 μl 溶解。

2. 连接　　取酶切载体 2 μl、目的基因 4 μl，加 2 μl T_4 DNA 连接酶缓冲液（10×）、1 μl T_4 DNA 连接酶，加双蒸水至 20 μl，于 16℃连接 12～20 h。

3. 转化　　取以上连接液 10 μl 做转化（实验 1-37）。

（三）观察结果

1. 表达　　取 20 μl 20 mg/ml X-gal 及 20 μl 20 mg/ml IPTG 加到一个新 EP 离心管中，并加入适当体积（100 μl 或 200 μl）的转化细胞悬液，混匀，转移到 LB 平板上，用涂布器涂布均匀。同时做两个重复。晾干后于 37℃倒置培养 12～16 h。

2. 观察　　白色菌落含有重组 DNA，蓝色菌落含有未重组质粒。

3. 挑菌　　用无菌牙签挑白色菌落接种于液体 LB 培养基，做质粒小量制备以便分析。

4. 检测　　可采用电泳比较 DNA 分子的大小、酶切、PCR 等方法，筛选目的克隆。

【实验报告】

1. 实验结果　　记录实验结果并进行分析。

2. 思考题

1）如果目的基因和载体需要用不同的限制酶酶切时，如何进行连接？

2）蓝白斑筛选的原理是什么？如何理解一些白斑中没有目的基因插入？

3）如何筛选和鉴定出含有目的基因的克隆？

【注意事项】

1. 酶的加入量要小于反应体积的 1/10，否则酶液中所含的甘油会抑制酶解反应。

2. 有的酶最佳反应条件不是 37℃。不同的酶要求的缓冲液不完全相同。

（蔡信之）

实验 1-41　聚合酶链反应（PCR）技术

【目的要求】

掌握 PCR 的基本原理和实验技术。

【基本原理】

PCR 是聚合酶链反应（polymerase chain reaction）的英文缩写，是在生物体外模拟 DNA 的半保留复制方式合成 DNA 片段。待扩增的靶 DNA 在 94℃（或 95℃）双链变性，以分离出的单链作模板；降温至 55℃，让设计的一对特异性引物（启动子）分别与互补的 DNA 单链配对，形成部分双链，DNA 聚合酶识别双链；接着温度升至 72℃（70～75℃），在 DNA 聚合酶的作用下，有 Mg^{2+} 存在，脱氧核苷三磷酸开始渗入并从引物的结合端开始，按 5′ → 3′ 方向延伸，合成出新的 DNA 互补链。这样 DNA 经一次解链、退火、延伸的过程称为一个循环，使靶 DNA 片段扩增为两条。接着重复这高温变性、低温复性、中温延伸的过程。一般 30 个左右的循环，模板 DNA 大量复制，可扩增 $10^6 \sim 10^9$ 倍。

【实验器材】

重组质粒如 pHN8004，是含有 α-淀粉酶基因的质粒，基因两端的核苷酸序列已知，根据已知序列设计上下游引物；4 种脱氧核苷三磷酸（dNTP）混合物、Taq DNA 聚合酶，上下游引物，DNA marker，Taq 缓冲液（10×）；PCR 扩增仪，台式高速离心机，EP 管（0.5 ml 微量离心管），微量移液器，吸头等。

【操作步骤】

1）按下列顺序将 PCR 反应体系各成分加入一支无菌的标准 0.5 ml 新 EP 管内混匀。

10×Taq 缓冲液	2.5 μl
dNTP 混合物	1 μl（各 2.5 mmol/L）
引物 1（上游引物）	1 μl（0.5 μmol/L）
引物 2（下游引物）	1 μl（0.5 μmol/L）
模板 DNA	约 10 ng（质粒），约 1 μg（基因组 DNA）
Taq DNA 聚合酶	1 μl（2.5 U/μl）
去离子水	加至 25 μl

用手指轻弹管壁数次，混匀后高速离心 5 s，使反应液集中在管底反应系统中，再加 1～2 滴矿物油封住溶液表面，防止样品蒸发。

2）打开电源开关，按 PCR 扩增仪操作说明设定运行程序，使 PCR 扩增仪进入预热状态。

3）PCR 反应（在 PCR 扩增仪上进行）。待 PCR 扩增仪预热后将上述反应混合液连同 EP 管置于 PCR 仪的样品孔内，先在 95℃池中加热 5 min，使 DNA 完全变性，再按以下设置完成 25～35 个循环。

95℃	1 min	变性
50℃	2 min	复性
72℃	2 min	延伸

循环结束后，72℃延伸 10 min。置 4℃保存至电泳检测。

4）电泳检测结果。将 PCR 扩增的产物用 0.7%～1.0% 的琼脂糖凝胶电泳检查，用 DNA marker 作相对分子质量指示。以能看到片段大小、条带清晰的结果为最佳。

【实验报告】

1. 实验结果　　在紫外灯下观察琼脂糖凝胶电泳的结果，再通过成像系统将结果照相，并进行分析。

2. 思考题

1）聚合酶链反应（PCR）的原理是什么？末轮循环为何要延伸 10 min？

2）需在体外大量扩增已克隆到 pUC18 上的某一目的基因应如何设计实验步骤？

【注意事项】

1. 首次使用 PCR 扩增仪前必须仔细阅读 PCR 扩增仪使用说明书，严格按要求操作。

2. 除特别指出外，加入反应成分及每一步骤间隙均需在冰上进行。

3. 加入反应成分及聚合酶后都要充分混匀体系，并用离心机轻甩一次，使反应液集中在管底反应系统中。*Taq* DNA 聚合酶 95℃时活性可持续 35 min，循环温度不宜超过95℃。*Taq* DNA 聚合酶用量一般为 0.5~5 U，酶量少产物量低；酶量多非特异性产物高。

4. 引物特异性要强，特别是鉴定菌种的引物要有严格的排他性，引物的确定要经过大量的数据分析和实验。引物浓度一般在 10~50 pmol/μl，最适浓度通过预实验确定。浓度太低扩增产量过小；太高容易形成引物二聚体。引物长度以 15~30 个核苷酸为宜。

5. PCR 反应的温度与时间根据不同引物、GC 比、碱基数目和扩增目的片段长度确定。特别是复性温度与时间，退火温度太低易出现非特异性扩增，一般为 T_m 值减去 5。

6. 循环次数一般为 25~35 个周期。循环次数越多，非特异产物也越多。因此，在满足产量的前提下，应尽量减少周期数。为确保结果准确，需设阳性、阴性及空白对照。

（蔡信之）

实验 1-42　核酸分子杂交

【目的要求】

1. 了解核酸分子杂交的基本原理及几种不同类型的核酸分子杂交方法。
2. 掌握核酸分子杂交的一般实验技术。

【基本原理】

核酸分子杂交是指将亲缘关系较近的不同生物个体来源的变性后的 DNA 或 RNA 单链，按碱基互补原则经退火处理配对形成 DNA-DNA 或 DNA-RNA 的过程。将一段已知基因（DNA 或 RNA）的核酸序列用合适的标记物（如放射性同位素、生物素等）标记，作探针与变性后的单链 DNA 或 RNA 杂交。再用合适的方法（如放射自显影或免疫分析等技术）将标记物检测出来，就可确定靶核苷酸序列存在与否，以及拷贝数和表达丰度等。

放射自显影是同位素在衰变中放出高能 β 粒子使 X 线片显影。使用增感屏 β 粒子除直接打击溴化银使之感光外，还打击增感屏发出荧光使 X 线片进一步感光，显著增强自显影效果。低温（-70℃）可减缓溴化银在光子激活后回复到稳态的速度，增强感光效果。

核酸分子杂交可按作用环境大致分为固相杂交和液相杂交两大类型。

1）固相杂交：将参加反应的一条核酸链先固定在固体支持物上，另一条核酸链游离在溶液中。常用的固体支持物有硝酸纤维素滤膜、尼龙膜、乳胶颗粒、磁珠和微孔板等。由于固相杂交后，未杂交的游离片段可漂洗除去，膜上留下的杂交物容易检测和能防止靶 DNA 自我复性，故较常用。常用的固相杂交方法有菌落原位杂交、斑点杂交、狭缝杂交、Southern 印迹杂交、Northern 印迹杂交、组织原位杂交和夹心杂交等。

2）液相杂交：参加反应的两条核酸链都游离在溶液中，是一种研究最早、操作简便的杂交类型。在过去的 30 多年里虽有应用，但总不如固相杂交那样普遍。主要缺点是杂交后过量的未杂交探针在溶液中去除较为困难，且误差较高。近几年由于杂交检测技术的不断改进，基因探针诊断盒的实际应用，推动了液相杂交技术的迅速发展。

本实验主要介绍常用于转化子快速鉴定的菌落原位杂交技术。

【实验器材】

待检测的细菌平皿，已标记好的探针；硝酸纤维素滤膜，恒温烤箱，恒温水浴箱等。

【操作步骤】

对分散在若干个琼脂平板上的少数菌落（100～200）进行克隆筛选时可采用该方法。要点是先将这些菌落同时分别接到一个主要琼脂平板培养基上和另一个琼脂平板表面硝酸纤维素滤膜上。形成菌落后，将主要琼脂平板贮存于4℃；对滤膜上的菌落进行原位裂解、中和、固定、杂交、检测。将菌落杂交信号与主板菌落对位，找出重组克隆体菌落。

1. 将少数待检菌落转移到硝酸纤维素滤膜上

1）准备两个含选择性抗生素的琼脂平板，其中一个平板紧贴一张硝酸纤维素滤膜。

2）用无菌牙签将分散在若干个琼脂平板上的少数转化子菌落（100～200）分别转接至滤膜上和未放滤膜的主要琼脂平板培养基上。按一定的方格栅打点接种。滤膜和主板上菌落的位置必须相同。最后，在滤膜和主要琼脂平板上同时接种一个含有非重组质粒（如 pBR322）的菌落，作负对照，以区别放射性探针杂交的专一性与非专一性。

3）倒置平板，于37℃培养至菌落达 1.0～2.0 mm 大小。

4）用装有防水墨汁的注射器针头穿透滤膜直至琼脂培养基中，在 3～5 个不对称的位置做标记。在主要琼脂平板大致相同的位置上也做同样的标记。

5）用 Parafilm 膜封好主要琼脂平板，倒置贮放于4℃，直至获得杂交反应的结果。

2. 滤膜上菌落的裂解及 DNA 结合于硝酸纤维素滤膜

1）用镊子从培养基上取下有菌落的滤膜，用滤纸吸干背面（以下每次转置均需吸干），紧贴于 10% SDS 液浸湿的滤纸上 5 min，菌落面朝上。注意防止膜下存有气泡（以下每次转置均需同样注意）。使革兰氏阴性菌裂解、杂交信号清晰。

2）将滤膜移至 0.5 mol/L NaOH 溶液、1.5 mol/L NaCl 溶液浸湿的滤纸上 10 min，菌落面朝上。

3）再将滤膜转移到 1 mol/L Tris-HCl、1.5 mol/L NaCl 溶液（pH 8.0）浸湿的滤纸上10 min。再重复中和一次。

4）将滤膜再转移至一张用 2×SSPE（附录三）液浸湿的滤纸上 10 min，再转移到干滤纸上，于室温晾干 30～60 min。

5）将滤膜夹在两张干的滤纸之间，在真空烤箱中80℃干烤 2 h，以固定 DNA。

3. 杂交　　将固定在膜上的 DNA 与 ^{32}P 标记的 DNA 进行杂交。

1）戴上手套，在塑料盘中加入 2×SSC 液，将干烤的滤膜飘浮在液面上，浸湿 5 min。

2）将滤膜转移至盛有 200 ml 预洗液（5×SSC，0.5% SDS，1 mmol/L EDTA，pH 8.0）的玻璃皿中。用保鲜膜盖住玻璃皿，置于培养箱内的旋转平台上。于50℃处理 30 min。在这一步及以后的所有步骤中，应缓缓摇动滤膜，防止它们粘在一起。

3）用泡过预洗液的吸水纸轻轻地从膜表面拭去细菌碎片，以降低杂交背景而不影响阳性杂交信号的强度和清晰度。

4）将滤膜转到盛有预杂交液（50% 甲酰胺，6×SSC，0.05×BLOTTO）的塑料杂交袋中，在适宜温度（在水溶液中杂交时用68℃，50% 甲酰胺中杂交用42℃）下，预杂交

1～2 h。

5）将 ^{32}P 标记的双链 DNA 探针于 100℃加热 5 min，迅速置于冰浴中。单链探针不必变性（省去此步）。用吸管吸出杂交袋中的预杂交液，用滴管加入杂交液，将探针加到杂交袋中混匀，赶尽气泡，密封。将杂交袋放入有水的玻璃平皿中，置于 68℃水浴中杂交过夜。

6）杂交结束后吸出杂交液，立即于室温将滤膜放入大体积（300～500 ml）的 2×SSC 和 0.1% SDS 溶液中，轻摇 10 min，并将滤膜翻转几次。重复洗一次，同时应避免膜干涸。

7）68℃下用 300～500 ml 1×SSC 和 0.1% SDS 溶液洗膜两次，每次 1～1.5 h。此时已可进行放射自显影。如实验要求严格的洗膜条件，可用 300～500 ml 0.2×SSC 和 0.1% SDS 的溶液于 68℃将滤膜浸泡 60 min。

8）滤膜在纸巾上室温晾干，把滤膜（编号朝上）放在一张保鲜膜上用胶带固定，在保鲜膜上做几个不对称的标记，使滤膜与自显影片位置对应，用另一张保鲜膜盖住滤膜。

9）在暗室红色安全灯下，在滤膜上加一张 X 线片，并用两张增感屏将滤膜和 X 线片夹住，放在暗盒中。将暗盒置于 -70℃曝光 12～16 h。

10）取出 X 线片，置显影液（附录三）中显影 15 min，再置定影液（附录三）中定影 20 min，用水冲洗后晾干。在底片上贴一张透明硬纸片。在纸上标记阳性杂交信号的位置，同时在不对称分布点的位置上做出标记。从底片上取下透明纸，通过对比纸上的点与主要琼脂平板上相应的点来鉴定杂交阳性菌落。

【实验报告】

1. 实验结果　　以图片报告杂交结果，并作说明。

2. 思考题

1）在原位杂交实验中应设哪几个对照实验？如何设计？

2）杂交前进行预杂交的目的是什么？

【注意事项】

1. 菌落原位杂交实验步骤烦琐，耗时长且无法测定每一步的结果，所以要特别认真地对待实验中的每一个步骤，特别是关键性步骤。

2. 注意探针的浓度和长度。经验表明，最佳的探针浓度是能达到与靶核苷酸饱和结合度的最低探针浓度。过量的探针会造成较高的背景；反之会导致信号过弱。

较短的探针不仅杂交效率高，而且较易进入组织，缩短杂交时间。但是短探针序列特异性较低。实验中可直接采用 200～500 nt 的探针。

3. 注意杂交的温度和时间。能使 50% 的核苷酸变性解链所需的温度称为解链温度（T_m）。原位杂交实验中，多数 DNA 探针需要的 T_m 是 90℃，RNA 的 T_m 是 95℃。实际采用的原位杂交的温度比 T_m 低，为 30～60℃，不同种类的探针杂交的温度略有差异。

杂交的时间过短会造成杂交不完全；过长则会增加非特异性染色。一般将杂交的时间定为 16～20 h，通常是杂交孵育过夜。

（康贻军）

第八单元　免疫学技术

血清学反应是指抗原和抗体在体外的特异性结合反应。具有特异性强、灵敏度高等优点。可用已知抗原检测未知抗体或用已知抗体检测未知抗原。常见的有凝集反应、沉淀反应、补体结合反应和中和反应等。血清学反应常用于疾病诊断、微生物菌株鉴定和微量生化物质或抗原成分检测等许多方面。随着免疫学理论研究和实验技术的发展，不断建立起各种新的免疫学技术，如琼脂扩散、免疫电泳等。因此，免疫学技术已成为医学、生物化学、遗传学和细胞学等学科的极其重要的实验手段。

实验 1-43　免疫血清的制备

【目的要求】

掌握抗原及动物免疫血清制备的原理和方法；为免疫反应的实验准备材料。

【基本原理】

将微生物或其成分、产物等抗原注入动物体内，就可能刺激机体产生相应的抗体。细菌或红细胞等颗粒性抗原可直接注射到动物体内，使其产生相应的抗体。可溶性抗原如血清及纯化的蛋白质等，则普遍应用佐剂免疫法以改进机体对抗原的反应。佐剂的种类很多，最常用的是弗氏佐剂（Freund's adjuvant）。待动物产生大量的抗体时，采出动物的血液，分离出血清，即得到含有抗体的血清，即免疫血清或抗血清。

制备特异性强、效价高的免疫血清对于微生物的鉴定、传染病的诊断与治疗、抗原分析、免疫球蛋白及其他蛋白质的鉴定与研究等都有很大作用。动物产生抗体的量，除了因动物的种类、年龄、营养状况及免疫途径而异外，还与抗原的种类、注射剂量、免疫次数、免疫的间隔时间有关。抗原剂量太小不足以引起应有的免疫刺激与反应；剂量太大易产生免疫耐受。在常规免疫中，抗原量一般为 $0.1 \sim 1.0$ mg/kg 体重。制备抗体一般需要多次注射抗原才能得到高效价的免疫血清。注射途径最常用的是静脉及皮内、皮下。

【实验器材】

健康家兔（2 kg 以上健康雄兔或未受孕的雌兔）；标准大肠埃希氏菌 24 h 牛肉膏蛋白胨斜面培养物；牛肉膏蛋白胨斜面培养基，牛肉膏蛋白胨液体培养基；0.3% 福尔马林，生理盐水，0.5% 及 5.0% 石炭酸或 1% 硫柳汞，卡介苗（75 mg/ml），液体石蜡，羊毛脂，75% 乙醇溶液，碘酊；移液管，滴管，大试管，研钵，注射器（50 ml、5 ml、1 ml），针头（5～9 号），兔解剖台，兔头夹，止血钳，解剖刀，解剖剪刀，镊子，动脉钳，棉球，硅胶管，双面刀片，量筒，无菌茄形培养瓶，载玻片，离心机，离心管，麦克法兰（McFarland）比浊管等。

【操作步骤】

1. 免疫动物的选择　要制备特异性强、效价高的免疫血清，选择动物非常关键。通常选择对被测抗原十分敏感的动物。免疫用动物多为哺乳动物和禽类。选择动物时要选亲缘关系较远的种系。选刚成年、健康的动物。实验室常用的家兔最好选择兔龄在 9～24 个月，体重 2～3 kg，耳朵大，静脉粗，无脚癣的健康雄兔或未受孕的雌兔。免疫前测定家兔是否有天然抗体，若无则标以记号并与其他兔隔开喂养，观察其健康状况数日。

2. 抗原的制备　　取标准大肠埃希氏菌纯种接种到两支牛肉膏蛋白胨斜面培养基上，一支用于移种，一支用于免疫，37℃恒温培养 15～18 h。用无菌生理盐水轻轻洗下菌苔，制成浓菌悬液。用无菌吸管吸取以上菌液，注入装有玻璃珠的无菌血清瓶内，边用无菌生理盐水稀释边振荡 10～25 min，分散菌块。以此配成 1 ml 含有 10 亿个细菌的菌悬液［也可用直径 4 mm 的接种环刮取一环（约等于 1 mg），1 mg 大肠埃希氏菌约含有 10 亿个细菌］。混匀后与 McFarland 比浊管比浊测定菌数（表 1-43.1）。加福尔马林液至 0.4%，置 60℃水浴 1 h 将菌杀死，并不时摇动，用此菌悬液作抗原。

表 1-43.1　McFarland 比浊管配制法

试管号	1% BaCl$_2$/ml	1% H$_2$SO$_4$/ml	相当于 1 ml 的细菌数
1	0.1	9.9	3×10^9
2	0.2	9.8	6×10^9
3	0.3	9.7	9×10^9
4	0.4	9.6	12×10^9
5	0.5	9.5	15×10^9
6	0.6	9.4	18×10^9
7	0.7	9.3	21×10^9
8	0.8	9.2	24×10^9
9	0.9	9.1	27×10^9
10	1.0	9.0	30×10^9

3. 佐剂的应用　　佐剂又称为免疫增强剂，和抗原同时或前后注射能增加抗原的免疫原性，提高抗体产量。仅需注射几次抗原-佐剂的混合物，就可以得到比单独注射抗原高出 5 倍的抗体，且在动物体内能维持更长时间。常用佐剂有：① 水油乳剂，即用 7∶3 或 8∶2 的液体石蜡和羊毛脂配成，称为弗氏不完全佐剂；② 含有分枝杆菌（或卡介苗）及其提取物的水油乳剂称为弗氏完全佐剂；③ 细菌内毒素和抗原一起注入，如伤寒杆菌及其他革兰氏阴性杆菌内毒素和抗原一起注入，也可提高抗体水平。其他佐剂如琼脂、明胶、百日咳菌苗等也可应用。

4. 免疫动物的方法

（1）无佐剂免疫法　　细菌、红细胞等颗粒抗原不用佐剂，最好以静脉注射产生抗体。

1）抗原的选择：按表 1-43.1 中 McFarland 比浊管配制法取已灭活、浓度约 10×10^9/ml 的大肠埃希氏菌菌悬液作抗原。

2）无菌试验：将 1 ml 经上述处理的菌悬液（抗原）接种于牛肉膏蛋白胨液体培养基内，37℃恒温箱培养 24～48 h，观察有无细菌生长，如无细菌生长即可放入冰箱备用。若有细菌生长，则要在 60℃水浴中再处理。

3）动物的免疫方法：选 3 kg 左右的健康家兔，放在家兔固定箱内或请助手将家兔按在桌上不动，一手轻扶耳根，在耳外侧边缘静脉处，先用碘酊棉球，后用酒精棉球涂擦消毒，用手指轻轻弹几下静脉血管，使其扩张。消毒细菌悬液瓶塞后用无菌注射器及

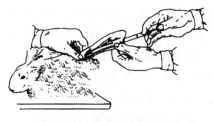

图 1-43.1　家兔耳静脉注射法

5 号针头吸取菌液，沿耳静脉平行方向刺入静脉血管，慢慢注入菌液。如针头确在静脉内，注入材料时容易推进，同时可观察到血管颜色变白；若不易推进，且局部有隆起时则表示针头不在血管中，应重新注射。注射完毕，在拔出针头前，先用干棉球按住注射处，然后拔出针头，并继续压迫血管注射处片刻，以防止血流溢出（图 1-43.1）。注射剂量与日程如表 1-43.2 所示。耳静脉注射每隔 2 或 3 d 注射菌液一次，共 5 次。

表 1-43.2　无佐剂免疫法抗体制备的日程表

注射日期	菌液	注射剂量 /ml	注射途径
第 1 日	死菌	0.3	静脉
第 3 日	死菌	0.5	静脉
第 6 日	死菌	1.0	静脉
第 9 日	死菌	1.5	静脉
第 12 日	死菌	2.0	静脉
第 19 日、第 22 日	采血少量（1 ml）分离出血清，如凝集效价达 1∶2000 以上则停止动物进食，以无菌手续大量采血		

4）试血：通常末次注射后 7～10 d 从兔耳缘静脉抽取 1 ml 血，分离析出血清，用试管凝集反应测定抗血清效价。如效价不高，可继续注射抗原免疫，提高效价。如凝集效价达 1∶2000 以上则停止动物进食，以无菌手续大量采血。

（2）弗氏佐剂免疫法　本实验以烟草花叶病毒为抗原制备血清，卡介苗为弗氏完全佐剂，按一定比例混合的液体石蜡和羊毛脂为弗氏不完全佐剂。

1）抗原制备：取烟草病叶加等量磷酸盐缓冲液匀浆，双层纱布过滤，滤液加 8% 正丁醇溶液，搅拌净化。离心（3500 r/min，15 min），上清液加 6% 聚乙二醇溶液（相对分子质量 6000）、3% NaCl 溶液，4℃冰箱过夜，次日再用磷酸盐缓冲液抽提 3 或 4 次，离心（3000 r/min），沉淀再悬浮于磷酸盐缓冲液中。纯化的病毒制剂经鉴别宿主、紫外光吸收、电子显微镜观察等，达到免疫纯度后才可使用。

2）佐剂抗原液制备：将一份无菌佐剂加入无菌研钵内，逐滴加入等量的抗原悬液（其中含卡介苗 3～4 mg/ml 佐剂、抗原用量 1 mg/kg 体重），边加边研磨，充分研磨，使乳剂滴入水中不扩散为止。

3）免疫方法：可溶性抗原以直接注入皮下、肌肉或淋巴等处为佳（表 1-43.3）。

表 1-43.3　弗氏佐剂免疫法抗体制备日程表

免疫次数 [a]	注射抗原量 [b]/ml	注射途径
第 1 次	2	前后足掌各注射 0.5 ml
第 2 次	3	背部皮下 4 点
第 3 次	4	同上
第 4 次	5	同上
第 5 次	6	同上

a. 每次注射间隔一周；b. 除第一次抗原量为完全佐剂外，其他 4 次均为不完全佐剂

也可以在 3 次皮下多点注射后，进行一次静脉注射，加强免疫。

5. 采血方法　采血前动物停食 12 h，可以得到澄清而不浑浊的血清。家兔采血方法有耳缘静脉采血、心脏采血、颈动脉放血等。如欲保留该免疫动物，可从耳缘静脉、心脏采血，取血后由静脉或肌肉缓慢注射等量 5% 葡萄糖溶液，休息两个月左右，可以再次加强免疫后取血。如需大量血清，不保留该家兔，可用颈动脉、心脏放血的方法。

（1）耳缘静脉取血法　首先使兔子活动，加速血液循环，然后固定兔子的机体和四肢，剪去耳缘静脉处的毛，用无菌棉球擦干净皮肤，用碘酊与乙醇分别消毒，用消毒过的双面刀片或解剖刀将耳缘静脉割破，血液流出，用消毒大试管受血。如切口凝血可用无菌棉球轻轻擦去切口凝血块，继续采血至所需量。取血完毕以无菌棉球压迫切口止血，如血流不止可用止血钳夹住止血（图 1-43.2）。

（2）心脏采血法　将家兔仰卧手术台上，用绳缚其四肢固定。在左前胸部靠近胸骨部位心脏搏动最剧烈处去毛，用碘酊棉球与酒精棉球分别消毒后，用无菌注射器附 9 号针头在上述部位的（由下向上数第三与第四）肋骨间隙刺入心脏，如位置准确可以感觉到针头随心脏搏动而上下跳动，轻微抽移针筒抽得血液。2.5 kg 家兔一次可取血 20～30 ml。若不保该兔可将血放尽。立即将所抽提的血液以无菌手续注入已

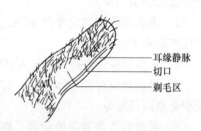

　　　　　　　　　　　　　　　　耳缘静脉
　　　　　　　　　　　　　　　　切口
　　　　　　　　　　　　　　　　剃毛区

图 1-43.2　家兔耳缘静脉放血切口图

灭菌的大试管内。将试管尽量放成最大倾斜度，待血液凝固后置 37℃ 恒温培养箱中 30 min，使血清充分析出，然后放入 4～6℃ 冰箱中。

（3）颈动脉放血法　将兔子仰卧固定其四肢（可同时用少量乙醚麻醉），颈部剪毛消毒，在前颈部皮肤纵向切开 10 cm 左右，用止血钳将皮分开夹住，剥离皮下组织后露出肌层，暴露出气管，在气管深侧处找到搏动的颈动脉，用刀柄加以分离，将颈动脉与迷走神经剥离长约 5 cm，用止血钳夹住血管壁周围的筋膜，远心端用丝线结扎，近心端用动脉钳夹住，然后用酒精棉球消毒血管周围的皮肉，用无菌剪刀在丝线和动脉钳之间的血管上剪一 "V" 形缺口（约为血管断面的 1/2，切不可将血管全部剪断），取长15 cm、直径 1.6 mm 的塑料管，将一端剪成针头样斜面，并将此端插入颈动脉中，用丝线将此管结扎固定于动脉上，另一端放入无菌试管或无菌茄子瓶中，慢慢松开动脉钳，血液即流入瓶中，直至动物死亡，无血液流出为止。一般 2.5 kg 家兔可放血 80～120 ml。

6. 分离血清及血清保存

1）以无菌滴管吸取血清置于无菌离心管中，4000 r/min 离心 20 min，离心沉淀除去红细胞，取上清液置无菌试管中，此即免疫血清，测其效价。

2）在分离所得血清中徐徐加入 1% 硫柳汞防腐，使终质量浓度为 0.01%。分装血清于试管或安瓿瓶中，封口，标明血清名称、凝集效价及制备日期，保存于冰箱中备用。切忌反复冻融，以免降低血清的效价。

【实验报告】

1. 实验结果

1）记录免疫家兔的操作过程及免疫过程中家兔的反应。

2）你制得的免疫血清凝集效价是多少？

3）如何才能获得特异性强、效价高的抗血清？

2．思考题

1）制备大肠埃希氏菌抗原时加福尔马林液和60℃加热1 h的目的是什么？

2）为什么在制备免疫血清时所用器皿必须全部洗净并灭菌？

3）如果不用生理盐水来配制抗原，以这样的抗原免疫家兔可以吗？为什么？

4）制备抗血清时，为何要分多次注射抗原？

5）为什么使用佐剂只有第一次用弗氏完全佐剂，而以后各次均用弗氏不完全佐剂？

【注意事项】

1．制备单价特异性抗血清所用的抗原纯度越高越好，尽量除去抗原中可能存在的各种微量的杂蛋白质。

2．采血清前动物应停食12 h，以减少血清中脂肪的含量，可避免样品在双向扩散时产生扩散圈干扰观察。

3．采血时应让血沿管壁流入试管或瓶内，避免剧烈滴溅使血细胞破裂导致溶血。

4．动物免疫存在个体差异，有的个体虽能产生抗体，但效价很低。制备免疫血清应至少免疫两只家兔。

5．采血后若需要保留动物，则应在采血后由静脉缓慢注射等量的5%葡萄糖溶液以补足失血量。采血后的动物需要经2～3个月休养，才能再次加强免疫与取血。

（陈旭健）

实验 1-44　凝 集 反 应

【目的要求】

1．了解凝集反应的基本原理和特异性，观察凝集现象。

2．学习玻片凝集与微量滴定凝集的操作、测定抗体效价与观察结果的方法。

【基本原理】

颗粒性抗原（凝集原）与相应的抗体（凝集素）在电解质（一般用生理盐水）的参与下相结合，产生肉眼可见的凝集块称为凝集反应。其机制是由于抗原与其相应的抗体间存在相对应的极性基，极性基相互吸附使抗原外周的水化膜除去，由亲水溶胶变为憎水溶胶。电解质具有降低电位的作用，使颗粒性抗原间的排斥力消除，产生凝集现象。

微量滴定凝集反应常在一定温度的温箱中进行，因为温度高可促进抗原颗粒的分子运动，使细菌与细菌之间相互碰撞的机会增多，加速反应发生。一般放在35℃温箱中进行，温度超过60℃则引起抗体性质改变。

能与抗原发生明显凝集反应（用"＋＋"表示）的最高稀释度的倒数即为该免疫血清的效价。

【实验器材】

大肠埃希氏菌和枯草芽孢杆菌琼脂斜面培养物，大肠埃希氏菌菌液（浓度为9亿/ml

大肠埃希氏菌的生理盐水悬液，并经 60℃加温 30 min）；大肠埃希氏菌免疫血清，生理盐水；载玻片，微量滴定板，微量移液器及其吸头，接种环，恒温箱等。

【操作步骤】

1. 玻片凝集法　此法只能进行定性测定，用已知的免疫血清检测未知细菌。

1）在载玻片的一端和中间各加一滴 1∶10 稀释的大肠埃希氏菌免疫血清，另一端加一滴生理盐水，做好标记。

2）从大肠埃希氏菌琼脂斜面上分别挑取少许细菌混入生理盐水与中间的血清内，另一端的免疫血清内加入少许枯草芽孢杆菌，分别搅匀。

3）将载玻片略加摆动后静置于室温中，1～3 min 后即可观察到中间的血清有凝集反应出现。两端的生理盐水和枯草芽孢杆菌为对照，仍为均匀浑浊。

2. 微量滴定凝集法

（1）稀释血清（倍比稀释）

1）在微量滴定板上标记 10 个孔，为 1～10。

2）第 1 孔中加 80 μl 生理盐水，其余各孔均加 50 μl 生理盐水。

3）加 20 μl 大肠埃希氏菌免疫血清于第 1 孔中，从第 2 孔开始做倍比稀释至第 9 孔。

4）换一新吸头，用微量移液器将第 1 孔内的液体吸上、放下 3 次，混合均匀后吸出 50 μl 注入第 2 孔。同法，换吸头在第 2 孔中吸放 3 次，混匀后吸取 50 μl 移入第 3 孔。以此类推，稀释至第 9 孔，混匀后自第 9 孔中吸出 50 μl 弃去（置于一空白孔中）。倍比稀释中切勿使吸头向溶液吹气，以免产生气泡影响实验结果。

（2）加菌液　每孔加大肠埃希氏菌悬液 50 μl，从第 10 孔（对照）加起，逐个向前加至第 1 孔（表 1-44.1）。

表 1-44.1　血清稀释度

孔号	生理盐水 /μl	抗血清量 /μl	血清稀释度	细菌悬液 /μl	最后稀释度
1	80	20	1/5	50	1/10
2	50	50	1/10	50	1/20
3	50	50	1/20	50	1/40
4	50	50	1/40	50	1/80
5	50	50	1/80	50	1/160
6	50	50	1/160	50	1/320
7	50	50	1/320	50	1/640
8	50	50	1/640	50	1/1280
9	50	50	1/1280	50	1/2560
10	50	0	对照	50	对照

（3）反应　将滴定板水平轻轻摇晃混匀，置于 35℃温箱中 60 min，再放入 4℃冰箱过夜。

（4）观察结果　先不要摇动滴定板，观察滴定板孔底有无凝集块出现，阴性和对照孔的细菌在孔底沉下，形成边缘整齐、光滑的小圆块，阳性孔可见孔底形成边缘不整齐的凝集块。也可用解剖镜观察。然后轻轻摇动滴定板，阴性孔内圆块分散成均匀的悬液；阳性孔内是很多细小凝集块悬浮于不浑浊的液体中。结果判定方法如图 1-44.1 所示。

－　　　　　＋　　　　＋＋　　　＋＋＋　　＋＋＋＋　　＋＋＋＋

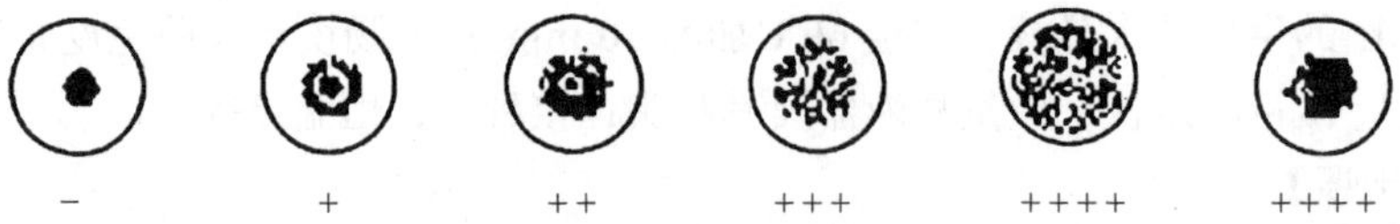

图 1-44.1　血清凝集反应强度示意图

全部（最强）凝集，凝集块完全沉于孔底，液体澄清，以"＋＋＋＋"记录；大部分（强）凝集，凝集块沉
于孔底，液体基本透明，以"＋＋＋"记录；部分（中度）凝集，液体半透明，以"＋＋"记录；很少（弱）
凝集，液体基本浑浊，以"＋"记录；不凝集，液体浑浊，以"－"记录

取"＋＋"的稀释度的倒数作为免疫血清的效价。

【实验报告】

1. 实验结果

1）将玻片凝集结果记录于表 1-44.2。

表 1-44.2　玻片凝集结果记录表

	大肠埃希氏菌抗血清＋ 大肠埃希氏菌	生理盐水＋ 大肠埃希氏菌	大肠埃希氏菌抗血清＋ 枯草芽孢杆菌
画图表示			
阴性（－）或阳性（＋）			

2）将微量滴定凝集结果记录于表 1-44.3。免疫血清效价是多少？

表 1-44.3　微量滴定凝集结果记录表

孔号	血清稀释度	结果
1		
2		
3		
4		
5		
6		
7		
8		
9		
10		

2. 思考题

1）血清学反应为何要有适量电解质存在？玻片凝集的阳性反应端有无电解质？

2）稀释血清时要注意些什么？

3）为什么做微量滴定凝集反应时要将微量滴定板放于 35℃温箱中？

4）在微量滴定凝集实验中，加抗原时为什么要从最后一孔加起？

【注意事项】

1. 所用载玻片、微量滴定板、移液管、滴管等均需洁净、干燥。

2. 抗体的倍比稀释应力求准确，并防止因在操作中产生气泡而影响实验准确性。

3. 凝集反应的微量滴定板从温箱和冰箱中取出时切忌摇动，以免影响对结果的初次判断。

（蔡信之）

实验 1-45　环状沉淀反应

【目的要求】

掌握沉淀素的效价滴定，学会环状沉淀反应的操作及结果观察的方法。

【基本原理】

可溶性抗原（沉淀原）与相应的抗体（沉淀素）反应，有电解质时产生细微的沉淀称为沉淀反应。其原理与凝集反应基本相同，不同的是使用的抗原是可溶性的。单个抗原分子体积小，单位体积的溶液内所含的抗原数量多，其总反应面积大，出现反应所需的抗体数量多。因此，试验时是稀释抗原，而不是稀释抗体。它可做定性及半定量测定。

环状沉淀反应是使抗原与抗体在沉淀管内形成交界面，在此交界处出现一环状的乳白色沉淀物。出现环状沉淀反应的抗原最高稀释度的倒数即为沉淀素的效价。该反应广泛用于流行病学、法医学血迹鉴别及食品掺假测定等方面，其优点是用材少、操作简便。

【实验器材】

马血清（抗原），兔抗马免疫血清（抗体），正常兔血清，生理盐水；沉淀管（内径 2.5～3.0 mm，长约 30 mm），小试管，毛细吸管，吸管等。

【操作步骤】

1）取 1：25 的马血清 1 ml 用生理盐水在小试管中按表 1-45.1 稀释成下列各浓度。

表 1-45.1　马血清稀释表

试管	生理盐水 /ml	1：25 马血清 /ml	血清稀释度
1	1	1	1：50
2	1	1#1*	1：100
3	1	1#2*	1：200
4	1	1#3*	1：400
5	1	1#4*	1：800
6	1	1#5*	1：1600
7	1	1#6*	1：3200

* 1#1、1#2…分别表示自第一管、自第二管…中吸取 1 ml，余类推

2）将 9 支干燥而洁净的沉淀管插在试管架上。

3）用毛细吸管吸取 1：2 的兔抗马免疫血清加入沉淀管底部，每管约两滴。

4）用另一毛细吸管吸取已稀释好的马血清，按表 1-45.2 加入各管。

表 1-45.2　环状沉淀试验表

试管	兔抗马免疫血清（1∶2）/滴	马血清（抗原）	
		稀释度	量 / 滴
1	2	1∶50	2
2	2	1∶100	2
3	2	1∶200	2
4	2	1∶400	2
5	2	1∶800	2
6	2	1∶1600	2
7	2	1∶3200	2
8	2	生理盐水	2
9	2	兔血清 1∶50	2

抗原从最高稀释度加起，沿管壁徐徐加入，使之与下层兔抗马免疫血清之间形成界面，切勿摇动。第 8 管加生理盐水，第 9 管加稀释兔血清以作对照。

5）于室温下静置 15～30 min，观察结果，看两液面交界处有无白色环状沉淀出现。

6）结果记录方法：有白色环状沉淀者用"＋"表示；没有沉淀者用"－"表示。最大稀释度的抗原与抗体交界面之间还有白色沉淀者，此管的抗原稀释度的倒数即为沉淀素的效价。

【实验报告】

1. 实验结果　　将实验结果记录在表 1-45.3 中。沉淀素的效价是多少？

表 1-45.3　环状沉淀结果记录表

试管	抗原稀释度	结果
1	1/50	
2	1/100	
3	1/200	
4	1/400	
5	1/800	
6	1/1600	
7	1/3200	
8	生理盐水	
9	正常兔血清	

2. 思考题

1）试比较凝集反应与沉淀反应的异同。

2）环状沉淀试验有何特点？试设计一鉴定血迹实验，以区别它是人血还是动物血。

【注意事项】

1. 所用沉淀管、小试管、毛细吸管、吸管等均需洁净、干燥，以排除杂质的干扰。

2. 抗原从最高稀释度加起，沿管壁徐徐加入，使之与下层兔抗马免疫血清之间形成界面，切勿摇动。

（蔡信之）

实验 1-46　双向免疫扩散试验

【目的要求】
1. 掌握双向免疫扩散试验的操作方法，了解其原理及应用。
2. 观察抗原、抗体在琼脂中形成的沉淀线，学会判断其纯度及抗体效价的测定法。

【基本原理】
抗原、抗体在半固体凝胶中扩散并产生乳白色沉淀线的沉淀反应称为双向免疫扩散反应。将抗原与其相应抗体放在凝胶（如琼脂）平板中的邻近孔内使它们各自扩散，当扩散到两者浓度比例合适的部位相遇时即出现乳白色的沉淀线。双向免疫扩散试验不仅可对抗原或抗体进行定性鉴定和测定效价，还可对抗原或抗体进行纯度分析，并同时对两种不同来源的抗原或抗体进行比较，分析其所含成分的异同。用此法可诊断某些传染病（如炭疽及鼠疫等）、分析细菌抗原、食品（肉类）鉴定和血迹鉴别等。

若在两孔内有两对或两对以上的抗原抗体系统，就能产生相应数量的沉淀线。因此，利用此法可进行抗原或抗体的纯度分析。沉淀线形成的位置与抗原、抗体浓度及相对分子质量有关。相对分子质量相同，抗原浓度越大形成的沉淀线距抗原孔越远；抗体浓度越大形成的沉淀线距抗体孔越远。固定抗体的浓度，稀释抗原，可根据已知浓度抗原沉淀线的位置测定未知抗原的浓度；反之固定抗原浓度，也可测定抗体的效价。

观察两个邻近孔的抗原与抗体形成的两条沉淀线是交叉还是相连可判断两抗原是否有共同成分（图 1-46.1）。如同样的纯抗原 a 放在两个邻近的孔中，对应抗体放在中央孔中，两沉淀线在其相邻的末端会互相连接和融合；若是两个不同的抗原 a 和 b，则两沉淀线互相交叉；若两抗原是有部分相同成分的 a 和 ab，两沉淀线除有相连部分外还有一伸出部分。

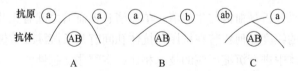

图 1-46.1　双向免疫扩散平板中沉淀线的类型
A. 相邻两孔的抗原相同；B. 抗原不同；C. 抗原有部分相同

【实验器材】
兔抗马血清，马血清，牛血清，山羊血清，人血清；1% 离子琼脂（配法见附录三）；方阵打孔器或单孔金属管（孔径 2～3 mm），吸管，毛细滴管，2.5 cm×7 cm 载玻片、注射针头，含 3 或 4 层湿滤纸或湿纱布的培养皿或带盖搪瓷盒等。

【操作步骤】
1）在沸水浴中熔化 1% 离子琼脂，冷后置于 50～60℃水浴中。

2）吸 3.5～4 ml 1% 离子琼脂加在洁净、干燥、水平的载玻片上，使其均匀布满载玻片又不流失。

3）琼脂凝固后取方阵型打孔器或单孔金属管按图 1-46.2 打孔，再用注射针头挑去孔中琼脂，每块琼脂板打两个方阵型。务必使打孔器垂直于载玻片，并使其与周围琼脂板分离。

4）用记号笔在琼脂板的底面将孔编号。

5）用毛细滴管加兔抗马血清抗体于两个方阵型的中央孔中，第一方阵型的周围孔 1 加牛血清，孔 2 加马血清，孔 3 加羊血清，孔 4 加人血清。第二方阵型周围各孔加入的抗原与第一方阵型相同，但浓度均为 1∶20。注意所加血清与抗血清不能溢出孔外。

图 1-46.2　双向扩散模型

孔径 2～3 mm；与中央孔的距离 7～8 mm

6）将载玻片平放于有 3 或 4 层湿滤纸的培养皿内，置于 37℃温箱，24～48 h 后观察结果。注意沉淀线的位置、数目与特征。

【实验报告】

1. 实验结果

1）抗体与抗原之间有沉淀线形成，为阳性结果，以"＋"表示；无沉淀线则为阴性结果，以"－"表示。将结果记录于表 1-46.1 中（抗体为兔抗马血清）。

表 1-46.1　双向免疫扩散试验结果记录表

抗原孔	抗原	未稀释抗原	稀释抗原
1	牛血清		
2	马血清		
3	羊血清		
4	人血清		

2）画下两个方阵型与所形成的沉淀线。

3）分别测量两个方阵型中抗原与沉淀线之间的距离，两者有何区别？

2. 思考题

1）根据所得结果分析马血清与牛血清、羊血清、人血清之间有无共同成分？

2）兔抗马血清的纯度如何？若在抗原与抗体孔间有几条沉淀线应做何解释？

3）此法与在液体中进行沉淀反应的技术相比，有哪些优越性？

【注意事项】

1. 应适时观察。若保温时间太短，无明显结果；若保温时间太长，则会使已形成的沉淀线解离或扩散而显得模糊。

2. 抗原和抗体的加样器不能混用，用后一定要用生理盐水清洗干净。加样应从低浓度向高浓度以顺时针方向逐孔加入。

3. 加样品时切忌加到孔外的四周，以防形成多层次扩散，影响实验结果。

（蔡信之）

第二部分　微生物学综合实验

实验 2-1　微生物抗药性突变株的分离

【目的要求】

学习用梯度平板法分离抗药性突变株的原理和方法。

【基本原理】

微生物诱变引起的基因突变须经一段时间培养后才出现表型改变，这一现象称为表型延迟。故诱变后的菌液要先移到新鲜培养基中培养一段时间使其性状稳定。抗药性突变株是指野生型菌株基因突变产生的对某些化学药物的抗性变异类型，可在加有相应药物的培养基平板上选出。抗药性突变是 DNA 分子的某一特定位置的结构改变所致，与药物的存在无关，药物的存在只是作为分离某种抗药性菌株的鉴别手段。在含有一定浓度抑制生长的药物平板上涂布大量的细胞群体，个别抗性突变的细胞在平板上长成菌落。纯化后进一步进行抗性试验，就可以得到所需的抗药性菌株，抗药性突变常用作遗传标记。

为便于选择适当的药物浓度，本实验用梯度平板法分离大肠埃希氏菌抗链霉素突变株，简便、高效。制备梯度平板培养基（图 2-1.1）：先倒入不含药物的底层培养基，立即把培养皿斜放，凝固后将其平放，再倒入含链霉素的上层培养基，便可得到链霉素浓度从一边到另一边逐渐降低的梯度平板。在平板上涂布经诱变处理的敏感菌，培养后从链霉素浓度较高的部位长出的菌落中可分离到抗链霉素突变株。

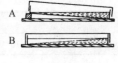
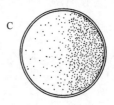

图 2-1.1　链霉素浓度梯度平板

A. 倒底层培养基；B. 倒上层培养基；C. 培养后的菌落分布

【实验器材】

大肠埃希氏菌；牛肉膏蛋白胨培养基，牛肉膏蛋白胨培养液（2×）；链霉素，70% 乙醇溶液；无菌培养皿，无菌吸管，移液管，烧杯，试管，玻璃涂布棒，离心机等。

【操作步骤】

1. 制备菌液　　接种已活化的大肠埃希氏菌于有 5 ml 牛肉膏蛋白胨培养液的两支离心管中，37℃振荡培养 16 h。离心（3500 r/min，10 min），弃上清，生理盐水洗涤两次后重新悬浮于 5 ml 生理盐水。将两支离心管中的菌液一并倒入有玻璃珠的锥形瓶中，充分振荡以分散细胞，制成 10^8/ml 的菌液。吸 3 ml 于有磁力搅拌棒的平板培养基（直径 6 cm）中。

2. 紫外线照射　　紫外灯 15 W，照射距离 30 cm，先开灯预热 30 min。将培养皿放在磁力搅拌器上，先照射 1 min 后打开皿盖再照射 2 min，立即盖上皿盖、关闭紫外灯。

3. 增殖培养　　将全部菌液吸到有 3 ml 牛肉膏蛋白胨培养液（2×）的离心管中，混匀，用黑纸包严，37℃振荡培养过夜。

4. 制备梯度平板培养基　　倒 10 ml 已熔化不含药物的牛肉膏蛋白胨琼脂培养基于无菌培养皿中，将培养皿一端垫起使培养基表面在垫起的一端刚好到培养皿的底与边的交界处凝固（图 2-1.1A）。在凝固的平板底部高琼脂一边标上"低"，放平后在底层培养基上加入每毫升含有 100 μg 链霉素的牛肉膏蛋白胨琼脂培养基 10 ml，凝固后制得链霉素浓度从一端的 0 μg/ml 到另一端的 100 μg/ml 的梯度平板培养基（图 2-1.1B）。

5. 涂布菌液　将增殖后的菌液离心（3500 r/min，10 min），弃上清，悬浮于约 0.2 ml 生理盐水中。将全部菌液加到梯度平板上，涂匀，于 37℃培养 48 h，结果如图 2-1.1C 所示。选数个在梯度平板高药物浓度区的单个菌落分别接种于斜面，经培养后做抗药性测定。

6. 抗药性测定　分别吸取 0.2 ml、0.4 ml、0.6 ml 和 0.8 ml 750 μg/ml 链霉素溶液加到熔化并冷至 50℃左右的装有 15 ml 牛肉膏蛋白胨琼脂培养基的各试管中，立即混匀、倒平板，凝固后制得含有 10 μg/ml、20 μg/ml、30 μg/ml 和 40 μg/ml 链霉素的平板。另做一个不含药物的平板作对照。

将上述平板底部外面用记号笔划成 8 等分，并标注 1～8 号，将若干抗药菌株逐个划线接种在上述 4 种浓度的药物平板和对照平板上，每格接一株。每皿留一格接种出发菌株。将所有平板倒置于 37℃培养 24 h。仔细观察各菌株的生长情况，记录结果。

【实验报告】

1. 实验结果　将抗药性测定结果记录于表 2-1.1："＋"表示生长；"－"表示不生长。

表 2-1.1　抗药性测定结果记录表

菌株	含药平板/（μg/ml）				对照/（μg/ml）
	10	20	30	40	0
1					
2					
3					
4					
5					
6					
7					
8					
出发菌株					

结果：你选到抗药菌株 ＿＿＿＿ 株，最高抗药性达 ＿＿＿＿μg/ml。

2. 思考题

1）你选出的抗链霉素菌株中如有的在含链霉素平板上能生长，在不含链霉素平板上不能生长，这说明了什么？

2）未经诱变的菌株在含药平板上是否有菌落出现？为什么？是培养基中的链霉素引起了抗性突变吗？请设计一个实验加以说明。

3）梯度平板法除用于分离抗药性突变株以外，还有什么其他用途？

【注意事项】

1. 制备含药平板时，务必使药物与培养基充分混匀。
2. 严格无菌操作，勿将杂菌误认为是抗药性大肠埃希氏菌。

（陈旭健）

实验 2-2　微生物的诱变育种

【目的要求】

以紫外线诱变获得酱油生产高产蛋白酶菌株为例，学习微生物诱变育种的基本方法。

【基本原理】

微生物诱变育种是用物理诱变剂和化学诱变剂处理微生物群体细胞以提高其突变率，再通过合理的程序和方法，准确而快速地从中筛选出遗传物质分子结构改变的少数细胞。紫外线是常用的物理诱变因素，方便、高效，其主要作用是使 DNA 相邻的胸腺嘧啶形成二聚体，阻碍 DNA 的解链、复制和碱基的正常配对，引起基因突变或死亡。紫外线照射引起的 DNA 损伤可由可见光激活光解酶的作用修复，使胸腺嘧啶二聚体解开恢复原状。为避免光复活，紫外线处理及处理后的操作均应在红光下进行，并将处理后的微生物于暗处培养。紫外线处理后的孢子悬液不要贮放太久，以免突变在黑暗中修复。

诱变后的菌株经筛选和蛋白酶的测定、谷氨酸检测后得到优良菌株。

【实验器材】

米曲霉斜面菌种；豆饼斜面培养基，酪素培养基；蒸馏水，0.1 mol/L pH 6.0 的磷酸盐缓冲液，0.5% 酪蛋白；锥形瓶，试管，培养皿，恒温摇床，恒温培养箱，紫外照射箱，磁力搅拌器，脱脂棉，无菌漏斗，玻璃珠，移液管，玻璃涂布棒，酒精灯等。

【操作步骤】

1. 出发菌株选择及菌悬液制备

（1）出发菌株选择　　直接选用生产酱油的米曲霉菌株或高产蛋白酶的米曲霉菌株。

（2）菌悬液制备　　将出发菌株接至豆饼斜面培养基，30℃培养 5 d 活化。将孢子洗入有 100 ml 0.1 mol/L pH 6.0 的磷酸盐缓冲液的锥形瓶中（内装玻璃珠），30℃振荡 30 min，用垫有脱脂棉的无菌漏斗过滤，制成孢子悬液，用缓冲液调整为 $10^6 \sim 10^8$/ml，冷冻保藏。

2. 诱变处理　　用物理方法或化学方法，诱变剂种类及剂量的选择可视具体情况而定，有时采用复合处理可获得更好的效果。本实验学习用紫外线照射的诱变方法。

（1）紫外线处理　　打开紫外灯（20 W）预热 20 min，使紫外线强度稳定。取 3 ml 菌悬液于直径为 6 cm 的无菌培养皿中（内有一无菌磁力搅拌棒），同时制作 5 份，分别处理。将培养皿平放在离紫外灯 30 cm（垂直距离）处的磁力搅拌器上，照射 1 min 后打开搅拌器搅拌，同时打开培养皿盖，开始照射处理，边搅拌边照射，计算时间，照射时间分别为 15 s、30 s、1 min、2 min、3 min，盖上皿盖。关紫外灯和磁力搅拌器。照射后，诱变菌液在黑暗中冷冻保存 1～2 h 后在红光下稀释涂菌进行初筛。

（2）稀释菌悬液　　将诱变菌液按 10 倍逐级稀释至 10^{-6}，从 10^{-5} 和 10^{-6} 中各取 0.1 ml 加到标记的酪素培养基平板中（每个稀释度做 3 个重复），涂菌，待菌液渗入培养基后用黑布包好平板，倒置于暗处 30℃恒温培养 3 d。取未经照射处理的菌液同样操作作对照。

3．计数　　将培养好的平板取出计数菌落并计算各照射处理的存活率和死亡率。

$$存活率＝处理后 1 ml 菌液中活菌数 ÷ 对照 1 ml 菌液中活菌数 ×100\%$$

$$死亡率＝（对照 1 ml 菌液中活菌数 － 处理后 1 ml 菌液中活菌数）$$
$$÷ 对照 1 ml 菌液中活菌数 ×100\%$$

4．优良菌株筛选

（1）初筛　　观察在菌落周围透明圈的大小，测量透明圈直径与菌落直径并计算其比值，选择比值大且菌落直径也大的菌落 40～50 个，作为复筛菌株。

（2）平板复筛　　倒酪素培养基平板，在每个平皿的背面用红笔划 8 个等份扇形区，1～7 区点种初筛菌株，第 8 区点种原始菌株作对照。培养 48 h 后即可见生长，若出现明显的透明圈，即可按初筛方法检测，选择数株优良菌株进行摇瓶复筛。

（3）摇瓶复筛　　将初筛出的菌株接入米曲霉复筛培养基中培养：称取麦麸 85 g，豆饼粉（或面粉）15 g，加水 95～110 ml（称为润水），水含量以手紧握指缝有水而不下滴为宜，于 500 ml 锥形瓶中装入 15～20 g（料厚为 1～1.5 cm），121℃高压蒸汽灭菌 30 min，分别接入初筛获得的优良菌株，30℃培养，24 h 后摇瓶一次并均匀铺开，再培养 24～48 h，共培养 3～5 d 后检测蛋白酶活性。

（4）蛋白酶的测定

1）取样：培养后随机称取以上摇瓶培养物 1 g，加蒸馏水 100 ml（或 200 ml），40℃水浴，浸酶 1 h，取上清浸液测定酶活性。另取 1 g 培养物于 105℃烘干测定含水量。

2）酶活性测定：30℃ pH 7.5 条件下水解酪蛋白（底物 0.5% 酪蛋白），每分钟产酪氨酸 1 μg 为一个酶活力单位（U）。计算公式为

$$酶活力（U/ml）＝（A 样品 OD_{680} 值 －A 对照 OD_{680} 值）×K×V÷t×N$$

式中，K 为标准曲线中光吸收为 "1" 时的酪氨酸微克数；V 为酶反应的总体积（ml）；t 为酶促反应时间（min）；N 为酶的稀释倍数。

（5）谷氨酸的检测　　谷氨酸等氨基酸含量也是酱油优良菌株的重要指标之一。可在以上培养基中加入 7% 盐水（m/V），40～50℃水浴，水解 9 h 过滤，测定滤液谷氨酸含量。

【实验报告】

1．试列表说明高产蛋白酶菌株的筛选过程和结果。

2．你认为以上的筛选方法有什么优点？如何改进？

【注意事项】

1．紫外线照射时注意保护眼睛和皮肤。

2．用作诱变处理的菌液应充分分散，以免细胞接触诱变剂不均匀。

3．诱变及诱变后的稀释、涂布等操作均要在红光下进行，在黑暗中培养。

（陈旭健）

实验 2-3　微生物的原生质体融合

【目的要求】

掌握酵母菌原生质体制备、融合及筛选营养缺陷型互补融合子的原理和操作技术。

【基本原理】

把目的菌放在高渗溶液中，加入去壁酶（细菌常用溶菌酶，酵母菌常用蜗牛酶），可得到原生质体。把原生质体接种在高渗培养基上培养，它又可恢复细胞原貌，这一过程称为原生质体再生。给原生质体混合液中加入助融剂，两原生质体相互融合，产生重组体，并使原生质体再生细胞壁，获得重组子，这一过程称为原生质体融合。融合细胞可通过生理生化、遗传学等特征加以筛选、鉴定。原生质体融合是微生物菌种改良的重要手段。

【实验器材】

酿酒酵母两种营养缺陷型菌株（如 met⁻、lys⁻ 等）；YEPD 培养基（附录二），YEPD 高渗培养基［YEPD 中含 10% 蔗糖、1.2% 琼脂（半固体 0.6%）］，YNB 基本培养基（附录二），YNB 高渗基本培养基（YNB 基本培养基含 10% 蔗糖），预处理液（EDTA-巯基乙醇液，用 0.1 mol/L EDTA 溶液配制 0.4% 巯基乙醇溶液），原生质体融合助融剂［30% PEG 6000、5% 蔗糖、0.1 mol/L CaCl₂ 溶液，用 10 mmol/L Tris-HCl（pH 7.4）配制］，去壁酶液［无菌高渗缓冲液（ST）配 10 mg/ml 母液 1 ml］，EDTA 溶液（附录三），高渗缓冲液（ST）（附录三），无菌水；试管，锥形瓶，培养皿，摇床，培养箱，水浴锅，离心机，接种环，移液管，酒精灯等。

【操作步骤】

1. 原生质体制备

（1）收集菌体　　从斜面上取酵母菌两亲本菌株各一环，分别接种于有 5 ml YEPD 液体培养基的试管中，30℃静置培养 24 h，吸取 0.5 ml 转接至装有 50 ml 新鲜 YEPD 培养基的 250 ml 锥形瓶中，摇床 30℃，200 r/min 培养至对数早期（14～16 h），细胞数达 $10^7 \sim 10^8$/ml。各培养液分别取 10 ml，离心（4000 r/min，5 min），弃上清，收集菌体。

（2）菌体预处理　　菌体用 EDTA 溶液和 ST 各洗一次。于离心管中加预处理液（每克湿菌体 4 ml），30℃，30 min。离心（1000 r/min）10 min，取沉淀物。

（3）酶液处理去细胞壁　　于上述离心管中加入新配制的酶液 5～10 ml（酶液用量为 1%～2%），轻轻摇动，悬浮细胞，然后于 30℃摇床轻轻振荡（100 r/min）培养 50～60 min，每隔 20 min 取样于相差显微镜下计数原生质体及完整细胞。绘图并按下列公式计算原生质体形成率。

$$原生质体形成率（\%）= \frac{原生质体数}{原生质体数 + 完整细胞数} \times 100\%$$

待 70% 细胞形成原生质体，先 100 r/min 离心 3 min 弃沉淀，再将上清转移到另一无菌离心管中离心（2000 r/min，5 min）去除酶液，收集原生质体。用 ST 洗涤两次（离心同上），用 1 ml ST 悬浮原生质体。显微计数原生质体。

2. 原生质体再生率计算　　采用双层平板培养法可大大提高原生质体的再生率。先在培养皿中铺一层含 2.0% 琼脂的高渗 YEPD 再生培养基，放温箱中烘 30 min，使其表面脱水。再将 10 ml 预先保温在 40℃并混合了 0.2 ml 原生质体悬液的含 0.5% 琼脂的 YEPD 高渗再生培养基倒于底层平板上制成双层平板。也可用涂布法，将纯化的原生质体用 ST 悬浮，适当稀释后，吸取 0.2 ml 涂于 20 ml 含有 2.0% 琼脂的 YEPD 高渗再生培养基平板上。对照用无菌水稀释原生质体（用蒸馏水破坏原生质体，留下有壁细胞），均匀涂布于 YEPD 表面。30℃培养 48 h，分别记录长出的菌落数，并按以下公式计算原生质体的再生率。

$$原生质体再生率（\%）= \frac{高渗\ YEPD\ 长出的菌落数 - 对照\ YEPD\ 长出的菌落数}{显微镜计数的原生质体数} \times 100\%$$

3. 原生质体融合　　将双亲原生质体悬液 $[(5\sim10)\times10^7/\text{ml}]$ 各 3 ml 轻轻混合。离心（2000 r/min，10 min）弃上清液，加 3 ml 助融剂，轻轻振荡，悬浮原生质体并置 30℃水浴保温 20 min，每隔 3~4 min 轻轻摇动一次，使助融剂与原生质体充分接触。加入 10 ml YEPD 高渗培养基，离心（2000 r/min，10 min），弃上清液，即得原生质体融合物。

4. 融合子再生　　用 1 ml ST 悬浮原生质体融合物，并逐级稀释至 10^{-3}，分别从 10^{-2}、10^{-3} 中取 200 µl，加到 5 ml 熔化并保温 40℃的 YEPD 半固体高渗再生培养基中，搓匀，倒于 YNB 基本培养基底层平板之上，铺平。将以上培养物于 30℃培养 3~5 d，从长出的大菌落中选出融合子。同时在基本培养基上做单独亲本株的原养型回复突变。另取等量稀释液用相同方法于再生完全培养基中培养后计算菌落数。按下列公式计算融合率。

$$融合率（\%）= \frac{融合子数 \times 稀释倍数}{再生完全培养基上长出的总菌落数 \times 稀释倍数} \times 100\%$$

5. 融合子稳定率计算　　为保证融合子的稳定，还需排除选出的融合子为异核体的可能性。选出的融合子需在基本培养基中多次影印接种培养。最后将其保藏于 YEPD 培养基斜面上。可在最后一次影印接种时检测其融合子数，按以下公式计算融合子稳定率。

$$融合子稳定率（\%）= \frac{最后一代剩余的融合子数}{最初检出的融合子数} \times 100\%$$

6. 融合子的鉴定　　用牙签挑取 YNB 高渗基本培养基平板上生长的菌落 100 个，同时点接在 YNB 基本培养基平板和 YEPD 完全培养基平板上，30℃，培养 2~4 d。在两种平板上同时生长的菌落为融合子，传代稳定后接种于固体完全培养基斜面上。在 YNB 基本培养基上不长而在 YEPD 完全培养基上生长的为不稳定融合子或异核体的分化菌株。进一步的鉴定可做生长谱验证。

【实验报告】

1. 实验结果

1）绘出菌体、原生质体及加入助融剂后的原生质体融合物的形态图。

2）记录各酵母细胞和原生质体计数结果，计算原生质体制备率、再生率和融合率。

2. 思考题

1）细胞脱壁效果是否越彻底越好？为什么？

2）哪些因素影响酵母原生质体的制备和融合效果？酵母原生质体制备和融合的关键步骤是什么？

3）如何提高原生质体的融合率和再生率？怎样区分形成的异核体和重组融合子？

【注意事项】

1. 融合实验中双亲原生质体的量（每毫升所含原生质体的量）要基本一致。配制助融合剂应注意：常用低含量的聚乙二醇（PEG）（20%～40%），融合时间也较长；融合剂中二价阳离子（5～50 mmol/L）是原生质体融合必需的，单价阳离子则不利于融合。

2. 不同菌种、同一菌种的不同株系及一个菌株培养的不同时期，对酶液的敏感性不同。酶浓度及其操作条件对原生质制备至关重要。要通过预备实验确定最佳菌体生长时期和破壁酶的种类、浓度、配制条件及作用时间。

3. 原生质体对渗透压、温度、pH 和搅拌等十分敏感，特别是酵母菌细胞大，其原生质体更脆弱。所有培养、洗涤原生质体的培养基和试剂都要含有渗透压稳定剂。实验的操作应十分柔和，避免过高的温度和剧烈的搅拌、振荡等。注意无菌操作，避免污染。

4. 酵母原生质体在不加营养物质的基本培养基上难以再生，为了提高其再生率通常在琼脂培养基中加牛血清蛋白、小牛血清等营养丰富的物质。

（蔡信之）

实验 2-4　营养缺陷型突变株的诱变、筛选与鉴定

【目的要求】

学习营养缺陷型突变株的诱变、筛选与鉴定的常用方法及其基本原理。

【基本原理】

营养缺陷型突变株的筛选一般分诱变剂处理及营养缺陷型突变株的浓缩、检出、鉴定4 个环节。细菌经诱变剂（紫外线、亚硝酸等）处理后，其编码合成代谢途径中某些酶的基因会发生突变，丧失合成某些代谢产物（如核酸碱基、维生素和氨基酸）的能力，成为营养缺陷型。营养缺陷型不能在基本培养基上生长。在基本培养基中添加青霉素，野生型因能生长而被杀死，营养缺陷型被保留，青霉素只能杀死生长中的细菌。将浓缩的营养缺陷型对应点接在基本培养基和完全培养基上，在完全培养基上生长而在基本培养基上不生长的菌落可能为营养缺陷型。把可能是营养缺陷型的菌落如上述方法重复 3 次，最后在基本培养基上不生长而在完全培养基上生长的菌落可确定为营养缺陷型。这一过程称为营养缺陷型的检出。再分别添加营养物质于基本培养基中，接种检出的营养缺陷型，培养后在该种营养物质中生长即为该营养物质的缺陷型。此过程称为营养缺陷型的鉴定。

营养缺陷型菌株在生产实践和科学研究中都有重要意义。生产实践中，它们既可直接作发酵生产核苷酸和氨基酸等中间代谢产物的生产菌株，也可作杂交育种的亲本菌株；科学研究中，它们既可作核酸碱基、维生素和氨基酸等物质生物测定的试验菌种，也是代谢途径、遗传分析研究的重要材料和转化、转导、杂交、细胞融合及基因工程等实验必不可少的遗传标记菌种。

【实验器材】

野生型大肠埃希氏菌；细菌基本培养基及无氮基本培养基（不加硫铵）、2× 氮基本

培养基（加 2× 硫铵）、高渗基本培养液（蔗糖 20 g，MgSO$_4$·7H$_2$O 0.2 g，2× 氮基本培养基 100 ml）、LB 培养基（固体和液体，附录二），磷酸盐缓冲液（pH 7.0，附录三）；氨苄青霉素，混合氨基酸、混合碱基及混合维生素；离心机，振荡器，磁力搅拌器，紫外灯（15 W），离心管，各种试管，培养皿，锥形瓶，接种环，酒精灯，无菌牙签，玻璃涂布棒等。

【操作步骤】

1. **细菌悬液的制备**　　取一环大肠埃希氏菌斜面菌种划线接种在 LB 平板上，37℃ 培养 12～16 h，挑取单菌落接入装有 3 ml LB 液体培养基的试管中，37℃，200 r/min 培养 12～16 h，活化。取此活化菌液 0.5 ml 接入含有 30 ml LB 液体培养基的 250 ml 锥形瓶中，37℃，200 r/min 培养 3～4 h（培养至对数期），将培养液离心（3000 r/min，10 min），弃上清液，菌体用磷酸盐缓冲液离心洗涤两次（离心条件同前），最后用磷酸盐缓冲液充分悬浮细胞，用完全培养基平板菌落计数法计数，使细胞浓度控制在 10^7～10^8/ml。

2. **诱变处理**　　处理前先打开紫外灯（15 W）稳定 10 min 以上。取上述菌悬液 2 ml 于小培养皿（直径 6 cm，内含搅拌子）中，将培养皿带盖放在磁力搅拌器上，打开搅拌器，紫外照射 1 min 灭菌。揭开皿盖（距离灯管 30 cm）处理 2～5 min，处理完毕立即盖上皿盖，离心，收集细胞，并避光保存。

3. **营养缺陷型的浓缩**　　将上述诱变处理过的细菌接入含有 30 ml LB 培养基的 250 ml 锥形瓶，37℃，200 r/min 避光培养 12 h，使其性状稳定并增加菌数；吸取 5 ml 增殖菌液离心（3000 r/min，10 min），收集细胞，并用生理盐水洗涤两次，取约 1/10 的菌块接种到含 5 ml 无氮基本培养基振荡培养 12 h。吸取 5 ml 饥饿培养的菌液接入 5 ml 含有氨苄青霉素（终浓度 300 μg/ml）的高渗基本培养液（可防止野生型菌株因青霉素处理后细胞胀破而提供营养缺陷型突变株需要的营养物质）中，37℃，200 r/min 培养 6 h，离心，取沉淀。用磷酸盐缓冲液洗涤两次后用 5 ml 磷酸盐缓冲液制成细胞悬液，并用磷酸盐缓冲液适当稀释，取 100～200 μl 磷酸稀释液涂 LB 固体平板，37℃ 培养 24 h。

4. **营养缺陷型的检出**　　将 LB 平板上每个菌落用无菌牙签挑少许分别点种在基本培养基和 LB 固体培养基的相应位置（可在其底面贴一张有 64 个等分方格的白纸），37℃ 培养 16 h。将在 LB 培养基生长、在基本培养基不生长的菌落继续接种在基本培养基和 LB 培养基的对应位置，如此传代三次，最后在 LB 上生长、在基本培养基相应位置不生长的菌落可确定为营养缺陷型菌株。

5. **营养缺陷型的鉴定**　　把检出的营养缺陷型接种于有 5 ml LB 培养液的离心管中，37℃、200 r/min 培养 12～14 h，离心，取沉淀。用生理盐水洗涤两次后用 5 ml 生理盐水制成细胞悬液，分别吸取 200 μl 涂布在 4 个固体基本培养基表面，在每个平皿底部划 3 个等分区，做好标记。待表面干燥后在标定位置上放置少量氨基酸、碱基或维生素的结晶（或滤纸片），37℃ 培养 12～16 h。营养缺陷型在所需的化合物周围出现浑浊的生长圈，有的菌株是双重营养缺陷型，可在两类营养物质扩散圈交叉处出现生长区（图 2-4.1）。

现一般把几种化合物编为一组，按表 2-4.1 测定。可在一个培养皿上测定出一个营养缺陷型菌株对 21 种化合物的需要情况。将待测细菌培养至对数期，离心收集菌体，用生理盐水洗涤两次后用生理盐水制成菌悬液，吸 200 μl 涂布在一固体基本培养基表面，将含菌平板底部分为 6 小区。每个小区中央放一张浸有一组化合物溶液的小圆滤纸片，37℃

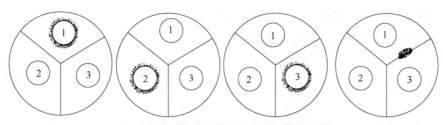

A. 氨基酸缺陷型　　B. 核酸碱基缺陷型　　C. 维生素缺陷型　　D. 氨基酸-维生素缺陷型

图 2-4.1　营养缺陷型生长谱测定
1. 氨基酸混合液；2. 核酸碱基混合液；3. 维生素混合液

表 2-4.1　营养缺陷型检测分组表

组别	化合物代号				
A	1	7	8	9	10	11
B	2	7	12	13	14	15
C	3	8	12	16	17	18
D	4	9	13	16	19	20
E	5	10	14	17	19	21
F	6	11	15	18	20	21

培养 24 h 后观察。若在放 C 组化合物的周围出现生长圈，则这一营养缺陷型需要化合物 3；如在 C 组和 D 组的位置周围都生长，则这种营养缺陷型所需要的化合物是 16；在 C 组和 D 组之间生长，说明这一营养缺陷型同时需要 C、D 这两组化合物中的各一种，具体是哪两种，需进一步鉴定。若不是邻近组的几种化合物的"双缺"或"三缺"的测定，可制备 4 只含菌基本培养基平板，每皿分为 5 小区，将 20 种化合物依次缺少 1 种，制成含 19 种化合物的混合物，分别加到各小区中央，37℃培养 24 h。哪个小区菌不生长，就是缺少的那种化合物的营养缺陷型。如待测菌株较多，可制 20 只基本培养基平板，每皿各缺少 1 种，制成含 19 种化合物的混合物放在平板中央，将待测菌在其四周向外划放射状直线，经培养，观察待测菌在哪个平板上不生长，就是缺少的那种化合物的缺陷型。

【实验报告】

1. 实验结果　　总结实验全过程，绘制营养缺陷型筛选的工作流程简图。

2. 思考题

1）营养缺陷型筛选时应注意哪些问题？其中为什么进行中间培养、饥饿培养？

2）营养缺陷型浓缩的机理是什么？用青霉素处理菌体时为什么要加高渗培养液？

3）用点种法检出缺陷型时，为什么要先点基本培养基后点完全培养基？

【注意事项】

1. 紫外线照射计时从打开皿盖起，到盖上皿盖止。先打开磁力搅拌器，后打开皿盖照射，使菌液中细胞接收照射均匀。

2. 紫外诱变后要避光操作、培养。

3. 挑菌接种特别是挑菌液在平板划线量要少，以防扩散，影响实验准确性。

4. 操作的各个环节都要严格无菌操作。

（蔡信之）

实验 2-5　细菌的接合作用

【目的要求】

学习细菌接合实验的基本原理和一般方法。

【基本原理】

细菌的接合是指供体菌与受体菌的完整细胞直接接触时，供体菌的 DNA 单向传递给受体菌，产生基因重组的现象。细菌中有编码接合转移相关功能的基因（*tra*）存在时，质粒或染色体会从 *oriT*（转移起始点）的 DNA 序列区开始，从供体菌向受体菌转移。大肠埃希氏菌的接合配对是由致育因子（F 因子）的存在决定的。无 F 因子的细胞作受体（F^-），有 F 因子的细胞作供体。若 F 因子是染色体外的细胞质遗传物质，这种细胞称为 F^+。如 F 因子整合在染色体上，这种细胞称为高频重组（Hfr）细胞。F 因子也会脱离染色体，并带有一段染色体的片段，含有这种 F 因子的细胞称为 F'。这三种供体菌与受体菌接合的结果不同。常用营养缺陷型菌株或抗生素抗性互补等原理进行接合重组子筛选。营养缺陷型菌株如 Met^-Thr^+ 或 Met^+Thr^-（Met＝Methionine，甲硫氨酸；Thr＝Threonine，苏氨酸）不能在基本培养基中生长，如将两者混合培养，使其接合发生基因重组产生 Met^+Thr^+ 菌株，就能在基本培养基上生长。根据这一原理培养，便可检出亿万个细菌中出现的重组细菌。

【实验器材】

供体菌 *E. coli* A：Met^+Thr^-，受体菌 *E. coli* B：Met^-Thr^+；完全培养基（TYG 培养基），基本培养基（MM 培养基）（附录二），生理盐水；无菌平皿、试管、吸管、烧杯、玻璃涂布棒等。

【操作步骤】

1. 菌悬液制备　　将 *E. coli* A 和 *E. coli* B 分别接种于 TYG 培养液中，37℃振荡培养 24 h。3000 r/min 离心 10 min，用生理盐水洗涤 2 或 3 次，重悬，制成约含菌 10^8/ml 的悬液。

2. 倒平板　　将 TYG 培养基和 MM 培养基分别熔化，冷却至约 45℃时倒平板。TYG 培养基 2 个，MM 培养基 5 个，凝固待用。

3. *E. coli* A 和 *E. coli* B 稀释、涂布接种作对照　　用两支 1 ml 的无菌吸管分别吸取 1 ml *E. coli* A 和 1 ml *E. coli* B 菌悬液至盛有 9 ml 无菌水并标有 "10^{-1} A" 和 "10^{-1} B" 的试管中，摇匀。然后用无菌吸管以无菌操作吸取 "10^{-1} A" 试管中的菌悬液各 0.1 ml 分别加至标有 "TYGA" 和 "MMA" 的平板上，再用另一吸管吸取 "10^{-1} B" 试管中的菌悬液各 0.1 ml 分别加至 "TYGB" 和 "MMB" 琼脂平板上，分别用无菌涂布棒涂匀。将这 4 只平板倒置于 37℃培养箱中培养 2 d，观察结果，并将其填报于表 2-5.1 中。

4. *E. coli* A 和 *E. coli* B 混合、稀释、涂平板（细菌的接合作用）

（1）*E. coli* A 和 *E. coli* B 的混合　　用两支 1 ml 的无菌吸管分别吸取 0.5 ml *E. coli* A

和 1 ml *E. coli* B 菌悬液至标有 "A B" 的试管中混合，并轻轻搓动混匀。置 37℃培养 30 min。

（2）*E. coli* A 和 *E. coli* B 混合液的稀释 将培养 30 min 的混合菌液剧烈振荡数秒钟后用 1 ml 无菌吸管吸取 1 ml 至盛有 9 ml 无菌水并标有 "A B10^{-1}" 的试管中，摇动使其充分混匀。再用另一支 1 ml 无菌吸管吸取 1 ml "A B10^{-1}" 稀释液至第二支盛有 9 ml 无菌水并标有 "A B10^{-2}" 的试管中，按此做梯度稀释，稀释至 "A B10^{-3}"。

（3）涂平板 用 1 ml 无菌吸管分别吸取 "A B10^{-1}" "A B10^{-2}" "A B10^{-3}" 各 0.1 ml 至标有 "10^{-1} A B" "10^{-2} A B" "10^{-3} A B" 的 MM 培养基上。用 3 支无菌涂布棒分别将平板表面菌液涂布均匀。倒置于 37℃培养 2 d，观察结果，并将其填于表 2-5.2 中。

【实验报告】

1. 实验结果

1）将 *E. coli* A 培养物和 *E. coli* B 培养物在两种平板上的生长情况记录于表 2-5.1 中："＋"表示生长；"－"表示不生长。

表 2-5.1 两菌株培养物在两种平板上的生长情况记录表

菌种	培养基	
	TYG	MM
E. coli A		
E. coli B		

2）计算重组子数：计数不同稀释度的混合菌液在 MM 平板上长出的菌落数，并计算每毫升未稀释混合菌液中的重组子菌落数，将所得结果填入表 2-5.2。

表 2-5.2 重组子在 MM 平板上的菌落记录表

稀释度	重组子数	重组子数 /ml 原菌液
10^{-1}		
10^{-2}		
10^{-3}		

2. 思考题

1）结合课堂所学知识，这个接合实验中，你如何确定涉及染色体或 F 质粒的转移？

2）*E. coli* A 与 *E. coli* B 分别涂布在 TYG 培养基和 MM 培养基平板上，培养后在哪种平板上生长并形成菌落？为什么？若在两 MM 培养基上都有个别菌落，如何解释？

【注意事项】

1. 当供、受体菌加入试管后，切勿剧烈振荡，混匀的动作要轻，使供、受体菌既要充分接触，又要避免刚接触的配对又被分开。

2. 经培养 30 min（一个完整的线状 Hfr 染色体全部转移到 F$^-$ 细胞约需 100 min）的混合菌液要剧烈振荡数秒钟，使供、受体菌间的性菌毛断开，中止基因的遗传转移。

（康贻军）

实验 2-6　噬菌体的分离、纯化及其效价的测定

【目的要求】

1. 学习从自然环境中分离、纯化噬菌体及其效价测定的基本原理和常用方法。

2. 观察噬菌斑的形态、大小和清亮度。

【基本原理】

噬菌体是专性寄生物，自然界中凡有细菌的地方均可找到其特异噬菌体，噬菌体一般是伴随着寄主细菌分布的。粪便与阴沟污水中含有大量大肠埃希氏菌，容易分离到大肠埃希氏菌噬菌体；奶牛场有较多的乳酸杆菌，容易分离到乳酸杆菌噬菌体。对噬菌体含量较低的样品可进行富集培养使噬菌体增殖后再进行分离，以提高分离效率。了解噬菌体的特性，快速检查、分离纯化噬菌体，对于在生产和科研工作中防止噬菌体污染具有重要作用。

噬菌体 DNA（或 RNA）侵入细菌细胞后经复制、转录和一系列基因的表达并装配成噬菌体颗粒，通过裂解寄主细胞或"出芽"释放出来。在液体培养基内可使浑浊的菌悬液变为澄清或较清澈，此现象可指示有噬菌体存在；在有寄主细菌生长的固体平板上，

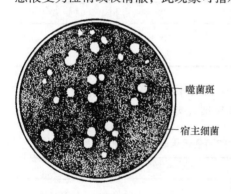

噬菌体可裂解细菌或限制被感染细菌的生长形成透明或浑浊的空斑，称为噬菌斑（图 2-6.1），一个噬菌体产生一个噬菌斑。每种噬菌体产生的噬菌斑有一定的形态特征，可作为噬菌体纯化和初步鉴定的依据。利用这一现象可将分离到的噬菌体进行纯化与测定噬菌体效价。

噬菌体效价就是每毫升培养液中所含有感染性的活噬菌体的数量。其表示方法有两种：一种是以在液体试管中能引起溶菌现象（菌悬液由浑浊变为澄清）的最高稀释程度表示；另一种以在平板菌苔表

图 2-6.1　琼脂平板上的噬菌斑

面形成的噬菌斑数换算为每毫升样品中的噬菌体数表示。常用的测定噬菌体效价的方法有液体试管法和琼脂平板法两类。琼脂平板法又分为单层法和双层法。效价测定一般用双层琼脂平板法，形成的噬菌斑形态、大小一致，清晰度高，计数准确，应用广泛。在含有特异寄主细菌的琼脂平板上，噬菌体侵入寄主细胞增殖后使寄主细胞裂解，释放大量的子代噬菌体再侵染周围细胞，反复多次，产生肉眼可见的噬菌斑，可计数噬菌体。噬菌斑计数法的实际结果难以接近 100%（一般偏低，少数活噬菌体可能未感染），为了准确表达病毒悬液的浓度，一般不用病毒粒子的绝对数量而用噬菌斑形成单位（plaque forming unit，pfu）表示。

本实验是从阴沟污水分离大肠埃希氏菌噬菌体，并测定其效价。刚分离出的噬菌体常不纯，如表现在噬菌斑的形态、大小及清亮程度不一致等，需要进一步纯化。

【实验器材】

大肠埃希氏菌，阴沟污水；3× 浓缩的普通牛肉膏蛋白胨液体培养基，普通牛肉膏蛋白胨液体培养基，上层普通牛肉膏蛋白胨半固体培养基（琼脂 0.8%），底层普通牛肉膏蛋白胨琼脂平板（琼脂 2%），无菌水；无菌锥形瓶，无菌玻璃涂布棒，无菌培养皿，无菌

吸管，无菌小试管，无菌滤器（孔径 0.22 μm），恒温水浴箱，离心机，真空泵等。

【操作步骤】

（一）噬菌体的分离

1. 制备菌悬液　37℃培养 18 h 的大肠埃希氏菌斜面一支，加 4 ml 无菌水制成菌悬液。

2. 增殖培养　于装有 10 ml 3× 浓缩的牛肉膏蛋白胨液体培养基的 250 ml 锥形瓶中，加污水样品 20 ml 与大肠埃希氏菌悬液 0.3 ml，37℃振荡培养 12～24 h，增殖噬菌体。

3. 制备裂解液　将以上培养液倒入 50 ml 无菌离心管，4000 r/min 离心 15 min。取少量上清液接入牛肉膏蛋白胨液 37℃培养过夜，与未接的牛肉膏蛋白胨液比较，做无菌检查。

4. 确证试验　经无菌检查没有细菌生长的上清液做进一步检查证实噬菌体的存在。

1）于牛肉膏蛋白胨琼脂平板上加 0.1 ml 大肠埃希氏菌悬液，用无菌玻璃涂布棒涂布均匀。

2）待平板菌液干后，分散滴加数小滴上清液于平板菌层上面，在同一平板的某一区域加一小滴生理盐水作对照，置 37℃培养过夜。如果在滴加上清液处形成无菌生长的透明噬菌斑，而在对照的生理盐水处无噬菌斑，便证明上清液中有大肠埃希氏菌噬菌体。

（二）噬菌体的纯化

1. 接种　如证明确有噬菌体存在，则吸取 0.1 ml 上清液接种于液体培养基内，再加入 0.1 ml 大肠埃希氏菌悬液，混匀。37℃保温 5 min，让噬菌体充分吸附并侵入菌体细胞。

2. 倒上层平板　取上层牛肉膏蛋白胨半固体培养基，熔化并冷却至 48℃（可预先熔化、冷却，放 48℃水浴箱内备用），加入以上噬菌体与细菌的混合液 0.2 ml，立即搓动试管混匀。并立即倒于底层普通牛肉膏蛋白胨琼脂平板上，铺匀。置于 37℃培养 24 h。

3. 纯化　此法分离的单个噬菌斑，形态、大小及清亮度等常不一致，需进一步纯化。重复下述分离步骤（3～5 次），直至平板表面的菌苔中出现形态、大小基本一致的噬菌斑。噬菌体纯化的操作较简单，常用接种针在单个典型噬菌斑中刺一下，小心挑取噬菌体，接入含有大肠埃希氏菌的液体培养基，37℃振荡培养 24 h，增殖噬菌体。

4. 过滤除菌　待管内菌液完全溶解后，过滤除菌，即得到纯化的噬菌体。

（三）高效价噬菌体的制备

刚分离到的噬菌体效价不高，需要加入相应适龄期敏感菌使其不断增殖，逐步提高。

将纯化的噬菌体滤液与牛肉膏蛋白胨液按 1∶10 混合，再加入与滤液等量的大肠埃希氏菌悬液，培养，增殖，如此重复移种数次，最后过滤，可得到高效价的噬菌体制品。

（四）噬菌体效价测定

1. 稀释噬菌体

（1）编号　将 6 支含 0.9 ml 培养液的试管标写 10^{-1}、10^{-2}、10^{-3}、10^{-4}、10^{-5} 和 10^{-6}。

（2）稀释　用 1 ml 无菌吸管吸 0.1 ml 大肠埃希氏菌噬菌体滤液注入 10^{-1} 的试管，搓动混匀。用另一支无菌吸管从 10^{-1} 管中吸 0.1 ml 加入 10^{-2} 管中，混匀，余类推，稀释至 10^{-6}。

2. 噬菌体与菌液混合

（1）编号　将 12 支无菌空试管分别标写 10^{-4}、10^{-5}、10^{-6} 和对照各 3 支。

（2）加噬菌体稀释液和菌液　用无菌吸管分别吸取 10^{-4}、10^{-5}、10^{-6} 3 种噬菌体稀释液各 0.1 ml 加入相应的无菌空试管内，每种稀释液重复 3 次，再加入 0.1 ml 大肠埃希氏菌液于其中（采用低感染复数），对照管加菌液和无菌水各 0.1 ml，轻轻混匀。

（3）保温　　将各试管置37℃水浴保温5 min，让噬菌体充分吸附并侵入菌体细胞。

3．混合液与上层培养基混匀

（1）熔化　　将12管上层培养基熔化，标写10^{-4}、10^{-5}、10^{-6}和对照各3支。冷却至48℃，并放入48℃水浴箱内。

（2）混匀　　将12管混合液对号加入上层培养基试管内，立即搓动混匀。

4．倒上层培养基并培养

（1）倒上层培养基　　将混匀的上层培养基迅速对号倒于底层平板上，放在台面上摇匀，使上层培养基铺满平板。

（2）培养　　凝固后倒置于37℃培养24 h。

5．计数　　观察平板中的噬菌斑（图2-6.2），将各平板的噬菌斑形成单位（pfu）记录于表2-6.1内，选pfu数为30～300个的平板计算每毫升未稀释的原液的噬菌体效价。

$$噬菌体效价＝平均pfu数 \times 稀释倍数 \times 10$$

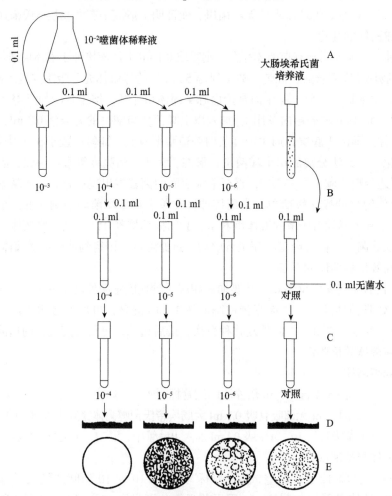

图2-6.2　噬菌体效价测定图解

A. 稀释噬菌体；B. 将大肠埃希氏菌与噬菌体混合；C. 将混合菌液加入熔化的上层培养
基；D. 将上层培养基倒于底层平板上；E. 观察并计数噬菌斑

表 2-6.1　噬菌斑形成单位（pfu）实验结果记录表

噬菌体稀释度	10^{-4}			10^{-5}			10^{-6}			对照		
每皿 pfu 数												
平均 pfu 数												

【实验报告】

1. 实验结果

1）仔细观察、比较平板上不同噬菌斑的形态特征，并绘图表示。若出现特殊噬菌斑（有特征性轮环，噬菌斑中心呈现菌落）为溶原性细菌。

2）将各平板的 pfu 数记于表 2-6.1 中。选噬菌斑在 30～300 的组计算效价。

3）测得的噬菌体效价是多少？

2. 思考题

1）能否用伤寒沙门氏菌作寄主细胞分离大肠埃希氏菌（同为肠道菌）噬菌体，为什么？

2）若要分离化脓性细菌的噬菌体，取什么样品材料最容易得到？

3）比较分离纯化噬菌体与分离纯化细菌、放线菌基本原理和具体方法的异同。

4）新分离到的噬菌体滤液要证实确有噬菌体存在，除本实验用的平板法观察噬菌斑的存在以外，还可用什么方法？如何证明？

5）加大肠埃希氏菌增殖的污水裂解液为何要除菌？否则会出现什么结果？为什么？

6）某抗生素工厂在发酵生产卡那霉素时发现生产不正常，主要表现为发酵液变稀、菌丝自溶、氨态氮上升。你认为原因可能是什么？如何证实你的判断是否正确？

7）什么因素决定噬菌斑的大小？

8）准确测定噬菌体的效价需严格控制哪些关键步骤？操作中需注意些什么？

9）计算噬菌体效价时，选择 pfu 数为 30～300 个的平板计数较好，为什么？

10）如果在测定的平板上出现其他细菌的菌落，是否影响噬菌体效价测定？

【注意事项】

1. 用于制备噬菌体裂解液的除菌滤器和收液管等均须彻底灭菌，严格无菌操作。

2. 钙、镁等离子帮助噬菌体尾丝吸附于细菌表面，用自来水配制培养基即可满足其需要，不必另外添加。培养基的琼脂浓度对噬菌斑的大小影响显著，底层琼脂以 1.5%～2% 为宜，上层以 0.8%～1% 为宜。噬菌体分离和纯化中制备的底层和上层琼脂培养基必须水平凝固。

3. 双层琼脂平板法中菌液和噬菌体液混匀与吸附时间不宜过长，加入上层半固体培养基后立即搓动混匀、铺平，以防菌体裂解和琼脂凝固。皿盖和培养基表面不得有水滴。

4. 操作要准确，注意先后顺序及各试管、平皿间要对应准确，切莫混淆。

5. 噬菌体对温度极敏感，60℃ 5 min 绝大部分失活。上层培养基温度不得高于 50℃。

6. 掌握合适的琼脂浓度、噬菌体与菌体比例及指示菌细胞密度（以 10^7/ml 为宜）。

（蔡信之）

实验 2-7　动物病毒的鸡胚培养

【目的要求】

初步掌握动物病毒鸡胚培养的主要意义、一般用途及基本方法。

【基本原理】

鸡胚培养是用来培养某些对鸡胚敏感的动物病毒的一种培养方法，此方法可进行多种病毒如家禽病毒的分离、鉴定、培养、毒力测定、中和试验及抗原制备、疫苗生产等。

鸡胚培养技术比组织培养容易成功，操作也简便，也比接种动物来源容易，无饲养管理及隔离等的特殊要求，且鸡胚一般无病毒隐性感染，对接种的病毒不会产生抗体，同时它的敏感范围很广，很多种病毒均能适应，因此是一种常用的培养动物病毒的方法。

各种病毒接种鸡胚均有其最适宜的途径，应根据病毒对不同部位的敏感度进行选择（表 2-7.1）。本实验用痘苗病毒接种鸡胚。痘苗病毒适宜于在绒毛尿囊膜上生长，培养后产生肉眼可见的白色痘疱样病变，似小结节或白色小片云翳状。鸡新城疫病毒适宜接种在尿囊腔和羊膜腔内，生长后鸡胚全身皮肤出现出血点，以脑后最显著。在实验条件下，病变的严重程度与病毒的毒力相关，故观察鸡胚的病变程度可评估病毒的感染和增殖情况。

表 2-7.1　几种常见病毒用鸡胚培养的接种途径

病毒	接种途径			
	羊膜腔	尿囊腔	绒毛尿囊膜	卵黄囊
流行感冒病毒	++++	++++	+	+
腮腺炎病毒	++++	+		
流行性乙型脑炎病毒			++	+++
森林脑炎病毒				+++
淋巴球性脉络丛脑膜炎病毒			++	
狂犬病病毒			++	
单纯疱疹病毒	+		+++	+
带状疱疹病毒			+	
鹦鹉热病毒	+	+	+	++++
鸡新城疫病毒	++++	++++	+	
脱脚病病毒			++++	
黄热病病毒			++	
天花病毒	+	+	+++	
牛痘苗病毒			+++	

注：++++、+++、++、+表示应用该接种途径时，鸡胚组织对病毒敏感性的强弱

【实验器材】

无菌牛痘病毒液；受精鸡卵（保存于 10℃不超过 10 d）；2.5% 碘酊，70% 乙醇溶液，10% 甲醛溶液；孵卵器或恒温培养箱，照蛋器，齿钻，眼科镊子，剪刀，注射器，钢针，蛋座木架，封蜡（固体石蜡加 1/4 凡士林，熔化），无菌培养皿，无菌盖玻片等。

【操作步骤】

1. 检查受精卵

（1）受精卵的选择　　以产后 5～10 d，保存在 10℃环境中的健康鸡受精卵为宜，用清水洗净擦干。

（2）孵育　　鸡胚发育最适温度为 36～37℃，保持相对湿度为 45%～60%。孵育 3 d 后每天翻转鸡胚两次。接种病毒后温度应保持在 37℃，保持空气新鲜，氧气供应不足会导致鸡胚大量死亡。

（3）检卵　　孵育后第 4 天检卵，在照蛋器上可见清晰的血管和鸡胚暗影。死鸡胚不运动，血管不清晰。未受精不见鸡胚。以后每天检查一次，随时淘汰已死或将死鸡胚。

2. 接种方法　　受精卵孵育 6～13 d 长成胚胎，把病毒接种到羊膜腔（10 日龄）、尿囊腔（9～10 日龄）、绒毛尿囊膜（9～13 日龄）、卵黄囊（6～8 日龄）（图 2-7.1），经 2～5 d 培养，收获检出病毒。本实验采用孵育 12～13 d 的鸡胚，用人工气室法接种绒毛尿囊膜。

（1）病毒接种材料处理　　疑污染细菌的液体，加抗生素（青霉素 100～500 IU 和链霉素 100～500 μg）置室温中 1 h 或冰箱 12～24 h，高速离心取上清液，或经过滤器过滤除菌。如为患病动物组织应剪碎、研磨、离心取上清液，必要时加抗生素处理或滤过。

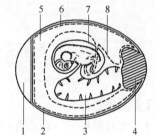

图 2-7.1　鸡胚及其膜腔位置
1. 气室；2. 蛋壳；3. 卵黄囊；4. 卵白；
5. 尿囊腔；6. 绒毛尿囊膜；7. 羊膜腔；
8. 胚外体腔

（2）定位　　取孵育 12～13 d 的鸡胚在照蛋器上照视，在检卵灯下用铅笔画出气室及胚胎近气室端的绒毛尿囊膜发育好、待开窗部位，注意避开大血管。

（3）开窗　　于绒毛尿囊膜发育最佳部分，在蛋壳外用铅笔画一等边三角形（边长 5～6 mm）。以碘酊、乙醇分别消毒后用齿钻或磨壳器切开。勿伤及壳膜。

（4）钻孔　　气室顶端消毒后用消毒大头针或钢针在其中心部位钻一孔。

（5）造人工气室　　用小镊子轻轻打开三角形卵壳，加一滴生理盐水在壳膜上，用针轻轻划破壳膜，使生理盐水流到壳膜下，以利壳膜与绒毛尿囊膜分离。用洗耳球紧紧按住气室小孔，轻轻吸出空气，使绒毛尿囊膜下陷形成人工气室。

（6）接种　　用注射器在开窗处滴加 0.05～0.1 ml 牛痘病毒液，直接滴在绒毛尿囊膜上。

（7）培养　　用揭下的卵壳或无菌盖片盖住卵窗，用毛笔封以石蜡，再封气室孔。石蜡不能过热，以免流入卵内。勿倒置。于 37℃温箱或孵卵器中培养 48～72 h。逐日观察。

（8）接种后检查　　接种后 24 h 内死亡的鸡胚，由于接种时鸡胚受损或其他原因死亡的应弃去。24 h 后每天照蛋两次，如发现血管清晰而活动呆滞的病鸡胚要立即将其接种孔向上置于 4℃冰箱中 4～5 h 即可取出收获材料并检查鸡胚病变。

3．收获　　原则上接种什么部位收获什么部位。

（1）消毒　　用碘酊消毒卵窗及其周围，用齿钻将卵窗钻开（卵上 1/3 部分）。

（2）切取绒毛尿囊膜　　用无菌剪刀沿人工气室界限剪去壳膜，露出绒毛尿囊膜。用无菌镊子将膜夹起，用无菌剪刀将绒毛尿囊膜剪下，放入盛有无菌生理盐水的培养皿中，观察病灶症状。用于传代或用 50% 甘油保存于 −20℃ 以下。

（3）检查痘斑形成情况　　牛痘病毒在绒毛尿囊膜上可引起充血和灰白色坏死病灶。全过程见图 2-7.2。

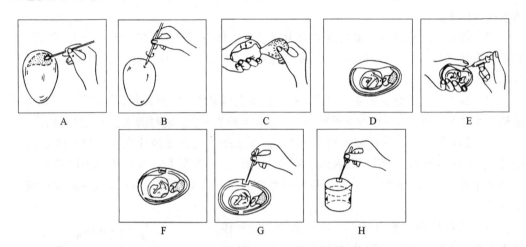

图 2-7.2　接种病毒于绒毛尿囊膜上的过程示意图

A. 消毒蛋壳；B. 钻孔；C. 从气室吸出空气；D. 绒毛尿囊膜下落形成人工气室；
E. 注射接种材料；F. 覆盖卵窗；G. 打开卵壳；H. 将绒毛尿囊膜置于生理盐水中

【实验报告】

1．实验结果　　观察并记录牛痘病毒在绒毛尿囊膜上出现的病变形态。

2．思考题

1）除能在鸡胚中培养外，还能用哪些方法培养痘类病毒？试比较它们的优缺点。

2）接种病毒后封石蜡时为什么要先封接种孔后封气室孔？反之会出现什么情况？

3）收获病胚后为什么要竖立放置于 4℃ 冰箱中 4 h 以上？否则会出现什么情况？

【注意事项】

1．鸡胚接种病毒应注意无菌操作，在超净台或无菌室进行，所用器械应严格无菌。

2．实验中所用材料、器材等带毒物品均必须用消毒水浸泡处理，切勿污染环境。

3．实验结束，有关用具、台面严格消毒，操作人员用消毒液洗手后方可离开实验室。

（黄君红）

实验 2-8　芽孢杆菌属（*Bacillus*）种的鉴定

【目的要求】

掌握芽孢杆菌属有关种的鉴定方法和技术。

【基本原理】

芽孢杆菌属细菌多数是中温菌，少数能耐高温。大部分是腐生菌，常见于土壤，少数是动物或昆虫致病菌。细胞杆状 [（0.3～2.2）μm×（1.2～7.0）μm]，菌体内会产生抗热的芽孢。大多数种能运动，具周生鞭毛。化能异养菌。好氧或兼性厌氧，过氧化氢酶阳性。它在《伯杰氏系统细菌学手册》（第二版）中，是第 BXⅢ 门 [厚壁菌门（Firmicutes）] 第Ⅲ纲 [芽孢杆菌纲（Bacilli）] 第一目 [芽孢杆菌目（Bacillales）] 第一科 [芽孢杆菌科（Bacillaceae）] 中的第一属。

本实验依据 Gordon 氏分类法，将芽孢杆菌属分为三群。第一群：孢囊不明显膨大，芽孢椭圆形或柱形，中生至端生，革兰氏阳性。本群包括常见的巨大芽孢杆菌（*B. megaterium*）、蜡状芽孢杆菌（*B. cereus*）和枯草芽孢杆菌（*B. subtilis*）等。第二群：孢囊膨大，芽孢椭圆形，中生至端生，革兰氏阳性、阴性或可变。这群包括多黏芽孢杆菌（*B. polymyxa*）、嗜热脂肪芽孢杆菌（*B. stearothermophilus*）等。第三群：孢囊膨大，芽孢球形，端生至次端生，革兰氏阳性、阴性或可变，这一群仅球形芽孢杆菌（*B. sphaericus*）一种。

【实验器材】

标准菌种：枯草芽孢杆菌 [*Bacillus subtilis*（Ehrenberg）Cohn]，巨大芽孢杆菌（*Bacillus megaterium* de Bary）；未知菌种（从土壤分离到的芽孢杆菌中挑选若干有代表性的菌株）；培养基（见附录二，可根据下面的具体实验选择需要的培养基）；培养皿（9 cm），接种环，试管（15 mm×150 mm），试管架，小试管（10 mm×100 mm），酒精灯，锥形瓶，手提式灭菌锅，烧杯，恒温培养箱，pH 试纸（pH 5.5～9.0），恒温水浴锅，调节 pH 的酸、碱溶液等。

【操作步骤】

芽孢杆菌属的分种以形态特征及生理生化特性为主，结合生态条件进行。

1. 个体形态的观察　　根据芽孢杆菌属鉴定的要求，需进行以下几项染色观察。

（1）革兰氏染色　　用 24 h 菌龄的芽孢杆菌染色。某些染色不定的菌株（如高温芽孢菌）要重复多次才能判断。芽孢杆菌属大多数种是革兰氏阳性菌，少数种染色不定，个别种如日本甲虫芽孢杆菌（*B. popilliae*）和缓病芽孢杆菌（*B. lentimorbus*）是革兰氏阴性菌。

（2）亚甲蓝染色　　取葡萄糖营养琼脂上的幼龄培养物，用 0.1% 亚甲蓝进行淡染色，观察原生质中有无聚 β-羟基丁酸颗粒。

（3）芽孢染色　　确定孢囊的形态（膨大、不明显膨大、梭状或鼓槌状），芽孢在孢囊中的位置（中生、端生或次端生），以及芽孢的形态（椭圆、柱状、圆形）。有时不必用芽孢染色法，仅借助于革兰氏染色法就能观察到。

（4）鞭毛染色　　确定有无鞭毛及鞭毛着生的位置。

（5）测量菌体大小　　用革兰氏染色涂片测量菌体大小，以微米为单位。每个菌株必须测量 10 个以上菌体的宽度和长度，求其平均值，如巨大芽孢杆菌菌体大小为（1.2～1.5）μm×（2.0～5.0）μm。菌体大小在芽孢杆菌鉴定中占重要地位。在第一群孢囊不膨大类群中，菌体宽度在 0.9 μm 以下的属一大类，包括地衣芽孢杆菌、枯草芽孢杆菌、坚强芽孢杆菌、凝结芽孢杆菌等芽孢杆菌；菌体宽在 0.9 μm 以上的为另一大类，包括巨大芽孢杆菌、蜡样芽孢杆菌、蕈状芽孢杆菌、苏云金芽孢杆菌、炭疽芽孢杆菌等芽孢杆菌。

2. 群体形态（菌落形态和培养特征）的观察　　不同种的细菌，在相同性质或状态的培养基上的生长特征不同，因此可作为鉴定细菌的依据之一。

（1）在牛肉膏蛋白胨液体培养基中的形态　　把试验菌接种在肉膏液体试管中，30℃培养1～2 d，观察菌体是否形成菌膜、菌环或沉淀（絮状沉淀，颗粒状沉淀），或者是均匀浑浊。注意在观察前切勿摇动试管。

（2）在牛肉膏蛋白胨琼脂固体培养基上的菌落形态

1）斜面培养特征：用接种针挑取少量菌苔直线接种于肉膏琼脂斜面，30℃培养2 d，观察接种线上菌苔的形态，如线状、有小刺、念珠状、扩展状或假根状等（图1-20.1）。

2）在肉膏琼脂平板上的菌落特征：将菌种划线接种于肉膏琼脂平板上，培养24 h，观察并记录单菌落的形态和特征（图1-20.2）。

菌落形态：圆形，不规则形，菌丝体状，根状扩展等。

菌落质地：表面光滑，湿润，干燥，皱褶等。

菌落边缘：边缘整齐，缺刻状，波状或裂叶状等。

菌落的光学特性：透明，半透明，不透明。

菌落的颜色和是否分泌可溶性色素等。

3. 生理生化试验　　细菌个体微小，形态特征简单，在分类鉴定中单凭形态学特征是不能达到鉴定目的的，故必须借助许多生理生化指征加以鉴别。细菌对各种生理生化试验的不同反应，显示出各类菌种的酶系不同，因此所反映的结果也比较稳定，故可作为鉴定的重要依据。鉴定芽孢杆菌属的各个种需做以下生理生化试验：①过氧化氢试验；②需氧性试验；③糖发酵试验（木糖、葡萄糖、阿拉伯糖、甘露醇）；④甲基乙酰甲醇试验（V.P 试验），并测定 V.P 培养液生长后的 pH；⑤淀粉水解试验；⑥产糊精结晶试验（仅用于鉴定个别种）；⑦柠檬酸盐（或丙酸盐）的利用；⑧马尿酸盐水解；⑨二羟丙酮的形成；⑩明胶液化；⑪酪素水解；⑫酪氨酸水解；⑬石蕊牛奶反应；⑭硝酸盐还原试验；⑮苯丙氨酸脱氨试验；⑯卵磷脂酶测定；⑰耐盐性试验（2%、5%、7%的 NaCl 溶液）；⑱在酸性营养肉汤（pH 5.7）中的生长；⑲对溶菌酶（0.001%）的抗性试验；⑳对叠氮化钠（0.02%）的抗性试验；㉑细菌的最低及最高生长温度的测定。

总之，对一株未知菌进行鉴定，首先应根据形态特征，鉴别其属于哪一大类（科或属），再根据其生理生化特性，借助检索表确定是哪个种，并和标准种的特征加以比较，最后定出种名。实际上，在开始鉴定时往往可以依据许多种菌具有的某些独有的特征来进行快速鉴别。例如，芽孢球形，孢囊膨大的唯独球形芽孢杆菌一种；芽孢在孢囊内侧生的为侧孢芽孢杆菌；蕈状芽孢杆菌具有特殊的假根状菌落；苏云金芽孢杆菌多数亚种在菌体内产生伴孢晶体；嗜热脂肪芽孢杆菌生长温度为45～75℃，以耐高温的特征区别于其他种；多黏芽孢杆菌的孢囊膨大，能将甘油转化成二羟丙酮；枯草芽孢杆菌和地衣芽孢杆菌的形态和生理特征很相似，可通过厌氧生长和丙酸盐的利用加以区别；巨大芽孢杆菌、蜡样芽孢杆菌和苏云金芽孢杆菌之间比较接近，可通过厌氧生长、V.P 反应、卵磷脂酶测定及抗溶菌酶等试验加以鉴别，在此基础上再进行逐项生理生化试验。

【实验报告】

1. 记录结果　　将实验结果分别填入表 2-8.1 和表 2-8.2。

表 2-8.1　芽孢杆菌属鉴定记录表（1）——形态部分

1. 个体形态

菌株号					
菌体	宽 /μm				
	长 /μm				
	革兰氏染色				
	原生质均匀与否				
芽孢	形状				
	在菌体中的位置				
	孢囊膨大与否				
	伴孢晶体有无				
鞭毛					

2. 群体形态

菌株号					
琼脂平板上的菌落特征	形状				
	大小				
	边缘				
	光学特性				
	透明度				
	颜色				
试管液体中的培养特征	菌膜				
	混浊				
	沉淀				

表 2-8.2　芽孢杆菌属鉴定记录表（2）——生理生化特性

菌株号					
过氧化氢酶					
厌氧生长					
V.P 反应					
V.P 培养液生长后 pH					
生长温度	最高 /℃				
	最低 /℃				
生长条件	溶菌酶（0.001%）				
	叠氮化钠（0.02%）				
	培养基 pH 5.7				
	2% NaCl 溶液				
	5% NaCl 溶液				
	7% NaCl 溶液				
碳源产酸	葡萄糖				
	阿拉伯糖				
	木糖				
	甘露糖				
淀粉水解					

续表

菌株号				
酪素水解				
酪氨酸水解				
马尿酸盐水解（4w）				
柠檬酸盐利用				
丙酸盐利用				
卵磷脂酶				
还原 $NO_3^- \rightarrow NO_2^-$				
形成二羟丙酮				
形成吲哚				
苯丙氨酸脱氨				
石蕊牛奶				
鉴定结果				

2. 查阅检索表　　根据各菌种的特征，分别查阅芽孢杆菌属常见种的检索表（表2-8.3）和本属各种的特征比较表（表2-8.4~表2-8.8），将未知菌鉴定到种，并描述鉴定菌株的特征。

表 2-8.3　芽孢杆菌属（*Bacillus*）典型菌株的检索

群 1. 孢囊不明显膨大，芽孢椭圆形或柱状，中生到端生，革兰氏阳性
  A. 生长在葡萄糖营养琼脂上的幼龄细胞，用亚甲蓝淡色，原生质中有不着色的颗粒。
    1. 严格好氧，V.P 阴性 ·······巨大芽孢杆菌（*B. megaterium*）
    2. 兼性厌氧，V.P 阳性 ···········蜡状芽孢杆菌（*B. cereus*）
      a. 昆虫致病 ·········苏云金芽孢杆菌（*B. thuringiensis*）
      b. 菌落呈假根状 ·········蕈状芽孢杆菌（*B. mycoides*）
      c. 引起人、畜炭疽病 ·········炭疽芽孢杆菌（*B. anthracis*）
  B. 生长在葡萄糖营养琼脂上的幼龄细胞，用亚甲蓝淡色，原生质中没有不着色的颗粒。
    1. 在 7% NaCl 溶液中生长，石蕊牛奶不产酸
      a. pH 5.7 生长，V.P 阳性
      （1）水解淀粉，还原硝酸盐成亚硝酸盐
       （a）兼性厌氧，利用丙酸盐 ·········地衣芽孢杆菌（*B. licheniformis*）
       （b）好氧，不利用丙酸盐 ·········枯草芽孢杆菌（*B. subtilis*）
      （2）不水解淀粉，不还原硝酸盐成亚硝酸盐 ·········短小芽孢杆菌（*B. pumilus*）
      b. pH 5.7 不生长，V.P 阴性 ·········坚强芽孢杆菌（*B. firmus*）
    2. 在 7% NaCl 溶液中不生长，石蕊牛奶产酸 ·········凝结芽孢杆菌（*B. coagulans*）
群 2. 孢囊膨大，芽孢椭圆形，中生到端生，革兰氏阳性、阴性或可变
  A. 发酵葡萄糖产酸产气
    1. V.P 阳性，由甘油形成二羟丙酮 ·········多黏芽孢杆菌（*B. polymyxa*）
    2. V.P 阴性，不形成二羟丙酮 ·········浸麻芽孢杆菌（*B. macerans*）
  B. 不从葡萄糖产气
    1. 水解淀粉
      a. 不形成吲哚，V.P 阴性
      （1）在 65℃不生长 ·········环状芽孢杆菌（*B. circulans*）
      （2）在 65℃生长 ·········嗜热脂肪芽孢杆菌（*B. stearothermophilus*）
      b. 形成吲哚，V.P 阳性 ·········蜂房芽孢杆菌（*B. alvei*）
    2. 不水解淀粉
      a. 过氧化氢酶阳性，在营养肉汤中连续传代仍存活
      （1）兼性厌氧菌，在葡萄糖营养肉汤中 pH 低于 8.0 才能生长 ·········侧孢芽孢杆菌（*B. laterosporus*）

　　（2）好氧菌，在葡萄糖营养肉汤培养基中 pH 高于 8.0 能生长·················短芽孢杆菌（*B. brevis*）
　　b. 过氧化氢酶阴性，在营养肉汤中连续传代不能存活
　　　（1）还原硝酸盐为亚硝酸盐，分解酪素·····················幼虫芽孢杆菌（*B. larvae*）
　　　（2）不还原硝酸盐为亚硝酸盐，不分解酪素
　　　　（a）芽孢囊中含有一个伴孢晶体，在 2% NaCl 溶液中能生长·········日本甲虫芽孢杆菌（*B. popilliae*）
　　　　（b）芽孢囊中不含伴孢晶体，在 2% NaCl 溶液中不生长·········缓病芽孢杆菌（*B. lentimorbus*）
群 3. 芽孢囊膨大，芽孢一般球形，端生到次端生；革兰氏阳性、阴性或可变
　　A. 不水解淀粉，在非碱性培养基中也能生长，不从糖类发酵产酸·················球形芽孢杆菌（*B. sphaericus*）

表 2-8.4　芽孢杆菌属（*Bacillus*）各种的比较（1）*

性质		菌种				
		巨大芽孢杆菌	蜡状芽孢杆菌	苏云金芽孢杆菌	蕈状芽孢杆菌	炭疽芽孢杆菌
菌体	宽 /μm	1.2～1.5	1.0～1.2	1.0～1.2	1.0～1.2	1.0～1.2
	长 /μm	2～5	3～5	3～5	3～5	3～5
	革兰氏染色	+	+	+	+	+
原生质中不着色颗粒		+	+	+	+	+
芽孢	椭圆	+	+	+	+	+
	圆	V	−	−	−	−
	中生或近中生	+	+	+	+	+
	孢囊膨大	−	−	−	−	−
	伴孢晶体	−	−	a	−	−
运动性		a	a	a	−	−
过氧化氢酶		+	+	+	+	+
厌氧生长		+	+	+	+	+
V.P 反应		+	+	+	+	+
V.P 中的 pH		4.5～6.8	4.3～5.6	4.3～5.6	4.5～5.6	5.0～5.6
生长温度	最高 /℃	35～45	35～45	40～45	35～40	40
	最低 /℃	3～20	10～20	10～15	10～15	15～20
卵磷脂酶		−	+	+	+	+
抗溶菌酶（0.001%）		−	+	+	+	+
在 NaCl 溶液（7%）生长		+	+	+	a	+
pH 5.7 的培养基上生长		+	+	+	+	+
产酸	木糖	a	−	−	−	−
	葡萄糖	+	+	+	+	+
	阿拉伯糖	a	−	−	−	−
	甘露糖	a	−	−	−	−
淀粉水解		+	+	+	+	+
柠檬酸盐利用		+	+	+	a	b
还原 $NO_3^- \rightarrow NO_2^-$		b	+	+	+	+
苯丙氨酸脱氨		a	−	−	−	−
酪素水解		+	+	+	+	+
酪氨酸分解		a	+	+	a	−

　　*具有指示特征的菌株百分数：+表示 85～100；a 表示 50～84；b 表示 15～49；−表示 0～14；V 表示易变特征

表 2-8.5　芽孢杆菌属（*Bacillus*）各种的比较（2）*

性质		菌种				
		地衣芽孢杆菌	枯草芽孢杆菌	短小芽孢杆菌	坚强芽孢杆菌	凝结芽孢杆菌
菌体	宽 /μm	0.6～0.8	0.7～0.8	0.6～0.7	0.6～0.9	0.6～1.0
	长 /μm	1.5～3	2～3	2～3	1.2～4	2.5～5
革兰氏染色		+	+	+	+	+
原生质中不着色颗粒		−	−	−	−	−
芽孢	椭圆或柱状	+	+	+	+	+
	中生或近中生	+	+	+	V	V
	次端生或端生	−	−	−	V	V
	孢囊膨大	−	−	−	−	V
运动性		+	+	+	a	+
过氧化氢酶		+	+	+	+	+
厌氧生长		+	−	−	−	+
V.P 反应		+	+	+	−	+
V.P 中 pH		5.0～6.5	5.0～8.0	4.8～5.5	6.0～6.8	4.2～4.8
生长温度	最高 /℃	50～55	45～55	45～50	40～45	55～60
	最低 /℃	15	5～20	5～15	5～20	15～25
卵磷脂酶		−	−	−	−	−
抗溶菌酶（0.001%）		−	b	a	−	−
pH 5.7 的培养基上生长		+	+	+	−	+
在 NaCl 溶液（7%）中生长		+	+	+	−	−
在叠氮化钠（0.02%）中生长		−	−	/	/	+
产酸	葡萄糖	+	+	+	+	+
	阿拉伯糖	+	+	+	b	a
	木糖	+	+	+	b	a
	甘露醇	+	+	+	+	b
淀粉水解		+	+	−	+	+
马尿酸盐水解（4 w）		−	−	+	/	/
柠檬酸盐利用		+	+	+	−	b
丙酸盐利用		+	−	−	−	−
还原 $NO_3^- \rightarrow NO_2^-$		+	+	−	+	b
酪素水解		+	+	+	+	b
酪氨酸分解		−	−	−	b	−

　* 表注同表 2-8.4

表 2-8.6　芽孢杆菌属（*Bacillus*）各种的比较（3）*

性质		菌种				
		多黏芽孢杆菌	浸麻芽孢杆菌	环状芽孢杆菌	嗜热脂肪芽孢杆菌	蜂房芽孢杆菌
菌体	宽 /μm	0.6～0.8	0.5～0.7	0.5～0.7	0.6～1.0	0.5～0.8
	长 /μm	2～5	2.5～5	2～5	2～3.5	2～5
革兰氏染色		V	V	V	V	V
芽孢	椭圆	+	+	+	+	+
	中生或近中生	V	−	V	−	V
	次端生或端生	V	+	V	+	V
	孢囊膨大	+	+	+	+	+
运动性		+	+	a	−	+
过氧化氢酶		+	+	+	a	+
厌氧生长		+	+	a	−	+
V.P 反应		+	−	−	−	+
V.P 中的 pH		4.5～6.8	4.5～5.0	4.5～6.6	4.8～5.8	4.6～5.2
生长温度	最高 /℃	35～45	40～50	35～50	65～75	35～45
	最低 /℃	5～10	5～20	5～20	30～45	15～20
抗溶菌酶（0.001%）		a	−	b	−	+
pH 5.7 的培养基上生长		+	+	b	−	−
在叠氮化钠（0.02%）中生长		/	/	/	−	/
在 NaCl 溶液（5%）中生长		−	−	a	b	b
在 NaCl 溶液（7%）中生长		−	−	b	−	−
在 NaCl 溶液（10%）中生长		−	−	−	−	−
产酸	葡萄糖	+	+	+	+	+
	阿拉伯糖	+	+	+	b	−
	木糖	+	+	+	a	−
	甘露醇	+	+	+	b	−
发酵碳水化合物产气		−	−	−	−	−
淀粉水解		+	+	+	+	+
柠檬酸盐利用		−	b	b	−	−
还原 $NO_3^- \rightarrow NO_2^-$		+	+	b	a	−
形成结晶糊精		−	+	−	/	/
形成二羟丙酮		+	−	−	−	+
形成吲哚		−	−	−	−	+
酪素水解		+	−	b	a	+
酪氨酸分解		−	−	−	−	b

* 表注同表 2-8.4

表 2-8.7　芽孢杆菌属（*Bacillus*）各种的比较（4）*

性质		菌种		
		侧孢芽孢杆菌	短芽孢杆菌	球形芽孢杆菌
菌体	宽 /μm	0.5～0.8	0.6～0.9	0.6～1.0
	长 /μm	2～5	1.5～4.0	1.5～5.0
革兰氏染色		V	V	V
芽孢	椭圆	+	+	−
	圆	−	−	+
	中生或近中生	+	V	−
	次端生或端生	−	V	+
	有 C 状的边	+	−	−
	孢囊膨大	+	+	+
运动性		+	+	+
过氧化氢酶		+	+	+
厌氧生长		+	−	−
V.P 反应		−	−	−
V.P 中的 pH		5.0～6.0	8.0～8.6	7.4～8.6
生长温度	最高 /℃	35～50	40～60	30～45
	最低 /℃	15～20	10～35	5～15
抗溶菌酶（0.001%）		+	b	a
pH 5.7 的培养基上生长		−	b	b
在 NaCl 溶液（5%）中生长		a	−	+
在 NaCl 溶液（7%）中生长		−	−	b
在 NaCl 溶液（10%）中生长		−	−	−
在叠氮化钠（0.02%）中生长		/	−	/
产酸	阿拉伯糖			
	葡萄糖	+	+	−
	木糖			
	甘露醇	+	a	−
淀粉水解				
柠檬酸盐利用		−	b	b
还原 $NO_3^- \rightarrow NO_2^-$		+	a	−
形成二羟丙酮		−	−	−
形成吲哚		a	−	−
苯丙氨酸脱氨（3 w）		−	−	+
酪素水解		+	+	a
酪氨酸分解		+	+	−

* 表注同表 2-8.4

表 2-8.8　芽孢杆菌（*Bacillus*）各种的比较（5）*

性质		菌种		
		幼虫芽孢杆菌	日本甲虫芽孢杆菌	缓病芽孢杆菌
菌体	宽 /μm	0.5～0.6	0.5～0.8	0.5～0.7
	长 /μm	1.5～6.0	1.3～5.2	1.8～7.0
革兰氏染色		+	−	−
芽孢	椭圆	+	+	+
	圆	−	−	−
	中生或近中生	V	V	V
	次端生或端生	V	V	V
	孢囊膨大	+	+	+
	伴孢晶体	−	+	−
运动性		a	a	−
过氧化氢酶		−	−	−
厌氧生长		+	+	+
V.P 反应		−	−	−
V.P 中的 pH		5.5～6.2	5.7～6.2	5.9～6.9
生长温度	最高 /℃	40	35	35
	最低 /℃	25	20	20
抗溶菌酶（0.001%）		+	+	+
pH 5.7 的培养基上生长		−	−	−
在营养肉汤中生长		−	−	−
在 NaCl 溶液（2%）中生长		+	+	+
产酸	葡萄糖	+	+	+
	海藻糖	+	+	+
	阿拉伯糖	−	−	−
	木糖	−	−	−
	甘露醇	b		
淀粉水解		−	−	−
柠檬酸盐利用				
还原 $NO_3^-→NO_2^-$		a	−	−
形成二羟丙酮				
形成吲哚				
苯丙氨酸脱氨（3 w）				
酪素水解		+	−	−
分解明胶		+	−	−
酪氨酸分解				

* 表注同表 2-8.4

（黄君红）

实验 2-9　利用 Biolog 系统鉴定微生物

【目的要求】

1. 学习利用计算机微生物分类鉴定系统分类鉴定的基本原理和操作方法。
2. 学习使用 Biolog Microlog 软件，掌握数据库使用方法。

【基本原理】

微生物分类鉴定传统方法比较费时费力。近年来，国内外推出了多种成套鉴定系统，如法国的 API/ATB、丹麦的 Minibact、澳大利亚的 Microbact、日本的 Biotest 等，我国也建立了 SWF-A（上海市疾病预防控制中心）和 ARB-ID（中国人民解放军第一八一医院）等系统。20 世纪 90 年代，BIOLOG 公司研制开发 Biolog 系统，用于微生物的快速鉴定。结合 16S rRNA 序列分析和（G+C）mol%，可以在短时间内得到未知菌的分类鉴定结果。

Biolog 自动分析系统鉴定微生物的原理是根据不同种类的微生物利用碳源具有特异性，并且碳源代谢产生的酶能使四氮唑类物质（TV）由无色还原产生紫色。针对每一类微生物（GN、GP、AN、YT、FF）筛选出 95 种不同碳源，固定于 96 孔板上。96 孔板横排为 1、2、3、4、5、6、7、8、9、10、11、12，纵排为 A、B、C、D、E、F、G、H。96 孔中都有四氮唑类物质，其中 A1 孔为水，作阴性对照，其他 95 孔为 95 种不同的碳源物质。接种待鉴定微生物悬液后培养一定时间，检测显色反应。加上微生物利用碳源代谢使菌体大量繁殖，浊度也显著改变，从而在微孔板上形成该微生物特征性的反应模式或"指纹"。利用不同微生物的特征性指纹图谱建立数据库，将待鉴定微生物的图谱与数据库进行比对，即可得出鉴定结果。该系统目前可鉴定 2000 多种微生物。

BIOLOG 公司提供的微生物鉴定系统由微生物自动分析仪、计算机分析软件、浊度仪和微生物鉴定板组成（图 2-9.1），其中鉴定板分五大类，即 GN2 板（鉴定革兰氏阴性好氧菌）、GP2 板（鉴定革兰氏阳性好氧菌）、AN 板（鉴定厌氧菌）、YT 板（鉴定酵母菌）、FF 板（鉴定丝状真菌）。

图 2-9.1　Biolog 微生物鉴定系统

【实验器材】

革兰氏阳性菌、革兰氏阴性菌、酵母菌和霉菌各一株；Biolog 专用培养基：BUG 琼脂培养基（高营养的培养好氧菌的通用琼脂培养基），BUG＋B 培养基，BUG＋M 培养基

（BUG 加 0.25% 麦芽糖），BUY 培养基（可从 BIOLOG 公司购买）。2% 麦芽汁琼脂培养基。Biolog 专用菌悬液稀释液，脱血纤维羊血，麦芽糖，麦芽汁提取物，琼脂粉，蒸馏水等。Biolog 微生物分类鉴定系统及数据库，浊度仪，读数仪，超净工作台，恒温培养箱，光学显微镜，pH 计，八道移液器，V 形加样槽，试管，酒精灯，接种环等。

【操作步骤】

1. 斜面培养物准备　　使用 Biolog 推荐的培养基和培养条件，培养待测微生物斜面。好氧细菌用 BUG+B 培养基，厌氧细菌用 BUA+B 培养基，酵母菌用 BUY 培养基，丝状真菌用 2% 麦芽汁琼脂培养基；选择不同微生物生长最适宜的培养温度，细菌培养 24 h，酵母菌培养 72 h，丝状真菌培养 10 d。检查并确认培养物为纯培养及其革兰氏染色结果。

2. 特定浓度菌悬液的制备　　将对数期生长的斜面培养物转入 Biolog 专用菌悬液稀释液，革兰氏阳性球菌或杆菌必须在菌悬液中加入 3 滴巯基乙酸钠（有利于革兰氏阳性菌形成菌悬液）和 1 ml 100 mmol/L 的水杨酸钠，使菌悬液与标准悬液有同样的浊度。

3. 微孔板接种　　不同种类的微生物选择不同的微孔板，革兰氏阳性好氧菌用 GP2 板，革兰氏阴性好氧菌用 GN2 板，厌氧菌用 AN 板，酵母菌用 YT 板，丝状真菌用 FF 板。用八道移液器将菌悬液接种于微孔板的 96 孔中，接种量：细菌 150 μl，酵母菌 100 μl，霉菌 100 μl。接种过程不能超过 20 min。

4. 微生物培养　　将接种后的微孔板置于带盖塑料盒中（盒内底部垫一湿毛巾保湿），按 Biolog 推荐的条件培养，并根据经验确定培养时间。

5. 结果读取　　按操作说明读取培养实验结果，读数操作要按仪器提示进行，直至结果读完。如果认为自动读取的结果与实际明显不符，可以人工调整阈值以得到认为是正确的结果。应注意，对霉菌阈值的调整会导致颜色和浊度的阴阳性都发生变化。

读数结果直接输入计算机，用其附带的 Biolog 软件分析，获得鉴定到种的结果。

GN、GP 数据库是动态数据库，微生物总是最先利用最适碳源并产生颜色变化，颜色变化也最明显；对于不适碳源菌体利用较慢，相应产生的颜色变化也较慢，也不及最适碳源明显。这种数据库充分考虑了细菌利用不同碳源产生颜色变化速度不同的特点，在数据处理软件中采用统计学的方法使结果尽量准确。

酵母菌和霉菌是终点数据库，软件可以同时检测颜色和浊度的变化。

6. 结果解释　　软件将按 96 孔板显示出的实验结果与数据库的匹配程度列出鉴定结果，并在 ID 框中显示。如果实验结果与数据库已鉴定的菌种都不能很好地匹配，则在 ID 框中就会显示 "NO ID"。

【实验报告】

1. 实验结果　　报告所选用的菌种、实验模式及鉴定结果；并评估鉴定结果的准确性。若鉴定结果不理想，分析其可能原因。

2. 思考题

1）哪些因素影响 Biolog 微生物分类鉴定系统的特异性和准确性？

2）为何 Biolog 微生物鉴定板分为革兰氏阴性菌板 GN2 和革兰氏阳性菌板 GP2？

【注意事项】

1. 制备单克隆的纯培养物是获得可靠鉴定结果的首要条件，必须先纯化待测菌。

2. 革兰氏染色结果将作为进一步鉴定的依据。因此，染色结果至少重复两次。

3. 浊度直接影响实验结果，故须仔细校正浊度计；菌液浊度调整要达到要求的浊度。

4. 鉴定板中含有多种对温度、光照敏感的物质，如个别孔出现棕黑色，说明碳源已被降解。有时在保质期内或超过保质期不长的鉴定板的个别孔出现黄色或粉红色属正常。

5. 为了延长鉴定板的保质期限，应在2～8℃避光保存。

6. 读数仪应防尘，不用时要盖防尘罩，并将电源关闭以延长光源使用寿命。

7. 计算机须专用，避免连接网络，以免感染病毒或不可恢复性死机和损失数据库。

（蔡信之）

实验2-10　微生物的快速、简易检测

【目的要求】

学习鉴定细菌的微量、快速、简易生化试验的原理和方法。

【基本原理】

将预先吸附有各种生化反应底物的圆滤纸片放在陶瓷反应板的圆孔内，再加入少量培养液和处于对数生长期的高浓度菌液（30亿～40亿/ml），在37℃恒温培养数小时，细菌就能产生足够量的生化产物，出现反应结果。结果判断与常规法相同，除少数试验需加试剂才能判断结果外，大多数试验均可以根据细菌生长后各培养液的颜色变化直接判断。

与常规法相比，本法具有以下优点：①快速，在数小时内即可观察结果；②准确，其与常规法相比总符合率达95%以上；③灵活，可制备含各种生化反应底物的圆滤纸片，鉴定菌种时可根据需要选用；④简便，制备好的滤纸片烘干后装入塑料袋或瓶中扎紧或盖严，放入冰箱中可保存4个月至一年，可随时取用；⑤节省，可节省很多时间和材料。

【实验器材】

大肠埃希氏菌，产气肠杆菌，普通变形杆菌；糖发酵培养基（蛋白胨水100 ml，1%溴麝香草酚蓝1 ml，121℃灭菌20 min），pH 6.8溴麝香草酚蓝磷酸盐缓冲液（将0.07 mol/L KH$_2$PO$_4$溶液和0.07 mol/L Na$_2$HPO$_4$溶液等量混合，加两倍水稀释。每100 ml缓冲液中加1%溴麝香草酚蓝1 ml，121℃灭菌20 min），蛋白胨水培养基；含糖纸片（称取各种糖或醇0.9 g，分别溶于2 ml蒸馏水中），含尿素纸片（尿素1.5 g溶于2 ml蒸馏水中），M.R反应和V.P反应纸片（葡萄糖1.6 g，K$_2$HPO$_4$ 0.5 g，溶于2 ml蒸馏水中），丙二酸钠纸片［(NH$_4$)$_2$SO$_4$ 0.2 g，丙二酸钠0.3 g，溶于2 ml蒸馏水中，pH调至7.0］，柠檬酸钠纸片（柠檬酸钠0.7 g，MgSO$_4$ 65 mg，溶于2 ml蒸馏水中），H$_2$S试验用纸片（硫代硫酸钠0.25 g，糊精0.5 g，FeSO$_4$ 80 mg，半胱氨酸50 mg，2×牛肉膏蛋白胨培养液2 ml，待各成分溶解后pH调至7.4），苯丙氨酸纸片（L-苯丙氨酸0.25 g，溶于2 ml蒸馏水中）。上述各溶液置水浴中加热溶解，分别取300张直径6 mm的无菌滤纸片浸于各溶液中，充分吸附后取出置于无菌培养皿中，37℃温箱干燥，干后分类放入无菌塑料袋，扎紧，放冰箱保存。

【操作步骤】

1. 制备菌液　　将待测菌株活化后接种于牛肉膏蛋白胨培养基斜面上，37℃培养 12 h。挑取 3～5 环菌苔于 3.5 ml 生理盐水中制成均匀的浓菌悬液。

2. 反应板消毒　　用 75% 乙醇溶液消毒 4×12 孔陶瓷或有机玻璃反应板，每孔容量约 1 ml。

3. 标记菌名及生化试验项目　　在陶瓷反应板上将各孔编号，在记录本上按编号注明各孔的生化试验项目及待测菌名。

4. 加滤纸片　　将含不同生化反应底物的圆滤纸片放入相应标记的圆孔中。

5. 加培养液　　用无菌滴管分别吸取各种培养液于相应孔内，每孔 4 滴（约 0.3 ml）。苯丙氨酸孔内加 4 滴生理盐水。

6. 加菌液　　于各孔内分别加浓菌液一滴，最后在糖发酵孔内加少许熔化的石蜡，用以观察糖发酵后是否产气（如产气则石蜡层会在培养基表面裂开）。

7. 培养　　将反应板放入盛有少量水并垫有纱布的带盖搪瓷盘中，以防培养液被蒸发干。然后将搪瓷盘加盖置于 37℃培养 4～8 h，及时取出反应板观察并记录结果。个别迟缓反应可延长至 20 h 再记录一次。

8. 观察记录

（1）糖发酵　　若培养液呈黄色且石蜡层裂开，则表明该菌能利用某糖既产酸又产气，以"⊕"表示；如果仅产酸以"+"表示；若培养液保持原色则表示该糖不能被利用，以"−"表示。

（2）M.R 反应、V.P 反应、吲哚试验和苯丙氨酸脱氨试验　　按常规法加入试剂后观察结果。

【实验报告】

1. 实验结果　　将微量生化试验结果记录于表 2-10.1 中。

表 2-10.1　微量生化试验结果记录表

项目	大肠埃希氏菌	产气肠杆菌	普通变形杆菌
葡萄糖			
蔗糖			
乳糖			
吲哚			
M.R			
V.P			
柠檬酸盐			
H$_2$S			
尿素分解			
苯丙氨酸脱氨			
丙二酸钠			

2. 思考题

1）微量生化试验方法有哪些优点？

2）该试验方法为何能在数小时内得到反应结果？

【注意事项】

1. 各成分加入陶瓷反应圆孔时要避免产生气泡。

2. 尿素分解、苯丙氨酸脱氨反应进行较快，2～4 h 即可出现明显结果，应及时观察。柠檬酸盐利用反应较迟缓，大多数要 8～20 h 才能完成。

3. V.P 反应加入试剂后要充分混匀，最好用冷吹风机在反应板上方 5～10 cm 处对着反应孔吹风 5 次，以加速反应。

（蔡信之）

实验 2-11　抗生素效价的测定

【目的要求】

学习生物法测定抗生素效价的基本原理和常用方法。

【基本原理】

抗生素效价的生物测定有稀释法、比浊法、扩散法三大类。管碟法是扩散法中最常用的一种，将已知浓度的标准抗生素溶液与未知浓度的样品溶液分别加到一种标准的、一致的不锈钢小管（牛津杯）中，在含有敏感试验菌的琼脂培养基表面扩散，比较两者对供试菌的抑制作用，测量抑菌圈的大小，计算抗生素的浓度。在一定的浓度范围内，抗生素浓度的对数值与抑菌圈直径呈线性关系，根据样品的抑菌圈直径可在标准曲线上求得其效价。尽管本法操作步骤多，培养时间长，得出结果慢。但由于它是利用抗生素抑制敏感菌的直接测定方法，符合临床使用的实际情况，且灵敏度很高，不需要特殊设备。因此，仍被世界各国所公认，作为国际通用的方法被列入各国药典法规中，被广泛采用。

【实验器材】

金黄色葡萄球菌，产黄青霉；培养基 I（牛肉膏蛋白胨琼脂培养基），培养基 II（培养基 I 加 0.5% 无菌葡萄糖，0.85% 生理盐水，50% 葡萄糖）；培养皿，牛津杯（或标准不锈钢小管），素烧陶瓦圆盖，试管，滴管，移液管，氨苄青霉素钠盐标准品等。

【操作步骤】

1. 0.2 mol/L 的 pH 6.0 磷酸盐缓冲液的配制　　准确称取 0.8 g KH_2PO_4 和 0.2 g K_2HPO_4，用蒸馏水溶解并定容至 100 ml，转入试剂瓶中灭菌备用。

2. 标准青霉素溶液的配制　　精确称取 15～20 mg 氨苄青霉素标准品，每毫克含 1667 单位（1667 U/mg，1 U 即 1 国际单位，等于 0.6 μg），溶解在适量的 0.2 mol/L 的 pH 6.0 的磷酸盐缓冲液中，制成 2000 U/ml 的青霉素标准母液，保存于 5℃ 备用，使用时先稀释成 10 U/ml 的青霉素标准工作液，再按表 2-11.1 配制成不同浓度的青霉素标准溶液。

3. 青霉素发酵液样品溶液的制备　　用 0.2 mol/L 的 pH 6.0 磷酸盐缓冲液将青霉素发酵液适当稀释，备用。

表 2-11.1 不同浓度青霉素标准液的配制

试管编号	10 U/ml 工作液 /ml	pH 6 磷酸盐缓冲液 /ml	青霉素含量 / (U/ml)
1	0.4	9.6	0.4
2	0.6	9.4	0.6
3	0.8	9.2	0.8
4	1.0	9.0	1.0
5	1.2	8.8	1.2
6	1.4	8.6	1.4

4. 金黄色葡萄球菌菌液的制备　　取用培养基 I 斜面保存的金黄色葡萄球菌菌种，将其接种于培养基 II 试管斜面上，于 37℃培养 18～20 h，连续转接 3 或 4 次，使其充分恢复生理性状。用生理盐水洗下，离心后菌体用生理盐水洗涤 1 或 2 次，再将其稀释至一定浓度（约 10^9/ml，或用光电比色计测定，在波长 650 nm 处透光率为 20% 左右）。

5. 抗生素扩散平板的制备　　取无菌平皿 18 个，分别加入已熔化的培养基 I 20 ml，摇匀，置水平位置使其凝固，作为底层。另取培养基 II 熔化后冷却至 48～50℃，加入适量上述金黄色葡萄球菌菌液，迅速摇匀，在每个平板内分别加入此含菌培养基 5 ml，使其在底层上均匀分布，置水平位置凝固。在每个双层平板中以等距离均匀放置牛津杯 6 个，用素烧陶瓦圆盖（吸湿性好，盖内不易形成水滴）代替培养皿盖覆盖培养皿，备用。

注意控制金黄色葡萄球菌菌液浓度（使 1 U/ml 青霉素溶液的抑菌圈直径在 20～24 mm），以免它影响抑菌圈的大小。一般情况下，100 ml 培养基 II 中加 3～4 ml 菌液（10^9/ml）较好。

6. 标准曲线的测绘　　取上述制备的扩散平板 18 个，每个平板上的 6 个牛津杯间隔的 3 个中各加入 1 U/ml 的标准品溶液，将每 3 个平板组成一组，共计 6 组。在第 1 组的每个平板的 3 个空牛津杯中均加入 0.4 U/ml 的青霉素标准液，如此依次将 6 种不同浓度的标准液分别加入 6 组平板中（图 2-11.1）。

每吸一种稀释度应更换一支吸管，每只牛津杯中的加入量为 0.2 ml 或用带滴头的滴管加样品，加样量以杯口水平为准。

全部盖上陶瓦盖后 37℃培养 16～18 h。打开陶盖，移去牛津小杯，精确（可用卡尺或圆规两脚的针尖）测量各抑菌圈的直径。先分别算出每组的该种浓度抑菌圈的平均值，再算出每组的 1 U/ml 校正液抑菌圈的平均值，最后统计各组的 1 U/ml 校正液抑菌圈的总平

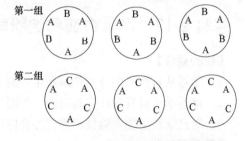

第一组

第二组

图 2-11.1 标准曲线的测定示意图
A. 示标准曲线的校正稀释度；B、C. 示标准曲线上
的其他稀释度

均值。总平均值与每组 1.0 U/ml 校正液抑菌圈直径平均值的差，即为该组的校正值。以各组的校正值校正该组浓度抑菌圈直径，获得其校正值。

例如，如果 6 组 1 U/ml 标准品抑菌圈直径总平均值为 22.6 mm，0.4 U/ml 的一组 9 个 1 U/ml 校正标准品抑菌圈直径平均为 22.4 mm，则其校正数应为 22.6−22.4＝0.2，如果

9 个 0.4 U/ml 标准品抑菌圈直径平均为 18.6 mm，则校正后为 18.6＋0.2＝18.8 mm。以浓度为纵坐标，以校正后的抑菌圈直径为横坐标，在双周半对数图纸上绘制标准曲线。

7. 青霉素发酵液效价测定　　取扩散平板 3 个，在每个平板上 6 个牛津杯间隔的 3 个中各加入 1 U/ml 标准品溶液，其他 3 杯中各加适当稀释的样品发酵液，盖上陶瓦盖，37℃培养 16～18 h。精确测量每个抑菌圈的直径，分别求出标准品溶液和样品溶液所致的 9 个抑菌圈直径的平均值，将青霉素 1 U/ml 标准品溶液在各平板上抑菌圈直径的平均值与标准曲线的 1 U/ml 抑菌圈总平均值比较求得校正值，将样品溶液的抑菌圈直径的平均值校正，再从标准曲线中查出测定样品溶液的效价，并换算成每毫升样品液所含的效价数。

【实验报告】

1. 实验结果

1）绘制青霉素的标准曲线。

2）计算发酵液样品的效价。

2. 思考题

1）哪一生长期微生物对抗生素最敏感？

2）抗生素效价测定中，为什么常用管碟法测定？管碟法有何优缺点？

3）抗生素效价测定为什么不用玻璃皿盖而用陶瓦盖作培养皿盖？

4）制备扩散平板时为什么必须在水平桌面上，并选择平底的培养皿？为什么各杯滴加量要一致？

【注意事项】

1. 选用平底培养皿且规格一致，制备上、下层培养基平板加量务必一致，水平放置。

2. 选用牛津杯规格务必一致，放置要轻且平稳，分布均匀，加样务必精确、一致。

（蔡信之）

实验 2-12　产蛋白酶和淀粉酶芽孢杆菌的分离及酶活力检测

【目的要求】

1. 学习从自然界中分离产酶微生物的方法。

2. 培养学生自行设计实验流程、判断实验结果的能力。

3. 对已学微生物实验技术进行综合应用训练。

【基本原理】

细菌中的芽孢杆菌是常见的蛋白酶和淀粉酶的产生菌。土壤中有产蛋白酶和淀粉酶的芽孢杆菌，将土样稀释、加热杀死无芽孢细菌、平板划线分离，可获得纯菌株单菌落，经革兰氏染色、芽孢染色可确定分离菌株是否为芽孢杆菌。再将单菌落点接在含酪素（酪蛋白）或淀粉的平板上，产蛋白酶的芽孢杆菌水解酪素生成酪氨酸，在酪素平板上菌落周围出现透明的水解圈。产淀粉酶的芽孢杆菌可水解淀粉生成糊精和葡萄糖，在淀粉平板上菌落周围出现水解圈，滴加碘液后未水解的淀粉呈蓝色，水解圈无色。根据水解圈直径与其菌落直径比值的大小可进行初筛。分离、筛选出的菌株通过产酶培养基发酵产酶，按特定方法检测分离菌株的酶活力。根据其酶活力大小可进行复筛。

蛋白酶活力检测：常用紫外分光光度测定法，蛋白质或多肽在 275 nm 处有最大吸收值，可用蛋白酶同酪蛋白底物反应后在三氯乙酸中可溶物的紫外吸收增值表示蛋白酶活力。

淀粉酶活力检测：液化型淀粉酶能催化淀粉水解成糊精及少量的麦芽糖和葡萄糖，使淀粉对碘呈蓝紫色的特性逐渐消失，该颜色消失的速度可表示酶活力。

【实验器材】

分离筛选的产蛋白酶和淀粉酶的芽孢杆菌；牛肉膏蛋白胨琼脂培养基，酪素培养基，产蛋白酶发酵培养基，淀粉培养基，产淀粉酶发酵培养基；0.05 mol/L 硼酸缓冲液（pH 8.0），0.4 mol/L 三氯乙酸溶液，0.6% 酪蛋白溶液，碘原液，标准稀释碘液，比色稀碘液，2% 可溶性淀粉溶液，pH 6.0 磷酸氢二钠-柠檬酸缓冲液，标准糊精液，革兰氏染色液，芽孢染色液，无菌水；锥形瓶，烧杯，量筒，容量瓶，试剂瓶，载玻片，大试管，培养皿，玻璃珠，移液管，玻璃涂布棒，酒精灯，漏斗，滤纸，接种环，水浴锅，试管架，恒温摇床，培养箱，紫外分光光度计，显微镜等。

【操作步骤】

1. 土样处理　用 10 倍稀释法逐级稀释土样至适当稀释度，根据芽孢杆菌耐热性选择适宜的稀释度加热处理适当时间（75～80℃水中热处理 15 min），以杀死无芽孢的细菌。

2. 平板划线　采用平板划线法将土样稀释液划线分离，37℃培养 24～48 h，获得单菌落，挑取表面干燥、粗糙、不透明、乳白色或微黄色的菌落。

3. 镜检　经革兰氏染色、芽孢染色、显微镜检查，确定所选菌落是否为芽孢杆菌。

4. 水解试验　挑确定为芽孢杆菌的单菌落分别接种酪素和淀粉斜面，再点接酪素平板和淀粉平板，37℃培养 48 h 后观察酪素平板水解圈，加卢氏碘液检测淀粉平板水解圈。

5. 产酶发酵　挑取具有较强酪素水解能力和淀粉水解能力的单菌落，接种到相应的产酶培养基，振荡通气，设定发酵时间、取样时间，检测蛋白酶和淀粉酶活力。

6. 酶活力检测

（1）蛋白酶活力检测（紫外分光光度测定法）

1）制作酪氨酸 275 nm 吸收光密度标准曲线。取 7 支试管，按表 2-12.1 加入各试剂。

表 2-12.1　制作酪氨酸吸收光密度标准曲线

项目	100 μg/ml 酪氨酸溶液 /ml	酪氨酸的浓度 /（μg/ml）	硼酸缓冲液（pH 8.0）/ml	0.4 mol/L 三氯乙酸溶液 /ml
0	0	0	5.0	5
1	0.1	10	4.9	5
2	0.2	20	4.8	5
3	0.3	30	4.7	5
4	0.4	40	4.6	5
5	0.5	50	4.5	5
6	0.6	60	4.4	5

将各管溶液混匀，40℃保温 20 min，用滤纸过滤，滤液用紫外分光光度计测定 275 nm

的光密度。用 Excel 软件或最小二乘法求回归方程，并计算 1 μg/ml 酪氨酸的光密度。

2）取 5 ml 用 pH 8.0 硼酸缓冲液制备的 0.6% 酪蛋白溶液于试管中，40℃预热 2 min 后加以 pH 8.0 硼酸缓冲液稀释的酶液（1 ml 蛋白酶摇瓶发酵液加 19 ml 缓冲液）1 ml，40℃反应 10 min 后加 0.4 mol/L 三氯乙酸溶液 5 ml 终止反应，沉淀残余底物，40℃保温 20 min，使沉淀完全，用漏斗加滤纸过滤，滤液用紫外分光光度计测定 275 nm 的光密度。

3）以先加三氯乙酸使酶失活后加酪蛋白的试管，按同样步骤测光密度，作空白对照。

4）计算酶活力：以 1 min 内由酪蛋白释放的三氯乙酸可溶物在 275 nm 处的光密度与 1 μg 酪氨酸相当时，其所需的酶量为 1 个活力单位。

$$酶活力（U/ml）= \frac{OD（酶）}{10×OD（酪）}×n$$

式中，10 为反应时间（min）；OD（酶）为酶反应可溶物光密度值减去空白对照光密度值的差值；OD（酪）为 1 μg/ml 酪氨酸的光密度值；n 为酶液稀释倍数。

（2）淀粉酶活力检测（Wohlgemuth Hagihara 改良法）

1）吸取 1 ml 标准糊精溶液，置于有 3 ml 标准稀释碘液的试管中，作比色的标准管。

2）在 25 mm×200 mm 试管中加 2% 可溶性淀粉 20 ml，pH 6.0 磷酸氢二钠-柠檬酸缓冲液 5 ml，60℃水浴中平衡温度 5 min，加入 1∶10 稀释的酶液（1 ml 淀粉酶摇瓶发酵液，加 9 ml pH 6.0 磷酸氢二钠-柠檬酸缓冲液）0.5 ml，充分混匀，立即计时，定时（间隔 10 min）取 1 ml 反应液加入预先盛有 3 ml 比色稀释碘液的试管中，当颜色反应由紫色逐渐变成棕橙色，与标准比色管颜色相同时即到反应终点，记录反应总时间即为液化时间。

3）计算酶活力。

以 1 ml 酶液于 60℃，pH 6.0，在 1 h 内液化可溶性淀粉的克数为 1 个酶活力单位。

$$酶活力单位（g/ml）=（60/t×20×2\%×n）÷0.5=48\,n/t$$

式中，60 为反应时间（min）；20 为可溶性淀粉溶液的毫升数；n 为酶液稀释倍数；0.5 为测定时所用酶液量（ml）；2% 为可溶性淀粉浓度；t 为测定时记录的液化时间（min）。

【实验报告】

1. 实验结果

1）绘出产蛋白酶或淀粉酶的芽孢杆菌及芽孢的形态图，描述其单菌落的菌落特征。

2）报告酶活力及其他性能测定的结果。

2. 思考题

1）你所采用的实验流程是否合理？实验中发现有何问题？

2）实验中的酶活力检测是否出现负结果？如果有，试分析原因。

3）对所筛选的菌株如何进一步提高酶活力？试提出设想。

【注意事项】

1. 残余底物务必沉淀、过滤完全，以免影响光密度测定的结果。

2. 划线分离获得的单菌落必须确保是纯培养，必要时进行多次分离。

（蔡信之）

第三部分　微生物学应用实验

第一单元　微生物的分离、纯化、筛选及保藏

实验 3-1　从病死虫体内分离杀虫微生物

【目的要求】

学习从病死虫体中分离病原细菌和病原真菌的原理及方法。

【基本原理】

自然界中许多昆虫都会被病原菌感染而患病死亡，可利用这些病原菌进行害虫的生物防治。从病死虫体内分离病原微生物是获得杀虫微生物的较好方法。也可以用虫体进行杀虫微生物的复壮：将杀虫微生物悬液拌到饲料中饲养昆虫（选健壮的三龄幼虫），再从病死虫体内分离该杀虫微生物，如此重复3或4次便可得到毒力强的菌种。球孢白僵菌（*Beauveria bassiana*）是应用广泛的杀虫真菌，苏云金芽孢杆菌（*Bacillus thuringiensis*）是一种研究较多、应用较广的杀虫细菌。本实验通过对这两种菌的分离、培养、纯化等，介绍从病死虫体内分离杀虫微生物的方法。

【实验器材】

染病昆虫（白僵蚕、白僵松毛虫、染病菜青虫等）；马铃薯葡萄糖培养基，牛肉膏蛋白胨培养基；棉蓝染色液，石炭酸复红染色液，无菌水，生理盐水（0.85% NaCl 溶液），0.1% 升汞溶液，95% 乙醇溶液，75% 乙醇溶液，香柏油，二甲苯；显微镜，擦镜纸，载玻片，接种环，无菌解剖盘，解剖针，酒精灯，镊子，剪刀，培养皿，试管，吸管，丝线，玻璃珠等。

【操作步骤】

1. 分离病原真菌　　以应用广泛的球孢白僵菌为例进行实验。

（1）虫体表面消毒　　为防止消毒液渗入体腔，用丝线结扎死虫的口腔和肛门。将病死虫浸于 0.1% 升汞溶液中消毒 5 min，再用无菌水冲洗 3 次。以消毒虫体表面。

（2）接种　　置染病松毛虫或家蚕于无菌盘内，用无菌解剖刀剖开虫体，用无菌剪刀从虫体的不同部位剪下 2~3 小块病组织，用解剖针分别将其接入马铃薯葡萄糖培养基平板上。也可利用生长在昆虫体液内的菌和或虫体表面的孢子制成悬液涂或划线接种。

（3）培养　　将接种物置于高湿度的恒温培养箱内，26℃，培养 5 d，待其生长出新菌丝和分生孢子后，制作装片镜检。

（4）镜检　　在载玻片中央加一滴棉蓝染色液，取一小块含有菌丝和孢子的琼脂，放入棉蓝染色液中，酒精灯下加微热，使琼脂熔化，然后盖上盖玻片，即可置显微镜下观察。观察并记录菌丝、分生孢子梗、孢子的形态和培养特征。球孢白僵菌菌丝细长，无色透明，直径 1.5~2.0 μm，有隔和分枝。分生孢子梗多次分叉，聚集成团，呈花瓶状，分生孢子呈球形或卵形，着生于小梗顶端。

（5）纯化　　转接斜面前必须确定培养物是否为同一真菌。通过镜检若发现不纯，可取菌丝或孢子接种到上述平板培养基中分离培养，直至获得纯培养。也可用稀释分离的方法，把分生孢子做 10 倍系列稀释液，取其最后 3 个稀释度，分别吸取 0.1 ml 于马铃薯葡萄糖培养基平板涂布培养，26℃，培养 5 d，选择生长健壮、无污染的菌落，接入马铃薯葡萄糖培养基斜面培养至孢子丰满（约 8 d），取出放 4℃冰箱中备用。要证明该菌株的杀虫特性，需接入虫体内检测其杀虫活性。

2. 分离病原细菌　　以应用广泛的苏云金芽孢杆菌为代表操作。

（1）虫体消毒　　采集濒临死亡、已停止进食、上吐下泻、虫体呈褐色或刚死亡不久、虫体呈黑色但并不膨大的病死虫，为防止消毒液渗入体腔，用丝线结扎死虫的口腔和肛门。将虫体浸入 75% 乙醇溶液数秒钟，再转至生理盐水中洗涤 3 次。也可将虫体直接浸入 95% 乙醇溶液中立即提起经火焰点燃数秒钟后转入生理盐水洗涤，以消毒虫体表面。

（2）虫尸体液制备和处理　　将消毒后的虫体置于无菌平皿中，在无菌条件下用无菌小剪刀从虫体背面或腹面纵向解剖，取出体液放入盛有玻璃珠和 10 ml 无菌水的锥形瓶中充分振荡 10 min，即为虫尸体液。用此体液涂片，经石炭酸复红染色后用显微镜观察，或不染色直接用相差显微镜检查，如有苏云金芽孢杆菌典型的芽孢与伴孢晶体可初步确定为苏云金芽孢杆菌。确定后再用稀释法分离纯化，将虫尸体液于 75～80℃热水中处理 10～15 min，再用 10 倍稀释法稀释至 10^{-6}，从最后 3 个稀释液分别取 0.1 ml 加至牛肉膏蛋白胨培养基平板上，涂布均匀，倒置培养。可同时用 10^{-1} 稀释液划线分离。

（3）培养及观察　　30℃培养 72 h 后观察并记录其形态，选择乳白色、不透明、大而平、边缘不规则的菌落，挑取单菌落涂片，石炭酸复红染色 2 min，镜检。苏云金芽孢杆菌杆状，两端钝圆，芽孢囊不膨大，芽孢卵圆形着生于细胞一端，另一端形成菱形或正方形的伴孢晶体。确定为苏云金芽孢杆菌后接到新鲜培养基中，30℃培养 72 h 后放 4℃冰箱保存。

【实验报告】

1. 实验结果

1）绘出分离到的病原真菌的菌体形态图，并描述其菌落特征。

2）绘出分离到的病原细菌的菌体、芽孢、伴孢晶体形态图，并描述其菌落形态。

2. 思考题

1）苏云金芽孢杆菌的主要特点有哪些？如何识别？

2）球孢白僵菌的主要特点是什么？如何识别？

3）采集病死虫应注意哪些问题？

4）试用学到的知识，设计一个从感病虫体中分离出杀虫病毒的实验方案。

5）退化菌株的复壮有哪些方法？应如何设计实验？

【注意事项】

1. 选择染病虫体时不要采集死亡较久的虫体，以免其他微生物侵入组织干扰分离。感染球孢白僵菌的虫体表面有许多白色菌丝与孢子，虫体僵硬；感染苏云金芽孢杆菌的虫体软化从褐变黑，体内黏液状，发出恶臭。

2. 在分离选择时，除要注意选择生长健壮者外，还要选择生长快的菌落。

3．在分离病原菌的过程中，注意无菌操作。

（陈旭健）

实验 3-2　真菌的单孢子分离法

【目的要求】

了解真菌单孢子分离的原理及应用；掌握一种简易有效的单孢子分离法。

【基本原理】

用自制的厚壁磨口毛细吸管吸取已适当萌发的孢子悬液，多点点接在作为分离湿室的培养皿盖的内壁，再在显微镜低倍镜下逐个检查。发现某液滴内仅有一个萌发的孢子时做一记号，在其上盖一小块营养琼脂片让其发育成微小菌落，最后把它移接至斜面培养基上，经培养后即获得由单孢子发育而成的纯种。此法简便有效，也可用于酵母菌等单细胞的分离。

【实验器材】

米曲霉（*Aspergillus oryzae*）；查氏培养基，4% 水琼脂；显微镜，血细胞计数器，厚壁磨口毛细吸管（自制），移液管，培养皿，锥形瓶（内装玻璃珠），玻璃管，乳胶管，脱脂棉等。

【操作步骤】

1．分离器材的制作与准备

（1）厚壁磨口毛细滴管制作　　选一段细玻璃管或废移液管，一端在灯火焰上烧红变软使管壁增厚，用镊子将滴管的尖端拉成很细的厚壁毛细管状。在合适的部位用金刚砂片割断。毛细滴管口必须是厚壁状并用细砂轮片或金刚砂片仔细磨平（图 3-2.1）。

（2）毛细滴管的标定　　磨制好的滴管应标定体积。精确的标定是在一定体积内灌装满水银，称水银重量，再查出某温度下水银的密度求出体积（体积＝质量/密度）；另一不很精确的方法是在 100 μl 吸管中吸满水，用待测毛细滴管吸取其中的水，用吸水纸吸去毛细管中的水，如此反复吸 10 次，若共吸去的水为 0.05 ml（50 μl），则可求得该毛细滴管体积约为 5 μl。

（3）毛细滴管的检验和灭菌　　符合要求的毛细滴管，在玻片上滴样时其中的液体要流得均匀、快速，点形圆整，每点的面积应略小于低倍镜视野。一般要求每微升孢子悬液可点 50 小滴。经检验合格的在其尾端塞上少许棉花，用牛皮纸包扎，灭菌备用。

（4）分离湿室准备　　在直径 9 cm 的无菌培养皿中倒入 8～10 ml 4% 水琼脂作保湿剂。在皿盖外壁用黑墨水笔整齐地画 56 个直径约 3 mm

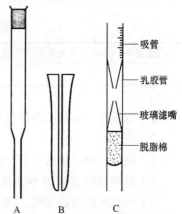

图 3-2.1　厚壁磨口毛细滴管和
简易孢子过滤装置

A．毛细滴管；B．管口部分（放大）；
C．简易孢子过滤装置

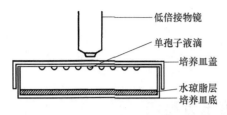

图 3-2.2　单孢分离湿室与镜检示意图

的小圈作点样记号（图 3-2.2）。

2．分离方法

（1）萌发孢子悬液制备　　用接种环挑取斜面上生长良好的米曲霉孢子数环接入有 10 ml 查氏培养液和玻璃珠的锥形瓶中，振荡 5 min 左右使孢子充分散开。在 10 ml 吸管口上套上一无菌的简易过滤装置（图 3-2.1）。从锥形瓶中吸取孢子悬液数毫升至无菌试管中。经血细胞计数器准确计数后，用查氏培养基调节孢子悬液浓度至每毫升约含 9 万个孢子，放入 28℃温箱中培养 8 h 左右，使孢子适度发芽。

（2）点样　　点样前先检查分离湿室的皿盖上是否有冷凝水，若有，可用微火在背面加热将其除去。然后用厚壁磨口毛细滴管吸取上述萌发的孢子悬液数微升，快速且轻巧地把它一一点在皿盖内壁的记号圈内。

（3）检出单孢子液滴　　把点样后的分离湿室放在显微镜载物台上，用低倍镜依次检查每一液滴内有无孢子。若某液滴内只有一个萌发的孢子，则在皿盖上另作一记号。

（4）盖培养基薄片　　在温度为 45～50℃的无菌培养皿内倒少量熔化的查氏琼脂培养基，迅速铺开形成均匀的薄层。凝固后用无菌小刀切成若干小片（25 mm^2），小心挑取，盖在有标记的单孢子液滴上，盖上皿盖。

（5）培养　　将分离湿室在 28℃温箱中培养 24 h 左右，使单孢子长成一个微小菌落。

（6）移接　　用微型小刀经火焰灭菌并冷却后，小心挑取长有微小菌落的琼脂薄片，移接到新鲜查氏培养基斜面上，28℃培养 4～7 d，可获得由单孢子发育成的斜面菌种。

【实验报告】

1．实验结果

1）将单孢子分离的结果记录于表 3-2.1 中。

表 3-2.1　单孢子分离结果记录表

孢子悬液 /（个 /ml）	每皿点样数 / 点	每皿萌发单孢子数 / 个	每皿形成微菌落数 / 个	成功率 /%

2）观察并记录斜面菌种生长情况。

2．思考题

1）简易单孢子分离法有何优点？

2）是否可用 20% 甘油或营养琼脂代替水琼脂作保湿剂？为什么？

3）分离单孢子前为何让孢子萌发？

【注意事项】

1．制成的毛细滴管要求壁厚管口平整；液滴要小而圆，面积应小于低倍镜的视野。

2．孢子悬液浓度应控制在每毫升 5 万～15 万个，以提高点样液滴的单孢子概率。

（陈旭健）

实验 3-3　嗜盐细菌的分离与鉴定

【目的要求】

1. 掌握嗜盐细菌分离与鉴定的方法及原理。

2. 获得有价值的嗜盐细菌菌株。

【基本原理】

嗜盐细菌对 NaCl 有特殊的适应能力，在 NaCl 浓度大于 2 mol/L 的条件下才能正常生长。利用含较高浓度 NaCl 的牛肉膏蛋白胨等培养基可较方便地分离到嗜盐细菌。

真细菌中也有少数种类具有耐盐特点，如盐单胞菌属（*Halomonas*）等，其细胞膜中均不含甘油二醚类衍生物，却有非羟基化的脂肪酸甲酯。根据这一特点，用薄层层析法测定极端嗜盐菌菌体提取液中的甘油二醚类衍生物，可提高分离和鉴别嗜盐细菌的效率。

根据形态结构、生理生化、细胞组分及培养、生态、遗传等方面的特征鉴定到种。

【实验器材】

培养基 Payne，富集培养基 Gibbons，修饰的牛肉膏蛋白胨培养基，牛奶-盐-琼脂培养基等；试管，锥形瓶，培养皿，烧杯，吸管，恒温水浴槽，烘箱，培养箱，高压蒸汽灭菌锅，恒温摇床，分光光度计，显微镜，测微尺等。

【操作步骤】（简要提示）

1）培养基配制。

2）样品采集。

3）富集培养。

4）分离纯化。

5）形态观察。

6）特性测定。

【实验报告】

1. 实验结果

1）撰写研究论文，主要报告所用材料和方法、结果与讨论。

2）获得纯的嗜盐细菌菌株。

2. 思考题　　设计本实验的主要依据是什么？

【注意事项】

1. 采集样品要选用盐田、盐库、盐湖等处的材料。

2. 注意严格无菌操作。培养中必须严防培养基干燥，有的种类还需要光照。

3. 纯化处理要经过多次才能完成。一般要检验形态结构、革兰氏染色、生理生化特性及培养特征等是否一致。

4. 菌种鉴定一定要根据形态结构、生理生化、细胞组分及培养、生态、遗传等多方面的特征鉴定到种。

（蔡信之）

实验 3-4　极端嗜盐菌甘油二醚类衍生物的测定

【目的要求】

1. 掌握极端嗜盐菌甘油二醚类衍生物的提取方法。

2. 用薄层层析法测定极端嗜盐菌的甘油二醚类衍生物，快速鉴别极端嗜盐菌。

【基本原理】

极端嗜盐菌对 NaCl 有很强的适应能力，其细胞膜中含有甘油二醚类衍生物。

真细菌中也有少数种类具有耐盐性，但其细胞膜中均不含甘油二醚类衍生物，却含有非羟基化的脂肪酸甲酯。据此，用薄层层析法测定极端嗜盐菌菌体提取液中的甘油二醚类衍生物，可提高分离和鉴别极端嗜盐菌的效率。

【实验器材】

盐杆菌（*Halobacterium* sp.），盐生盐杆菌（*Halobacterium halobium* R1），盐单胞菌（*Halomonas* sp.），节杆菌（*Arthrobacter* sp.）；完全培养基，牛肉膏蛋白胨培养基；甲醇，甲苯，浓硫酸，己烷，无水乙醇，石油醚（沸点 60～80℃），乙醚，丙酮，磷钼酸，硅胶G；玻璃板，带磨口玻璃塞的刻度试管，锥形瓶，培养皿，烧杯，微量移液器，电吹风，小喷雾器，层析缸，恒温水浴槽，烘箱等。

【操作步骤】

1. 极端嗜盐菌及耐盐细菌的培养和菌体收集　　取 3 ml 盐杆菌悬液接种于有 60 ml 完全培养基的锥形瓶中（每种菌接 4 或 5 瓶），置于 37℃旋转式摇床上，光照条件下振荡培养 5～6 d（180 r/min）。将此培养液离心 15 min（4000 r/min），弃上清，将菌体置于 50℃烘箱中烘干（或真空冷冻干燥），最后将菌体于研钵中磨碎，备用。盐单胞菌用含 8% NaCl 的完全培养液，节杆菌接种牛肉膏蛋白胨液体培养基，30℃振荡培养 2 d，不必光照。其余步骤同上。

2. 极端嗜盐菌甘油二醚类衍生物的提取

（1）菌体水解　　先将各实验菌干菌体 100 mg 分别置于一含有磨口玻璃塞的刻度试管（10 ml）中，再在此试管中各加入 3 ml 甲醇、3 ml 甲苯及 0.1 ml 的浓 H_2SO_4，充分混匀，置于 50℃恒温水浴槽中，水解 15～18 h，其间适当振摇数次。

（2）甘油二醚类衍生物的提取　　在上述每支菌体水解完毕的试管中，分别加入 1.5 ml 己烷，剧烈摇荡 2～3 min，静置 15～20 min 至水解液明显分层（甘油二醚类衍生物或脂肪酸甲酯等脂质在上层有机溶液中）。

3. 极端嗜盐菌甘油二醚类衍生物的薄层层析

（1）层析板的制备　　称取 1.7 g 硅胶 G，置于小烧杯中，加 4.3 ml 水，充分调匀成糊状，迅速铺展于一干净的玻璃板（10 cm×10 cm）上，保持水平，待干后于 110℃烘箱内活化 1 h，冷却后将此板置于干燥器内备用（需制备数块板备用）。

（2）点样　　用微量移液器吸取各试验菌的提取液 20～40 μl，分别逐次滴加在层析板的点样位置上（起始点离层析板下缘约 1.5 cm）。每次滴加后可用电吹风吹干。样点直径不应超过 2 mm。

（3）层析和显色

1）含有一种甘油二醚类衍生物样品液分析。

A．层析。将点样完的层析板放入溶剂系统为石油醚：乙醚＝85：15（V/V）的层析缸中（层析板略倾斜，溶剂液面应在点样位置的下方），待溶剂前沿接近层析板上端边缘时取出层析板，自然风干。

B．显色。将 10% 磷钼酸溶液（用无水乙醇配制）加到一小喷雾器中，然后将此液均匀地喷洒在上述层析板上，再将此层析板置于 150℃烘箱中，保持 15 min。可见极端嗜盐菌（古生菌）的样品提取液在 R_F 值约为 0.2 处有一黑色斑点，此即为甘油二醚类衍生物；而盐单胞菌和节杆菌（包括其他一些真细菌）的样品提取液在 R_F 值大于 0.6 处有一黑色斑点，此为非羟基化脂肪酸甲酯。若斑点较长表明样品液中可能存在两种甘油二醚类衍生物。

2）含有两种甘油二醚类衍生物样品液分析。

A．层析。将点样完毕的层析板置于一含有石油醚：丙酮＝95：5（V/V）的层析缸中，待溶剂展开至接近层析板上端边缘时取出，自然风干。再用甲苯：丙酮＝97：3（V/V）的溶剂系统，以同一方向再次展开，并自然风干。

B．显色。方法同上。显色结果：同一样品液经层析可呈现两个间隔距离很小的黑色斑点，表明该样品液确实具有两种甘油二醚类衍生物。

【实验报告】

1．实验结果

1）仔细观察各试验菌种提取液的薄层层析结果，计算各试验菌种样品的 R_F 值，并绘制各试验菌种样品液的薄板层析结果图。

2）根据试验菌提取液的薄层层析结果，鉴别试验菌中的极端嗜盐菌（古菌）。

2．思考题　　设计本实验的主要依据是什么？

【注意事项】

1．甘油二醚类衍生物薄层层析，一般先用上述方法"1）含有一种甘油二醚类衍生物样品液分析"进行，当层析板上的斑点呈现伸长时，表明该样品中可能有两种甘油二醚类衍生物，再用上述方法"2）含有两种甘油二醚类衍生物样品液分析"分析。

2．甘油二醚类衍生物除了采用薄层层析法检测外，也可进一步用红外光谱法鉴别。甘油二醚类衍生物具有以下特点。

第一，在下述波长及附近有强吸光带：① 2960 cm^{-1}、2940 cm^{-1}、2880 cm^{-1} 和 1460 cm^{-1}（长链基团吸收带）；② 3400 cm^{-1}，宽的（羟基吸收带）；③ 1120 cm^{-1}［醚键（C—O—C）吸收带］。

第二，在 1750～1730 cm^{-1} 无酯的吸收带。

第三，在 1380～1365 cm^{-1} 具有双重峰（异丙基团吸收带）。

3．某些非嗜盐的真细菌同时可能含有羟基化的脂肪酸甲酯（其 R_F 值也约为 0.2），可用异羟肟酸盐 / $FeCl_3$ 酯喷雾剂加以鉴别。

（蔡信之）

实验 3-5　食用菌菌种的分离与选育

【目的要求】

1. 掌握食用菌菌种分离与选育的常用方法及基本原理。

2. 获得一株性状比较优良的高产食用菌菌种。

【基本原理】

菌种对食用菌生产极其重要，直接影响其品质和产量。菌种纯正、优良才能优质高产。食用菌的孢子和组织块都能在适宜的培养基上萌发成菌丝体而获得纯菌种。因此，常用组织分离法和孢子分离法等分离食用菌菌种。组织分离法操作简便，不易变异，能保持其优良特性。但对于银耳、木耳等胶质菌，因其子实体中菌丝含量极少，组织分离不易成功。孢子分离获得的菌种生活力强，但孢子个体间有差异，且自然分化较严重，须提纯并做出菇试验。同宗接合的菌类可用单孢子分离法。异宗接合的菌类用多孢子分离法。

菌种选育的途径很多，自然选择、诱变、杂交等方法都可改变其特性。利用物理或化学等因素可使食用菌的 DNA 分子产生变异，可从突变体中筛选到性状提高的优良菌种。

【实验器材】

香菇、蘑菇、平菇、金针菇、木耳、银耳等常见食用菌；马铃薯葡萄糖培养基等（附录二），栽培原料；75% 乙醇溶液，无菌水，亚硝酸，磷酸盐缓冲液；显微镜，紫外灯，磁力搅拌器，试管，锥形瓶，培养皿，烧杯，移液管，菌种瓶，栽培袋，接种工具，灭菌锅，恒温培养箱，烘箱等。

【操作步骤】（简要提示）

1）培养基配制。

2）食用菌菌体采集、消毒。

3）采用孢子分离法或组织分离法分离食用菌菌种。

4）出菇试验。

5）对孢子悬液诱变处理。

6）拮抗试验、栽培试验、筛选鉴定。

【实验报告】

1. 实验结果

1）撰写研究论文，主要报告所用材料和方法、结果与讨论。

2）获得食用菌的优良菌种。

2. 思考题　　设计本实验的主要依据是什么？

【注意事项】

1. 样品要选本地栽培时间长、产量高、品质好、出菇均匀、适应能力强、抗逆性强的主要品种，并注意选出菇早、菇形好、发育壮、菌盖厚、无病虫、八九分成熟的菇体。

2. 注意无菌操作。菌种无污染与混杂、色白、光泽、粗壮、浓密、分枝多、活力强。

3. 诱变处理的合理剂量要通过多次预备试验确定，可采用杀菌率 30%～70% 的剂量。

4. 优良菌株的筛选一定通过显微镜检查、出菇试验、栽培试验、抗逆性试验、生化特性测定等，仔细比较其产量、品质、抗性等性状。要求菌种纯度高、无异常、发育壮、生长快、菇形好、产量高、品质优、抗性强。

（蔡信之）

实验 3-6　细菌 DNA 中（G＋C）mol% 值的测定

【目的要求】

1. 掌握用氯仿苯酚混合液提取细菌 DNA 的方法。
2. 用紫外分光光度计测定细菌 DNA 的热变性温度（T_m），计算其 DNA（G＋C）mol% 值。

【基本原理】

细菌 DNA 的碱基对排列顺序、数量或比例不受菌龄及突变因素之外的生长条件等外界因素的影响。不同细菌 DNA 中（G＋C）mol% 值的变化较大（27%～75%）。（G＋C）mol% 值是生物种的特征，在细菌的分类鉴定中，它已作为常规的鉴定指标之一。

细菌 DNA（G＋C）mol% 值的分析方法较多，除化学方法测定外，还有 DNA 的热变性温度（T_m）、浮力密度梯度离心及高压液相色谱等物理方法。本实验介绍采用紫外分光光度计测定细菌 DNA 的热变性温度（T_m）及计算其（G＋C）mol% 值的方法。此法是目前用得较多且简便、快速和重复性好的一种方法。将 DNA 溶于一定的溶液中，经加热变性使其解链成单链，导致它们对紫外线光密度逐步增加，如继续升温至全成单链便到一定值。这种光密度增大的性质称为增色性。T_m 值就是其增色效应一半时的温度。由于 DNA 的 GC 碱基对之间有 3 个氢键，AT 碱基对之间只有两个氢键，因此有 3 个氢键的 GC 碱基对结合得较牢固，在热变性中打开 GC 碱基对之间 3 个氢键所需的温度也较高，所以 DNA 中（G＋C）mol% 值越高，其 T_m 值也越高，其关系如下：$T_m＝69.3＋0.41×(G＋C)mol\%$。

【实验器材】

盐杆菌（*Halobacterium* sp.），枯草芽孢杆菌（*Bacillus subtilis* A.S.1.88）；完全培养基，牛肉膏蛋白胨培养基（附录二）；SE 溶液，SDS（十二烷基硫酸钠），溶菌酶，2.5 mol/L Tris 溶液，水饱和酚，氯仿-异戊醇（体积比 24∶1），95% 乙醇溶液，1×SSC（NaCl-柠檬酸钠溶液，0.15 mol/L NaCl-0.015 mol/L 柠檬酸钠，pH 7.0±0.2；浓缩 10 倍称为 10×SSC，稀释 10 倍称为 0.1×SSC），RNA 酶［先将 RNA 酶溶于 0.15 mol/L NaCl 溶液（pH 5.0）中，2.0 mg/ml，再将其在沸水中处理 10 min，以灭活样品中可能污染的 DNA 酶］，生理盐水。

752 C 型紫外可见分光光度计（比色槽装有电加热器），精密型拨盘设定恒温器，比色杯（带磨口玻璃塞的石英比色杯，一半导体 PN 结温度传感器可通过比色杯上的小孔直接插到杯内样品上部，不影响光路即可；样品加热中随时可读出其温度，此杯在使用前先用乙醇浸泡，再用蒸馏水清洗，烘干或用待测溶液冲洗），高速冷冻离心机，恒温水浴槽，克氏瓶，离心管，移液管，试管，滴管，玻璃棒，量筒，接种环，具磨口玻璃塞的锥形瓶。

【操作步骤】

1．DNA 的制备

（1）细菌培养及菌体收集

1）取盐杆菌悬液 3 ml，接种于一装有 60 ml 完全培养液的锥形瓶中（每个菌种接种 5 或 6 瓶），将锥形瓶置于 37℃旋转式摇床上振荡培养 5～6 d（180 r/min），提供光照条件。再将上述培养液离心 10 min（4000 r/min），弃去上清液，最后收集湿菌体 2～3 g，并悬浮于有 40～50 ml SE 溶液的离心管中。

2）取枯草芽孢杆菌悬液 2 ml，接种于一克氏瓶中的牛肉膏蛋白胨培养平板（接 3 瓶），于 30℃培养 15 h。用生理盐水洗下菌体，离心 10 min（4000 r/min），再用 50 ml SE 溶液洗涤 1 或 2 次，最后收集湿菌体 2～3 g，同样悬浮于有 40～50 ml SE 溶液的离心管中。

（2）细菌 DNA 提取　　提取细菌 DNA 的方法较多，本实验采用目前较常用、简便、脱蛋白质效果好及所提取的 DNA 纯度较高的氯仿-苯酚混合提取法，具体步骤如下。

1）在悬有 2～3 g 湿菌体的 40～50 ml SE 溶液中，加溶菌酶 10 mg，置于 37℃水浴中保温 30～60 min，其间用玻璃棒搅拌数次。加 0.5～0.75 g SDS，60℃水浴保温 10 min，其间用玻璃棒搅拌数次，若黏度太高，可适当补加 SE 溶液。

注意：盐杆菌等革兰氏阴性菌的 DNA 提取中，可略去加溶酶菌处理这一步骤。

2）菌体溶解后冷至室温，转移到一磨口锥形瓶中，加等体积的水饱和酚和 1/2 体积氯仿-异戊醇（24∶1）振摇 5 min，离心（9000 r/min，4℃）10 min，取上层水相。

3）加等体积氯仿-异戊醇，振摇 5 min，离心（9000 r/min，4℃）10 min，取水层。重复操作一次。

4）加 RNA 酶（50～100 μg/ml），置于 37℃水浴中保温 30～60 min。

5）加等体积氯仿-异戊醇，振摇 5 min，离心（9000 r/min，4℃）10 min。取水层。重复操作 1 或 2 次。

6）加两倍体积预冷的 95% 乙醇溶液，用玻璃棒卷出 DNA。在 DNA 中加适量 1×SSC 或 0.1×SSC 溶液。DNA 溶液若不澄清可离心。低温保存备用。

（3）细菌 DNA 纯度分析　　将各试验菌的 DNA 样品做适当稀释后，用 752C 紫外可见分光光度计分别测试 230 nm、260 nm 和 280 nm 波长时的光密度值。若符合 $OD_{230}∶OD_{260}∶OD_{280}=1∶0.450∶0.515$ 的比例关系，则可作为测试 T_m 值的样品。

2．DNA 的 T_m 值测定及（G＋C）mol% 值计算

（1）细菌 DNA 的 T_m 值测定　　用 1×SSC 或 0.1×SSC 溶液适当稀释各试验菌的 DNA 样品，使溶液的光密度值（OD_{260} 值）为 0.2～0.4，充分混匀，除去絮凝物，若不澄清可离心。

将一样品液加到带塞的石英比色杯内，慢慢加热。从 25℃开始记录 OD_{260} 值，迅速升温到 50℃左右，如杯内有气泡，轻轻敲其壁除去。继续加热至热变性前 3～5℃，停止加热 5 min。待杯内温度不再上升后再慢慢加热，一摄氏度一摄氏度地升温（每升高 1℃约 1 min）直至不再呈现增色性，表明 DNA 变性已完全，记录每个温度下溶液的光密度值。

（2）细菌 DNA T_m 值的计算　　由于样品液升温后体积膨胀，因此必须将各温度下的溶液光密度值校正为 25℃的数值，用校正值除以 25℃的光密度值，得出各温度下的相对

光密度值。表 3-6.1 和表 3-6.2 分别是枯草芽孢杆菌 A.S.1.88 和东石盐杆菌（仅列部分数据）DNA 的热变性测定值。溶液的相对膨胀体积可由表 3-6.3 查得。

表 3-6.1　枯草芽孢杆菌 A.S.1.88 DNA 的热变性测定值

温度 /℃	光密度值	校正膨胀体积后光密度值	相对光密度值
25	0.287	0.287 0	1.000 0
81	0.287	0.294 6	1.026 5
82	0.290	0.297 9	1.038 0
83	0.294	0.302 2	1.053 0
84	0.300	0.308 6	1.075 2
85	0.313	0.322 2	1.122 6
86	0.331	0.340 9	1.187 8
87	0.348	0.358 7	1.249 8
88	0.368	0.379 6	1.322 6
89	0.379	0.391 2	1.363 1
90	0.386	0.398 7	1.389 2
91	0.389	0.402 1	1.401 0
92	0.392	0.405 4	1.412 5
93	0.394	0.407 8	1.420 9
94	0.394	0.408 1	1.422 0

表 3-6.2　东石盐杆菌 DNA 的热变性测定值

温度 /℃	光密度值	校正膨胀体积后光密度值	相对光密度值
25	0.270	0.270 0	1.000 0
86	0.270	0.278 1	1.030 0
90	0.285	0.294 4	1.090 4
95	0.331	0.343 1	1.270 7
98	0.373	0.387 5	1.435 2
99	0.375	0.389 9	1.444 1
100	0.375	0.390 2	1.445 2

表 3-6.3　25℃水对不同温度水的相对膨胀体积

温度 /℃	相对体积 V_T/V_{25}	温度 /℃	相对体积 V_T/V_{25}	温度 /℃	相对体积 V_T/V_{25}
25	1.000 0	64	1.016 2	70	1.019 7
50	1.009 1	65	1.016 8	71	1.020 3
60	1.014 1	66	1.017 4	72	1.020 9
61	1.014 6	67	1.018 0	73	1.021 5
62	1.015 2	68	1.018 5	74	1.022 1
63	1.015 7	69	1.019 1	75	1.022 8

温度 /℃	相对体积 V_T/V_{25}	温度 /℃	相对体积 V_T/V_{25}	温度 /℃	相对体积 V_T/V_{25}
76	1.023 4	86	1.030 0	96	1.037 3
77	1.024 0	87	1.030 8	97	1.038 0
78	1.024 7	88	1.031 4	98	1.038 8
79	1.025 3	89	1.032 1	99	1.039 6
80	1.026 0	90	1.032 9	100	1.040 4
81	1.026 6	91	1.033 6	101	1.041 1
82	1.027 3	92	1.034 3	102	1.041 9
83	1.028 0	93	1.035 1	103	1.042 6
84	1.028 7	94	1.035 8	104	1.043 3
85	1.029 3	95	1.036 5	105	1.044 1

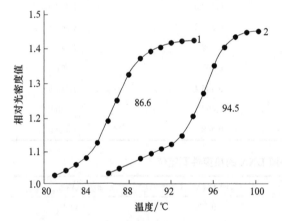

图 3-6.1　DNA 的热变性曲线（数字示 T_m 值）
1. 枯草芽孢杆菌 A.S.1.188；2. 东石盐杆菌

以温度为横坐标，相对光密度值为纵坐标，绘成热变性曲线，其线性部分的中点相对应的温度即为 T_m 值。图 3-6.1 为枯草杆菌 A.S.1.88 和东石盐杆菌 DNA 的热变性曲线。

（3）细菌 DNA 的（G＋C）mol% 值计算　　在一定离子强度的盐类溶液中某种 DNA 的 T_m 值是一恒定值，并与（G＋C）mol% 值成比例，因此可根据经验公式：

1×SSC 条件下（G＋C）mol%
$$= (T_m - 69.3) \times 2.44 \quad (1)$$

$$0.1 \times SSC \text{ 条件下（G＋C）mol\%} = (T_m - 53.9) \times 2.44 \quad (2)$$

计算出 DNA 的（G＋C）mol% 值。由于不同实验室使用的化学试剂、缓冲溶液、仪器等不同常会引起一定的实验误差。因此，各实验室应建立自己的 T_m 值测定标准和参比菌株。常用的参比 DNA 是大肠埃希氏菌 K_{12} 菌株，其（G＋C）mol% 值为 51.2%。在测定未知菌 T_m 值时，要同时测定参比菌株的 T_m 值，以便校正实验误差。本实验采用枯草芽孢杆菌 A.S.1.88 菌株为参比株［文献值：T_m 值为 86.6℃，（G＋C）mol% 值为 42.2%］。若测定的枯草芽孢杆菌 A.S.1.88 T_m 值在 86.2～87.0℃时（即标准值的 ±0.4℃），可用公式（1）、（2）。在其他数值情况下，则可使用经验公式（3）、（4）：

$$1 \times SSC \text{ 条件下（G＋C）mol\%} = 42.2 + 2.44 (T_{m_2} - T_{m_1}) \quad (3)$$

$$0.1 \times SSC \text{ 条件下（G＋C）mol\%} = 42.2 + 2.08 (T_{m_2} - T_{m_1}) \quad (4)$$

式中，T_{m_1} 和 T_{m_2} 分别为枯草芽孢杆菌 A.S.1.88 和未知菌的 T_m 值，如东石盐杆菌 DNA 的 T_{m_2} 值是 94.5℃，枯草杆菌 A.S.1.88 菌株 DNA 的 T_{m_1} 值是 86.6℃（1×SSC），所以用公式（1）计算该菌的（G＋C）mol% 值，该菌 DNA 中（G＋C）mol%＝（94.5-69.3）×

2.44＝61.5（%）。

【实验报告】

1. 实验结果

1）按表 3-6.1 的结果记录方式认真记录和计算试验菌 DNA 的热变性测定值；按图 3-6.1 表示方式绘制 DNA 的热变性曲线图，精确求得试验菌株 DNA 的 T_m 值。

2）应用上述经验公式，准确地计算试验菌 DNA 的（G＋C）mol% 值。

2. 思考题

1）DNA 热变性温度（T_m）法测定（G＋C）mol% 值的基本原理是什么？有何优点？

2）做好本实验应注意哪些要点？

【注意事项】

1. 提取的 DNA 最好当天使用，如提取过程暂时中断，最好在去蛋白质时将未离心悬液置于冰箱中。

2. 菌体量增多时所用试剂量也相应增加。

3. 用带塞比色杯测定，当最终温度达 98℃时，杯内液体损失约 1.5%，由于多数损失出现在 T_m 值得到之后，故在计算（G＋C）mol% 值时可忽略不计。

4. G＋C 含量的测定适合于 30%～75% 的范围，含量过高或过低都会产生误差。对于（G＋C）mol% 值较高的 DNA（如该值为 75% 时，其 T_m 值为 100℃），必须把样品升温到 104℃才能完成 T_m 值的测定。但是，在这样的情况下比色杯塞子往往会发生位移，可选用能使 T_m 值降低的溶液，如可将 DNA 溶于 0.1×SSC 溶液中进行测定。同样，（G＋C）mol% 值也可按公式（2）、（4）计算（后者测定的 T_m 值可比前者降低约 16℃）。

5. 由于分析方法的误差，DNA 中（G＋C）mol% 值小于 2% 的差别无意义。同一种的菌株间（G＋C）mol% 差值不大于 5%，同一属内不同种间的（G＋C）mol% 值很少大于 15%。差别达 20%～30% 时，可认为是不同属，甚至不同科的细菌。

6. 酚具有腐蚀性，可腐蚀皮肤，经皮肤吸收后对人体有毒，操作时须戴乳胶手套，以免损伤皮肤。

（蔡信之）

实验 3-7　菌 种 保 藏

【目的要求】

掌握菌种保藏的常用方法及其基本原理。

【基本原理】

菌种保藏的目的是使其经保藏后不衰退、不混乱、不死亡、不污染杂菌，并保持其优良性状。菌种的变异都是在其生长繁殖中发生的。菌种保藏的原理是根据其生理生化特性创造一个适合其休眠的环境，即低温、干燥、缺氧、避光、缺少营养及添加保护剂或酸度中和剂，并尽量减少传代的次数，以利于降低菌种的变异率。温度越低，保藏效果越好。液氮保藏温度可达 −196℃，保藏效果好、期限长、适用范围广。但需要专用设备，适合专业保藏机构。低温冰箱使用较普遍，添加甘油等保护剂可于 −70℃ 保藏。也可用 −30～−20℃ 冰箱保藏，但效果稍差些。细胞体积越大，对低温越敏感，无细胞壁的比有细胞壁的敏感。低温冷冻使细胞内水分形成冰晶，损伤细胞的各组分。当从低温环境取出时，随温度升高冰晶会膨大，快速升温可减少对细胞的损伤。冷冻保藏时所用的介质对保藏效果的影响较大。有些方法如滤纸保藏法、冷冻干燥保藏法及液氮保藏法等均需用保护剂制备菌悬液，可减轻水分冷冻及升华时对菌种的损害，提高菌种的存活率，常用的保护剂有牛奶、血清、糖类、甘油和二甲基亚砜等。适当浓度的甘油或二甲基亚砜会少量地渗入细胞，可缓解菌种细胞在冷冻中由于强烈脱水及胞内形成冰晶引起的破坏作用；大分子物质，如牛奶、血清、多糖等保护性溶质可通过氢键和离子键对水和细胞产生的亲和力稳定细胞成分的构型。为了防止菌种衰退，保藏时首先要选用其休眠体如孢子、芽孢等，并努力创造适合其休眠的条件，以利于其长期休眠；对不产孢子的微生物，也要尽量使其新陈代谢降至最低水平，又不使其死亡，实现长期保藏。

无论用哪种方法保藏菌种，保藏前都必须保证它是典型的纯培养物；保藏中要严格管理，定期检查，发现问题及时处理。

每种保藏方法都各有优缺点，没有一种方法是通用的，必须根据菌种的特点选择合适的方法保藏。对于重要的菌种要采用多种方法同时保藏，以防止其重要特性衰退或丧失。

【实验器材】

细菌、酵母菌、放线菌和霉菌斜面菌种；牛肉膏蛋白胨培养基斜面及其半固体培养基（培养细菌），麦芽汁培养基斜面及其半固体培养基（培养酵母菌），高氏 1 号培养基斜面（培养放线菌），马铃薯蔗糖培养基斜面（培养丝状真菌）；无菌水，无菌液体石蜡，P_2O_5，新鲜牛奶或脱脂奶粉，10% HCl 溶液，干冰，95% 乙醇溶液，甘油，食盐，河砂，瘦黄土（有机物含量少）；无菌试管，无菌吸管（1 ml 及 5 ml），无菌滴管，接种环，接种针，40 目及 100 目筛子，干燥器，安瓿管，冰箱，液氮罐，冷冻干燥装置，酒精喷灯，锥形瓶等。

【操作步骤】

下列各方法可根据实验室条件及需要选做。

（一）斜面传代保藏法

1. 贴标签　　取各种无菌斜面试管数支，将注有菌株名称和接种日期的标签贴在试管斜面的正上方，距试管口 2～3 cm 处。每一菌种要接 3 支以上的斜面。

2. 斜面接种　　将待保藏的菌种用接种环以无菌操作移接至相应的试管斜面上，细菌和酵母菌应采用对数生长后期的细胞，而放线菌和丝状真菌宜采用成熟的孢子。

3. 培养　　细菌 37℃ 恒温培养 18～24 h，酵母菌于 28～30℃ 培养 36～60 h，放线菌和丝状真菌置于 28℃ 培养 4～7 d。

4. 保藏　　斜面长好后，可直接放入 4℃ 冰箱保藏。保藏温度不宜太低，否则会因斜面培养基结冰、脱水而加速菌种的死亡。为防止棉塞受潮生长杂菌，管口棉塞应用牛皮纸包扎，或换上无菌胶塞，最好用熔化的固体石蜡熔封胶塞。

保藏时间依微生物种类而不同，酵母菌、霉菌、放线菌及有芽孢的细菌保存 3～6 个月移种，不产芽孢细菌最好每月移种一次。

此法简单、方便、不需要特殊设备；但频繁转接容易变异，污染杂菌的机会较多。

（二）半固体穿刺保藏法

这种保藏方法适用于保藏兼性厌氧的细菌和酵母菌。保藏期半年至一年。

1. 贴标签　　将注有菌种和菌株名称及接种日期的标签贴于半固体直立柱试管上。

2. 接种　　用穿刺接种法将菌接至半固体直立柱培养基中央 2/3 处，不要穿透底部。

3. 培养　　在适宜温度下培养，使其充分生长。

4. 保藏　　待菌种长好后用无菌胶塞代替棉塞，用熔化的石蜡熔封，置 4℃ 冰箱保藏。

（三）液体石蜡保藏法

1. 液体石蜡灭菌　　在 250 ml 锥形瓶中装 100 ml 液体石蜡，塞上棉塞，用牛皮纸包扎，121℃ 湿热灭菌 30 min，然后置于 105～110℃ 烘箱中烘 1 h，以除去其中的水分。

2. 接种培养　　同斜面传代保藏法。每一菌种接 3 支以上。

3. 加液体石蜡　　用无菌滴管吸取液体石蜡以无菌操作加到已长好的菌种斜面上，加入量高出斜面顶端约 1 cm。可隔绝空气，并防止培养基水分蒸发。将棉塞换成无菌胶塞。

4. 保藏　　管口外包牛皮纸，将试管直立于 4℃ 冰箱中保存。用此法，霉菌、放线菌、有芽孢细菌可保藏 2 年左右，酵母菌可保藏 1～2 年，一般无芽孢细菌可保藏 1 年左右。

5. 恢复培养　　用接种环从液体石蜡下挑取少量菌种，在试管壁上轻靠几下，尽量使油滴尽，再接种于新鲜培养基中培养。由于菌体表面粘有液体石蜡，生长较慢且有黏性，故一般需要连续转接两次才能获得良好的菌种。

此法简单、不需要特殊设备，且保藏期较长；但菌种管需直立保存，保藏、携带不便。能利用石蜡为碳源及对液体石蜡敏感的微生物菌种都不能用此法保藏。应定期检测存活率。

（四）砂土管保藏法

1. 砂土处理

（1）砂处理　　取河砂经 40 目过筛去除大颗粒，加 10% HCl 溶液浸泡（用量以浸没砂面为宜）2～4 h 除去有机杂质，然后倒去盐酸，用清水冲洗至中性，烘干或晒干，备用。

（2）土处理　　取耕作层下瘦黄土（有机质少），加水浸泡洗涤数次，直至中性。烘干，粉碎，用 100 目过筛去除粗颗粒，备用。

2. 装砂土管　　将砂与土按 2：1、3：1 或 4：1（m/m）的比例混匀装入试管中（10 mm×100 mm），高约 5 cm，加棉塞，外包牛皮纸，0.1 MPa 灭菌 30 min，灭菌后烘干。

3. 无菌试验　　每 10 支砂土管任抽一支，取少许砂土放入牛肉膏蛋白胨或麦芽汁培养液中，最适温度培养 2～4 d，确定无菌生长才能用。有杂菌需重新灭菌，再做无菌试验，直至合格。

4. 制备菌液　　用 5 ml 无菌吸管分别吸取 3 ml 无菌水至待保藏的菌种斜面上，用接种环轻轻搅动，制成悬液。

5. 加样　　用 1 ml 吸管吸取上述菌悬液 0.3～0.5 ml 加入砂土管中，加入菌液量以湿润砂土达 2/3 高度为宜。也可用接种环挑 4 或 5 环干孢子拌入砂土中。

6. 干燥　　将含菌砂土管放入用培养皿盛 P_2O_5 作干燥剂的干燥器内，再用真空泵连续抽气 3～4 h 加速干燥。将砂土管用手指轻轻一弹，砂土呈分散状即表明达到充分干燥。

7. 保藏　　每 10 支砂土管任抽一支，用接种环挑少许砂土接到适合该菌生长的斜面上，培养后检查有无杂菌生长及菌种生长情况，没有问题的可选择下列方法之一保藏：①用石蜡封住管口胶塞后保存于干燥器中，干燥器可置于冰箱中或室温保存；②将砂土管管口用火焰熔封后放入冰箱保存；③将砂土管装入有 $CaCl_2$ 等干燥剂的大试管中，塞上橡皮塞，再用蜡封口，放入冰箱中或室温下保存（图 3-7.1）。

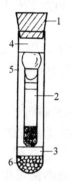

图 3-7.1　砂土管保藏
1. 橡胶塞；2. 砂土管；3、4. 棉花衬垫；5. 大试管；6. 干燥剂

8. 恢复培养　　使用时挑少许混有孢子的砂土，接种于斜面培养基上或液体培养基内培养即可，原砂土管仍可继续保藏。

此法仅适用于能产生芽孢的细菌及形成孢子的霉菌和放线菌，可保存两年左右。

（五）麸皮保藏法（适用于保藏产孢子的真菌）

1. 制备麸皮培养基　　称取一定量的麸皮加水拌匀［麸：水（m/m）＝1：（0.8～1.5）］，分装试管，装量约 1.5 cm 高（勿压紧），加棉塞，管口用牛皮纸包扎，灭菌（0.1 MPa，30 min）。

2. 培养　　接待保藏菌种于麸皮中，在合适温度培养，培养基上长满孢子后取出干燥。

3. 干燥　　将麸皮菌种管放入装有 $CaCl_2$ 的干燥器中，室温干燥，中间应更换几次 $CaCl_2$，以加速干燥。

4. 收藏　　将菌种管换上无菌胶塞，石蜡封口，置于干燥器中，放冰箱低温保藏。也可将菌种管放入装有干燥剂的大试管里，管口塞上胶塞，石蜡密封。低温或室温保藏。

5. 恢复培养　　用时用接种环挑取少量带孢子的麸皮于合适的培养基上，适温培养。

（六）甘油保藏法

菌种在冷冻和冻融中会损伤细胞。用 40% 左右的甘油或适当浓度的二甲基亚砜等作保护剂可减少冻融中对细胞原生质及细胞膜的损伤，因为有少量甘油或二甲基亚砜分子渗入细胞，缓解菌种细胞在冻融时由于强烈脱水及形成冰晶引起的破坏作用。再将其放入 −20℃ 或 −70℃ 冰箱中保藏。此法适应性广，操作简便，保藏效果好。终浓度 40% 左右的甘油生理盐水的保藏效果优于甘油原液。基因工程中常用此法保存含质粒的菌株，一般可保存 3～5 年。

1. 甘油灭菌　　将 80% 甘油置于锥形瓶内，加棉塞，牛皮纸包扎，0.1 MPa 灭菌 20 min。

2. 接种与培养　　挑取待保藏的带质粒载体的大肠埃希氏菌接种到装有 5 ml 含氨苄青霉素（100 μg/ml）的 LB 液体培养基的试管中，37℃ 振荡培养过夜，此时为对数期的末期。

3. 培养物与灭菌甘油混合　　将菌种培养液离心（4000 r/min），倾去上清液，用相应的新鲜培养液制备成菌悬液（10^8～10^9/ml），用无菌吸管吸取 0.5 ml 大肠埃希氏菌悬液，置于 1.5 ml 无菌 EP 管中，再加 0.5 ml 灭菌甘油，振荡混匀，置于乙醇-干冰或液氮中速冻。

4. 保藏 将速冻甘油菌种置于 –70℃ 冰箱中保存。也可不经速冻直接置于 –20℃ 保藏。

5. 转接 保藏期间，用接种环刮取冰冻物或蘸取悬液（挑菌后迅速盖好菌种管返回冰箱，切忌将其放在室温反复冻融加速细胞死亡）接种到含氨苄青霉素的 LB 斜面上，37℃ 培养过夜。仔细观察培养特征，判断菌种的保藏情况。挑取斜面培养物到有 2 ml 含氨苄青霉素的 LB 培养液的试管中，再加入等量 80% 灭菌甘油，振荡混匀，吸 1 ml 于 1.5 ml 无菌 EP 管中，再按上法冰冻保藏。

（七）冷冻干燥保藏法

1. 准备安瓿管 选内径 6 mm、壁厚 1 mm 左右、长 10 cm 的中性硬质玻璃试管，经 2% HCl 溶液浸 10 h 后用自来水洗净，用去离子水洗 3 次，烘干。将印有菌名和接种日期的标签放入安瓿管内，有字的面朝向管壁。管口加棉塞，0.1 MPa 灭菌 30 min。

2. 制备脱脂牛奶 将新鲜牛奶煮沸，再置于冷水中冷却，除去上层油脂。离心（3000 r/min，4℃）15 min，再除去上层油脂。如用脱脂奶粉，可将其配成 20% 乳液，分装，112℃ 高压蒸汽灭菌 30 min，并做无菌试验。有的菌种不适宜用脱脂牛奶作保护剂，可用葡聚糖等混合保护剂，能显著减少死亡率。选择好的保护剂是冷冻干燥保藏菌种的关键因素。

3. 准备菌种 选无污染的纯菌种，用其最适培养基和最适温度培养斜面菌种，一般细菌的培养时间为 24～28 h，酵母菌为 3 d，放线菌与丝状真菌为 7～10 d。获最佳培养物。

4. 制备菌液及分装 吸 3 ml 牛奶加入斜面菌种管中，用接种环轻轻搅动菌苔，搓动试管，制成均匀的细胞或孢子悬液。用无菌吸管或长滴管将菌液分装于安瓿管底部，勿沾染管壁，每管 0.2 ml。分装时间要尽量短，最好在 1～2 h 分装完毕并预冻。

5. 预冻 将安瓿管口外的棉花剪去并将棉塞向里推至离管口 1.5 cm 处，通过胶管连接于总管的侧管上，总管通过厚壁橡胶管及三通短管与真空表及干燥瓶、真空泵相接（图 3-7.2），将所有安瓿管浸入装有干冰和 95% 乙醇溶液的预冷槽中（此时槽内温度可达 –50～–40℃），只需冷冻 1 h 左右，可使悬液冻结。预冻温度不能高于 –25℃。如用程序控温仪分级降温，可快速降至 4℃，从 4℃ 至 –40℃ 每分钟降 1℃，以后每分钟降 5℃。

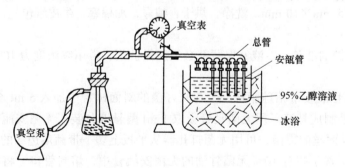

图 3-7.2 真空冷冻干燥装置

6. 真空干燥 预冻后升高总管使安瓿管仅底部与冰面接触（约 –10℃），以保持安瓿管内悬液仍呈固体。开启真空泵，应在 5～15 min 使真空度达 66.7 Pa 以下，使被冻结的悬液开始升华，当真空度达 26.7～13.3 Pa 时，冻结样品逐渐被干燥成白色片状，使安瓿管脱离冰浴，在室温下（25～30℃）继续干燥，升温可加速样品中残余水分蒸发。总干燥时间应根据安瓿管数量、悬液装量及保护剂性质确定，一般 3～4 h 即可。实验表明，慢速干燥比快速干燥菌种存活率高。

7. 封口　　　样品干燥后继续抽真空达 1.33 Pa 时，立即在安瓿管棉塞的稍下部位用酒精喷灯细火焰均匀灼烧，拉成细颈并熔封（图 3-7.3），以免空气进入影响菌种存活。

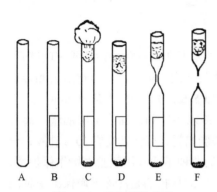

图 3-7.3　安瓿管的处理
A. 硬质玻璃安瓿管；B. 放置标签；C. 加棉塞；
D. 棉塞推向管内的位置；E. 拉细颈；F. 熔封

8. 真空度检测　　　熔封的安瓿管真空度用高频电火花发生器检测，将发生器产生的火花触及安瓿管上端（切勿直射菌种），使管内真空放电。若安瓿管内发出淡蓝色或淡紫色电光说明管内真空度符合要求。将真空度符合要求的安瓿管于 4℃ 冰箱避光保藏。每种抽一支检测其存活率、形态、特性及纯度等。许多微生物在 4℃ 冰箱保藏的存活率比在室温下高一倍。

9. 恢复培养　　　在超净工作台上，用手指弹安瓿管上部使菌种集中于其底部。先用砂轮片在安瓿管上端外壁锉一圈，再用 75% 乙醇溶液消毒该端，后在火焰上烧热该处，将无菌水滴在烧热处，使管壁出现裂缝，放置片刻，让无菌空气从裂缝缓慢进入管内，用无菌纱布包住上端，将裂口端掰断，可防止因突然开口后空气进入管内使菌粉飞扬。将合适的培养液加入安瓿管使干菌粉充分溶解，吸取菌液至合适培养基中，放在最适温度下培养。溶解速度慢的菌种成活率比溶解快的高。

冷冻干燥保藏法综合了各种有利于菌种保藏的因素（低温、干燥、缺氧及加保护剂），是目前最有效的菌种保藏方法之一。保存、运输、使用都很方便。菌丝体保藏不宜用此法。

（八）液氮超低温保藏法

1. 安瓿管准备　　　所用安瓿管应能经受温度突然变化而不破，一般用硼硅酸盐玻璃制品，规格为 75 mm×10 mm。洗净，烘干，编号，加棉塞，牛皮纸包扎，0.1 MPa 灭菌 30 min。

2. 冷冻保护剂准备　　　液氮保藏都必须加保护剂，常用终浓度为 10%（V/V）的无菌甘油。

3. 制备菌悬液或带菌琼脂块　　　在长好菌的斜面试管中加入 5 ml 含 10% 灭菌甘油的液体培养基制成悬液。用无菌吸管吸取 1 ml 菌悬液分装于无菌安瓿管中，熔封管口。要保藏只长菌丝的霉菌，可用无菌打孔器从平板上切下带菌落边缘的琼脂块（直径 8 mm）2 或 3 块置于装有 10% 无菌甘油的无菌安瓿管中，熔封管口。将安瓿管浸入亚甲蓝溶液中在 4℃ 冰箱静置 30 min，观察溶液是否进入管内，只有经密封检验合格者才可冷冻。

4. 预冷冻　　　菌种于液氮冰箱保藏前须经慢速冷冻（每分钟降 1℃），防止细胞因快速冷冻形成冰晶降低存活率。实验室无控速冷冻机可将已封口安瓿管置 −70℃冰箱保藏 4 h。

5. 保藏　　将预冷冻的安瓿管迅速置于液氮罐（图 3-7.4,液相 −196℃或气相 −156℃）保藏。保藏期间液氮会缓慢挥发,要注意及时补充。

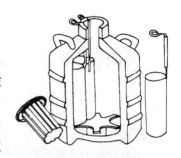

图 3-7.4　液氮罐

6. 恢复培养　　使用保藏菌种时,从液氮冰箱中取出安瓿管立即放入 40℃水浴中解冻,轻轻摇晃使管中冰迅速融化。以无菌操作打开安瓿管,用无菌吸管将管中保藏物全部转移到有 2 ml 无菌液体培养基试管中,吸取 0.2 ml 菌悬液于斜面培养基上,在适宜条件下保温培养。

【实验报告】

1. 实验结果

1）将菌种保藏方法和结果记录于表 3-7.1 中。

表 3-7.1　菌种保藏实验记录表

接种日期	菌种名称		培养条件		保藏方法	保藏温度 /℃	操作要点	菌种生长情况
	中文名	学名	培养基	培养温度 /℃				

2）试述各种菌种保藏方法的优缺点。

2. 思考题

1）如何防止菌种管棉塞受潮和杂菌污染?经常使用的细菌适宜用哪种方法保藏?

2）冷冻干燥装置包括哪几个部件?各起什么作用?用时打开安瓿管应注意什么?

3）现有一纤维素酶的高产霉菌菌株,你选用什么方法保存?设计一个实验方案。

4）液氮保藏为何用含保护剂的溶液制备菌悬液?保藏时要注意什么问题?

【注意事项】

1. 从液体石蜡封藏的菌种管中挑菌后,接种环上带有油和菌,接种环在火焰上灭菌时要先在火焰边缘烤干再灼烧,以免菌液四溅,引起污染。

2. 真空干燥中安瓿管内样品应保持冻结状态,以防抽真空时样品产生泡沫外溢。

3. 熔封安瓿管时注意火焰大小要适中,封口处灼烧要均匀,若火焰过大又不均匀,封口处易弯斜,冷却后易出现裂缝造成漏气。安瓿管需严格密封,以防漏气或液氮渗入。

4. 液氮与皮肤接触时,皮肤极易被"冷烧",操作要小心,最好戴皮手套和面具。

5. 从液氮冰箱取安瓿管时,为防止其他安瓿管升温,取出及放回时间不超过 1 min。

6. 液氮容器要放置在通风良好的地方,在较小的房间内操作要注意防止窒息。

（蔡信之）

第二单元　食品、药品、化妆品微生物学检测

实验 3-8　食品中菌落总数及大肠菌群的检测

【目的要求】

学习食品中菌落总数和大肠菌群检测的主要意义、基本原理和常用方法。

【基本原理】

国家卫生健康委员会规定的食品中需控制的微生物指标主要包括菌落总数、大肠菌群和致病菌 3 个项目。其中菌落总数和大肠菌群是最重要、最常检的检验项目。

菌落总数是指食品检样经过处理，在一定条件下培养后所得 1 g、1 ml 或 1 cm^2 表面积检样中所含微生物菌落的总数。菌落总数主要作为食品被污染程度的标志，也可以观察细菌在食品中繁殖的动态，以便对被检样品进行卫生学评价时提供依据。

每种微生物都有一定的生理特性，培养时应用不同的营养及温度、培养时间、pH、需氧性质等条件，满足其要求，才能分别将各种微生物都培养出来。但在实际工作中，一般都只用一种常用的方法测定微生物菌落总数，所得结果只包括一群能在营养琼脂上生长的中温性需氧菌的菌落总数。

大肠菌群是指一群在 37℃、24 h 内，能发酵乳糖产酸、产气，需氧或兼性厌氧的革兰氏阴性、无芽孢杆菌，主要来源于人畜粪便，可作为粪便污染指示菌以评价食品的卫生质量，推断食品是否污染肠道致病菌。食品中大肠菌群数以每 100 ml（g）检样内大肠菌群最可能数（MPN）表示。参照国家标准《食品安全国家标准　食品微生物学检验　大肠菌群计数》（GB4789.3—2016）。

【实验器材】

平板计数琼脂培养基（胰蛋白胨 5 g，酵母浸膏 2.5 g，葡萄糖 1 g，琼脂 15 g，蒸馏水 1000 ml）；月桂基硫酸盐胰蛋白胨（laurgl sulfate tryptose，LST）肉汤[①]发酵管，煌绿乳糖胆盐（BGLB）肉汤[②]，蛋白胨水；75% 乙醇溶液，生理盐水；移液管（1 ml、10 ml），广口瓶，锥形瓶，玻璃珠，培养皿，试管，水浴锅，均质器，载玻片等。

【操作步骤】

（一）食品中细菌总数测定

1. 检样稀释及培养

1）以无菌操作将检样 25 g（或 25 ml）剪碎后放于有 225 ml 无菌生理盐水的无

---

① 月桂基硫酸盐胰蛋白胨肉汤：胰蛋白胨或胰酪胨 20 g，NaCl 5 g，乳糖 5 g，KH$_2$PO$_4$ 2.75 g，K$_2$HPO$_4$ 2.75 g，月桂基硫酸钠 0.1 g，蒸馏水 1000 ml。将上述各成分溶解于蒸馏水中，调节 pH 至 6.8±0.2，分装到有玻璃小倒管的试管中，每管 10 ml，121℃高压灭菌 15 min。

② 煌绿乳糖胆盐（BGLB）肉汤：蛋白胨 10 g，乳糖 10 g，牛胆粉溶液 200 ml，0.1%煌绿水溶液 13.3 ml，蒸馏水 800 ml。制法：将蛋白胨、乳糖溶于约 500 ml 蒸馏水中，加牛胆粉溶液 200 ml（将 20 g 脱水牛胆粉溶于 200 ml 蒸馏水中，调 pH 至 7.0～7.5），用蒸馏水稀释至 975 ml，调节 pH 至 7.2±0.1，再加入 0.1%煌绿水溶液 13.3 ml，用蒸馏水补足至 1000 ml，用棉花过滤后分装到有玻璃小倒管的试管中，每管 10 ml，121℃灭菌 15 min。

菌锥形瓶（预置适量玻璃珠）内，充分振摇，固体样品加入稀释剂后置于均质器中以 8000～10 000 r/min 处理 1～2 min，制成 1：10 的均匀稀释液。

2）用 1 ml 无菌吸管吸取 1：10 稀释液 1 ml，沿管壁徐徐注入有 9 ml 无菌生理盐水的试管内，振摇试管，混合均匀，成 1：100 稀释液。吸管尖端不可接触试管内的生理盐水。

3）另取 1 ml 无菌吸管，按上法操作制备 10 倍系列梯度稀释液，每次换一支吸管。

4）根据对标本污染情况的估计，选择 2 或 3 个适宜稀释度，分别用该稀释度的移液管吸 1 ml 稀释液注入无菌平皿内，每个稀释度做两个平皿。

5）及时将冷却至 46℃ 的平板计数琼脂培养基（可置于 50℃ 水浴中保温）约 15 ml 倾注入平皿内，并迅速转动平皿使之混合均匀。同时吸 1 ml 无样品的空白稀释液于无菌平皿内，同样注入约 15 ml 平板计数琼脂培养基，作空白对照。

6）琼脂凝固后，将平皿倒置于 37℃ 培养 48 h（水产品 30℃ 培养 72 h），立即计数平皿菌落数，注意区分渣滓与菌落的形态。乘以稀释倍数即得每克（或每毫升）样品所含微生物菌落数。如不能立即计数，应将平皿放入 0～4℃ 冰箱保存，但不能超过 24 h。

2. 菌落计数方法　　同实验 3-29 "水的细菌学检查" 中的 "5）菌落计数方法"。

菌落数在 1～100 时，按实有数字报告；如大于 100 时，则报告前两位有效数字，第三位数按四舍五入计算，为了缩短数字后面的零数，可以 10 的指数表示。

（二）食品中大肠菌群测定（MPN 计数法，属于一种统计法，可评价低浓度的微生物）

1. 检样稀释

1）以无菌操作将检样 25 ml（g）放于含有 225 ml 无菌生理盐水的无菌锥形瓶（预置适量玻璃珠）内，充分振摇，制成 1：10 的均匀稀释液。固体检样用均质器，以 8000～10 000 r/min 的速度处理 1～2 min，制成 1：10 的均匀稀释液。样品匀液的 pH 应为 6.5～7.5，必要时分别用 1 mol/L NaOH 溶液或 1 mol/L HCl 溶液调节。

2）用 1 ml 无菌吸管吸取 1：10 稀释液 1 ml，沿管壁缓缓注入含 9 ml 无菌生理盐水的试管内，振摇试管混匀，作为 1：100 的稀释液。吸管尖端不可接触试管内的生理盐水。

3）另取 1 ml 无菌吸管，按上法制备 10 倍系列梯度稀释液，每次换一支无菌吸管。

4）根据食品安全标准要求或对检样污染估计选 3 个稀释度。也可直接接种样品。从样品稀释到接种完毕全过程不得超过 15 min。

2. 乳糖发酵试验　　将待检样品接种于 LST 肉汤发酵管内，接种量在 1 ml 以上者用双倍 LST 肉汤发酵管，1 ml 及其以下者用单倍 LST 肉汤发酵管。每一稀释度接种 3 管，置于 37℃ 培养 24 h。观察是否产气，若未产气，则继续培养至（48±2）h。如所有 LST 肉汤发酵管都不产气，则可报告大肠菌群阴性；如有产气者，则进行复发酵实验。

3. 复发酵试验　　在上述产气的 LST 管中分别挑取 1 环培养物接种到煌绿乳糖胆盐肉汤管中，（36±1）℃ 培养（48±2）h，观察产气情况，凡产气的可确证为大肠菌群阳性。

4. 报告　　根据复发酵试验为大肠菌群阳性的管数，查 MPN 检索表（表 3-8.1），报告每 100 ml（g）大肠菌群最可能数。

表 3-8.1 大肠菌群最可能数（MPN）检索表

阳性管数			MPN	95% 可信限	
1 ml（g）×3	0.1 ml（g）×3	0.01 ml（g）×3	/100 ml（g）	下限	上限
0	0	0	<30		
0	0	1	30	<5	90
0	0	2	60		
0	0	3	90		
0	1	0	30		
0	1	1	60	<5	130
0	1	2	90		
0	1	3	120		
0	2	0	60		
0	2	1	90		
0	2	2	120		
0	2	3	160		
0	3	0	90		
0	3	1	130		
0	3	2	160		
0	3	3	190		
1	0	0	40	<5	200
1	0	1	70		
1	0	2	110	10	210
1	0	3	150		
1	1	0	70	10	230
1	1	1	110		
1	1	2	150	30	360
1	1	3	190		
1	2	0	110		
1	2	1	150	30	360
1	2	2	200		
1	2	3	240		
1	3	0	160		
1	3	1	200	30	360
1	3	2	240		
1	3	3	290		
2	0	0	90	10	360
2	0	1	140		
2	0	2	200	30	370
2	0	3	260		
2	1	0	150	30	440
2	1	1	200		
2	1	2	270	70	890
2	1	3	340		
2	2	0	210	40	470
2	2	1	280		
2	2	2	350	100	1 500
2	2	3	420		

续表

阳性管数			MPN	95% 可信限	
1 ml（g）×3	0.1 ml（g）×3	0.01 ml（g）×3	/100 ml（g）	下限	上限
2	3	0	290		
2	3	1	360		
2	3	2	440		
2	3	3	530		
3	0	0	230	40	
3	0	1	390	70	1 200
3	0	2	640	150	1 300
3	0	3	950	210	3 800
3	1	0	430	70	
3	1	1	750	140	2 100
3	1	2	1 200	300	2 300
3	1	3	1 600	500	3 800
3	2	0	930	150	
3	2	1	1 500	300	3 800
3	2	2	2 100	350	4 400
3	2	3	2 900	500	4 700
3	3	0	2 400	360	
3	3	1	4 600	710	13 000
3	3	2	11 000	1 500	24 000
3	3	3	≥24 000		48 000

注：本表采用 1 ml（g）、0.1 ml（g）、0.01 ml（g）3 个稀释度，每个稀释度 3 管；检样量如改用 10 ml（g）、1 ml（g）、0.1 ml（g）时表内数字相应缩小 1/10；如改用 0.1 ml（g）、0.01 ml（g）、0.001 ml（g）时表内数字相应扩大 10 倍，其余类推。在检测含有 CO_2 的饮料时，一定要将 CO_2 全部逸出，否则在进行大肠菌群测定时，CO_2 进入小倒管会造成假阳性

【实验报告】

1. 实验结果

1）将食品中菌落总数记录于表 3-8.2 中。

表 3-8.2 食品中菌落总数记录表

平板号	稀释度						备注
	10^{-1}	10^{-2}	10^{-3}	10^{-4}	10^{-5}	10^{-6}	
1							
2							
3							
空白							
平均数							

所选两个稀释度之比为：

1 ml（g）样品中细菌总数是多少？ 根据国家食品卫生标准，对所测样品作出评价。

2）将食品大肠菌群数记录于表 3-8.3 中。

表 3-8.3　食品中大肠菌群数记录表

接种量 /ml	管号	发酵反应结果	有无典型菌落	革兰氏染色结果	复发酵反应结果	最后结论
1	1					
	2					
	3					
0.1	1					
	2					
	3					
0.01	1					
	2					
	3					

待测食品中大肠菌群数是多少？根据国家食品卫生标准，对所测样品作出评价。

2．思考题

1）食品中检出的菌落总数是否代表该食品中的所有细菌数？为什么？

2）食品品质检测中测定大肠菌群有何卫生学意义？测定的关键步骤是什么？

3）大肠菌群检测为什么首先用 LST 肉汤发酵管？为何要经复发酵才能证实？

4）怎样正确报告食品中菌落计数的结果和大肠菌群测定的结果？

【注意事项】

1．食品试样采集特别是稀释后应尽快测定，如不能及时测定应于 4℃冰箱保藏。

2．严格无菌操作，稀释要充分混合均匀。制样、稀释、接种在 15 min 内完成。

3．每支吸管只能接触一种稀释液，吸管在吸取稀释液前需用此液润洗 3 次。

（黄君红）

实验 3-9　肉毒梭菌及肉毒毒素的检测

【目的要求】

1．了解肉毒梭菌的生长特性和产毒条件。

2．掌握肉毒梭菌及其毒素检测的原理和方法。

【基本原理】

肉毒梭菌广泛存在于自然界特别是土壤中，易污染食品，适宜条件下可在食品中产生剧烈的神经性毒素，引起神经麻痹。肉毒毒素对热敏感，80℃加热 10 min 或 100℃煮几分钟就会被破坏。易引起肉毒毒素中毒的食品有腊肠、火腿、鱼及鱼制品和罐头食品等，我国以发酵食品为主，如臭豆腐、豆瓣酱、面酱、豆豉等。检测食品特别是不经加热处理而直接食用的食品（如罐头等密封保存的食品）中有无肉毒毒素或肉毒梭菌极为重要。

肉毒梭菌为专性厌氧的革兰氏阳性杆菌，芽孢卵圆形、近端位、直径大于菌体直径。庖肉培养基中生长，浑浊、产气、发臭、消化肉渣。8% 以上的食盐可抑制其生长和产毒。

肉毒梭菌按其所产毒素的抗原特异性分为 A、B、C、D、E、F、G 7 个型。除 G 型菌之外，其他各型菌分布相当广泛。我国各地发生的肉毒中毒主要是由 A 型和 B 型菌引起。E 型和 C 型菌也发现过肉毒中毒。我国尚无由 D 型和 F 型菌引发的肉品中毒事件的相关报道。

肉毒梭菌检测目标主要是毒素，食品中无论肉毒毒素检测还是肉毒梭菌检测，均以毒素的检测及定型试验为判定的主要依据。

【实验器材】

罐头食品，豆类、谷类等发酵食品；肉毒梭状芽孢杆菌（*Clostridium botulinum*），某种梭状芽孢杆菌（*Clostridium* sp.）；疱肉培养基，胰蛋白酶胰蛋白胨葡萄糖酵母膏肉汤（TPGYT）[基础成分（TPGY 肉汤），胰酪蛋白胨 50 g，蛋白胨 5 g，酵母浸膏 20 g，葡萄糖 4 g，硫乙醇酸钠 1 g，蒸馏水 1000 ml]，卵黄琼脂培养基；明胶磷酸盐缓冲液，肉毒毒素分型抗毒素诊断血清，胰酶（活力 1：250），革兰氏染色液；离心机和离心管，均质器，恒温箱，冰箱，恒温水浴锅，显微镜，厌氧培养装置（常温催化除氧式或碱性焦性没食子酸除氧式），吸管，注射器，接种环，载玻片，小白鼠等。

【操作步骤】

1. 样品处理　　液体样品（25 ml）直接接种；固体或半固体样品（25 g）加入等量明胶磷酸盐缓冲液研碎，最好匀质处理后接种。剩余样品放入 4℃冰箱冷藏，实验结束后进行无害化处理。肉毒毒素在偏酸，特别是含明胶的溶液中比较稳定。

2. 毒素检测　　E 型肉毒素可被胰酶激活而毒力增强，检样上清液需经胰蛋白酶激活处理。

（1）毒素液制备　　取样品匀液 25 ml 放入离心管中，3000 r/min 离心 15 min，收集上清液分为两份于无菌试管中，一份直接检测毒素，一份用胰酶处理后检测毒素。沉淀用于制备悬液备用。胰酶处理：用 1 mol/L NaOH 溶液或 1 mol/L HCl 溶液调节上清液 pH 至 6.2，按 9 份上清液加 1 份 10% 胰酶（活力 1：250）水溶液，混匀，37℃孵育 60 min，经常轻轻摇动反应液。

（2）检出试验　　用 5 号针头注射器分别吸取上清液和胰酶处理液注射小白鼠 3 只，每只 0.5 ml，观察 48 h，注射液中若有毒素存在，小白鼠大多于 24 h 之内发病死亡。主要症状为竖毛、四肢瘫软、呼吸困难呈风箱式、腰部凹陷宛若蜂腰，最终死于呼吸麻痹。

肉毒毒素是一种蛋白质，分为有活性和无活性两种状态，无活性的肉毒毒素可被胰酶激活而具毒性。

（3）证实试验　　上清液、胰酶处理上清液毒素试验阳性者，取相应的试验液 3 份，每份 0.5 ml，第一份加等量多型混合肉毒毒素诊断血清，混匀，37℃孵育 30 min；第二份加等量明胶磷酸盐缓冲液混匀后煮沸 10 min；第三份加等量明胶磷酸盐缓冲液，混匀。将 3 份混合液分别注射（腹腔）小白鼠各两只，每只 0.5 ml，观察 96 h。若只有第三份混合液小鼠死亡并有特有症状，则判定检测样中检出肉毒毒素。未经胰酶激活处理的检样的毒素检出试验或证实试验若为阳性结果，则胰酶激活处理液可省略毒力测定和定型试验。

（4）毒力测定　　取已判定有肉毒毒素的检样离心上清液，用明胶磷酸盐缓冲液制成 10 倍、50 倍、100 倍、500 倍的稀释液，分别注射小白鼠各两只，每只 0.5 ml，观察 4 d。根据其死亡情况计算检样所含肉毒毒素的大体毒力（MLD/ml 或 MLD/g）。

（5）定型试验　　按毒力测定结果，用明胶磷酸盐缓冲液将检样上清液稀释至所含毒素的毒力为 10～1000 MLD/ml，分别与各单型肉毒抗毒诊断血清等量混匀，37℃作用 30 min，各注射两只小白鼠，每只 0.5 ml，观察 4 d。同时以明胶磷酸盐缓冲液代替诊断血清，与稀释毒素液等量混匀作对照。能保护动物免于发病、死亡的诊断血清型即为检样所含肉毒毒素的型别。可先做 A、B 和 E 3 型的定型试验。

试验动物观察可至阳性结果的出现即结束；出现阴性结果时应保留充分的观察时间。

3. 肉毒梭菌检验

（1）增菌培养　　取庖肉培养基 4 支和 TPGY 培养液 2 支，隔水煮沸 10～15 min，排除溶解氧，迅速冷却，勿摇动，在 TPGY 肉汤管中缓缓加入胰酶液至液体石蜡下的肉汤中，每支 1 ml，制成 TPGYT。

吸取样品匀液或毒素制备沉淀悬浮液 2 ml 接种到庖肉培养基中，每份样品接 4 支：2 支直接于 35℃厌氧培养 5 d；另 2 支于 80℃保温 10 min，再于 35℃培养 5 d。同样方法接种 2 支 TPGYT 肉汤管，28℃厌氧培养 5 d。

检查记录增菌培养物的浊度、产气、肉渣消化情况，并注意气味。

取增菌培养物镜检，革兰氏染色，观察其形态、芽孢等。

若培养物无菌生长，再延长培养 5 d。

取阳性培养物的上清液进行毒素检测和确证实验。

（2）分离培养　　吸取 1 ml 增菌液至无菌螺旋帽试管中，加等体积过滤除菌的无水乙醇，混匀，置室温 1 h。分别吸取增菌培养物处理后的增菌培养物，划线接种卵黄琼脂平板，35℃厌氧培养 48 h。肉毒梭菌在卵黄琼脂平板上生长时，菌落及其周围培养基表面覆盖着特有的虹彩样（或珍珠层样）薄层，但 G 型菌无此现象。

（3）染色镜检　　挑取可疑菌落进行革兰氏染色，镜检。肉毒梭菌为革兰氏阳性粗大杆菌，芽孢卵圆形，大于菌体，位于次端。

（4）产毒培养　　根据菌落形态及染色镜检菌体形态，挑取可疑菌落接种于庖肉培养基，于 30℃培养 5 d，进行培养特征检查确证试验。

【实验报告】

1. 实验结果　　详细记录试验过程和现象，按记录结果报告样品检验结论。

2. 思考题

1）肉毒梭菌有无芽孢？是需氧菌还是厌氧菌？

2）肉毒梭菌引起的食物中毒是感染型还是毒素型食物中毒？两者有何区别？

【注意事项】

1. 注射前后的小白鼠要选择不含肉毒梭菌或肉毒毒素、清洁的饲料精心饲养。

2. 注射时，每注射完一只小白鼠都要更换新的注射器。

（苏　龙）

实验 3-10　沙门氏菌属的检测

【目的要求】

1. 了解沙门氏菌属生化反应及其原理。
2. 掌握沙门氏菌属血清因子使用方法及其系统检验方法。

【基本原理】

沙门氏菌属是一群寄生于人类和动物肠道，生化反应和抗原构造相似的革兰氏阴性杆菌。无芽孢，兼性厌氧，不发酵乳糖。有复杂的抗原结构，如菌体（O）抗原、鞭毛（H）抗原、毒力（Vi）抗原 3 种。能经常分离到的有四五十种血清型。种类很多，少数能使人致病，其他对动物致病，偶尔传染给人。主要引起人类伤寒、副伤寒及食物中毒或败血症。世界各地的食物中毒事件中，沙门氏菌食物中毒常占首位或第二位。

食品中沙门氏菌的检验方法有 5 个基本步骤：①前增菌；②选择性增菌；③选择性平板分离沙门氏菌；④生化试验，鉴定到属；⑤血清学分型鉴定。

目前检验食品中的沙门氏菌是以统计学取样方案为基础，25 g 食品为标准分析单位。本实验以蛋品为检测样品，以已知的沙门氏菌和大肠埃希氏菌为对照。

【实验器材】

沙门氏菌（*Salmonella* sp.），大肠埃希氏菌；冻肉，蛋品，乳品等；缓冲蛋白胨水（BP），氯化镁孔雀绿（MM）增菌液，四硫酸钠煌绿（TTB）增菌液，亚硒酸盐胱氨酸（SC）增菌液，SS 琼脂，EMB 琼脂，亚硫酸铋琼脂（BS），三糖铁琼脂（TSI），蛋白胨水，尿素培养基，赖氨酸脱羧酶试验培养基，鸟氨酸脱羧酶试验培养基，丙二酸钠培养基，氰化钾（KCN）培养基，邻硝基酚 B-D 半乳糖苷（ONPG）培养基，缓冲葡萄糖蛋白胨水，DHL 琼脂，HE 琼脂；吲哚试剂，V.P 试剂，甲基红试剂，氧化酶试剂，沙门氏菌 A～F 多价诊断血清，革兰氏染色液等（见附录一）；天平，研钵，显微镜，广口瓶，锥形瓶，培养皿，接种棒，试管架等。

【操作步骤】

1. 前增菌和增菌　　沙门氏菌在食品加工中常受到损伤处于濒死状态，故加工食品检验沙门氏菌时应进行前增菌，即用不加任何抑菌剂的培养基缓冲蛋白胨水（BP）增菌，使濒死的沙门氏菌恢复活力。一般增菌时间为 4 h，增菌时间不宜过长，由于 BP 培养基中没有抑菌剂，时间太长杂菌也相应增多。干蛋品特殊，蛋品中的主要病原菌为沙门氏菌，在加工过程中受到的损伤又较严重，因此应适当延长前增菌时间，一般为 18～24 h。

无菌操作称取冻蛋样品 25 g 加入盛有 225 ml 灭菌缓冲蛋白胨水的 500 ml 广口瓶内（预放玻璃珠若干粒），塞紧瓶盖，充分摇匀，（36±1）℃培养 4 h（干蛋品 13～24 h）。移 10 ml 培养物加入 100 ml 氯化镁孔雀绿或四硫酸钠煌绿增菌液，42℃培养 18～24 h。另取 10 ml 培养物加入 100 ml 亚硒酸盐胱氨酸（SC）增菌液内，（36±1）℃培养 18～24 h。

鲜肉、鲜蛋、鲜乳或其他未经加工的食品不必经过前增菌。各取 25 g（ml）加入灭菌生理盐水 25 ml，按前法做成检样匀液，取一半量，接种于 100 ml MM（或 TTB）增菌液内，于 42℃培养 24 h；另一半量接种于 100 ml SC 增菌液内，（36±1）℃培养 18～24 h。

2. 分离　　挑取增菌液和混合菌液各一环，分别划线接种于 BS 平板和 DHL 平板（或 HE、SS 琼脂平板），36℃培养 24 h（DHL、HE、WS、SS）或 48 h（BS），观察各个平板上生长的菌落。先观察混合菌种平板，再检查样品平板上有无深色或深色有光泽等特征的可疑菌落，挑取菌种平板和样品平板上的可疑菌落进行革兰氏染色与镜检。

3. 三糖铁琼脂初步鉴别　　将上述革兰氏阴性杆菌的可疑菌落，挑数个接种于三糖铁琼脂斜面，（36±1）℃培养 18～24 h，并根据表 3-10.1 初步判断是否为可疑沙门氏菌。

表 3-10.1　肠杆菌科各菌属在三糖铁琼脂内的反应结果

斜面	底层	产气	H$_2$S	可能的菌属或种
－	＋	±	＋	沙门氏菌属、变形杆菌属、柠檬酸杆菌属、爱德华氏菌
＋	＋	±	＋	沙门氏菌属亚属 II、柠檬酸杆菌属、普通变形杆菌
－	＋	＋	－	沙门氏菌属、大肠埃希氏菌、哈夫尼亚菌、摩根氏菌、普罗菲登斯菌属
－	＋	－	－	伤寒沙门氏菌、鸡沙门氏菌、志贺氏菌属、大肠埃希氏菌、哈夫尼亚菌、摩根氏菌、普罗菲登斯菌属
＋	＋	±	－	大肠埃希氏菌、肠杆菌属、克雷伯氏菌属、沙雷氏菌属、柠檬酸杆菌属

注：＋表示阳性；－表示阴性；±表示多数阳性，少数阴性

4. 生化试验　　在接种三糖铁琼脂的同时，接种蛋白胨水（供做靛基质试验）、尿素琼脂（pH 7.2）、氰化钾培养基和赖氨酸脱羧酶试验培养基及对照培养基各一管，于（36±1）℃培养 18～24 h，必要时可延长至 48 h，按表 3-10.2 判定结果。按反应序号分类，沙门氏菌属的结果应属于 A$_1$、A$_2$ 和 B$_1$，其他 5 种反应结果均可以排除。

表 3-10.2　肠杆菌科各属生化反应初步鉴别表

反应号	H$_2$S	吲哚	尿素	KCN	赖氨酸脱羧酶	判定菌属或种
A$_1$	＋	－	－	－	＋	沙门氏菌属
A$_2$	＋	＋	－	－	＋	沙门氏菌属（少见）、爱德华氏菌属
A$_3$	＋	－	＋	＋	－	柠檬酸杆菌属、奇异变形杆菌属
A$_4$	＋	＋	＋	＋	－	普通变形杆菌属
B$_1$	－	－	－	－	＋	沙门氏菌属、大肠埃希氏菌
	－	－	－	－	－	甲型副伤寒沙门氏菌、埃希氏菌属、志贺氏菌属
B$_2$	－	＋	－	－	＋	大肠埃希氏菌
	－	＋	－	－	－	大肠埃希氏菌、志贺氏菌属
B$_3$	－	－	±	＋	＋	克雷伯氏菌族各属
	－	－	＋	＋	－	阴沟肠杆菌属、柠檬酸杆菌属
B$_4$	－	＋	±	＋	－	摩根氏菌属、普罗菲登斯菌属

注：三糖铁琼脂底层均应产酸，不产酸者可排除，斜面产酸及产气与否均不限。KCN 和赖氨酸脱羧酶可选用其中一项，但不能判定结果时仍需补做另一项。＋表示阳性；－表示阴性；± 表示多数阳性，少数阴性

（1）反应序号 A$_1$　　典型反应判定为沙门氏菌属；若尿素、KCN 和赖氨酸脱羧酶三项中有一项异常，按表 3-10.3 可判定为沙门氏菌；有两项异常则按 A$_3$ 判定为弗劳地氏柠檬酸杆菌。

表 3-10.3　沙门氏菌属生化鉴别表

尿素（pH 7.2）	KCN	赖氨酸	判定结果
－	－	－	甲型副伤寒沙门氏菌（要求血清学鉴定结果）
－	＋	＋	沙门氏菌Ⅳ或Ⅴ（要求符合本群生化特性）
＋	－	＋	沙门氏菌个别变种（要求血清学鉴定结果）

注：＋表示阳性；－表示阴性

（2）反应序号 A₂　　可先做血清学鉴定，如 A～F 多价 O 血清不凝聚时，补做甘露醇和山梨醇试验，按表 3-10.4 判定结果。

表 3-10.4　甘露醇和山梨醇试验结果

甘露醇	山梨醇	判定结果
＋	＋	沙门氏菌属靛基质阳性变种（要求血清学鉴定结果）
－	－	爱德华氏菌

注：＋表示阳性；－表示阴性

（3）反应序号 B₁　　三糖高层斜面产酸的菌株可予以排除，不产酸的应该先做血清学鉴定。如 A～F 多价 O 血清不凝聚时，补做赖氨酸、鸟氨酸、ONPG、水杨苷、棉子糖和半动力试验。按表 3-10.5 判断结果。必要时按表 3-10.6 进行沙门氏菌属各生化群的鉴别。

表 3-10.5　沙门氏菌属各生化群的鉴别

赖氨酸	鸟氨酸	ONPG	水杨苷	棉子糖	半动力	判定结果
＋	－	－	－	－	＋	沙门氏菌属
－	－	－	－	－	－	志贺氏菌属
－	＋	＋	－	－	－	宋内氏志贺氏菌属
d	d	＋	d	d	d	埃希氏菌属

注：＋表示阳性；－表示阴性；d 表示有不同反应

表 3-10.6　沙门氏菌属各生化群（亚属）的鉴别

项目	Ⅰ	Ⅱ	Ⅲ	Ⅳ	Ⅴ	Ⅵ
乳糖	－	－	＋/（＋）	－	－	－
ONPG	－	－	＋	－	＋	－
卫矛醇	＋	＋	－	－	＋	－
丙二酸钠	－	＋	＋	－	－	－
KCN	－	－	－	＋	＋	－
水杨苷	－	－	－	＋	－	－

注：＋表示阳性；－表示阴性；（）表示有或无

5．血清学分型鉴定

（1）抗原的准备　　一般用 1.5% 琼脂斜面培养物作玻片凝集试验用的抗原。O 血清不凝集时，将菌株接种在琼脂量较高的（2.5%～3%）培养基上检查，O 抗原在干燥环境中发育较好；如果是由于 Vi 抗原的存在阻止了 O 凝集反应，可挑取菌苔于 1 ml 生理盐水中做成浓菌液，于酒精灯火焰上煮沸后再检查。H 抗原发育不良时，将菌株接种在 0.7%~0.8% 半固体琼脂平板的中央，待菌落蔓延生长时，在其边缘部分挑菌检查；或将菌株通过装有 0.3%~0.4% 半固体琼脂的小玻管转接 1 或 2 次，自远端挑菌培养后再检查。

（2）O 抗原的鉴定　　用 A~F 多价 O 血清做玻片凝集试验，同时用生理盐水做对照。在生理盐水中自凝者为粗糙型菌株，不能分型。

被 A~F 多价 O 血清凝集者依次用 O_4、O_3、O_{10}、O_7、O_8、O_9、O_2 和 O_{11} 因子血清做凝集试验。根据试验结果判定 O 群。被 O_3、O_{10} 血清凝集的菌株再用 O_{10}、O_{15}、O_{34}、O_{19} 单因子血清做凝集试验，判定 E_1、E_2、E_3、E_4 各亚群。每个 O 抗原成分的最后确定均应根据 O 单因子血清的检查结果，没有 O 单因子血清的要用两个 O 复合因子血清核对。

不被 A~F 多价 O 血清凝集者，先用 57 种或 163 种沙门氏菌因子血清中的 9 种多价 O 血清检查，如有其中一种血清凝集，则用这种血清所包括的 O 群血清逐一检查，以确定 O 群。每种多价 O 血清所包括的 O 因子如下。

O 多价 1：A、B、C、D、E、F 群（并包括 6、14 群）。O 多价 2：13、16、17、18、21 群。O 多价 3：28、30、35、38、39 群。O 多价 4：40、41、42、43 群。O 多价 5：44、45、47、48 群。O 多价 6：50、51、52、53 群。O 多价 7：55、56、57、58 群。O 多价 8：59、60、61、62 群。O 多价 9：63、65、66、67 群。

（3）H 抗原的鉴定　　属于 A~F 各 O 群的常见菌型，依次用表 3-10.7 所述 H 因子血清检查第 1 相和第 2 相的 H 抗原。

表 3-10.7　A~F 群常见菌型 H 抗原表

O 群	第 1 相	第 2 相
A	a	无
B	g、f、s	无
B	i、b、d	2
C_1	k、v、r、c	5、Z_{15}
C_2	b、d、r	2、5
D（不产气的）	d	无
D（产气的）	g、m、p、q	无
E_1	h、v	6、w、x
E_2	h	6、w
E_4	g、s、t	无
E_4	i	z_6
F	i	2

不常见的菌型，先用 163 种沙门氏菌因子血清中的 8 种多价 H 血清检查，如有其中一种或两种血清凝集，则再用这一种或两种血清所包括的各种 H 因子血清逐一检查，以确定第 1 相和第 2 相的 H 抗原。8 种多价 H 血清所包括的 H 因子如下。

H 多价 1：a、b、c、d、i。H 多价 2：eh、enx、enz_{15}、fg、gms、gpu、gp、gq、mt、

gz_{15}。H 多价 3：k、r、y、z、z_{10}、lv、lw、lz_{13}、lz_{28}、lz_{40}。H 多价 4：1、2；1、5；1、6；1、7；z_6。H 多价 5：z_4z_{23}、z_4z_{24}、z_4z_{32}、z_{29}、z_{35}、z_{36}、z_{38}。H 多价 6：z_{39}、z_{41}、z_{42}、z_{44}。H 多价 7：z_{52}、z_{53}、z_{54}、z_{55}。H 多价 8：z_{56}、z_{57}、z_{60}、z_{61}、z_{62}。

每一个 H 抗原成分的最后确定均应根据 H 单因子血清的检查结果，没有 H 单因子血清的要用两个 H 复合因子血清进行核对。

检出第 1 相 H 抗原而未检出第 2 相 H 抗原的或检出第 2 相 H 抗原而未检出第 1 相 H 抗原的，可在琼脂斜面上移种 1 或 2 代后再检查。如仍只检出一个相的 H 抗原，要用位相变异的方法检查其另一个相。单相菌不必做位相变异检查。

位相变异试验方法有小玻管法、小套管法和简易平板法等多种，现介绍简易平板法：将 0.8% 半固体琼脂平板表面水分烘干，挑取因子血清一环，滴在平板表面，放置片刻，待血清吸收到琼脂内在血清部位的中央点种待检菌株，培养后在菌苔边缘取菌检查。

（4）Vi 抗原的鉴定　　用 Vi 因子血清检查。已知具有 Vi 抗原的菌型有伤寒沙门氏菌、丙型副伤寒沙门氏菌、都柏林伤寒沙门氏菌。

【实验报告】

1. 实验结果　　综合以上生化试验和血清学分型鉴定的结果，按照常见沙门氏菌抗原表或有关沙门氏菌属抗原表判定菌型，并报告结果：25 g（ml）样品中检出或未检出沙门氏菌；检测的沙门氏菌的菌型。

2. 思考题

1）如何提高沙门氏菌的检出率？

2）沙门氏菌在三糖铁培养基上的反应结果如何？为什么？

3）沙门氏菌检验有哪几个基本步骤？

4）食品中能否允许有个别沙门氏菌存在？为什么？

【注意事项】

1. 加工食品的前增菌时间不宜过长，BP 培养基中没有抑菌剂，时间太长杂菌增多。

2. 血清学分型鉴定的抗原要用最适条件培养的对数生长期的培养物，并多转接两次。

（苏　龙）

实验 3-11　志贺氏菌属的检测

【目的要求】

掌握志贺氏菌属生化反应及系统检验的原理和方法。

【基本原理】

志贺氏菌属的细菌又称为痢疾杆菌，革兰氏阴性短杆菌，无芽孢。能引起痢疾症状的病原微生物很多，如志贺氏菌属、沙门氏菌属、变形杆菌属、埃希氏菌属等，还有阿米巴原虫、鞭毛虫及病毒等，其中以志贺氏菌引起的细菌性痢疾最为常见。人类对志贺氏菌的易感性较高，所以在食物和饮用水的卫生检验时，常以是否含有志贺氏菌作为指标。

与肠杆菌科各属细菌相比，志贺氏菌属的主要鉴别特征为不运动；对各种糖的利用能力较差，且在含糖培养基内一般不形成可见气体，不产硫化氢，氧化酶、尿素酶、赖氨酸脱羧酶阴性。除运动力与生化反应外，志贺氏菌的进一步分群分型有赖于血清学试验。志贺氏菌的抗原结构由菌体（O）抗原和表面（K）抗原组成。根据O抗原分群分型。

【实验器材】

某种志贺氏菌（*Shigella* sp.），大肠埃希氏菌；食品检样；GN增菌液，HE琼脂，木糖赖氨酸脱氧胆盐（XLD）琼脂[①]，伊红亚甲蓝琼脂（EMB），麦康凯（MAC）琼脂，三糖铁琼脂（TSI），半固体牛肉膏蛋白胨试管，赖氨酸脱羧酶试验培养基，苯丙氨酸培养基，西蒙氏柠檬酸琼脂，葡糖胺琼脂，葡萄糖半固体培养基，缓冲葡萄糖蛋白胨水，糖发酵管（棉子糖、甘露糖、甘油、七叶苷及水杨苷），5%乳糖发酵管，蛋白胨水，尿素琼脂；KCN，吲哚试剂，甲基红试剂，V.P试剂，氧化酶试剂，志贺氏菌属诊断血清；天平，乳钵，温箱，显微镜，无菌广口瓶，锥形瓶，培养皿，载玻片，酒精灯，玻璃棒，接种棒，试管架，硝酸纤维素滤膜等。

【操作步骤】

1. 增菌　无菌操作称取检样25 g，加入有225 ml GN增菌液的500 ml广口瓶，固体食品用均质器以10 000 r/min打碎1 min，或用乳钵加无菌砂研碎，粉状食品用玻璃棒研磨乳化，于（41.5±1）℃培养16～20 h，培养时间视细菌生长情况而定，培养液呈轻微浑浊终止培养。

2. 分离　挑取增菌液一环，划线接种于XLD琼脂平板或MAC琼脂平板一个；另取一环划线接种于麦康凯琼脂平板或伊红亚甲蓝琼脂平板一个，于36℃培养20～24 h，若菌落不典型或太小，则继续培养至48 h。志贺氏菌菌落在这些培养基上无色透明、不发酵乳糖（表3-11.1）。

表3-11.1　志贺氏菌在不同选择性琼脂平板上的菌落特征

选择性琼脂平板	志贺氏菌的菌落特征
MAC琼脂	无色至浅粉红色，半透明，光滑，湿润，圆形，边缘整齐或不整齐
XLD琼脂	粉红色至无色，半透明，光滑，湿润，圆形，边缘整齐或不整齐
志贺氏菌显色培养基	按显色培养基的说明判定

3. 生化试验　挑取平板上的可疑菌落，接种三糖铁琼脂和半固体牛肉膏蛋白胨各一管。多挑几个菌落以防遗漏。志贺氏菌属在三糖铁琼脂内的反应结果为底层产酸，不产气（福氏志贺氏菌6型可微产气），斜面产碱，不产生硫化氢；半固体牛肉膏蛋白胨管内沿穿刺线生长，无动力。具有以上特性的菌株疑为志贺氏菌，可做血清学凝集试验。做血清学试验的同时，应做苯丙氨酸脱氨酶、赖氨酸脱羧酶、西蒙氏柠檬酸盐和葡糖胺、尿素、KCN、水杨苷和七叶苷试验，志贺氏菌属均为阴性反应。必要时应做革兰氏染色和氧化酶试验，志贺氏菌属应为氧化酶阴性的革兰氏阴性杆菌。并用生化试验方

----

① XLD琼脂配方：酵母膏3 g，L-赖氨酸5 g，木糖3.75 g，乳糖7.5 g，蔗糖7.5 g，脱氧胆酸钠1 g，NaCl 5 g，硫代硫酸钠6.8 g，柠檬酸铁铵0.9 g，酚红0.08 g，琼脂15 g，蒸馏水1000 ml，pH 7.4±0.2。

法做 4 个生化群的鉴定（表 3-11.2）。

表 3-11.2　志贺氏菌属 4 个群的生化特性

生化群	5% 乳糖	甘露醇	棉子糖	甘油	靛基质
A 群：痢疾志贺氏菌	−	−	−	（＋）	−/＋
B 群：福氏志贺氏菌	−	＋	＋	−	（＋）
C 群：鲍氏志贺氏菌	−	＋	−	（＋）	−/＋
D 群：宋内氏志贺氏菌	（＋）	＋	＋	d	−

注：＋表示阳性；−表示阴性；−/＋表示多数阴性，少数阳性；（＋）表示迟缓阳性；d 表示有或无

4. 血清学分型　　挑取三糖铁琼脂上的培养物做玻片凝集试验。先用 4 种志贺氏菌多价血清检查。如果由于 K 抗原的存在而不出现凝集，应将菌液煮沸后再检查；如果呈现凝集，则用 A₁、A₂、B 群多价和 D 群血清分别试验。如果是 B 群福氏志贺氏菌则用群因子和型因子血清分别检查。福氏志贺氏菌各型和亚型的型和群抗原见表 3-11.3。可先用群因子血清检查，再根据群因子血清出现凝集的结果，依次选用型因子血清检查。4 种志贺氏菌多价血清不凝集的菌株，可用鲍氏多价 1、2、3 分别检查，并进一步用 1～15 各型因子血清检查。如鲍氏多价血清不凝集，可用痢疾志贺氏菌 3～12 多价血清及各型因子血清检查。

表 3-11.3　福氏志贺氏菌各型和亚型的型抗原和群抗原

型和亚型	型抗原	群抗原	在群因子血清中的凝集		
			3, 4	6	7, 8
1a	I	1、2、4、5、9…	＋	−	−
1b	I	1、2、4、5、9…	＋	＋	−
2a	II	1、3、4…	＋	−	−
2b	II	1、7、8、9…	−	−	＋
3a	III	1、6、7、8、9…	−	＋	＋
3b	III	1、3、4、6…	＋	＋	−
4a	IV	1、（3、4）…	（＋）	−	−
4b	IV	1、3、4、6…	＋	＋	−
5a	V	1、3、4…	−	−	−
5b	V	1、5、7、9…	−	−	＋
6	VI	1、2、（4）…	（＋）	−	−
X 变体	−	1、7、8、9…	−	＋	＋
Y 变体	−	1、3、4…	＋	−	−

注：＋表示凝集；−表示不凝集；（）表示有或无

【实验报告】

1. 实验结果　　根据实验过程详细记录样品和对照菌种的各项结果，并做出结论报告：25 g（ml）样品中检出或未检出志贺氏菌。

2. 思考题

1）如何检出食品中的志贺氏菌？根据培养和生化试验，可否检出志贺氏菌？

2）根据生化特性和血清学试验，检出的志贺氏菌属于哪个群？哪个型？

【注意事项】

1．做生化反应试验时应多挑几个可疑菌落，以防遗漏。

2．做血清学分型试验时要先做分群试验，再根据分群试验结果进一步做分型试验。

（苏　龙）

实验 3-12　金黄色葡萄球菌的检测

【目的要求】

1．了解食品检测金黄色葡萄球菌的意义和原理。

2．掌握金黄色葡萄球菌鉴定要点和检测方法。

【基本原理】

葡萄球菌在自然界分布极广，大多为不致病的腐生菌，有些可致病。金黄色葡萄球菌是葡萄球菌属的一种，不仅可引起皮肤组织炎症，还产生肠毒素，如在食品中大量繁殖，产生毒素，就会发生食物中毒。因此，检测食品中金黄色葡萄球菌及其数量具有实际意义。引起葡萄球菌中毒的食品主要是肉、奶、蛋、鱼及其制品等动物性食品。

金黄色葡萄球菌产生的凝固酶可凝固血浆。多数致病菌株能产生溶血毒素使血琼脂平板菌落周围出现溶血环，试管中出现溶血反应，这些是鉴定致病性金黄色葡萄球菌的重要指标。

【实验器材】

奶、肉、蛋、鱼类或饮料等；金黄色葡萄球菌（*Staphylococcus aureus*），藤黄八叠球菌（*Sarcina lutea*）；Baird-Parker 平板，血琼脂平板，7.5% NaCl 肉汤，肉浸液肉汤，无菌生理盐水，兔血浆，革兰氏染色液；均质器，显微镜，培养箱，恒温水浴锅，移液器，电子天平，超净工作台，高压灭菌锅，500 ml 及 50 ml 量筒，锥形瓶，培养皿等。

【操作步骤】

1．样品制备　　无菌操作取 25 g（ml）样品于 225 ml 灭菌生理盐水中（预置适量玻璃珠），充分振荡混匀；固体样品研磨或置均质器 8000～10 000 r/min 均质 2 min，制成混悬液。

2．增菌培养　　将上述样品混悬液和对照菌株分别接种于 7.5% NaCl 肉汤，（36±1）℃培养 18～24 h。金黄色葡萄球菌在 7.5% NaCl 肉汤中呈浑浊生长。

将上述培养物分别划线接种到 Baird-Parker 平板和血琼脂平板上。同时将对照菌种在这两种培养基上划线接种。（36±1）℃培养 24～48 h 观察典型菌落。先观察对照再观察样品。

3．菌落特征观察　　Baird-Parker 平板上的典型可疑菌落特征：圆形、不透明、湿润、光滑、凸起，直径 2～3 mm，颜色呈灰色或黑色，有光泽，边缘淡色，周围有浑浊带，在其外层有一透明圈。用接种针接触菌落似有奶油树胶的硬度。偶尔会遇到不分解脂肪的菌落，但无浑浊带及透明圈，其他菌落特征基本相同。长期保存的冷冻或干燥食品中所分离的菌落比典型菌落所产生的黑色较淡些，外观可能粗糙并且质地干燥。

血琼脂平板上的典型可疑菌落特征：菌落较大，圆形、不透明、湿润、光滑、凸起，多为金黄色，偶有白色，菌落周围有溶血圈。

4. 鉴定　　挑取可疑菌落进行革兰氏染色和血浆凝固酶试验。

镜检：革兰氏阳性球菌，葡萄状排列，无芽孢，无荚膜，致病菌菌体较小，直径为0.5～1 μm。

血浆凝固酶试验：分别挑取上述至少 5 个可疑菌落及对照菌株于 5 ml 肉浸液肉汤中，（36±1）℃培养 24 h 做血浆凝固酶试验。吸取 1∶4 新鲜兔血浆 0.5 ml 放入小试管中，再加入培养 24 h 的金黄色葡萄球菌肉浸液肉汤菌液 0.5 ml，振荡摇匀，放在 36℃温箱或水浴内，每 0.5 h 观察一次，观察 6 h，如呈现凝固，即将试管倾斜或倒置时呈现凝块，则认为是阳性结果。同时以已知阳性的金黄色葡萄球菌及阴性的藤黄八叠球菌和肉浸液肉汤作对照。

除增菌培养法检测食品中有无金黄色葡萄球菌外，还可用直接计数法测定其数量。

吸取上述 1∶10 样品悬液做 10 倍递次稀释，视样品污染程度选不同浓度的稀释液 1 ml，分别加入 3 块 Baird-Parker 平板，每个平板接种量分别是 0.3 ml、0.3 ml、0.4 ml，用无菌涂布棒涂匀。如水分多不易吸收，可将平皿置于 36℃温箱 1 h，水分蒸发后倒置于 36℃温箱培养。

在 3 块平板上点数周围有浑浊带的黑色菌落，从中任选 5 个菌落分别划线接种到血琼脂平板上，（36±1）℃培养 24 h 后进行革兰氏染色和镜检、血浆凝固酶试验，步骤同前。

将 3 块平板上疑是金黄色葡萄球菌的黑色菌落数相加（A），乘以血浆凝固酶阳性数（B），除以用于鉴定试验的菌落数（C），并乘以稀释倍数（d），即可求出每克样品中金黄色葡萄球菌数（T），即

$$T = \frac{AB}{Cd}$$

【实验报告】

1. 实验结果　　根据染色、形态特征、血浆凝固酶实验、血平板溶血实验、计数，报告在 25 ml（g）样品中检出或未检出金黄色葡萄球菌及每克样品中金黄色葡萄球菌数。

2. 思考题

1）如何判断 Baird-Parker 平板上的菌落是否为金黄色葡萄球菌？

2）鉴定致病性金黄色葡萄球菌的重要指标是什么？

3）样品为何要进行增菌培养？直接将待测样品接种到 Baird-Parker 平板和血琼脂平板上，结果会怎样？

【注意事项】

1. 血琼脂平板加兔血时温度要控制得当，培养基温度过高，培养基呈棕褐色；温度过低，培养基开始凝固，兔血与培养基不能混合均匀。

2. Baird-Parker 琼脂平板使用前须在 0～4℃冰箱保存，但用前保存时间不超过 48 h。

（翟硕莉）

实验 3-13　食品中霉菌和酵母的计数

【目的要求】

掌握食品中霉菌和酵母检测的意义、原理、计测装置和方法。

【基本原理】

霉菌和酵母广泛存在于自然界。食品在加工、贮存、销售中常被霉菌和酵母污染，若条件适宜，霉菌和酵母便大量繁殖，引起食品腐败变质；有些霉菌产生的毒素会引起各种慢性或急性中毒；有的毒素具有强致癌性，一次大量或长期少量摄入均能诱发癌症。因此，对食品进行霉菌和酵母检测，可作为食品卫生评价的依据之一。

霉菌和酵母检测可用菌落计数法：一定量的食品检样经处理，在适宜条件下培养后计数霉菌或酵母菌落数，再计算单位样品中的霉菌或酵母菌数。霉菌也可直接镜检计数。

【实验器材】

马铃薯葡萄糖琼脂培养基（加少量抗生素），生理盐水；均质器，显微镜，培养箱，移液器，培养皿，天平，超净工作台，高压蒸汽灭菌锅，500 ml 及 50 ml 量筒，锥形瓶等。

【操作步骤】

1. 样品制备　　无菌操作取 25 g（ml）样品于 225 ml 无菌生理盐水（预加适量玻璃珠），充分振荡混匀；固体样品 8000～10 000 r/min 均质 1～2 min。制成 1 : 10 的样品匀液。

2. 样品稀释　　用移液器吸取 1 ml 1 : 10 的样品匀液注入有 9 ml 无菌生理盐水的试管中，进行 10 倍系列梯度稀释，每个梯度换用一个无菌吸头。

3. 取样　　根据其污染状况选 3 个适宜的稀释度，每个稀释度分别吸取 1 ml 稀释液于两个无菌培养皿内。同时分别吸取 1 ml 无菌生理盐水加入两个无菌培养皿作空白对照。

4. 倒平板　　冷却马铃薯葡萄糖琼脂培养基至 45℃左右，加 15 ml 于上述盛有不同稀释液的培养皿内，轻轻转动培养皿使培养基与样品稀释液混合均匀。

5. 培养　　培养基凝固后正置于（28±1）℃培养箱中培养，培养 5 d 后观察结果。

6. 菌落计数　　选菌落数 10～150 个的平皿计数，以菌落形成单位（CFU）表示。同一稀释度 2 个平皿的菌落平均数乘稀释倍数，除以样品重即为单位样品霉菌或酵母数。

有些食品中霉菌检测也可用直接镜检计数法。例如，番茄酱中霉菌检测可用郝氏霉菌计测法。番茄酱霉菌数的国家卫生健康委员会颁布标准为阳性视野数不得超过 40%。

郝氏霉菌计测法实验器材：折光仪或糖度计，显微镜，郝氏计测玻片（具有标准计测室的特制玻片），测微器（具有标准刻度的玻片），盖玻片，烧杯，量筒，天平等。

操作步骤如下。

（1）检样制备　　抽样数按每班产品 5 t 以下取一听，产量每增加 5 t 加一听。取定量检样加蒸馏水稀释至折光指数为 1.344 7～1.346 0（浓度为 7.9%～8.8%），为标准样液，备用。

（2）标准视野调节　　将显微镜按放大率 90～125 倍调节标准视野，使其直径为 1.382 mm，该视野为标准视野。它要具备两个条件：玻片上相距 1.382 mm 的两条平行线与视野相切；测微器大方格四边线与视野相切。

（3）涂片　　洗净郝氏计测玻片，将制好的样液用玻璃棒均匀摊布于计测室，加盖玻片。

（4）观测　　将制好的玻片放在显微镜标准视野下检测霉菌，每个检样观测 50 个视野，阳性视野数超过 40% 的要测 100 个视野。所检查视野要均匀分布在计测室上。

霉菌菌丝与番茄组织相似，要注意区分，确保结果准确。菌丝粗细均匀，有横隔、颗粒、分枝等。番茄组织细胞壁大多呈环状，粗细不均匀，壁较厚，透明度不一。标准视野下不能确定时可放大 200 或 400 倍上下调节焦距，观测不同平面菌丝。

（5）结果与计算　　在标准视野下上下调节焦距，发现有霉菌菌丝长度超过标准视野（1.382 mm）的 1/6，或 3 根菌丝总长度超过标准视野（1.382 mm）的 1/6（即测微器的一格）时即为阳性（＋），否则为阴性（－）。按 100 个视野计，其中发现有霉菌菌丝存在的视野数即为霉菌的视野百分数。如果一样品做两个片子的结果误差大于 6%，应另取样涂片，直至观察结果误差小于 6%。

国际贸易中，合同上无要求时按国家卫生健康委员会颁布标准执行，合同有要求的按合同执行；每抽取一听样品制两片，每片观察 50 个视野，如果超过标准指标，应继续制片，至少 3 片、观察 150 个视野，若 3 片结果误差小于 6% 则取其平均值；如果对抽样结果有异议，应加倍抽样，全部合格做合格处理，其中有一听不合格该批做不合格处理。

【实验报告】

1. 实验结果　　将观察结果记录在表 3-13.1 中。计算检测结果并写出报告。

表 3-13.1　霉菌（酵母）的检测结果记录表

稀释度	A			B			C			空白	
菌（落）数											
菌（落）平均值											
样品中菌数		阳性视野百分数［CFU/g（ml）］									

注：A、B、C 表示 3 个不同的稀释度

2. 思考题

1）为什么在培养霉菌时培养皿要正放？

2）马铃薯葡萄糖琼脂培养基中加少量氯霉素或孟加拉红的作用是什么？

3）郝氏霉菌计测中要注意什么？

【注意事项】

1. 同一稀释度做 3 个平行试验，计算它们的菌落数的平均值，再乘以其稀释倍数。

2. 若有两个稀释度平板上菌落数均在 10～150，则只对最高稀释度的平板进行计数，结果按最高稀释度的菌落平均数乘以稀释倍数计算。

3. 若所有平板上菌落数均小于 10，则按最低稀释度的平均菌落数乘以稀释倍数计算。

4. 若各稀释度（包括液体样品原液）平板无菌生长，则结果以小于 1 乘以最低稀释倍数计算。

5. 菌落数按四舍五入原则修约。菌落数在 10 以内的采用一位有效数字报告；菌落

数在 10～100 的采用两位有效数字报告；菌落数大于或等于 100 时，前第 3 位数字采用四舍五入原则修约后，取前 2 位数字，后面用 0 代替位数来表示结果，也可用 10 的指数形式来表示，此时也按四舍五入原则修约，采用两位有效数字。

6. 若空白对照平板上有菌落出现，则此次检测结果无效。

7. 称重取样的以 CFU/g 为单位，体积取样的以 CFU/ml 为单位报告霉菌数。

8. 霉菌直接镜检计数中霉菌菌丝与番茄组织相似，要注意区分，确保结果准确。

（魏淑珍）

实验 3-14　食品中霉菌毒素的检测

【目的要求】

1. 了解霉菌毒素的种类及其危害。

2. 学习黄曲霉毒素 B_1 的免疫检测方法，判定检测食品是否符合国家食品安全标准。

【基本原理】

霉菌可在各种食品上生长并产生危害很大的霉菌毒素。已知的霉菌毒素有 200 余种，与食品关系较密切的有黄曲霉毒素、赭曲霉毒素、杂色曲霉毒素等。已知可致癌的霉菌毒素有 6 种：黄曲霉毒素（B、G、M）、黄天精、环氯素、杂色曲霉素、T-2 毒素和展青霉素。

黄曲霉毒素（aflatoxin，AFT）是一种由黄曲霉、温特曲霉和寄生曲霉等真菌经过聚酮途径产生的次生代谢产物，是一组结构类似的化合物总称，是自然界中已发现的理化性质最稳定的一类真菌毒素，具有很强的毒性、致癌性、致突变性和致畸毒性。已发现的黄曲霉毒素及其衍生物有 20 余种。黄曲霉毒素的结构通常包含一个双呋喃环和一个氧杂萘邻酮，根据其化学结构不同分为 B_1、B_2、G_1、G_2 4 种；生物体摄取黄曲霉毒素后会被细胞内的 CYP450 等酶系氧化形成代谢产物，主要包括黄曲霉毒素 M_1、M_2、P_1、Q_1、B_{2a}、G_{2a} 等。其中以黄曲霉毒素 B_1 的毒性最大，其毒性为氰化钾的 10 倍，砒霜的 68 倍；其致癌性是二甲基亚硝胺的 70 倍，为 Ⅰ 类致癌物。人类和动物主要通过食物摄入黄曲霉毒素。黄曲霉毒素进入动物体后会表现出强烈的亲肝性，可引起肝脏出血、脂肪变性、胆管增生等，并诱发肝癌。我国对食品中黄曲霉毒素 B_1 采取了严格的限量标准（GB2761—2011）：花生、玉米及其制品中的黄曲霉毒素 B_1 含量≤20 μg/kg；大米及其他食用油的黄曲霉毒素 B_1 含量≤10 μg/kg，粮食、豆类、发酵食品及调味品中的黄曲霉毒素 B_1 含量≤5 μg/kg，乳制品及婴儿配方食品中黄曲霉毒素 B_1、M_1 含量≤10 μg/kg。

黄曲霉毒素检测方法有薄层色谱法、液相色谱、荧光分光光度法、免疫分析法等快速检测法。酶联免疫吸附测定（ELISA）法的优点是反应特异性强、灵敏度高、干扰小、样品预处理简便、检测结果准确且稳定、成本低，已成为常用的快速检测食品中霉菌毒素的方法。

根据固相酶联免疫吸附原理，采用竞争一步 ELISA 法测定。加入标准品或样品溶液、黄曲霉毒素酶标记物，黄曲霉毒素 B_1 与辣根过氧化物酶标记的黄曲霉毒素 B_1 竞争结合酶标板微孔中固相化的黄曲霉毒素 B_1 特异性抗体，通过洗涤洗掉未结合的酶标记黄曲霉毒素 B_1，再通过酶的专一性显色剂显色，由显色的深浅来判断样品中黄曲霉毒素 B_1。根据竞争性原理，如果样品中的游离黄曲霉毒素 B_1 量少，则酶标记的黄曲霉毒素 B_1 结合得多，显色深；反之，则显色浅。检测时设置标准曲线，通过标准曲线测定样品中黄曲霉毒素 B_1 的含量。

【实验器材】

花生及其制品；黄曲霉毒素 B_1 酶联免疫检测试剂盒，去离子水，甲醇，次氯酸钠，丙酮（分析纯）；小型粉碎机，20 目筛，振荡器，分析天平，打印机和微孔板酶标仪，酶标板，恒温干燥箱，100 μl 移液器，分液漏斗，量筒，漏斗，容量瓶，快速定性滤纸，吸水纸等。

【操作步骤】

1. 提取　　花生及其制品样品粉碎，过 20 目筛网，称取 5.0 g 样品于具塞锥形瓶中，加 70% 甲醇溶液 25 ml，振摇 3 min，用快速滤纸过滤于分液漏斗中，静置分层，取出下层的甲醇水提取液，即为样品提取液（根据样品中黄曲霉毒素含量进行适当稀释为待测样液）。

2. 反应　　红色微孔中加入蓝色试剂 100 μl，分别加入标准液或样液各 100 μl，混匀，移 100 μl 到白色抗体孔，摇匀，室温反应 10 min，弃去液体，用去离子水洗 5 次，吸干。

3. 显色　　加入底物 100 μl，摇匀，室温反应 10 min，加入终止液 100 μl，终止反应。

4. 检测　　对酶标仪编程，450 nm 处用酶标仪检测，仪器自动测定样液黄曲霉毒素 B_1 浓度。也可根据标准黄曲霉毒素 B_1 浓度绘制标准曲线，计算样液黄曲霉毒素 B_1 浓度。

5. 计算　　黄曲霉毒素 B_1 的浓度计算公式：

$$样品黄曲霉毒素 B_1 浓度（ng/g）= c \times \frac{V_1}{V_2} \times D \times \frac{1}{m}$$

式中，c 为样液黄曲霉毒素 B_1 含量（ng），由对应标准曲线按数值插入法得到；V_1 为试样提取液体积（ml）；V_2 为滴加样液体积（ml）；D 为稀释倍数；m 为试样质量（g）。

【实验报告】

1. 结果　　报告测定的花生及其制品黄曲霉毒素 B_1 含量是否符合国家食品安全标准。

2. 思考题

1）简述 ELISA 法定量检测黄曲霉毒素 B_1 的原理。

2）实验中对样品进行前处理的作用是什么？

3）影响检测准确性的主要因素有哪些？

4）酶标仪操作过程中要注意些什么？

【注意事项】

1. 开始试验前试剂需回温至室温，但避免试剂在室温存放过久（<24 h）。

2. 整个加样过程要快，保证前后反应时间一致。加样要准确，直接加到小孔底部，不可有气泡，不要加到孔壁上。加样后要摇匀反应液。

3. 如果样品中黄曲霉毒素的浓度比预计的浓度高，样品需要进一步稀释。

4. 凡接触到标样的器皿都要用 5% 次氯酸钠水溶液浸泡半天后，再清洗备用。

5. 将需要解毒的器皿用 5% 次氯酸钠水溶液浸泡 30 min 后，用 2 mol/L 盐酸将该溶液 pH 调至 7.8～8.0。加入丙酮，使丙酮占溶液总体积的 5%，浸泡 30 min。处理后 AFT 可转化为无致癌性的二羟基衍生物，紫外光下检测无荧光出现。

6. 不同批次试剂盒的试剂不能混用。具体操作要按该试剂盒的说明书进行。

Thermo MK3 酶标仪使用

1. 操作流程

1）打开仪器后部电源开关，等待自检。预热 5 min。

2）打开打印机开关。

3）先点"转换"键再点"输入"键，进入"程序模块"，通过按"↑""↓"键选择"临界值"（定性）或者"曲线定量"（定量）。

4）点"输入"键确定，然后继续等待自检。

5）点"调出"键选择已编辑的程序，点"输入"键确定。

6）放入酶标板点"开始"键即可。

7）不用时，最好关闭电源，以延长酶标仪灯泡的使用寿命。

2. 定量程序编辑

1）打开仪器后部开关，等待自检。

2）先点"转换"键再点"输入"键，进入"程序模块"，通过按"↑""↓"键选择"曲线定量"。

3）点"输入"键确定，然后继续等待自检。

4）点"测量模式"键后按"↑""↓"键选择试剂所要求的检测方法（如单波长检测 / 双波长检测），点"输入"键确定。

5）通过点数字键输入试剂所要求的滤光片波长，点"输入"键确定。

6）若试剂中有浓度为 0 的标准品则选择"无试剂空白"；若无浓度为 0 的标准品则选择"单孔空白"，点"输入"键。根据个人习惯点数字键设置空白孔的位置，再点"输入"键。按"↑""↓"键选择"每板都带空白"，点"输入"键确定。

7）点"计算模式"键，按"↑""↓"键选择"曲线定量"，点"输入"键。

8）按试剂中标准品的个数点数字键输入标准品的个数，点"输入"键确定。

9）若不需要做标准品重复则直接点"输入"键，若需要做重复孔则输入重复的数量。

10）按试剂说明书及个人操作习惯输入各标准品的浓度及位置，点"输入"键确定。

11）按"↑""↓"键选择"每板都带标准"，点"输入"键确定。

12）按"↑""↓"键选择所需要使用的单位（若无合适的单位，则选择"无单位"）。

13）按试剂说明书选择坐标类型（一般选择线性 / 线性）。

14）点"贮存"键后按数字键输入程序号，然后再点"输入"键确定。

15）最后点"输入"键贮存。

（刘汉文）

实验 3-15 　罐头食品商业无菌检测

【目的要求】

掌握罐头食品商业无菌的概念、商业无菌检测及判定结果的方法。

【基本原理】

罐头食品经适度加热杀菌后不含致病微生物，也不含常温下能在其中繁殖的非致病微生物，此状态称为商业无菌。罐头食品富含营养物质，若灭菌不够或密封不严，罐内微生物未被杀死或抑制，将罐头食品放在一定温度下培养一段时间，罐头内的微生物就会繁殖，代谢产气造成胖听或泄漏。食品的 pH 改变，使气味、外观、状态、色泽等感官特性发生变化，涂片镜检能观察到有明显的微生物增殖，食品腐败变质。

【实验器材】

庖肉培养基，溴甲酚紫葡萄糖肉汤（带倒管），生理盐水，结晶紫染色液，孔雀绿染色液，香柏油，二甲苯；显微镜，pH 计，培养箱，冰箱，接种针，天平，标签纸，开罐器，白搪瓷盘，研钵，载玻片，擦镜纸等。

【操作步骤】

1. 标记　　在罐头的外包装上用标签纸做好标记、编号，并记录样品产品性状是否有泄漏、小孔或锈蚀、压痕、膨胀等异常情况。

2. 称重　　准确称量记录。1 kg 及以下的样品精确到 1 g；1 kg 以上的精确到 2 g。各罐头的质量减去空罐的平均质量即为该罐头的净重。称量前对样品进行编号记录。

3. 保温　　每个批次取一个样品作为对照放在 4℃冰箱中保存，其余样品在（36±1）℃培养箱中保温 10 d，每天检查是否有胖听或泄漏情况，如有则立即开罐检查。

保温结束后再称重并记录，比较保温前后样品质量，如变轻表明样品发生泄漏。

4. 开启　　取保温过的全部罐头，冷却至室温后按无菌操作开罐检验。

1）开启前，有膨胀的样品，要先将样品放在 4℃冰箱中冷藏几小时再开启。开启时用冷水和洗涤剂清洗样品表面，用无菌毛巾擦干；然后将样品放在含 4% 碘的乙醇溶液浸泡 30 min，用无菌毛巾擦干。

2）在超净工作台或百级洁净实验室中开启。开启时，带汤汁的样品开启前要振摇。用无菌开罐器在罐头的光滑面开启一个适当大小的口，不能伤及卷边结构。软包装样品用无菌剪刀剪开，不得损坏接口处。立即在开口处上方嗅闻气味，并记录。

5. 留样　　开启后，无菌操作取 30 ml（g）内容物于无菌容器内，保存在 4℃冰箱中，作留样，在需要时可用于进一步检验，整个实验完成后再弃去。

6. 感官检查　　在光线充足、空气清洁、无异味的检验室鉴定，全过程不超过 2 h。

1）肉类罐头。先加热使汤汁熔化再将内容物倒入白瓷盘中，对其组织、形态、色泽、气味等进行观察和嗅闻（有无哈喇味及异味），用餐具按压食品或用戴薄指套的手指感触，鉴别食品有无腐败变质的迹象，同时观察包装容器内外的情况，并记录。

2）糖水、果汁类罐头。在室温将其打开，滤去汤汁，将内容物倒入白瓷盘中，观察其组织、形态、色泽（是否透明），嗅闻气味（是否有应有的香味，酸甜是否适口）等，鉴别食品有无腐败变质的迹象，同时观察包装容器内、外部情况，并记录。

3）糖浆、果酱类罐头。开罐后将内容物倒入白瓷盘，观察其组织、形态、色泽（是否透明，有无胶冻、大量果屑或其他杂物），嗅闻气味（是否有应有的香味，酸甜是否适口）等，鉴别食品有无腐败变质的迹象。观察包装容器内外情况，并记录。

7. pH 测定

1）样品处理。液态样品混匀备用；固液都有的样品取混匀的液相部分备用；稠厚或半稠厚制品及难以从中分出汁液的制品（如糖浆、果酱、果冻、油脂等），取一部分在研钵中研磨，如果研磨后仍太稠厚，加入等量的无菌蒸馏水，混匀备用。

2）测定。用 pH 计准确测定样品 pH，精确到 0.05 pH 单位。同一样品测定两次，测定结果之差不能超过 0.1 pH 单位，取两次测定的平均值作结果，结果精确到 0.05 pH 单位。同时测定同批次冷藏样品，两者相比，pH 相差 0.5 及以上为显著差异。

8. 涂片镜检　　感官检查或 pH 测定结果可疑的及腐败时 pH 反应不灵敏的罐头样品取内容物涂片，结晶紫染色，观察 5 个视野，记录菌体的染色结果、形态特征及每个视野中的菌数。与同批次留样对比，判断是否有明显的微生物增殖。菌数有百倍及以上增长判为明显增殖。不同罐头涂片方式不同：带汤汁的样品用接种环挑取汤汁涂于载玻片上，固体样品直接涂片或加一滴生理盐水于载片上再涂，自然干燥后火焰固定；油脂性食品涂片经自然干燥、火焰固定后，用二甲苯流洗，自然干燥。

9. 接种培养　　保温期间出现胖听、泄漏，开罐检查发现 pH 测定、感官检查异常，腐败变质，涂片镜检菌数增殖的样罐，均应及时取其留样进行微生物接种培养。

需接种培养的样罐或留样以无菌操作取 1 ml（g）内容物分别接种，接种量约为培养基的 1/10。用预热至 55℃的庖肉培养基、溴甲酚紫葡萄糖肉汤分别接种两管，55℃培养 3 d。每天观察生长情况。是否产酸、产气，涂片染色镜检，有无芽孢。

10. 罐头密封性检验　　对确有微生物繁殖的样罐均应进行密封性检验以判定该罐是否泄漏。将洗净的空罐经 35℃烘干，根据设备条件进行减压或加压试漏。

1）减压试漏。将烘干空罐小心注入九成满清水，盖一带橡胶圈的有机玻璃板于卷边上保持密封。按住玻璃板，启动真空泵，控制抽气，保持真空度 6.8×10^4 Pa（510 mmHg）1 min 以上。倾侧罐盒仔细观察罐内底盖卷边及焊缝处有无气泡产生，同一部位连续产生气泡判为泄漏。在漏气部位作记号，记录漏气时间和真空度。

2）加压试漏。用胶塞将空罐开口塞紧，再浸于玻缸内水中，开动空压机，慢慢开启阀门使罐内压力逐渐加至 0.7 kgf/cm^2 保持 2 min。仔细观察罐壁外有无气泡产生，同一部位连续产生气泡判为泄漏。在漏气部位作记号，记录漏气时间和压力。

【实验报告】

1. 实验结果　　将观察结果记录在表 3-15.1 中，判定结果，并写出正确的报告。

表 3-15.1　食品中微生物的检测结果记录表

样品名称	胖听	泄漏	pH 变化	感官鉴定	镜检结果	培养结果	判定
对照							
检样							

该批产品抽取样品经保温试验无胖听、酸包或泄漏；保温后开罐，经感官检查、pH测定、涂片镜检或接种培养，确证无微生物繁殖现象，则为商业无菌。

该批产品抽取样品经保温试验有膨胀、酸包或泄露；或保温后开罐，经感官检查、pH测定、涂片镜检或接种培养，确证有微生物繁殖，则为非商业无菌。

2. 思考题

1）检验前保温的目的是什么？开罐前要做好哪些准备工作？

2）如何判断罐头为商业无菌？

【注意事项】

1. 开罐时，每个开罐器只开一个罐头，不得交叉使用。

2. 严重膨胀的样品在开启前盖一条灭菌毛巾防止发生爆炸，喷出有毒物体。

（魏淑珍）

实验 3-16 牛奶中细菌的检查

【目的要求】

1. 了解牛奶的消毒和细菌学检查的重要意义及卫生质量判断标准。

2. 学习牛奶的巴斯德消毒法和细菌学检查方法。

【基本原理】

从健康母牛体内刚挤出的牛奶含有少量正常的起始微生物。但将牛奶装入未消毒的器具及在分装、运输中，牛奶会被很多其他微生物甚至致病菌污染。且牛奶含有丰富的营养物质（糖类、蛋白质、脂肪、无机盐和维生素等），其中的微生物会很快繁殖。因此，奶制品一定要消毒。牛奶样品的细菌含量可反映母牛的健康状况和牛奶生产与保藏的条件。

牛奶的细菌学检查方法有 3 种：显微镜直接计数法——涂片面积与视野面积之比估算法；亚甲蓝还原酶试验法；标准平板计数法。

显微镜直接计数法适用于含有大量细菌的牛奶，生鲜牛奶可用此法检查。显微镜检查，如果每个视野只有 1～3 个细菌，则此牛奶为一级牛奶；如果牛奶中有很多长链的链球菌和白细胞，通常是来自患乳腺炎的母牛；若一个视野中有很多不同的细菌说明牛奶被污染。我国生鲜牛奶的微生物指标规定：一级细菌数≤50 万 /ml；二级细菌数≤100 万 /ml；三级细菌数≤200 万 /ml；四级细菌数≤400 万 /ml。一级奶符合标准；二、三级的可接受；超过三级的指标不可接受。由于上述方法不够精确，一般不用作消毒牛奶的卫生检查。

亚甲蓝还原酶（methylene blue reductase）试验法是测定牛奶质量的一种定性检测法，操作简便，不需特殊设备。亚甲蓝是一种氧化还原指示剂，在厌氧环境中它被还原成无色（无色亚甲蓝）。如果牛奶中有细菌生长繁殖，将使其中溶解氧减少，氧化-还原电势降低。根据加入的亚甲蓝颜色变化的速度，可鉴定该牛奶的质量。其标准规定为：①在 30 min 内亚甲蓝被还原成无色者，质量很差，是四级奶；②在 30 min～2 h 被还原者，质量差，是三级奶；③在 2～6 h 被还原者，质量中等，是二级奶；④在 6～8 h 被还原者，质量好，是一级奶。

牛奶及奶产品中大肠菌群是其卫生质量的重要指标，表明其中病原菌的多少。可用紫红胆汁琼脂平板检测奶中大肠菌群数。大肠菌群在该平板表面下呈粉红圈包围的深红凸透镜状菌落。标准平板计数法是用于牛奶微生物计数的常规方法，较敏感，有少量细菌也能得出较正确的结果。我国消毒牛奶卫生标准用标准平板计数法，细菌总数＜3万/ml。

【实验器材】

生鲜牛奶 10 ml，质差生牛奶 10 ml，牛肉膏蛋白胨琼脂培养基，紫红胆汁琼脂培养基；亚甲蓝溶液（1∶250 000），无菌水；无菌培养皿，无菌试管，锥形瓶，1 ml 与 10 ml 无菌吸管，10 μl 微量移液器与吸头，载玻片，亚甲蓝染色液（附录一），显微镜，水浴锅，试管架，吸水纸等。

【操作步骤】

1. 显微镜直接计数法

1）在白纸上画 1 cm² 的方块，将载玻片放在纸上。用 10 μl 微量移液器吸取混匀了的生牛奶样品放在载玻片 1 cm² 区域中央。用无菌接种针将牛奶涂匀，涂满 1 cm² 的范围。

2）将涂片晾干后置于沸水浴中的试管架上用蒸气热固定 5 min，晾干后浸于亚甲蓝染色液缸内染 2 min。取出载玻片，用吸水纸吸去多余的染料，晾干。用水缓缓冲洗，晾干。

3）将晾干的载玻片置于载物台上，先高倍镜后油镜观察细菌数，共数 30～50 个视野。

4）计算。1 ml 牛奶的细菌总数＝平均每个视野的细菌数 ×500 000

因为一般油镜的视野直径为 0.16 mm，一个视野的面积＝$0.08^2 \times 3.1416 = 0.02$ mm²＝0.000 2 cm²。1 cm² 的视野数＝$1.0 \div 0.0002 = 5000$。又因为，1 cm² 的牛奶量为 0.01 ml，则每一视野中的牛奶量为＝$1/100 \times 1/5000 = 1/500\,000$ ml。所以，1 ml 牛奶中的细菌数＝一个视野的细菌数 ×500 000＝50 个视野的细菌数 ÷50×500 000。

2. 亚甲蓝还原酶试验法

1）标记两支无菌试管，分别向两支试管加入 10 ml 生鲜牛奶样品和质差生牛奶样品。

2）分别向两管各加入 1 ml 亚甲蓝溶液，盖紧管塞。轻轻倒转试管约 4 次，置 37℃ 水浴中，并记录培养时间。5 min 后再取出试管轻轻倒转几次，充分混匀，仍放回水浴中。

3）每隔 30 min 观察、记录试管中亚甲蓝颜色的变化，从蓝到白说明指示剂还原作用完成。当试管中的奶至少 4/5 变白时为还原作用的终点，记录此时间。

3. 巴斯德（巴氏）消毒法消毒牛奶　　牛奶的消毒目前有超高温瞬时消毒和巴氏消毒两种，超高温瞬时消毒是指湿热 135～150℃ 加热 3～5 s。在很短的时间内牛奶的营养物质不会被破坏，但能有效地杀死微生物。巴氏消毒法在实际应用中，温度一般在63～90℃，如 80℃ 为 15 min，90℃ 为 5 min，63℃ 为 30 min。本实验采用 80℃、15 min。

1）将水浴锅的温度调到 80℃。将生牛奶样品用力摇匀，使微生物均匀分布。用 10 ml 无菌吸管吸取 5 ml 生牛奶放入无菌试管内，将试管放入 80℃ 的水浴锅中（水面要超过牛奶的表面）。保持 15 min，并不时摇动。

2）到 15 min 立刻取出试管，用自来水冲试管外壁，使其中的牛奶迅速冷却。

4. 标准平板计数法

1）将巴氏消毒牛奶充分摇匀，按实验 3-29 中池水的稀释法稀释，使稀释度为 10^{-2}、10^{-3} 和 10^{-4}。用 1 ml 无菌吸管从最大稀释度开始各取 1 ml 于已标明稀释度的无菌平皿中。每个稀释度做 3 次重复。

2）各平皿倾注约 15 ml 已熔化并冷却至 45℃左右的牛肉膏蛋白胨琼脂培养基，立即放桌上旋转混匀。凝固后倒置于 37℃培养箱内，培养 24 h。

3）选择长有 30～300 个菌落的平板计数，并算出 1 ml 牛奶的细菌总数。

4）普通生牛奶样品的检查同上法，但稀释度为 10^{-3}、10^{-4} 和 10^{-5}。

5. 检测大肠菌群

1）摇动奶样 20 多次，按标准平板计数法稀释巴氏消毒牛奶和生牛奶样品。

2）分别吸取 10^0、10^{-1} 和 10^{-2} 的消毒牛奶和生牛奶样品各 1 ml 加到已标记的无菌平皿中。每个稀释度做 3 次重复。

3）各平皿倾注约 15 ml 已熔化并冷却至 45℃左右的紫红胆汁琼脂培养基，立即放桌上旋转混匀。凝固后各平皿再注约 5 ml 紫红胆汁琼脂培养基，旋转混匀。倒置于 32℃培养箱培养 24 h。

4）选有 25～250 个菌落的平板，这些菌落位于平板表面之下，呈被粉红色圈包围的深红凸透镜状。记录有这些特征的菌落数，并计算出各奶样每毫升中含有的大肠菌群数。

【实验报告】

1. 实验结果

1）显微镜直接计数法。平均每个视野的菌数是多少？每毫升健康母牛刚挤出的奶中细菌总数是多少？普通生牛奶呢？

2）亚甲蓝还原酶试验法。根据观察将结果填于表 3-16.1 中，并判断两种牛奶样品质量是"很差""差""中等"还是"好"。

表 3-16.1　亚甲蓝还原酶试验实验结果记录表

	生鲜牛奶	质差生牛奶
还原作用时间 /min		
牛奶样品的质量		

3）将标准平板计数法测定结果填于表 3-16.2 中。

表 3-16.2　标准平板计数实验结果记录表

样品	不同稀释度的菌落数				每毫升牛奶菌数
	10^{-2}	10^{-3}	10^{-4}	10^{-5}	
巴氏消毒牛奶					
生鲜牛奶					

4）将大肠菌群检测结果填于表 3-16.3 中。

表 3-16.3　大肠菌群检测实验结果记录表

样品	不同稀释度的菌落数			每毫升牛奶大肠菌群数
	10^0	10^{-1}	10^{-2}	
巴氏消毒牛奶				
生鲜牛奶				

2．思考题

1）比较所检查的巴氏消毒牛奶和生牛奶，说明巴氏消毒效果，其细菌总数是否符合卫生标准？所检查的生牛奶在显微镜下观察到的属于哪一种情况？

2）检测奶质量的亚甲蓝还原酶试验的机制是什么？亚甲蓝还原作用时间在不同级别的奶之间有何差异？这些差异说明什么？

【注意事项】

1．奶样在吸取稀释测定前必须充分摇振，混匀，以免影响测定结果的准确性。

2．倒平板后应立即放桌上旋转混匀。否则，菌落分布不均，影响计数结果的准确性。

（蔡信之）

实验 3-17　药品微生物限度检查——细菌、霉菌及酵母菌计数

【目的要求】

掌握药品微生物限度检查的意义、项目、原理、要求和方法。

【基本原理】

微生物限度检查是对非规定灭菌制剂及其原辅料受微生物污染程度的检查，项目包括细菌数、霉菌数、酵母菌数及控制菌（大肠埃希氏菌、铜绿假单胞菌、沙门氏菌、金黄色葡萄球菌、破伤风梭菌）检查。药品中污染的微生物大多为异养型，以兼性寄生化能异养型为主。

细菌、霉菌、酵母菌总数的检测均采用平板菌落计数法。微生物限度检查应在环境洁净度 10 000 级下、局部洁净度 100 级的单向流空气区域内进行。检验全过程必须严格无菌操作，防止再污染。单向流空气区域、工作台面及环境应定期按《医药工业洁净室（区）悬浮粒子、浮游菌和沉降菌的测试方法》的现行国家标准进行洁净度验证。供试品如果使用了表面活性剂、中和剂或灭活剂，应证明其有效性及对微生物无毒性。除另有规定外，本检查法中细菌培养温度为 30～35℃；霉菌、酵母菌培养温度为 25～28℃；控制菌为（36±1）℃。检验结果以 1 g、1 ml、10 g、10 ml、10 cm^2 为单位报告，特殊品种可以最小包装单位报告。检验量（一次试验用供试品量）除另有规定外，一般供试品为 10 g 或 10 ml；膜剂为 100 cm^2；贵重药品、微量包装药品检验量可以酌减。要求检查沙门氏菌的供试品，其检验量应增至 20 g 或 20 ml（其中 10 g 用于阳性对照试验）。检验时应从两个以上最小包装单位中抽取供试品，膜剂不得少于 4 片，外用药不得少于 5 g，中药蜜丸 4 丸以上共 10 g。一般应随机抽取不少于检验用量（两个以上最小包装单位）的 3 倍量供试品。

【实验器材】

阿司匹林片剂等；牛肉膏蛋白胨培养基，玫瑰红钠琼脂培养基，酵母浸出粉胨葡萄糖培养基；0.9% 无菌 NaCl 溶液（100 ml 装锥形瓶，9 ml 装试管）；无菌平皿，聚山梨酯 80，锥形瓶，涂布棒，微量移液器，吸头，培养箱，水浴锅，无菌棉签，超净工作台，灭菌锅等。

【操作步骤】

1．供试液制备　　称供试品 10 g 于 100 ml 0.9% 无菌 NaCl 溶液中，用匀浆仪或漩

涡混匀器混匀使其充分溶解，作为供试液（稀释度 10^{-1}）。制备中必要时可加适量聚山梨酯 80，并适当加温，但不应超过 45℃。注意检测不同剂型或性状的供试药品要按供试品的理化和生物学特性，采取适宜方法制成供试液（《中华人民共和国药典》2015 年版第二部）。

2. 稀释　　吸 1 ml 供试液到 9 ml 0.9% 无菌 NaCl 溶液，混匀，稀释度为 10^{-2}，再进一步稀释成 10^{-3}。

3. 细菌倒平板　　分别吸 10^{-1}、10^{-2}、10^{-3} 稀释液各 1 ml 于已做标记的无菌培养皿中，再加入熔化并冷至 45℃左右的牛肉膏蛋白胨培养基约 15 ml（细菌计数），混匀，凝固。做 3 个平行试验。

4. 真菌倒平板　　同样加玫瑰红钠琼脂培养基、酵母浸出粉胨葡萄糖琼脂培养基计数霉菌、酵母菌。

5. 阴性对照试验　　取供试品用稀释剂（0.9% 无菌 NaCl 溶液）各 1 ml 置无菌平皿中，分别加入细菌、霉菌、酵母菌计数用培养基制备平板，并做好阴性对照标记。

6. 培养　　将以上所有平板倒置于适宜温度下培养，观察计数。细菌 30～35℃培养 48 h 统计菌落数；霉菌、酵母菌 25～28℃培养 72 h 统计菌落数。

7. 菌落计数　　将平板置于菌落计数器上或从平板背面直接以肉眼点计，以透射光衬以暗色背景，仔细观察。勿漏计细小的琼脂层内和平皿边缘生长的菌落。注意细菌菌落与霉菌和酵母菌及它们与供试品颗粒、培养基沉淀物、气泡等的鉴别。必要时用放大镜或低倍显微镜观察或挑取可疑物涂片镜检。若平板上有几个菌落重叠，肉眼可辨别时仍分别计数；平板生长有链状菌落，菌落间无明显界限的，一条链作一个菌落计数，但若链上出现性状与链状菌落不同的可辨菌落时，应分别计数；若菌落蔓延成片，不宜计数。

菌落计数后，计算各稀释度平均菌落数，按以下菌数报告规则报告菌数。

1）细菌选平均菌落数为 30～300 的稀释度、霉菌选平均菌落数在 30～100 的稀释度作为报告菌数计算的依据。

2）有一个稀释度平均菌落数为 30～300（30～100），将其平均菌落数乘以稀释倍数。

3）有两个相邻稀释度平均菌落数为 30～300（30·100），按比值计算。比值≤2 以两稀释度的平均菌落数均值报告；比值＞2 以低稀释度的平均菌落数乘以稀释倍数报告。

4）有 3 个稀释度平均菌落数为 30～300（30～100），以后两个稀释度计算比值。

5）如各稀释度的平均菌落数均不是 30～300，以最接近 30 或 300 的稀释度平均菌落数乘以稀释倍数报告。

6）各稀释度平均菌落数均在 300（100）以上，按最高稀释度平均菌落数乘稀释倍数。

7）如各稀释度平均菌落数均小于 30，按最低稀释度平均菌落数乘以稀释倍数报告。

8）各稀释度的平板均无菌落生长或最低稀释度平均菌数小于 1 时，应报告菌落数＜10 个 /g（ml）。如供试品原液平板均未生长霉菌及酵母菌，应报告未检出霉菌及酵母菌 /ml。

9）若 1∶10（1∶100）稀释度平均菌落数等于或大于原液（或 1∶10）稀释度，应以培养基稀释法测定，按测定结果报告菌数。方法为：取供试液（原液或 1∶10 或 1∶100 供试液）3 份，每份 1 ml，分别加入 5 个平皿内（每皿各 0.2 ml），每皿再加入营养琼脂培养基约 15 ml，混匀，凝固后倒置培养，计数。1 ml 注入的 5 个平板的菌落之和即为每毫升的菌落数，共得 3 组数据。以 3 份供试液菌落数的平均值乘以稀释倍数报告。如各稀释度平板均无菌落生长或仅最低稀释度平均菌落数小于 1 时，则报告菌数为小于 10 个。

【实验报告】

1．实验结果

1）将供试药品中细菌、霉菌、酵母菌的计数结果填入表 3-17.1 中。

表 3-17.1　供试药品微生物计数结果记录表　　　　　（单位：CUF/ 皿）

稀释度	细菌		霉菌		酵母菌	
	每皿菌落形成单位数	平均	每皿菌落形成单位数	平均	每皿菌落形成单位数	平均
10^{-1}						
10^{-2}						
10^{-3}						
阴性对照						

2）计算每克或每片供试药品中细菌、霉菌和酵母菌的数量，并说明计算依据。

2．思考题

1）比较你与同学的检测结果（必须为同批次同种药品），结果一致吗？若不一致，为什么？再将你的结果与药品说明书中的结果比较，如何评价你的结果？

2）检测含菌药品时，制备供试液应考虑哪些问题？如何制备供试液？

3）如何修改上述实验方法以检测药品中的控制菌（如大肠埃希氏菌）？

【注意事项】

1．倒平板必须充分混合均匀。培养、计数中不要反复翻转平板，以免孢子落下生长。

2．菌落计数时要仔细观察，勿漏计细小的琼脂层内和平板边缘生长的菌落。

3．菌落计数时要注意细菌菌落、霉菌菌落、酵母菌菌落及它们与供试品颗粒、培养基沉淀物、气泡等的区别。

（罗　青）

实验 3-18　微生物限度检查方法——菌落计数法的验证

【目的要求】

掌握药品微生物学检查方法验证的目的、原理、所用挑战微生物、方法及结果评价。

【基本原理】

建立药品的微生物限度检查方法时应进行检查方法的验证，以确认所用的方法是否适合于该药品的微生物限度检查。若药品的组分或原检验条件改变可能影响检验结果时，微生物限度检查方法也应重新验证。验证实验的原理基于微生物恢复生长的比较，是将试验用挑战菌株等量接种于 3 组不同的供试品（试验组、菌液组、供试品对照组）中，检验后比较 3 组供试品中挑战菌株的恢复生长结果，评价整个检验方法的准确性、有效性。用于验证试验的挑战微生物要有广泛的代表性，至少包括革兰氏阳性菌、革兰氏阴性菌、酵母菌和霉菌，基本涵盖样品中可能存在的各类微生物，也基本包括在防腐剂抑菌效果检查实验中使用的试验菌株。2015 年版《中华人民共和国药典》（四部）附录：微生物计数法、控制菌检查法，规定微生物计数试验应在受控洁净环境下的局部洁净度不低于 B 级的单向流空气区域内进行。检验全过程必须严格无菌操作，防止再污染。验证用菌种为金黄色葡萄球菌［CMCC（B）26003］、铜绿假单胞菌［CMCC（B）10104］、枯草芽孢杆菌［CMCC（B）63501］、白色念珠菌［CMCC（F）98001］、黑曲霉［CMCC（F）98003）]、大肠埃希氏菌［CMCC（B）44102］。试验用菌株的传代次数不得超过 5 代（从菌种保藏中心获得的冷冻干燥菌种为第 0 代），并用适宜的菌种保藏技术保存，以保证试验菌株的生物学特性。验证时按供试液的制备和细菌、霉菌及酵母菌计数规定的方法及要求进行，验证实验至少应进行 3 个独立的平行试验，并分别计算各试验菌株的回收率。试验组菌落数减去供试品对照组菌落数的值与菌液对照组菌落数的比值应为 0.5～2。若各试验菌的回收试验均符合要求，按所用的供试液制备及计数方法进行该供试品的需氧菌总数、霉菌和酵母菌总数计数。

【实验器材】

金黄色葡萄球菌，铜绿假单胞菌，枯草芽孢杆菌，白色念珠菌，黑曲霉；阿司匹林片剂等；胰酪大豆胨液体培养基，胰酪大豆胨琼脂培养基，沙氏葡萄糖液体培养基，沙氏葡萄糖琼脂培养基（注明来源、批号），0.9% 无菌 NaCl 溶液，聚山梨酯 80；电热恒温干燥箱，灭菌锅，净化工作台，生化培养箱，霉菌培养箱，冷柜，水浴振荡器，显微镜，电子天平，无菌移液管，无菌试管，无菌培养皿，无菌小袋，乳钵，酒精灯，记号笔等。

【操作步骤】

1. 供试液制备　选取两个相同包装的供试品，从最小包装单位中称取样品各 5 g，用乳钵研细，加 0.9% 无菌 NaCl 溶液至 100 ml，混匀，制成 1:10 的供试液。

2. 菌液制备　分别接种金黄色葡萄球菌、铜绿假单胞菌、枯草芽孢杆菌的新鲜培养物至 10 ml 胰酪大豆胨液体培养基，35℃培养 24 h。取此培养液 1 ml 加入 9 ml 0.9% 无菌 NaCl 溶液，用 10 倍递增稀释法稀释至 10^{-7}～10^{-5}，制成 50～100 CFU/ml 的菌液备用。

接种新培养的白色念珠菌至 10 ml 沙氏葡萄糖液体培养基，25℃培养 3 d，取培养液 1 ml 加入 9 ml 0.9% 无菌 NaCl 溶液，稀释至 10^{-7}～10^{-5}，制成 50～100 CFU/ml 的菌液。

接种新培养的黑曲霉至沙氏葡萄糖琼脂斜面，25℃培养 7 d，至获得丰富的孢子。加 5 ml 含有 0.05% 聚山梨酯 80 的 0.9% 无菌 NaCl 溶液，将孢子洗脱，无菌操作过滤至无菌试管中。取 1 ml 加入 9 ml 含有 0.05% 聚山梨酯 80 的 0.9% 无菌 NaCl 溶液，同法稀释至 10^{-7}～10^{-5}，制成 50～100 CFU/ml 的孢子悬液备用。

3. 培养基适用性检查　取稀释的铜绿假单胞菌、金黄色葡萄球菌、枯草芽孢杆菌分别注入无菌平皿中，立即倾注不超过 45℃的胰酪大豆胨琼脂培养基，每株试验菌平行制备两个平皿，混匀，凝固，置于 35℃培养 48 h，计数；分别取稀释的白色念珠菌、黑曲霉注入无菌平皿中，立即倾注不超过 45℃的沙氏葡萄糖琼脂培养基，每株两个平皿，混匀，凝固，置于 25℃培养 72 h，计数。同时用相应的对照培养基替代被检培养基进行上述试验。

通过观察和计数，被检培养基菌落平均数与对照培养基相比，明显大于对照培养基菌落平均数的 50%，菌落形态大小与对照基本一致，判断培养基的适用性检查符合规定。

4. 验证方法

（1）试验组　　　取 1∶10 供试液和相应的试验菌悬液各 1 ml 至无菌平皿中，立即倾注不超过 45℃的胰酪大豆胨琼脂培养基或沙氏葡萄糖琼脂培养基 20 ml，混匀，凝固。每株试验菌制备两个平皿。金黄色葡萄球菌、铜绿假单胞菌、枯草芽孢杆菌在 35℃培养箱中培养 3 d；白色念珠菌、黑曲霉在 25℃培养箱中培养 5 d，点计菌落数。

（2）菌液组（阳性对照）　　　分别吸取 0.9% 无菌 NaCl 溶液和上述制备的 50～100 CFU/ml 的试验菌液各 1 ml 注入无菌平皿中，立即倾注不超过 45℃的胰酪大豆胨琼脂培养基或沙氏葡萄糖琼脂培养基 20 ml，混匀，平行制备两个平皿。金黄色葡萄球菌、铜绿假单胞菌、枯草芽孢杆菌 35℃培养 3 d，白色念珠菌、黑曲霉 25℃培养 5 d，点计菌落数。

（3）供试品对照组　　　分别取 1∶10 供试液 1 ml 于平皿中，倒不超过 45℃的胰酪大豆胨琼脂培养基或沙氏葡萄糖琼脂培养基 20 ml，混匀，平行制备两个平皿。胰酪大豆胨琼脂培养基置于 35℃培养箱中培养 3 d，沙氏葡萄糖琼脂培养基置 25℃培养 5 d，点计菌落数。

（4）回收率计算

试验组菌回收率（%）=[（试验组平均菌落数 − 供试品对照组平均菌落数）/ 菌液组平均菌落数]×100

（5）判断　　　3 次独立的平行试验试验组菌落数减去供试品对照组菌落数的值与菌液对照组菌落数之比均应为 0.5～2。有一次试验组菌落数减去供试品对照组菌落数的值小于菌液组菌落数的 50%，说明供试品有抑菌活性，原检验方法不能通过验证，可用培养基稀释、离心沉淀集菌、薄膜过滤、中和等方法消除供试品的抑菌活性，重新进行方法验证。

【实验报告】

1. 实验结果　　　将各试验菌株总数验证实验结果记录于表 3-18.1，并分析和评价结果。

表 3-18.1　各试验菌株总数验证实验结果记录表

试验菌株	批号	试验组			供试品对照组			菌液对照组			试验菌的回收率 / %
		1	2	均值	1	2	均值	1	2	均值	
金黄色葡萄球菌总数											
铜绿假单胞菌总数											

续表

试验菌株	批号	试验组			供试品对照组			菌液对照组			试验菌的回收率/%
		1	2	均值	1	2	均值	1	2	均值	
枯草芽孢杆菌总数											
白色念珠菌总数											
黑曲霉总数											

注：胰酪大豆胨琼脂培养基配制批号：____；金黄色葡萄球菌、铜绿假单胞菌、枯草芽孢杆菌培养温度：____，培养时长：____；沙氏葡萄糖琼脂培养基配制批号：____；白色念珠菌、黑曲霉菌培养温度：____，培养时长：____。

2. 思考题

1）为什么要做培养基适用性检查？

2）为什么平皿菌落计数法的验证要设试验组、菌液组、供试品对照组？

3）验证时如果供试药品具有抑菌作用，如何消除其抑菌作用？

【注意事项】

1. 稀释供试液、菌悬液取样必须准确，取样前要将样品充分研细、分散、混匀。

2. 倒平板时培养基的温度不得超过 45℃，必须充分混合均匀。

3. 点计菌落数要细心、准确，避免遗漏和重复。

（刘汉文）

实验 3-19 药品的无菌检查

【目的要求】

1. 了解药品无菌检查的概念、意义及原理。

2. 掌握药品无菌检查、全密封无菌检验系统使用及检验结果判断的方法。

【基本原理】

无菌检查法是用于检查《中华人民共和国药典》（2015 年版）要求无菌的生物制品、医疗器具、药品及其原料、辅料等是否无菌的方法。凡直接进入人体血液循环系统、肌肉、皮下组织或接触创伤、溃疡等部位的制品，或要求无菌的材料、器具等，都要无菌检查，这对保证无菌药品质量有重要作用。若供试品符合无菌检查法规定，仅表明供试品在该检验条件下未发现微生物污染，并非绝对无菌。它受抽样数量、灭菌工艺等的限制，微生物尚有 10^{-6} 以下的存活概率。

无菌检查法包括直接接种法和薄膜过滤法。直接接种法适用于非抗菌作用的供试品，需增加一支（瓶）供试品作阳性对照。薄膜过滤法适用于有抗菌作用的或大容量的供试品，应增加 1/2 的最小检验量作阳性对照，检验量不少于直接接种法的供试品总接种量。薄膜过滤法应优先采用封闭式薄膜过滤器，也可用一般薄膜过滤器。无菌检查用的滤膜孔径应不大于 0.45 μm，直径约为 50 mm，应保证膜的完整性。滤器及滤膜使用前应采用适宜的方法灭菌。2015 年版《中华人民共和国药典》规定，验证用菌种为金黄色葡萄球菌［CMCC（B）26003］、铜绿假单胞菌［CMCC（B）10104］、枯草芽孢杆菌［CMCC（B）63501］、生孢梭菌［CMCC（B）64941］、白色念珠菌［CMCC（F）98001］、黑曲霉［CMCC（F）98003］、大肠埃希氏菌［CMCC（B）44102］，试验用菌株的传代次数不得超过 5 代（从菌种保藏中心获得的冻干菌种为第 0 代）。硫代乙醇酸盐流体培养基主要用于厌氧菌的培养，也可用于需氧菌培养；胰酪大豆胨液体培养基适用于真菌和需氧菌的培养。取每种培养基规定接种的供试品总量，薄膜过滤，冲洗，在最后一次的冲洗液中加入小于 100 CFU 的试验菌，滤加硫代乙醇酸盐流体培养基或胰酪大豆胨液体培养基至滤筒内。另取一装有相同体积培养基的容器，加入等量试验菌作阳性对照，置规定温度培养 7 d。阳性对照菌：无抑菌作用及抗革兰氏阳性菌为主的供试品以金黄色葡萄球菌为对照菌；抗革兰氏阴性菌为主的供试品用大肠埃希氏菌；抗厌氧菌的供试品用生孢梭菌；抗真菌的供试品用白色念珠菌。阴性对照：相应溶剂和稀释液、冲洗液。阳性对照管应生长良好，阴性对照管不得有菌生长。否则，试验无效。检验结果判断的方法：若供试品各管均澄清，或虽显浑浊但经确证无菌生长，判供试品符合规定；若供试品管中任何一管显浑浊并确证有菌生长，判供试品不符合规定。

无菌检查应在环境洁净度 B 级背景下的局部 A 级洁净度的单向流空气区域内或隔离系统中进行，其全过程应严格遵守无菌操作，防止微生物污染。

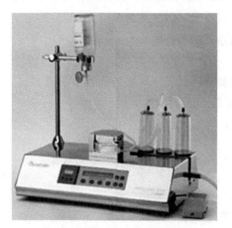

图 3-19.1　全密封无菌检验系统

全密封无菌检验系统（图 3-19.1）包括蠕动泵、过滤器和连接管，智能集菌培养器为一次性物品。整个操作过程处于全封闭状态，不会出现操作污染。通过集菌仪的定向蠕动加压作用，实施正压过滤，在过滤器内培养，以检验供试品是否含菌，结果更准确，自动化程度高，操作简便、快速。

【实验器材】

无菌液体药品如洗眼水等；硫代乙醇酸盐流体培养基，胰酪大豆胨液体培养基，瓶口用胶塞封口（应符合培养基的无菌检查及灵敏度检查的要求）；阳性对照用菌液：分别含有金黄色葡萄球菌、大肠埃希氏菌、生孢梭菌、白色念珠菌的灭菌水各 100 ml（含菌量为 10～100 CFU），胶塞封口；HTY-2000B 集菌仪配合 Steritailin® 集菌培养器构成无菌检测系统：蠕动泵，一次性过滤器，连接管，夹子，塞子等；无菌水（阴性对照用，用胶塞封口），废液瓶，酒精灯，消毒乳胶手套，消毒液，剪刀等。

【操作步骤】

（一）直接接种法

1. 供试品制备　　以无菌操作取内容物，真空包装须用适当的方法进入无菌空气。

1）液体。供试品如为注射液、滴眼剂、无菌液等液体，按规定量取供试品，混合。

2）固体。注射用无菌粉末或无菌冻干品等加无菌水、0.9%NaCl 溶液或该药品项下的溶剂用量制成一定浓度的供试品溶液。按规定量取供试品，混合。

3）供试品如为青霉素类药品，按规定量取供试品，分别加入足够使青霉素灭活的无菌青霉素酶溶液适量，摇匀，按上述操作进行。也可按薄膜过滤法检查。

4）供试品如为放射性药品，取一支（瓶）供试品接种 0.2 ml 于 7.5 ml 培养基中。

2. 接种培养　　将上述备妥的供试品按无菌操作分别接种于需氧菌培养基、厌氧菌培养基 6 管，其中一管接种金黄色葡萄球菌液 1 ml 作阳性对照。再接种于 5 管真菌培养基，混匀。取相应的溶剂或稀释液等分别接种于需氧菌培养基、厌氧菌培养基、真菌培养基各一管作阴性对照。细菌培养基于 30～35℃、真菌培养基于 20～25℃培养 7 d，逐日观察记录结果。阳性对照管 24 h 内应有菌生长，其他各管均不得有菌生长，否则应判供试品不合格。如加入供试品后培养基浑浊，培养 7 d 后不能从外观确定是否无菌生长，可取培养液涂片镜检是否有菌，或转接于新鲜的同种培养基、斜面培养基，细菌培养 2 d，真菌培养 3 d，观察是否有菌生长。

无菌检查前需了解供试品的抑菌性。有轻微抑菌性的可加入扩大量的培养基（稀释法），稀释至不具抑菌性。含磺胺类的接种于 PABA 培养基中（中和法），消除其抑菌性。

直接接种法阴性对照可取相应接种量固体供试品所用溶剂、稀释剂加入细菌培养基及真菌培养基各一管与供试品同样培养。青霉素类药品如用青霉素酶法，每批也应设阴性对照。

（二）薄膜过滤法

1）将无菌检验系统装置置于操作台上，用消毒液擦拭表面消毒，不要用喷雾消毒法。

2）将过滤器的底座放在排液槽上。注意排液槽要预先消毒，如可取下灭菌最好灭菌。

3）将一次性过滤器的导管插入蠕动泵的管槽内。

4）用适宜的消毒液对装供试品的容器表面进行消毒，瓶塞火焰灭菌后迅速将进液管针头插入塞上，并把供试品瓶倒置在支架上。每批取样 5 瓶。

5）启动蠕动泵使供试品药液全部流入过滤器中。

6）打开无菌检验系统装置上的过滤器开关，使过滤器药液通过滤膜过滤，滤液从滤器下孔流出并流入废液瓶中。注意预先将废液导管插入废液瓶中。

7）取一瓶硫代乙醇酸盐流体培养基，瓶塞火焰灭菌后迅速将过滤器进液管针头插入塞上，并把装培养基的瓶子倒置在支架上。

8）取下过滤器顶端的塞子，将过滤器从排液槽上取下并用另一塞子将过滤器下孔堵上。

9）启动蠕动泵使培养基流入过滤器中，每个过滤器约流入 100 ml 培养基。

10）用夹子夹紧过滤器的导管，并剪断导管。

11）从排液槽上取下过滤器，并在上面做好标记。

12）重复 2）～11）步骤，过滤供试品后加入胰酪大豆胨液体培养基，并在上面做好标记。

13）重复 2）～11）步骤，分别过滤含金黄色葡萄球菌、大肠埃希氏菌、生孢梭菌、白色念珠菌的灭菌水后加入适宜的培养基，作阳性对照。验证供试品的抑菌性和试验条件优劣。

14）重复 2）～11）步骤，过滤灭菌水，分别加胰酪大豆胨液体培养基和硫代乙醇酸盐流体培养基作阴性对照。以检查装置、用具及溶剂等是否无菌，测试环境、操作是否合格。

15）将上述过滤器置于适宜条件下培养。细菌于 30~35℃、真菌于 20~25℃培养 7 d，逐日观察记录结果。

16）结果判断。需氧菌培养基和厌氧菌培养基、霉菌培养基管中有一管显浑浊并确有菌生长，应取样并分别依法复试。除阳性对照管外其他各管不得有菌生长，否则，应判供试品不合格。

【实验报告】

1. 实验结果

1）制作一简明表格，将无菌检查结果填入表格中。

2）根据你的检验结果评判供试药品的微生物学质量。你的检验结果与药品标明的结果是否一致？若不一致，分析原因。

2. 思考题

1）如何修改实验步骤进行固体药品的无菌检查？

2）无菌检查试验中有一供试品管出现浑浊并确有菌生长，如何证明试验结果无效？

3）根据你对无菌检查原理和方法的认识，分析药品无菌检查有哪些局限性？

4）膜过滤法用于药品的无菌检测有哪些优缺点？

【注意事项】

1. 结果判断必须确定各管是否有菌生长。培养 7 d 不能从外观确定有无菌生长，可取培养液涂片镜检是否有菌；接于同种培养基、斜面培养基，培养后观察是否有菌生长。

2. 集菌培养器软管要定位准确，集菌培养器的弹性软管装入智能集菌仪泵头后，先开机检查软管走势是否顺畅，待软管走势顺畅后再进行下一步操作。

3. 防止药液进入双芯针管进气滤膜，拔去进样双芯针管防护套，将双芯针管插入检品瓶后先开启集菌再将检品瓶倒置，以免药液进入双芯针管进气滤膜从而降低滤过效率。

4. 防止损坏滤器，检品溶液滤尽时应立即停机，以免因滤器内压力过高损坏滤器。

（刘汉文）

实验 3-20　药品中细菌内毒素的检查（鲎试剂法）

【目的要求】

1. 了解内毒素的概念、药品内毒素检查的意义及鲎试剂法（LAL）检测细菌内毒素的原理。

2. 掌握利用鲎试剂法检测细菌内毒素的方法和步骤。

【基本原理】

细菌毒素分两类，一类为外毒素，是细菌生长中分泌到体外的毒性蛋白质。产生外毒素的细菌主要是白喉杆菌、破伤风杆菌、肉毒梭菌、金黄色葡萄球菌等革兰氏阳性菌和少数革兰氏阴性菌。另一类为内毒素，是革兰氏阴性菌细胞壁成分脂多糖中的类脂 A。细菌死亡、自溶后或黏附在其他细胞时便释放出内毒素。细菌内毒素有多种生物活性：

导致发热、激活补体和血液的级联反应、活化 B 淋巴细胞及刺激肿瘤坏死因子的产生等。其致热性是它激活中性粒细胞等使之释放出一种内源性热原质，作用于体温调节中枢引起发热。

细菌内毒素广泛存在于自然界，如自来水含 1～100 EU/ml 内毒素。它通过消化道进入人体时并不产生危害，但通过注射等方式进入血液时则会引起不同的疾病。因此，生物制品、注射药剂、化学药品、放射性药物、抗生素、疫苗、透析液等制剂及医疗器材必须经细菌内毒素检测合格才能使用。细菌内毒素检查法有多种。鲎试剂法是利用鲎试剂检测细菌内毒素，以判断供试品中细菌内毒素的限量是否符合规定。它包括凝胶法和光度测定法，前者利用鲎试剂与内毒素产生凝胶反应定性或半定量检测细菌内毒素。后者包括浊度法和比色法，分别利用鲎试剂与内毒素反应中的浊度变化或产生的凝固酶使特定底物释放出呈色团定量测定内毒素。供试品检测可任选其中一种方法。测定结果有争议时，除另有规定外，以凝胶法为准。鲎试剂法具有简便、快速、灵敏、准确等优点，已广泛用于临床、制药工业药品检验等方面。鲎是一种海洋节肢动物，血液中有一种变形细胞，其裂解物可与微量内毒素起凝胶反应。裂解物中的凝固酶原被内毒素激活变成凝固酶，凝固酶作用于裂解物中的可凝固蛋白使其变成凝胶。本实验介绍鲎试剂凝胶法。

【实验器材】

鲎试剂（灵敏度 0.03～1 EU/ml），内毒素工作标准品；无菌药品或注射用水（内毒素限值 L 为 0.5 EU/mg）；细菌内毒素检查用水，符合灭菌注射用水标准，其内毒素含量小于 0.015 EU/ml，且对内毒素试验无干扰作用；旋涡混匀器，微量移液器，水浴锅，试管、吸管等检查用具需经 250℃干热灭菌 30 min 以上处理，去除可能存在的外源性内毒素。

【操作步骤】

1. 鲎试剂灵敏度复核实验　　根据鲎试剂灵敏度的标示值（λ），将细菌内毒素工作标准品用细菌内毒素检查用水溶解，在旋涡混合器上混匀 15 min，制成 2λ、λ、0.5λ 和 0.25λ 4 个浓度的内毒素标准溶液，每稀释一步均应在旋涡混合器上混匀 30 s。取装有 0.1 ml 鲎试剂溶液的 10 mm×75 mm 试管 18 支。其中 16 管分别加入 0.1 ml 不同浓度的内毒素标准溶液，每个内毒素浓度平行做 4 管；另两管加 0.1 ml 细菌内毒素检查用水作阴性对照。轻轻混匀，封闭管口，垂直放入（37±1）℃恒温水浴锅中，保温（60±2）min。

轻轻取出试管，缓缓倒转。若管内形成凝胶，且凝胶不变形、不滑脱者为阳性；未形成凝胶或形成的凝胶变形并滑脱者为阴性。保温和拿取试管时避免振动造成假阴性。

当最大浓度 2λ 管均为阳性，最低浓度 0.25λ 管均为阴性，阴性对照管为阴性，试验方为有效。按下式计算反应终点浓度的几何平均值，即为鲎试剂灵敏度的测定值（λc）。

$$\lambda c = \text{antilg}\left(\sum X/n\right)$$

式中，X 为反应终点浓度的对数值（lg），反应终点浓度是指系列递减的内毒素浓度中最后一个呈阳性结果的浓度；n 为每个浓度的平行管数。

λc 在 0.5λ～2λ 时方可用于细菌内毒素检查并以标示灵敏度 λ 为该批鲎试剂的灵敏度。

2. 确定最大有效稀释倍数（MVD）　　在不超过此稀释倍数的浓度下检测内毒素限值。

$$MVD = cL/\lambda$$

式中，L 为供试品细菌内毒素限值；c 为供试品溶液浓度；λ 为标示灵敏度（EU/ml）。

3. 干扰试验　　按表 3-20.1 制备溶液 A、B、C 和 D，使用的供试品溶液应为未检验出内毒素且不超过 MVD 的溶液，进行干扰试验。

表 3-20.1　凝胶法干扰试验溶液的制备

编号	内毒素浓度 / 被加入内毒素的溶液	稀释用液	稀释倍数	所含内毒素的浓度	平行管数
A	无 / 供试品溶液	—	—	—	2
B	2λ / 供试品溶液	供试品溶液	1	2λ	4
			2	1λ	4
			4	0.5λ	4
			8	0.25λ	4
C	2λ / 检查用水	检查用水	1	2λ	2
			2	1λ	2
			4	0.5λ	2
			8	0.25λ	2
D	无 / 检查用水	—	—	—	2

注：A 为供试品溶液；B 为干扰试验系列；C 为鲎试剂标示灵敏度的对照系列；D 为阴性对照

只有当溶液 A 和阴性对照溶液 D 的所有平行管都为阴性，并且系列溶液 C 的结果符合试剂灵敏度鲎复核试验要求时，试验方为有效。当系列浓度 B 的结果符合试剂灵敏度鲎复核试验要求时，认为供试品在该浓度下无干扰作用。其他情况则认为供试品在该浓度下存在干扰作用。若供试品溶液在小于 MVD 的稀释倍数下对试验有干扰，将供试品溶液进行不超过 MVD 的进一步稀释，再重复干扰试验。

4. 凝胶限度试验　　按表 3-20.2 制备溶液 A、B、C 和 D，用稀释倍数不超过 MVD 并已排除干扰的供试品溶液制备 A 和 B，进行凝胶限度试验。（37±1）℃恒温保温（60±2）min。

表 3-20.2　凝胶限度试验溶液的制备

编号	内毒素浓度 / 配制内毒素的溶液	平行管数
A	无 / 供试品溶液（用细菌内毒素检查用水稀释供试品至适宜稀释度）	2
B	2λ / 供试品溶液（用供试品溶液稀释内毒素工作标准品一倍）	2
C	2λ / 检查用水（用细菌内毒素检查用水稀释内毒素工作标准品一倍）	2
D	无 / 检查用水（仅用细菌内毒素检查用水试验，不加供试品等）	2

注：A 为供试品溶液；B 为供试品阳性对照；C 为阳性对照；D 为阴性对照

5. 结果判断　　保温（60±2）min 后观察结果。若阴性对照溶液 D 的平行管均为阴性，供试品阳性对照溶液 B 的平行管均为阳性，阳性对照溶液 C 的平行管均为阳性，试验有效。

若溶液 A 的两个平行管均为阴性，判定供试品符合规定。若溶液 A 两平行管均为阳性，判定供试品不符合规定。若溶液 A 两平行管中一管为阳性，另一管为阴性，需复试。

复试时溶液 A 需做 4 支平行管，若所有平行管均为阴性，判定供试品符合规定，否则判定供试品不符合规定。

若供试品的稀释倍数小于 MVD 而溶液 A 出现不符合规定时，需将供试品稀释至 MVD 重新实验，再对结果进行判断。

【实验报告】

1. 实验结果　　将实验的结果分别填入相应的表中。

1）将鲎试剂灵敏度复核试验结果填入表 3-20.3。

表 3-20.3　鲎试剂灵敏度复核结果

内毒素浓度 / 被加入内毒素的溶液	稀释用液	稀释倍数	所含内毒素的浓度	平行管			
				1	2	3	4
		1	2λ				
2λ / 检查用水	检查用水	2	1λ				
		4	0.5λ				
		8	0.25λ				
无 / 检查用水	—	—	—				

注：结果用 +、− 表示，+ 表示阳性；− 表示阴性

2）将干扰试验结果填入表 3-20.4。

表 3-20.4　凝胶法干扰试验结果

编号	内毒素浓度 / 被加入内毒素的溶液	稀释用液	稀释倍数	所含内毒素的浓度	平行管			
					1	2	3	4
A	无 / 供试品溶液	—	—					
B	2λ / 供试品溶液	供试品溶液	1	2λ				
			2	1λ				
			4	0.5λ				
			8	0.25λ				
C	2λ / 检查用水	检查用水	1	2λ				
			2	1λ				
			4	0.5λ				
			8	0.25λ				
D	无 / 检查用水	—	—					

注：结果用 +、− 表示，+ 表示阳性；− 表示阴性

3）将凝胶限度试验结果填入表 3-20.5。

表 3-20.5　凝胶限度试验结果

编号	内毒素浓度 / 配制内毒素的溶液	平行管	
		1	2
A	无 / 供试品溶液		
B	2λ/ 供试品溶液		
C	2λ/ 检查用水		
D	无 / 检查用水		

注：结果用＋、－表示，＋表示阳性；－表示阴性

2．思考题

1）进行药品细菌内毒素检查时，为什么要对供试品适当稀释？

2）内毒素与外毒素的主要区别是什么？鲎试剂法检测细菌内毒素的原理是什么？

3）根据检查结果评判药品质量，与药品标明的结果一致吗？若不一致，分析原因。

【注意事项】

1．开启内毒素工作标准品和鲎试剂时要将壁上的粉末尽可能地弹落下，并严防污染。

2．细菌内毒素工作标准品要充分混匀。含内毒素标准品溶液加样前须再漩涡混合。

3．鲎试剂法检查细菌内毒素供试品溶液和鲎试剂混合后溶液 pH 在 6.0～8.0 为宜。

4．保温温度和时间是试验关键，必须准确。保温和拿取试管时避免振动造成假阴性。

5．鲎试剂法检测细菌内毒素操作时间不宜过长，故操作者的熟练度和准确度会影响实验结果。

（刘汉文）

实验 3-21　抗生素抗菌谱及抗生菌抗药性的测定

【目的要求】

了解常见抗生素的抗菌谱；掌握抗生素抗菌谱及抗生菌抗药性的测定方法。

【基本原理】

抗生素是生物新陈代谢中产生的或人工衍生的、很低浓度就能特异地抑制他种生物的生命活动甚至杀死他种生物的化学物质。各种抗生素都有一定的抗菌谱，其测定方法主要有扩散法和稀释法。本实验通过液体扩散法，测定抑菌圈的直径表示抗生素抑菌作用的大小。通过抗生菌在不同浓度的抗生素中的生长情况测定其抗药性。了解常见抗生素的抗菌谱和抗生菌的抗药性对临床合理使用抗生素、提高疗效具有重要意义。

【实验器材】

金黄色葡萄球菌、大肠埃希氏菌斜面菌种（野生株及不同抗药程度的抗链霉素菌株 3 株）；牛肉膏蛋白胨培养基斜面；氨苄青霉素、氯霉素、卡那霉素、链霉素和四环素；培养箱，镊子，圆滤纸片（直径 8.5 mm）或牛津杯，培养皿，锥形瓶，玻璃涂布棒等。

【操作步骤】

1. 供试菌准备　　将金黄色葡萄球菌（代表革兰氏阳性菌）和大肠埃希氏菌（代表革兰氏阴性菌）接种于牛肉膏蛋白胨培养基斜面，37℃培养 24 h，用 5 ml 无菌水制成菌悬液。

2. 配制所需浓度的抗生素　　将抗生素配制成以下浓度：氨苄青霉素 100 μg/ml（溶于水），氯霉素 200 μg/ml（溶于乙醇），卡那霉素 100 μg/ml（溶于水），链霉素 100 μg/ml（溶于水），四环素 100 μg/ml（溶于乙醇），配制好的溶液经 0.45 μm 滤膜过滤除菌后备用。

3. 抗生素抗菌谱测定（扩散法）

分别吸供试菌悬液 0.5 ml 于牛肉膏蛋白胨平板上，涂匀（大肠埃希氏菌、金黄色葡萄球菌各涂一块），待平板表面干后在皿底用记号笔分成 6 等份，每等份标明一种抗生素（图 3-21.1），无菌水作对照，用滤纸片法或杯碟法测定。用无菌镊子将滤纸片浸入抗生素溶液中，取出后在瓶内壁除去多余药液，以无菌操作将纸片对号放到接好供试菌的平板的小区内，或将牛津杯置于供试菌平板上，加一定量抗生素

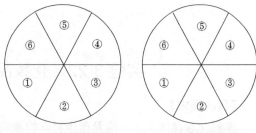

A．大肠埃希氏菌　　　　B．金黄色葡萄球菌

图 3-21.1　抗生素抗菌谱的测定示意图
①氨苄青霉素；②链霉素；③卡那霉素；④氯霉素；⑤四环素；⑥无菌水

溶液。37℃培养 24 h，测定抑菌圈直径，用抑菌圈大小表示抗生素的抗菌能力强弱。

4. 抗生菌抗药性测定

（1）制备链霉素药物平板　　取 4 套无菌培养皿，皿底标记编号，从链霉素溶液（100 μg/ml）中分别吸出 0.2 ml、0.4 ml、0.6 ml 和 0.8 ml 加入各培养皿，再分别倒入冷至 50℃的牛肉膏蛋白胨培养基各 15 ml，迅速混匀，制成药物平板。将每个皿底划分成 4 等份，编号。

（2）抗药性测定　　在 1～3 号空格分别接不同抗药性的抗链霉素菌 3 株，在 4 号接野生型菌株作对照。37℃培养 24 h 后观察菌生长情况："＋"表示生长；"－"表示不生长。

【实验报告】

1. 实验结果

1）将抗生素的抗菌实验结果填入表 3-21.1 中。

表 3-21.1　抗生素的抗菌实验结果记录表

抗生素	抗菌谱（抑菌圈直径/mm）		作用机制
	金黄色葡萄球菌	大肠埃希氏菌	
氨苄青霉素			
链霉素			
卡那霉素			
氯霉素			
四环素			
对照（无菌水）			

2）根据以上结果说明供试抗生素的抗菌谱。

3）记录不同大肠埃希氏菌的抗药性测定结果。

2. 思考题

1）为什么隔一段时间后抑菌圈内又有供试菌生长？滥用抗生素会造成什么后果？

2）如供试菌为酵母菌、放线菌或霉菌，应如何测定抗生素的抗菌谱？

【注意事项】

1. 供试菌液涂布于平板后，待菌液稍干再加入滤片或牛津杯，加后不要移动位置。

2. 制备含菌平板和药物平板时，注意将菌液充分涂匀和把药物与培养基充分混匀。

（陈旭健）

实验 3-22　化妆品的微生物学检验

【目的要求】

掌握化妆品的卫生标准及微生物学检测的原理、方法和卫生学评价。

【基本原理】

化妆品在生产、保存、运输和使用中，由于不同的原因，可能发生质变。其原因之一是微生物污染，可引起产品物理性状（色泽、气味等）变化，改变产品有效成分，有的还会致敏、引起毒素和病毒感染，必须严格控制化妆品中的微生物。其检测项目主要有菌落总数、粪大肠菌群、致病菌（铜绿假单胞菌、金黄色葡萄球菌）、霉菌和酵母菌总数。菌落总数是检样经过处理，一定条件下培养后，1 g（ml）检样中所含细菌菌落总数。所得结果只包括一群本方法规定的条件下生长的嗜中温的需氧性菌落总数，以判定化妆品被细菌污染的程度。粪大肠菌群是一群需氧及兼性厌氧、能发酵乳糖产酸产气的革兰氏阴性无芽孢杆菌。若从其中检出粪大肠菌群则表明该产品受到粪便污染，可能存在肠道致病菌。金黄色葡萄球菌能引起皮肤化脓、败血症等。它们的检测方法与食品检样的方法相似。铜绿假单胞菌在特殊条件下（遇外伤、烧伤等）可引起皮肤化脓感染、泌尿道感染、中耳炎、败血症等。霉菌和酵母菌总数是检样在一定条件下培养，1 g（ml）化妆品所含霉菌和酵母菌活菌的总数，以判断化妆品被霉菌和酵母菌污染的程度。

【实验器材】

牛肉膏蛋白胨培养基，虎红培养基，卵磷脂、吐温 80 营养琼脂培养基，SCDLP 液体培养基，十六烷三甲基溴化铵培养基，乙酰胺培养基，铜绿假单胞菌色素测定用培养基，明胶培养基，硝酸盐蛋白胨水培养基，营养琼脂；90 ml 装无菌生理盐水，9 ml 装无菌生理盐水；无菌平皿，锥形瓶，玻璃涂布棒，微量移液器，吸头，培养箱，水浴锅，无菌棉签，超净工作台，高压蒸汽灭菌锅，显微镜，接种针，接种环等。

【操作步骤】

1. 样品采集　　每批样品随机从任意两个以上大样（箱）中抽取两个以上的包装单位（瓶或盒）作中样，检测时按无菌操作从两个中样中共取 10 g（ml）混合成一个检测样。

2. 样品预处理　　化妆品中通常都加有防腐剂，被污染的微生物受抑制。因此，进行微生物学检验时，必须先消除其中的防腐剂，使长期处于濒死或半损伤状态的微生物被检出，得到正确的检验结果。消除防腐剂抑菌作用常用如下方法。

（1）稀释法　　用稀释液和培养基将样品稀释到一定浓度，使其抑菌成分的浓度降到无抑菌作用的程度再检验。此法适用于各种防腐剂，但微生物浓度下降可出现假阴性。

（2）中和法　　在供试液或培养基中加入中和剂中和其中的防腐剂。防腐剂种类不同所用的中和剂也不同。目前化妆品中常用的防腐剂大多可用吐温 80 和卵磷脂中和。

3. 供检样品的制备　　检样制备必须严格无菌操作，使样品完全溶解、充分混合均匀。

（1）液体样品

1）水溶性液体样品。量取 10 ml 加到 90 ml 无菌生理盐水中，混匀，制成 1∶10 检液。

2）油性液体样品。取样品 10 ml，先加 5 ml 灭菌液体石蜡混匀，再加 10 ml 灭菌的吐温 80，在 40～44℃水浴中振荡混合 10 min，最后加入预温至 40～44℃的 75 ml 无菌生理盐水，在 40～44℃水浴中乳化，制成 1∶10 的悬液。

（2）膏、霜、乳剂半固体状样品

1）亲水性的样品。称取 10 g 加到装有玻璃珠及 90 ml 无菌生理盐水的锥形瓶中，充分振荡混匀，静置 15 min。取其上清液作为 1∶10 的检液。

2）疏水性样品。称取 10 g 放到灭菌的研钵中，先加 10 ml 灭菌液体石蜡，研磨成黏稠状，再加入 10 ml 灭菌吐温 80，研磨至溶解后加 70 ml 无菌生理盐水，在 40～44℃水浴中充分混合，制成 1∶10 检液。

（3）固体样品　　称取 10 g 加到 90 ml 无菌生理盐水中，充分振荡使其分散混悬，静置后取上清液作 1∶10 的检液。如有均质器，上述水溶性膏、霜、粉剂等可称 10 g 样品加入 90 ml 灭菌生理盐水，均质 1～2 min；疏水性膏、霜及眉笔、口红等称 10 g 样品，加 10 ml 灭菌液体石蜡、10 ml 灭菌吐温 80、70 ml 灭菌生理盐水，均质 3～5 min。

4. 菌落总数检验

1）用无菌吸管吸取 1∶10 稀释的检液 2 ml，分别注入两个无菌平皿内，每皿 1 ml。另取 1 ml 注入有 9 ml 无菌生理盐水试管中（勿使吸管接触液面），充分混匀，制成 1∶100 检液。更换一支吸管，分别吸取 1 ml 注入两个灭菌平皿内。如样品含菌量高，还可再稀释成 1∶1000、1∶10 000 等，每种稀释度应换一支吸管。

2）将熔化并冷至 45～50℃的卵磷脂吐温 80 营养琼脂培养基倒入平皿内，每皿约 15 ml，旋转平皿，充分混匀，凝固后倒置 37℃培养 48 h。并做两个不加样的空白对照。

5. 铜绿假单胞菌的检测　　该菌为革兰氏阴性菌，氧化酶阳性，产脓青素，液化明胶，还原硝酸盐。

（1）增菌培养　　吸取 1∶10 的检液 10 ml 注入 90 ml SCDLP 液体培养基中，37℃培养 24 h。如有铜绿假单胞菌生长，培养液表面常有一薄菌膜，培养液呈黄绿色或蓝绿色。

（2）分离培养　　从培养液表面薄菌膜挑菌划线接种在十六烷三甲基溴化铵培养基或乙酰胺培养基上，37℃培养 24 h。铜绿假单胞菌在培养基上生长，菌落扁平，向周边扩散，边缘不整齐，表面湿润，灰白色，菌落周围培养基常扩散有水溶性色素。

（3）染色镜检　　挑可疑菌落涂片、革兰氏染色，镜检为阴性者进行氧化酶试验。

（4）氧化酶试验　　取一小块洁净的白滤纸片于无菌平皿中，用无菌玻璃棒挑取疑似铜绿假单胞菌的新鲜菌落涂在纸片上，在其上加一滴新配制的1%二甲基对苯二胺试液，15~30 s出现粉红或紫红色时，为氧化酶试验阳性；若培养物不变色则氧化酶试验阴性。

（5）脓青素试验　　挑可疑菌落3个分别接种在脓青素测定用培养基上，37℃培养24 h，加入三氯甲烷3 ml，充分振荡使其中的脓青素溶解于三氯甲烷。待提取液呈蓝色时用吸管将其转入另一试管中并加1 mol/L HCl溶液1 ml，振荡，静置片刻。如上层盐酸液呈红色为阳性，表示被检物中有脓青素。脓青素为铜绿假单胞菌的特有产物。近年来不产脓青素菌株日增，对在选择培养基上能生长但不产色素的可疑菌落应进一步做其他试验鉴别。

（6）硝酸盐还原产气试验　　挑被检的纯培养物接种于硝酸盐蛋白胨水培养基中，37℃培养24 h，观察结果。凡在硝酸盐蛋白胨水培养基内的小倒管中有气体者为阳性。

（7）明胶液化试验　　挑可疑纯培养穿刺接种明胶培养基，37℃培养24 h，观察结果。

（8）42℃生长试验　　挑可疑纯培养物接种于普通琼脂斜面培养基上，42℃水浴中培养48 h，观察结果。铜绿假单胞菌能生长，为阳性。近似的荧光假单胞菌不能生长。

（9）结果判定　　检样增菌分离培养后证实为革兰氏阴性杆菌，氧化酶及脓青素试验皆为阳性者，可判定被检样品中有铜绿假单胞菌；如果分离的疑似菌株为革兰氏阴性无芽孢杆菌，氧化酶试验阳性，不产脓青素，能液化明胶，硝酸盐还原产气，42℃能生长，也可判定被检样品中有铜绿假单胞菌。

符合下列情况之一者可判定检样品中未检出铜绿假单胞菌：从增菌液中未分离出任何菌落；分离出的革兰氏阴性无芽孢杆菌氧化酶试验阴性；证实不产脓青素，氧化酶试验阳性的革兰氏阴性无芽孢杆菌，不液化明胶，硝酸盐还原产气试验阴性，42℃不生长。

6. 霉菌和酵母菌数的检测　　取1:10的检液各1 ml分别注入两个无菌平皿内，另取两个无菌空平皿作空白对照，每皿分别注入熔化并冷却至45℃左右的虎红培养基约15 ml，充分混匀。凝固后倒置于28℃培养箱，培养48 h，计数平板内生长的霉菌和酵母菌菌落数。

7. 菌落计数方法

（1）细菌菌落计数　　先用肉眼点数菌落数，再用放大镜检查，以防遗漏。记录各平皿的菌落数后，求出同一稀释度各平皿生长的平均菌落数。若平皿中有连成片状的菌落或花点样菌落蔓延生长时，该平皿不宜计数。若片状菌落面积不到平皿中的一半，而其余一半中菌落数分布又很均匀，则可将此半个平皿菌落计数后乘以2，以代表全皿菌落数。

（2）霉菌和酵母菌菌落计数　　先点数每个平板上生长的霉菌和酵母菌菌落数，求出每个稀释度的平均菌落数。判定结果时，应选取菌落数在20~100个的平皿计数，乘以稀释倍数即为每克（毫升）检样中所含的霉菌和酵母菌数，以CFU/g（ml）表示。

8. 评定标准　　化妆品的微生物学质量应符合下述规定：①眼部、口唇、口腔黏膜用化妆品及婴儿和儿童用化妆品细菌总数不得大于500/ml（g）；②其他化妆品细菌总数不得大于1000/ml（g）；③霉菌和酵母菌总数不得大于100/ml（g）；④粪大肠菌群、铜绿假单胞菌、金黄色葡萄球菌均不得检出。

【实验报告】

1. 实验结果 分别报告不同化妆品中每单位体积中的含菌数。

2. 思考题 从你所检测的化妆品的各项指标的结果看，它们是否符合国家的卫生标准? 如果有超标情况，你认为主要是由哪些因素造成的?

【注意事项】

1. 采集样品应有代表性和均匀性，视每批样品数量随机抽取相应数量的包装单位。检验时分别从两个包装单位以上的样品中共取 10 g(ml)。包装量小的样品取样量可酌减。

2. 供检样品应保持原有的包装状态。容器不得破裂，检验前不得启开，以防污染。

3. 制成供试液后，应尽快稀释，注皿。一般稀释后应在 1 h 内操作完毕。

4. 注意抑菌现象。防腐剂未被中和，往往使平板计数结果受影响，如低稀释时菌落少，而高稀释度时菌落数反而增大。

5. 检验中，从开封到检验操作结束，均须防止微生物的再污染和扩散。所用器皿及材料均应事先灭菌，全部操作应在无菌室内进行，或在相应条件下按无菌操作进行。

（罗 青）

实验 3-23　　固定化活细胞的制备及其发酵试验

【目的要求】

1. 掌握微生物活细胞固定化的原理、特点及制备固定化微生物活细胞的基本方法。
2. 学习固定化活细胞连续发酵产酶的特性与酶活性的测定。

【基本原理】

固定微生物活细胞的原理是用物理或化学的方法将微生物活细胞与固体的水不溶性支持物（载体）结合，使其既避免细胞破碎又保持活性。微生物细胞被固定在载体上，反应结束后可反复使用，也可贮存较长时间，保持活性不变。与游离细胞相比，固定化活细胞的优点主要有细胞生长停滞时间短，细胞浓度高，反应速度快，抗污染能力强，可连续发酵、反复使用，应用成本低；采用固定化活细胞反应器连续发酵能有效避免产物的反馈抑制；易于辅助因子再生，特别适合于需要辅助因子和多酶顺序连续的反应。

细胞固定化技术是在酶固定化技术的基础上发展起来的，为酶的应用开辟了新的研究领域。与固定化酶相比，它有许多优点：①省去了酶分离纯化的复杂过程，并使酶处于最接近自然的条件，能高效发挥其催化作用；②能使多步酶反应同时进行，高效完成复杂的酶反应；③适应性强，有效提高酶对温度、底物、溶剂和 pH 等的适应性，延长使用时间。

微生物细胞固定化常用的载体有：①多糖类（纤维素、琼脂、葡聚糖凝胶、藻酸钙、K-角叉胶、DEAE-纤维素等）；②蛋白质（骨胶原、明胶）；③无机载体（氧化铝、活性炭、陶瓷、磁铁、二氧化硅、高岭土、磷酸钙凝胶等）；④合成载体（聚丙烯酰胺、聚苯乙烯、酚醛树脂等）。选择载体的原则以无毒、廉价、强度高为好。微生物细胞固定化常用的方法有吸附法、包埋法和共价交联法三类。

吸附法是将细胞直接吸附于多孔的惰性载体上，分为物理吸附法与离子结合法。物理吸附法是用硅藻土、多孔砖、木屑等作载体将微生物细胞吸附住。离子结合法是利用微生物细胞表面的静电荷在适当的条件下可以和离子交换树脂进行离子结合和吸附制成固定化细胞。吸附法的优点是操作简便、载体可再生；缺点是细胞与载体的结合力弱，pH、离子强度等外界条件变化都可以造成细胞的解吸附而从载体上脱落，载体负载量有限。

包埋法是将微生物细胞均匀地包埋在水不溶性载体的紧密结构中，细胞不至漏出，底物和产物可进入和渗出。细胞和载体不起任何结合反应，细胞处于最佳生理状态。因此，酶的稳定性高，活力持久。此法具有固化成形方便，对细胞毒性小和固定化细胞密度高、流失少等优点，功效很高，技术成熟。所以目前微生物细胞的固定化大多用包埋法。

共价交联法是利用多功能或双功能交联剂使载体和微生物细胞相互交联，成为固定化活细胞。常用的最有效的交联剂是戊二醛，这是一种双功能的交联剂，其分子中的一个功能团与载体交联，另一个功能团与细胞交联。其固定化细胞稳定性好，共价交联剂和载体都很丰富。

至今尚无一种可用于所有种类微生物细胞固定化的通用方法。因此，对某种特定的微生物细胞必须选择其合适的固定化方法和条件。此外，其细胞代谢中的供氧也是难题。

【实验器材】

枯草芽孢杆菌生产淀粉酶菌种。产淀粉酶种子培养基：葡萄糖 10 g，$CaCl_2$ 0.1 g，柠檬酸钠 0.5 g，$NH_4H_2PO_4$ 5 g，$FeSO_4 \cdot 7H_2O$ 0.1 g，水 1000 ml，pH 7.2，121℃湿热灭菌 20 min。产淀粉酶发酵培养基：酵母膏 1 g，葡萄糖 10 g，$FeSO_4 \cdot 7H_2O$ 0.1 g，$MnSO_4$ 0.5 g，柠檬酸钠 0.5 g，$CaCl_2$ 0.1 g，水 1000 ml，pH 7.2～7.4，121℃湿热灭菌 20 min。4% 海藻酸钠溶液，0.05 mol/L $CaCl_2$ 溶液，0.2 mol/L 柠檬酸缓冲液（pH 6.0），无菌生理盐水（0.85% NaCl 溶液），K-角叉胶，2% KCl 溶液；玻璃管流化床反应器（直径 3 cm，高 20 cm，管外套加循环水套），空气过滤器，空气流量计，恒流泵，磁力搅拌器，10 L 发酵罐（或恒温摇床），水浴锅，500 ml 锥形瓶，试管，比色用带孔穴白瓷板等。

【操作步骤】

1. 菌体准备　　以无菌操作将无菌种子培养基按每瓶 100 ml 分装于 500 ml 锥形瓶中，将活化的枯草芽孢杆菌 α-淀粉酶菌株接种于培养液中，37℃、120 r/min 振荡培养 16 h 作菌种。按 10% 的接种量接种于装有无菌发酵培养基的 10 L 发酵罐中（或接种于大锥形瓶中恒温摇床培养）。维持 37℃搅拌培养至对数生长后期（约 24 h），离心收集菌体，用无菌生理盐水洗涤两次。将收集的菌糊用生理盐水制成 10 g/100 ml 菌悬液。

2. 固定化活细胞的制备

（1）海藻酸钠凝胶固定化细胞的制备　　海藻酸钠是从海藻中提取的藻酸盐，为 D-甘露糖醛酸和古洛糖醛酸的线性共聚物，多价阳离子如 Ca^{2+}、Mg^{2+}、Fe^{3+} 可诱导形成凝胶。在 37℃条件下，将菌悬液与经 115℃灭菌 30 min 的 4% 海藻酸钠溶液等体积混合，放在磁力搅拌器上保持低速搅拌。以细塑胶管连接恒流泵和菌体海藻酸钠悬液，经恒流泵输送，菌体海藻酸钠悬液由直径为 2～3 mm 的玻璃滴管（距液面 15 cm 左右）滴入低速而连续磁力搅拌的 0.05 mol/L $CaCl_2$ 溶液中，置于 4℃冰箱过夜。取出后经无菌生理盐水洗涤两次，制成直径约 1 mm 的固定化枯草芽孢杆菌细胞胶珠。置于无菌生理盐水中浸泡，保存于 4℃冰箱中备用。取两粒胶珠溶于 10 ml pH 6.0 的柠檬酸缓冲液中平板活细胞计数，并制片镜检、计数，分别记录活细胞计数结果及镜检计数结果。

（2）K-角叉胶固定化细胞的制备　　K-角叉胶是一种从海藻中分离出来的多糖，由 β-D-半乳糖硫酸盐和 3,6-脱水-α-D-半乳糖交联而成。热 K-角叉胶经冷却或经胶诱生剂如 K^+、NH_4^+、Ca^{2+}、Mg^{2+}、Fe^{3+} 及水溶性有机溶剂诱导形成凝胶。K-角叉胶固定微生物细胞有许多优点，如凝胶形成条件粗放、凝胶诱生剂对酶活性影响小、细胞回收方便等。

称取 1.6 g K-角叉胶于小烧杯中，加无菌去离子水调成糊状，再加入其余的水（总量为 40 ml），加温至溶化，冷却至 45℃左右，加入 10 ml 预热至 37℃左右的枯草芽孢杆菌悬液。用恒流泵法使 K-角叉胶与枯草芽孢杆菌悬液通过直径为 1.5～2.0 mm 的小孔，以恒定的流速滴加到装有已预热至 20℃ 2% KCl 溶液的平皿中制成凝胶珠，浸泡 3 h 硬化成形后将凝胶珠转入 300 ml 锥形瓶中，用无菌去离子水洗涤 3 次，浸泡于无菌生理盐水中，保存于 4℃冰箱中备用。另取两粒胶珠浸泡于无菌生理盐水中，放 4℃冰箱保存，留作计数活细胞。

3．固定化活细胞连续发酵生产淀粉酶　　先将玻璃管流化床反应器灭菌，然后在进气口连接空气流量计和空气过滤器。在水循环外套的入口处连接水浴锅和温水循环装置，使固定化细胞反应器温度维持在 37℃。在玻璃管流化床反应器内装入 70 g 固定化细胞胶珠。开启恒流泵后发酵培养液便流进反应器，反应器中供给无菌空气。培养后的发酵液自反应器顶部流出（图 3-23.1），收集发酵液，于 4℃冰箱保存，用于测定 α-淀粉酶活性。

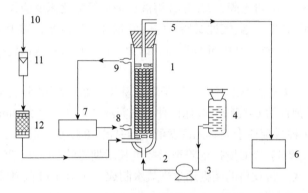

图 3-23.1　固定化细胞连续生产 α-淀粉酶装置

1. 玻璃流化床（装有固定化细胞）；2. 培养液入口；3. 恒流泵；4. 培养液；5. 发酵液出口；
6. 发酵液收集器；7. 恒温水浴箱；8. 水循环外套入口；9. 水循环外套出口；10. 空气；
11. 空气流量计；12. 空气过滤器

4．α-淀粉酶活性测定　　收集的发酵液可直接测定 α-淀粉酶活性，也可超滤浓缩 5～10 倍后测定浓缩液酶活性。

1）吸取 1 ml 标准糊精液，转入装有 3 ml 标准碘液的试管中，以此作为比色的标准管（或者吸取 0.2 ml 转入比色用白瓷板的空穴内，作为比色标准）。

2）在 2.5 cm×20 cm 试管中加入 2% 可溶性淀粉液 20 ml，加 pH 6.0 的柠檬酸缓冲液 5 ml，在 60℃水浴中平衡约 5 min，加入酶液 0.5 ml，立即计时并充分混匀。定时（隔 10 min）取出 1 ml 反应液于预先盛有比色稀碘液的试管内（或取出 0.5 ml 加至预先盛有比色稀碘液的白瓷板空穴内），当颜色反应由紫色逐渐变为棕橙色，与标准色相同时即为反应终点，记录反应总时间为液化时间。以未发酵的培养液作为测定酶活性的空白对照液。

3）计算淀粉酶活力。以 1 ml 酶液于 60℃、pH 6.0 的条件下，在 1 h 内液化可溶性淀粉的克数为 1 个酶活力单位。

$$酶活力（U/ml）=（60/t×20×2\%×n）÷0.5=48×n/t$$

式中，t 为反应时间（min）；n 为酶液稀释倍数；0.5 是酶液用量（ml）；$20 \times 2\%$ 为淀粉用量（g）。

【实验报告】

1. 实验结果

1）记录所收集发酵液的淀粉酶活性，并根据测定结果阐述固定化细胞产酶特点。

2）试说明两种固定方法的结果有什么不同？解释原因。

3）说明两粒包埋胶珠的平板活细胞计数结果和显微镜计数结果。

2. 思考题

1）制备固定化活细胞的操作中，应重点掌握哪几个技术环节？

2）从结果分析，这两种固定方法中哪种对于测定淀粉酶更适合？分析原因。

3）你认为利用固定化活细胞测定酶活力有哪些优点？

【注意事项】

1. 将菌体海藻酸钠悬液滴入 $CaCl_2$ 溶液中时要逐滴滴入，不要连成线状，对 $CaCl_2$ 溶液要低速轻轻地磁力搅拌，以形成均匀的胶珠。混合后海藻酸钠的浓度很重要：浓度过高很难形成胶珠；浓度过低形成的胶珠包埋的菌少。刚形成的胶珠应在 $CaCl_2$ 溶液中浸泡一段时间以便形成稳定的结构。检验胶珠是否合格：将一粒胶珠放桌上用手压，胶珠不易破裂，没有液体流出；在桌上用力摔下胶珠，胶珠容易弹起，没有破裂。

2. 要控制培养基中磷酸盐的浓度，防止过高。流加的培养基要保持一定浓度的钙离子，以维持海藻酸钙凝胶的稳定性。

3. 测定淀粉酶活性的可溶性淀粉和标准糊精液要低温保存，注意防腐，标准管应在使用的当天配制，并注意防腐和冰箱低温保存。

（陈　龙）

实验 3-24　微生物发酵培养基配方的正交试验

【目的要求】

1. 学习利用正交试验优选微生物发酵培养基的配方。

2. 通过正交试验产量方差分析选出适合本实验菌株发酵赖氨酸的最优培养基配方。

【基本原理】

选择微生物发酵培养基配方的工作量很大，从原料的种类到各原料之间的浓度配比需要经很多次实验才能确定。利用数理统计中的正交表安排这类试验，高效、快速。只需做少量有代表性的试验就能考察全面情况，达到预期目的。正交试验是研究多因子多水平的设计方法，根据正交性从全面试验中挑选部分有代表性的点进行试验，这些点"均匀分散，整齐可比"。将正交试验选出的水平组合列成表格称为正交表。它设计合理，便于进行数理统计分析，具有两个特点：①试验因子均衡搭配，每个试验因子的各个水平（浓度）在整个正交表中竖行出现的次数相同，任何两个因子之间的不同水平搭配在正交表中横行出现的次数也相同，这就是正交性；②试验结果可以综合比较，各因子搭配均匀，各水平对试验结果影响概率均等，整体试验的所有数据有可比性，还可将每个因子的作用单独考察，逐个评定每个因子对试验结果影响的大小，从中选出最优搭配方案。

正交表是根据数理统计原理预先设计的，有不同的规格供选用。本实验选 L_{18}（$2^1 \times 3^7$）正交表做发酵赖氨酸的最优培养基配方试验：L 代表正交表；18 表示需做实验次数；$2^1 \times 3^7$ 表示该正交表最多允许安排 1 个两水平的因子和 7 个三水平的因子。考察赖氨酸发酵培养基中 6 种原料对发酵产量的影响，分清因子和水平的主次，通过正交试验选出 6 种原料的最优配比。发酵培养基的原料为试验因子，各原料选定浓度为各因子水平。

【实验器材】

北京棒杆菌（*Corynebacterium pekinense*）A.S.1.403 产赖氨酸变异株。种子培养基完全培养液（CM）：葡萄糖 5 g，牛肉膏 5 g，酵母膏 2 g，蛋白胨 10 g，NaCl 5 g，加水定容至 1000 ml，调 pH 至 7.2。分装后灭菌：0.07 MPa，15 min。需斜面试管 1 支，2 ml/支装液体试管 1 支，40 ml/瓶装液体 CM 1 瓶。发酵原料：葡萄糖，（NH_4）$_2SO_4$，玉米浆，豆饼水解液，尿素，麸皮水解液，KH_2PO_4，$MgSO_4$，糖蜜，$MnSO_4$，$FeSO_4$，$CaCO_3$。L-赖氨酸标准溶液：L-赖氨酸置于 80～90℃烘箱中烘干 2 h，称取 20 mg，用蒸馏水定容至 100 ml，配成 0.2 mg/ml 浓度的标准溶液。茚三酮试剂 A 液：茚三酮 0.5 g 溶于 37 ml 乙二醇甲醚。B 液：$CuCl_2$ 0.68 g 溶于 13 ml 1 mol/L 柠檬酸（pH 1.3）溶液中。将 A 液和 B 液混匀，再加蒸馏水定容至 100 ml，置于棕色瓶内保存备用。250 ml 锥形瓶（×20），8 层纱布（×20），恒温摇床，光电比色计，离心机，试管，移液管，计算器等。

【操作步骤】

1. 表头设计　　根据需要选用正交表，在正交表表头列号下排定试验因子，制订试验方案，这一过程称为表头设计。本实验选 L_{18}（$2^1 \times 3^7$）正交表（表 3-24.1），考察尿素、KH_2PO_4、$MgSO_4$、$MnSO_4$、$FeSO_4$、$CaCO_3$ 6 种因子不同水平对赖氨酸发酵产量的影响。该表头共 8 列，6 种因子各占一列，余下两列估计试验误差，因子顺序随机排列。

表 3-24.1　试验因子的正交表头设计

列号 浓度/% 因子 水平	1 尿素（A）	2 KH_2PO_4（B）	3 $MgSO_4$（C）	4 $MnSO_4$（D）	5 $FeSO_4$（E）	6 误差评估	7 $CaCO_3$（F）	8 误差评估
1	0.5	0.10	0.06	0.01	0.00		3	
2	1.0	0.15	0.08	0.02	0.02		4	
3	—	0.20	0.12	0.00	0.01		5	

2. 发酵培养基配制　　基础配方：葡萄糖 50 g，糖蜜 10 g，玉米浆 10 g，（NH_4）$_2SO_4$ 15 g，豆饼水解液 10 ml，pH 7.2（按 500 ml 的用量配制），加水定容至 400 ml。尿素配成

25% 母液，共 40 ml。KH$_2$PO$_4$、MgSO$_4$、MnSO$_4$、FeSO$_4$ 分别配成 2.5% 母液，各 40 ml。其中，KH$_2$PO$_4$ 溶液酸性较强，可先用碱调 pH 至 7.2，然后定容至 40 ml。CaCO$_3$ 按每摇瓶用量分别称量、装入小试管单独灭菌，烘干。接种时倒入各瓶。

按表 3-24.2 配 18 瓶培养基，用 8 层纱布塞瓶口，用牛皮纸包扎，0.07 MPa 灭菌 15 min。

表 3-24.2　摇瓶发酵培养基的配制

瓶号	列号 1 25% 尿素 /ml	2 2.5% KH$_2$PO$_4$ /ml	3 2.5% MgSO$_4$·7H$_2$O /ml	4 2.5% MnSO$_4$·4H$_2$O /ml	5 2.5% FeSO$_4$ /ml	7 CaCO$_3$ /g	蒸馏水 /ml	基础 配方
1	1.0	1.0	0.6	0.0	0.2	0.75	2.2	20.0
2	1.0	1.0	0.8	0.1	0.1	1.00	2.0	20.0
3	1.0	1.0	1.2	0.2	0.0	1.25	1.6	20.0
4	1.0	1.5	0.6	0.0	0.1	1.25	1.8	20.0
5	1.0	1.5	0.8	0.1	0.0	0.75	1.6	20.0
6	1.0	1.5	1.2	0.2	0.2	1.00	0.9	20.0
7	1.0	2.0	0.6	0.1	0.2	1.00	1.1	20.0
8	1.0	2.0	0.8	0.2	0.1	1.25	0.9	20.0
9	1.0	2.0	1.2	0.0	0.0	0.75	0.8	20.0
10	0.5	1.0	0.6	0.2	0.0	1.00	2.7	20.0
11	0.5	1.0	0.8	0.0	0.2	1.25	2.5	20.0
12	0.5	1.0	1.2	0.1	0.1	0.75	2.1	20.0
13	0.5	1.5	0.6	0.1	0.0	1.25	2.3	20.0
14	0.5	1.5	0.8	0.2	0.2	0.75	1.8	20.0
15	0.5	1.5	1.2	0.0	0.1	1.00	1.7	20.0
16	0.5	2.0	0.6	0.2	0.1	0.75	1.6	20.0
17	0.5	2.0	0.8	0.0	0.0	1.00	1.7	20.0
18	0.5	2.0	1.2	0.1	0.2	1.25	1.0	20.0

3．接种与发酵　　将 A.S.1.403 菌株在斜面培养基上传代活化一次，用接种环取新鲜菌体一环接于试管装的 CM 中，32℃摇床振荡培养 16 h。次日将此液体种子接入瓶装液体 CM 中，32℃摇床振荡培养 8 h，此即发酵用的菌种。

各摇瓶发酵的培养基总装量为 25 ml，接种量为 1 ml。接种后将 8 层纱布平展包扎于瓶口，以利通气培养。摇瓶置于摇床上振荡（120 r/min），32℃发酵 2 d。

4．发酵产量测定

（1）赖氨酸标准曲线制备　　赖氨酸在酸性（pH<3.0）条件下与茚三酮反应产生特有的深红色，且红色深浅在一定范围内与赖氨酸含量成正比，用波长 475 nm 比色测定。

按表 3-24.3 加 0.2 mg/ml 浓度赖氨酸标准溶液，加蒸馏水至 2 ml，加茚三酮试剂 4 ml。

充分摇匀。套试管帽，以防水分蒸发。于沸水浴中加热 20 min，立即冷却至室温，用 475 nm 波长测定其光密度值。以光密度值为纵坐标，赖氨酸毫克数为横坐标，制作赖氨酸标准曲线。

表 3-24.3　赖氨酸标准溶液配制与比色测定

| 试管号 | 标准溶液配制 | | | | 比色测定 |
| | 0.2 mg/ml 赖氨酸溶液 | | 蒸馏水 /ml | 茚三酮 /ml | OD_{475} |
	取样体积 /ml	赖氨酸量 /mg			
0	0.0	0.00	2.0	4	
1	0.2	0.04	1.8	4	
2	0.4	0.08	1.6	4	
3	0.6	0.12	1.4	4	
4	0.8	0.16	1.2	4	
5	1.0	0.20	1.0	4	
6	1.2	0.24	0.8	4	

　　（2）赖氨酸产量测定　　取出赖氨酸发酵液，4000 r/min 离心 10 min。取上清液适当稀释，吸取赖氨酸稀释液 1 ml 于试管中，加入蒸馏水 1 ml，加入茚三酮试剂 4 ml，摇匀，套上试管帽，沸水浴加热 20 min，冷至室温，475 nm 波长比色，条件与标准曲线制备一致。根据测得的光密度值从标准曲线中查出赖氨酸的含量（mg），再换算成 g/100 ml 培养基。

【实验报告】

1. 实验结果

1）将 18 瓶摇瓶发酵产量的测定结果记录于表 3-24.4 右侧。

2）对 18 瓶赖氨酸发酵产量做方差分析（表 3-24.4）。正交试验的结果分析方法有方差分析和极差分析。极差是一列中最好与最坏的差，从极差可看出各因子影响的大小。

3）计算最优发酵配方的赖氨酸产量的（预期）平均值及其变动半径（误差值估算）。

4）根据对产量的分析结果，选出本实验的最优配方。并按选出的配方配制 5 瓶发酵培养基，再次发酵，加以验证。

2. 思考题

1）正交表中的因子与水平排列有何特点？正交表的发酵原料的配制应注意什么？

2）如何根据实验目的选用正交表？设计一个 4 因子、4 水平的正交试验方案。

【注意事项】

关键是正交试验培养基的配制。各原料及其各种浓度应严格按正交表规定对号入座，不能破坏表中的正交性。否则方差分析就失去了意义，分析得到的结论很可能是错误的。

培养基的正交试验结果分析实例

1. 正交试验结果记录及方差分析　　　见表 3-24.4。

表 3-24.4　$L_{18}(2^1 \times 3^7)$ 正交试验产量的记录及方差分析

列号	1	2	3	4	5	6	7	8	发酵产量（y_i）/（mg/ml）
因子 水平 试验号	A	B	C	D	E	误差项	F	误差项	
1	1	1	1	1	1	1	1	1	17.9
2	1	1	2	2	2	2	2	2	23.4
3	1	1	3	3	3	3	3	3	20.4
4	1	2	1	1	2	2	3	3	4.1
5	1	2	2	2	3	3	1	1	3.0
6	1	2	3	3	1	1	2	2	3.1
7	1	3	1	2	1	3	2	3	10.1
8	1	3	2	3	2	1	3	1	9.3
9	1	3	3	1	3	2	1	2	2.5
10	2	1	1	3	3	2	2	1	27.0
11	2	1	2	1	1	3	3	2	26.8
12	2	1	3	2	2	1	1	3	21.5
13	2	2	1	2	3	1	3	2	23.1
14	2	2	2	3	1	2	1	3	18.1
15	2	2	3	1	2	3	2	1	24.8
16	2	3	1	3	2	3	1	2	17.9
17	2	3	2	1	3	1	2	3	15.8
18	2	3	3	2	1	2	3	1	16.9
$\sum K_1$	93.8	137.0	100.1	91.9	92.9	90.7	80.9	98.9	
$\sum K_2$	191.9	76.2	96.4	98.0	101.0	92.0	104.2	96.8	
$\sum K_3$	—	72.5	89.2	95.8	91.8	103.0	100.6	90.0	
$(\sum K_1)^2$	8 798.44	18 769.0	10 020.01	8 445.61	8 630.64	8 226.49	6 544.81	9 781.21	
$(\sum K_2)^2$	36 825.6	5 806.44	9 292.96	9 604.00	10 201.0	8 464.00	10 857.6	9 370.24	
$(\sum K_3)^2$	—	5 256.25	7 956.64	9 177.64	8 427.24	10 609.0	10 120.4	8 100.00	
$\sum(\sum K_j)^2/n$	5 069	4 972	4 545	4 528	4 543	4 550	4 587	4 542	
S_j	534	437	10	3	8	15	52	7	
f_j	1	2	2	2	2	2	2	2	
S_j/f_j	534	218.5	5	1.5	4	7.5	26	3.5	
F 检验	124.2	50.8					6.0		
显著性	高度显著（**）	高度显著（**）					显著（*）		

注：$\sum K_j =$ 对应水平的发酵产量相加之和；$n =$ 相同水平的重复实验次数；f_j（自由度）= 因子水平 −1；S_j（偏差平方和）$= \sum(\sum K_j)^2/n - (\sum y_i)^2/18$

数据处理与分析：

$$\sum y_j\ (发酵产量的总和) = 93.8 + 191.9 = 285.7$$

$$(\sum y_j)^2\ (总产量的平方和) = 285.7^2 = 81\ 624.49$$

$$(\sum y_i)^2 / 18\ (总产量平方的均方值) = 81\ 624.49 / 18 = 4535$$

为提高 F 检验的可信度，将 S_3、S_4 和 S_5 并入误差项计算，所以，

$$S_{误差} = 10 + 3 + 8 + 15 + 7 = 43\ (误差值)$$

$$f_{误差} = f_3 + f_4 + f_5 + f_6 + f_8 = 2 + 2 + 2 + 2 + 2 = 10\ (自由度)$$

$$S_{误差} / f_{误差} = 43 / 10 = 4.3$$

查 F 分布表：$F_{0.05}\,(1.10) = 4.96$　　　　$F_{0.01}\,(1.10) = 10.04$

　　　　　　　　$F_{0.05}\,(2.10) = 4.10$　　　　$F_{0.01}\,(2.10) = 7.56$

经 F 检验：① F_A 检验值 $= 534/4.3 = 124.2$，F_B 检验值 $= 218.5/4.3 = 50.8$，A、B 两因子的 F 检验值均大于 $F_{0.01}(1.10)$ 的临界值 10.04，为影响试验结果的高度显著因子，其中 A 的影响最大（124.2）；② F 因子的检验值 $F_F = 26/4.3 = 6.0$，它大于 $F_{0.05}\,(1.10)$ 的临界值 4.96，但小于 $F_{0.01}\,(1.10)$ 的临界值 10.04，为影响试验结果的显著因子；③ C、D 和 E 的 $S_{误差}/f_{误差}$ 值小，为不显著因子，可并入"误差项"计算，以提高 F 检验的可信度。

2. 试验结论　F 检验值大于 $F_{0.05}$ 临界值者为显著因子，大于 $F_{0.01}$ 临界值者为高度显著因子。A、B 为影响试验结果的高度显著因子，F 为显著因子，C、D 和 E 为不显著因子。试验得到的最优发酵配方是 $A_2B_1F_2C_0D_0E_0$，C、D、E 不是显著因子，可视实际情况任选水平，以"0"为下标表示可任选水平。

3. 最优配方的发酵产量平均值及其变动半径（误差值）的计算

1）试验数据总平均 $u = $ 数据总和 / 数据总个数 $= \sum y_i/n$。

2）最优配方的产量平均 $u_{优} = $ 总平均 $+$ 显著因子在该条件下出现水平的效应。

3）最优配方的产量平均的变动半径

$$\delta_a = \sqrt{F_a(1 \cdot \tilde{f}_{误}) \cdot \tilde{S}_{误} / (\tilde{f}_{误} \cdot n_e)}$$

式中，$F_a(1 \cdot \tilde{f}_{误})$ 是相应的 F 临界值（可从 F 分布表中查得）；$\tilde{S}_{误} = S_{误差} + $ 不显著因子偏差平方和（S_j）之和；$\tilde{f}_{误} = f_{误差} + $ 不显著因子自由度（f_j）之和；n_e（有效重复数）$= $ 数据总个数 / （$1 + $ 显著因子自由度之和）。

将表 3-24.4 方差分析结果代入上述公式。

$L_{18}\,(2^1 \times 3^7)$ 正交试验发酵产量总平均 $u = \sum y_i/n = 285.7/18 = 15.9$

$u_{优} = u + (A_2 + B_1 + F_2)$ 显著因子的水平效应

$= 15.9 + [(191.9/9 - 15.9) + (137/6 - 15.9) + (104.2/6 - 15.9)] = 29.7$

$$F_{0.05}\,(1.10) = 4.96\ (查表)$$

$$\tilde{S}_{误} = 10 + 3 + 8 + 15 + 7 = 43$$

$$\tilde{f}_{误} = 2 + 2 + 2 + 2 + 2 = 10$$

$$n_e = \frac{18}{1+(1+2+2)} = 3$$

$$\delta_{0.05} = \sqrt{4.96 \times \frac{43}{10 \times 3}} = 2.7$$

根据计算，有 95% 的把握预测最优配方 $A_2B_1F_2C_0D_0E_0$ 的赖氨酸发酵产量＝(29.7 ± 2.7) mg/ml。

（蔡信之）

实验 3-25　微生物摇瓶发酵条件的优选

【目的要求】

1. 学习对正交试验中各因子之间交互作用的分析和重复试验数据的处理。

2. 通过正交试验，研究培养基的糖浓度、发酵温度和时间对赖氨酸产量的影响，并考察 3 个试验因子之间的交互作用，选出本实验菌株的摇瓶发酵最优条件。

【基本原理】

多因子试验中的某些因子不仅可以单独对试验发生影响，而且各因子间还会相互影响，联合作用，共同对试验的考察指标产生协同效应，此现象称为试验因子的交互作用。交互作用在微生物培养基的配方和发酵条件研究中很常见，如培养基的碳源与氮源之间、有机氮与无机氮之间、发酵的时间与温度之间都可能发生交互作用。忽视这些交互作用就可能得出与实际情况不相符的实验结论，以致对试验结果难以解释。因此，进行这类试验时应选用能够考察交互作用的正交表安排实验。

为提高试验的可靠性，在可能条件下应做重复试验。无重复的试验中，误差评定只有一种依据，即只依靠正交表中那些不安排试验因子的列号（空号）作为评定误差大小的依据。对于重复试验还有第二种误差评定依据，即利用对重复试验数据的方差分析，将操作误差和系统误差同时从试验结果中剔除，提高试验结果的可信度。

本实验选用 $L_8(2^7)$ 正交表安排培养基的糖浓度、发酵温度和发酵时间 3 个因子的试验。目的是考察：①各因子对试验结果的影响；②各因子之间的交互作用。为使试验结果更可靠，重复试验一次，即按正交表做 $8 \times 2 = 16$ 次试验。$L_8(2^7)$ 是两水平的正交表，其方差分析可简化，即直接利用每因子的两水平产量差进行方差分析。

【实验器材】

北京棒杆菌（*Corynebacterium pekinense*）A.S.1.403；种子培养基与发酵原料、标准赖氨酸溶液及赖氨酸测定试剂、器皿均同实验 3-24。

【操作步骤】

1. 表头设计　正交表中的交互作用列号的排定可从有关资料中查得。用于考察交互作用的正交表头设计与非交互作用表头设计的不同之处在于交互作用项所在的列号不得安排试验因子。本试验的表头设计详见表 3-25.1。

表 3-25.1　L_8（2^7）正交试验的表头设计

列号 因子 水平	1	2	3	4	5	6	7
	葡萄糖浓度（A）/%	发酵温度（B）/℃	$A×B$	发酵时间（C）/h	$A×C$	$B×C$	-
1	10	30		60			
2	15	34		72			

注：$A×B$ 表示 A 与 B 的交互作用，其余类推

2. 发酵培养基配制　　糖蜜 10 g，玉米浆 10 g，（NH_4）$_2SO_4$ 15 g，尿素 4 g，豆饼水解液 10 ml，KH_2PO_4 0.5 g，$MgSO_4·7H_2O$ 0.1 g，$CaCO_3$ 20 g（单独灭菌后加入培养基），pH 7.2。加水定容至 500 ml，调 pH 后分成两半，一半加入 10% 葡萄糖，另一半加入 15% 葡萄糖。待葡萄糖完全溶解后按正交表的要求分装摇瓶，每瓶装量 25 ml/250 ml 锥形瓶，共计 8×2＝16 瓶，8 层纱布做瓶塞。0.07 MPa 灭菌 15 min。

3. 接种与发酵　　菌种培养与接种操作同实验 3-24。接种后按表 3-25.2 规定的试验号将摇瓶分成两组：一组 8 瓶，置于 30℃摇床间振荡培养；另一组 8 瓶，置于 34℃摇床间振荡培养。发酵 60 h 的摇瓶按时取出后，离心取上清液贮于冰箱暂存，待 72 h 的发酵摇瓶取出后一起测定赖氨酸产量。

4. 赖氨酸发酵产量测定　　操作同实验 3-24。

【实验报告】

1. 实验结果　　将赖氨酸发酵产量的测定数据记录于表 3-25.2 右侧。按实例中的公式进行方差及交互作用分析、最优条件的产量（预期）平均值及其产量变动半径的计算。

表 3-25.2　L_8（2^7）正交试验

列号 因子 水平 试验号	1	2	3	4	5	6	7	赖氨酸产量/（mg/ml）	
	葡萄糖浓度（A）	发酵温度（B）	$A×B$	发酵时间（C）	$A×C$	$B×C$	误差估计项	y_1	y_2
1	1（15%）	1（30℃）	1	1（60 h）	1	1	1		
2	1（15%）	1（30℃）	1	2（72 h）	2	2	2		
3	1（15%）	2（34℃）	2	1（60 h）	1	2	2		
4	1（15%）	2（34℃）	2	2（72 h）	2	1	1		
5	2（10%）	1（30℃）	2	1（60 h）	2	1	2		
6	2（10%）	1（30℃）	2	2（72 h）	1	2	1		
7	2（10%）	2（34℃）	1	1（60 h）	2	2	2		
8	2（10%）	2（34℃）	1	2（72 h）	1	1	2		

2. 思考题

1）什么是交互作用？有交互作用的因子如何进行表头设计？

2）重复试验的方差分析与不重复试验的方差分析有什么不同？

【注意事项】

各因子交互作用列号的排定因正交表而异。有关交互作用表可从有关资料中查阅。交互作用列号应按规定对号入座，凡已安排交互作用的列号不得安排其他试验因子。

$L_8(2^7)$ 正交试验结果分析实例

为简化计算可将产量数据化为整数。对赖氨酸产量数据进行加、减、乘或除，并不影响方差分析的准确性。在本例中将摇瓶的赖氨酸发酵产量减去 30（y_i-30），得到简化后的数据列于表 3-25.3 右侧。

1. 方差分析（表 3-25.3）

表 3-25.3　$L_8(2^7)$ 正交试验结果的方差分析实例

水平 / 试验号　　列号 因子	1 A	2 B	3 A×B	4 C	5 A×C	6 B×C	7 误差估计项	发酵产量 (y_i-30)*/（mg/ml） y_1'	y_2'	$y_1'+y_2'$
1	1	1	1	1	1	1	1	−5	−4	−9
2	1	1	1	2	2	2	2	0	−2	−2
3	1	2	2	1	1	2	2	0	3	3
4	1	2	2	2	2	1	1	−5	−6	−11
5	2	1	2	1	2	1	2	0	1	1
6	2	1	2	2	1	2	1	10	12	22
7	2	2	1	1	2	2	1	5	5	10
8	2	2	1	2	1	1	2	0	−1	−1
方差分析 $\sum K_1$	−19	12	−2	5	15	−20	12			
$\sum K_2$	32	1	15	8	−2	33	1			
$\sum K_1-\sum K_2$	−51	11	−17	−3	17	−53	11			
$(\sum K_1-\sum K_2)^2$	2601	121	289	9	289	2809	121			
S_j	162.56	7.56	18.06	0.56	18.06	175.56	7.56			
f_j	1	1	1	1	1	1	1			
V_j	162.56	7.56	18.06	0.56	18.06	175.56	7.56			
F_j	68.3		7.59		7.58	73.56	−			
显著性	高度显著 (**)		显著 (*)		显著 (*)	高度显著 (**)				
查 F 表	$F_{0.05}(1.11)=4.84$				$F_{0.01}(1.11)=9.65$					

* 为便于计算，发酵产量中的每个数据均减去 30。

重复试验误差计算：

$S_{误}=\sum (y_1-y_2)^2/2=10.5$

自由度 $f_e=8\times(2-1)=8$

将小于误差估计项的 S_j 并入误差项，于是

$S_{总误}=S_{误}+S_j+S_2+S_4=26.18$

$f_{总误}=8+1+1+1=11$

$S_{总误}/f_{总误}=26.18/11=2.38$

$\sum K_j=$ 各因子对应水平的发酵产量之和，例如，$\sum K_{A_1}=(-9)+(-2)+3+(-11)=-19$，$\sum K_{A_2}=1+22+10+(-1)=32$；

$$S_j（偏差平方和）=\frac{\left(\sum K_1-\sum K_2\right)^2}{8\times2}，例如，S_A=\frac{(-19-32)^2}{8\times2}=162.56；$$

$$f_j（自由度）=因子水平数（N）-1，例如，f_A=2-1=1；$$

$$V_j（均方和）=S_j/f_j，例如，V_A=162.56/1=162.56$$

$$F_j（检验比值）=\frac{S_j/f_j}{S_{总误}/f_{总误}}，例如，F_A=162.56/2.38=68.3；$$

F_j 大于 $F_{0.05}$ 临界值为显著，大于 $F_{0.01}$ 临界值为高度显著。

2. 交互作用分析（表 3-25.4～表 3-25.6）

表 3-25.4　$L_8（2^7）$ 正交试验中 $A\times B$ 交互作用的效应分析

平均产量　　A 因子　　　B 因子	A_1	A_2
B_1	$[(-9)+(-2)]/2=-5.5$	$(1+22)/2=11.5$
B_2	$[3+(-11)]/2=-4$	$[10+(-1)]/2=4.5$

注：比较表中计算结果，以 A_2B_1 组合为最大（11.5），所以以 A_2B_1 组合为优

表 3-25.5　$L_8（2^7）$ 正交试验中 $A\times C$ 交互作用的效应分析

平均产量　　A 因子　　　C 因子	A_1	A_2
C_1	$[(-9)+3]/2=-3$	$(1+10)/2=5.5$
C_2	$[(-2)+(-11)]/2=-6.5$	$[22+(-1)]/2=10.5$

注：比较表中计算结果，以 A_2C_2 组合为最大（10.5），所以以 A_2C_2 组合为优

表 3-25.6　$L_8（2^7）$ 正交试验中 $B\times C$ 交互作用的效应分析

平均产量　　B 因子　　　C 因子	B_1	B_2
C_1	$[(-9)+1]/2=-4$	$(3+10)/2=6.5$
C_2	$[(-2)+22]/2=10$	$[(-11)+(-1)]/2=-6$

注：比较表中计算结果，以 B_1C_2 组合为最大（10），所以以 B_1C_2 组合为优

3. 试验结论　　综合方差分析和交互作用效应分析结果，选出本实验的最优发酵条件是：$A_2B_1C_2$。

方差分析中 B 和 C 均为不显著因子，但在交互作用效应分析中 $B\times C$ 为高度显著因子。B 和 C 试验水平应根据交互作用结果确定，不可按方差分析结果任意取其试验水平。

4. $A_2B_1C_2$ 条件下的发酵产量平均值的计算　　由于方差分析的计算中各产量数据均减去了 30，因此计算产量平均值时必须还原到原数据，即

$$\mu=\frac{\sum y_i}{8\times2}+30=30.8$$

$\mu_{优}=\mu A_2 B_1 C_2=\mu+$ 显著因子（$A_2+A\times B+A\times C+B\times C$）水平效应

$$=30.8+\left[\frac{32-(-19)}{8\times 2}+\frac{15-(-2)}{8\times 2}+\frac{15-(-2)}{8\times 2}+\frac{33-(-20)}{8\times 2}\right]=39.4$$

5. 最优条件的产量平均值的变动半径计算

$\tilde{S}_{误}=$ 不显著因子的 $S_j+S_{误}=（7.56+0.56+7.56）+10.5=26.18$

$\tilde{f}_{误}=$ 不显著因子的 $f_j+S_{误}$ 的自由度 $=（1+1+1）+8=11$

$n_e=$ 实验总次数 /（1+显著因子的自由度之和）$=8\times 2/（1+1+1+1+1）=16/5=3.2$

查表：$F_{0.05}（1.11）=4.84$

代入：$\delta_{0.05}=\sqrt{F_a（1\cdot\tilde{f}_{误}）\times\dfrac{\tilde{S}_{误}}{\tilde{f}_{误}\cdot n_e}}=\sqrt{4.84\times\dfrac{26.18}{11\times 3.2}}=1.90$

根据对试验结果的分析计算，有 95% 的把握预测在 $A_2 B_1 C_2$ 条件下发酵产量是（39.4±1.9）mg/ml。

（蔡信之）

实验 3-26　台式自控发酵罐的发酵试验

【目的要求】

1. 掌握实验室台式自控发酵罐的构造、原理及操作程序。

2. 学习在实验室内用台式自控发酵罐培养微生物细胞的方法。

【基本原理】

发酵罐是进行液体发酵的特殊设备。为了更接近生产实际，有价值的菌种在工业应用之前应在实验室用小型发酵罐进行微生物扩大培养和目的产物生成量的试验，以掌握该生产菌的发酵调控规律和生产工艺，为大规模工业生产提供实践经验和理论依据。利用实验室台式自控发酵罐培养微生物的研究已成为现代生物技术的重要支柱之一。

目前实验室的自控发酵罐容积为 1～150 L，它们原理相同，结构类似，可分两部分。

1. 发酵系统控制器　　主要对发酵中各种参数如温度、pH、溶解氧、搅拌速度、空气流量和泡沫水平等进行设定、显示、记录，并对这些参数进行反馈调节控制。

2. 小型发酵罐　　它是微生物发酵的主体设备，主要由 6 个部分组成。

（1）罐体　　通常为一个耐压的圆柱状的玻璃钢（5 L 以下）或不锈钢筒，高度和直径比一般为（1.5～2）∶1。底和顶用不锈钢板、垫圈密封。罐体上附有夹套、管路、附件等。

（2）搅拌系统　　由驱动马达、搅拌轴和涡轮式搅拌器组成，主要加速气－液和液－固混合及质量和热量的传递，特别是对氧的溶解具有重要意义。

（3）传热保温装置　　带走生物氧化及机械搅拌产生的热量，使发酵在适宜的温度下进行。通常发酵罐体利用夹套系统保温。它与外界的冷、热水管路及加热器相连，又与发酵罐温度控制器组成自控保温系统。发酵中保持培养温度稳定，实罐灭菌时升温预热。

（4）通气供氧系统　　主要由空气压缩器、油水分离器、孔径在 0.2 μm 左右的微孔过滤膜和空气分布器及管路组成，提供好氧微生物发酵中所需要的氧。为了减少发酵液的挥发和防止菌种散发到罐外，还在排气口安装冷凝器和微孔过滤片。

（5）消泡防污系统　　由于发酵液中含有大量蛋白质，在强烈的搅拌下将产生大量泡沫，导致发酵液的外溢和增加染菌的机会，须流加消泡剂以除去泡沫。

（6）参数检测器　　包括 pH 电极、溶氧电极、温度传感器、泡沫传感器及菌体密度探测器，使微生物在最适环境条件下生长和分泌产物。

本实验用 NHL-II 5 L 台式全自动控制（简称"自控"）发酵罐（图 3-26.1）进行大肠埃希氏菌的液体培养，以熟悉台式自控发酵罐使用的原理与操作流程。

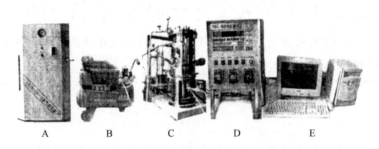

图 3-26.1　台式自控发酵罐
A. 蒸汽发生器；B. 空气压缩机；C. 发酵罐系统；D. 调控仪；E. 电脑系统

【实验器材】

大肠埃希氏菌（*E. coli*）。种子培养液：葡萄糖 1.0 g，蛋白胨 1.0 g，酵母膏 0.5 g，牛肉膏 0.5 g，NaCl 0.5 g，加水至 100 ml，调 pH 至 7.2。装入两只 500 ml 锥形瓶中，每瓶 50 ml，0.1 MPa 灭菌 15 min，冷却后接大肠埃希氏菌，于 37℃培养器中培养 10 h，转速为 150 r/min。

发酵培养基：葡萄糖 60 g，蛋白胨 30 g，酵母膏 15 g，牛肉膏 30 g，NaCl 15 g，NH_4Cl 15 g，加水定容至 3000 ml，调 pH 至 7.2～7.4。

费林氏测糖试剂 A 溶液：$CuSO_4$ 35 g，亚甲蓝 0.05 g，溶解后定容至 1000 ml。B 溶液：酒石酸钾钠 117 g，NaOH 126.4 g，亚铁氰化钾 9.4 g，溶解后定容至 1000 ml。

0.1% 标准葡萄糖溶液，40% NaOH 溶液，BAPB 消泡剂；NHL-II 5 L 自控发酵罐，振荡式培养器，分光光度计，无菌取样管，显微镜等。

【操作步骤】

1. 发酵种子培养液制备　　将大肠埃希氏菌在新鲜斜面传 1 或 2 代活化后接入两支试管的肉汤培养基中，37℃摇振，150 r/min，培养 8～10 h。再按 10% 的比例将试管菌种液接入两瓶种子液体培养基，将锥形瓶于 37℃摇床，转速为 150 r/min，培养 10 h 左右至对数后期。

2. 发酵培养基配制　　按配方分别称取各成分，加水定容至 3000 ml（实罐灭菌要预留蒸汽的溶入量，通常先加 85% 的水），调 pH 至 7.2～7.4。

3. 培养液的装罐

（1）清洗　　清洗发酵罐罐体及其管路系统以防杂质的干扰，确保各批实验间的稳定。

（2）装料　将配制好的培养液倒入发酵罐，实罐灭菌要控制水量，注意 3 L 标记线。

（3）密封　盖好装料口盖并旋紧密封，开、关好罐体各管道的阀门以待灭菌。

4．灭菌蒸汽的制备　5 L 自控发酵罐配置 3 kW 蒸汽发生器一台，可产生 0.3 MPa 的压力蒸汽，供加温、灭菌用。其制备方法如下。

（1）加水　向蒸汽发生器贮水腔内加足水量，以产生足够压力的蒸汽供实罐灭菌。

（2）开启　接通电源，启动开关至"ON"位，指示灯闪亮则蒸汽发生器加热。

（3）升压　当蒸汽压至 0.2 MPa 时即可向发酵罐系统提供压力蒸汽，预热罐体。

（4）稳压　当发生器内蒸汽压至 0.25 MPa 时则会自动切断电源，维持额定气压。

5．发酵罐培养液灭菌　发酵罐的实罐灭菌是微生物培养成功与否的关键操作之一。为确保微生物培养不受污染，必须严格按实罐灭菌程序操作。

（1）灭菌准备　检测发酵罐体的密封性及表压的灵敏度、管路的畅通性、阀门的完好性，关闭发酵罐体及其相连通的管路上的所有阀门。贮备加压蒸汽源。

（2）发酵培养基的预热及灭菌

1）设置控制器参数：罐体预热时可接通自控系统的电源开关，使发酵罐处于正常工作状态，开启控制面板上的搅拌按钮至灯亮的工作状态，调节转速达 300 r/min。

2）供气：开启空气压缩机，正常供气。

3）启用监控与记录：启动电脑电源，开始监控与记录。

4）供应蒸汽：开启蒸汽发生器送汽阀门至最大，为发酵罐预热和灭菌提供汽源。

5）预热培养液：开启通往夹套系统路径上的全部阀门，使蒸汽进入夹套预热罐内培养液，注意排水系统的通畅，并调节排水量以控制蒸汽的量和预热的速度。

6）实罐灭菌：当罐内发酵液温度达 90～95℃时，可关闭机械搅拌及通往夹套的蒸汽阀门，由供汽口和取样口同时直接向罐内培养液通入高温蒸汽以搅动培养液进行实罐灭菌，使之快速达 121℃，维持 20 min。

7）取样口与排气口灭菌：当罐内温度超过 100℃时，将取样口和排气口稍微打开，让微量高温蒸汽从口端排出并维持一定时间，使其彻底灭菌。在罐内温度达 121℃后适当调节通入的蒸汽量，保温 20 min。然后关闭取样口和排气口阀门，最后关闭两路入罐蒸汽管道阀门，灭菌结束。

8）降温：灭菌后应迅速降低罐内发酵液温度，以防高温对营养物质的破坏。开启水泵和自来水龙头开关，打开通往罐体夹套的水循环管道上各阀门让冷水迅速降低发酵液温度，在快降至最适温度前开启设定温度的自动调节钮，自动调节罐温。

9）供气：在冷却发酵液时要及时开启空压机管路阀门，向罐内缓慢通入空气以发挥搅拌和冷却作用，并维持罐内正压。切勿供气过猛使压力突然升高而冒液。

10）搅拌：待罐温降至 90～95℃时再开启搅拌系统，使培养液冷却均匀。

6．接种与发酵

（1）接种

1）准备：将接种口盖旋松，再将接种用的火圈点燃后套住接种口盖，准备一大镊子。

2）灭菌：让点燃的火圈套环灼烧接种口 20 s 以彻底灭菌，并保持周围无菌。

3）接种：迅速用大镊子夹住接种口盖并移至火焰旁的无菌区，在火焰上方的无菌区迅速打开菌种瓶的纱布塞，以无菌操作往接种口内倒入 5%~10% 的种子培养物。迅速将无菌盖子盖住接种口并旋上。移去接种口的火圈环并熄灭，再旋紧接种口盖。

（2）发酵罐中微生物群体的生长特征

1）延迟期：接种后微生物进入新的环境，有一停滞或缓慢生长阶段，称为延迟期。

2）对数期：延迟期后进入正常生长繁殖的阶段称为对数期，细胞数量成倍增加。

3）稳定期：在分批发酵中大肠埃希氏菌的对数期很短，当菌浓度达一定值时，发酵液中增加的活菌数就与死亡的菌数相近，发酵即转入稳定期。

4）衰亡与终止发酵：稳定期过后，由于营养物质的消耗和代谢产物的积累，微生物生长进入衰亡期，发酵即将结束。大肠埃希氏菌培养中当 pH 升至 7.3 以上时发酵结束。

5）菌株间差异性：微生物纯种发酵中各菌株都有其独特的生理生化过程，把握各菌的培养进程是研究与应用微生物的必经之路。发酵中各参数的变化反映了人工培养系统中某一微生物的内在规律，调控其中的关键参数能有效控制其发酵进程以获得最佳结果。

6）取样与测定：为了解发酵中培养菌生长及利用培养基的情况，每隔 1 h 取样镜检、分光光度计测定 OD 值和用费林氏方法测定发酵液葡萄糖浓度，可大致了解并分析发酵进程。

7. 葡萄糖含量的测定

（1）预备测定　　取费林氏 A、B 溶液各 5 ml 于 150 ml 锥形瓶中，加盖在电炉上加热至沸腾，以 0.1% 标准葡萄糖溶液滴定至蓝色消失，记下 0.1% 标准葡萄糖溶液消耗数。

（2）空白滴定　　取费林氏 A、B 溶液各 5 ml 置于 150 ml 的锥形瓶中，加入比预备实验少 0.5~1.0 ml 的标准葡萄糖溶液，加热沸腾后继续用标准葡萄糖溶液滴定至终点，记下标准葡萄糖溶液消耗数为 V_1（ml）。

（3）样品滴定　　吸取样品 V（ml）加到已有费林氏 A、B 溶液各 5 ml 的锥形瓶中，根据测定样品含糖量多少加入一定量的蒸馏水达到与空白测定的体积一致、pH 一致，减少测定上的误差，用空白滴定的方法滴定至终点，记下消耗标准葡萄糖溶液的体积为 V_2（ml）。

（4）计算　　样品中葡萄糖含量（%）$= \dfrac{(V_1 - V_2)}{10V} \times N$

式中，V_1 为空白滴定耗去标准葡萄糖溶液毫升数；V_2 为样品滴定耗去标准葡萄糖溶液毫升数；V 为吸取样品毫升数；N 为样品稀释倍数。

【实验报告】

1. 实验结果

1）将测定的结果记录在表 3-26.1 中。

表 3-26.1　发酵中测定数据记录表

培养时间 /h	葡萄糖浓度 /%	光密度（OD_{640}）值	pH
1			
2			
3			
4			

续表

培养时间 /h	葡萄糖浓度 /%	光密度（OD$_{640}$）值	pH
5			
6			
7			
8			
9			
10			
11			
12			
13			
14			

2）整理发酵中所测定的各种数据。

3）镜检大肠埃希氏菌在不同发酵阶段的菌体形态特征。

2. 思考题

1）为确保灭菌彻底和安全，灭菌中要特别注意些什么？

2）发酵所需的无菌空气如何获得？搅拌的作用是什么？有哪些方法调节溶解氧？

3）为什么在大肠埃希氏菌培养中，发酵液 pH 上升发酵就可结束？

4）补料的作用是什么？如何补料？

【注意事项】

1. 各电极在安装、调试过程中要极细心，防止电极头部损坏。

2. 在接种、取样等各项操作时要细心，以防止杂菌的污染。

3. 蒸汽发生器在接通电源加热前，应首先检查发生器内是否有足够的水量。

4. 发酵期间，除接种的短暂时间罐压降至零外，其他时期均应维持罐压在一定的正压（0.045 MPa）状态。

（蔡信之）

实验 3-27　高密度培养——乳链球菌的膜过滤培养

【目的要求】

1. 了解乳球菌素产生与菌体生长的关系及膜过滤培养提高菌体浓度的原理。

2. 学习通过膜过滤培养延长微生物生长对数期、提高菌体浓度的方法。

【基本原理】

乳球菌素是乳链球菌（*Streptococcus lactis*）代谢产生的一种多肽物质，1969 年世界卫生组织对其安全性进行了认定，批准其作为天然防腐剂用于食品，我国也于 1990 年将乳球菌素列入食品添加剂使用卫生标准。

乳球菌素主要存在于乳链球菌细胞内，其生成主要在对数生长期，对数生长末期停止生成，稳定期还会降解。提高菌体浓度、延长对数生长期可提高其产量。

膜过滤培养技术是较新的细胞培养方法，是在普通培养装置上附加一套过滤系统（图 3-27.1）。用泵使培养液流过过滤器，其表面的微孔结构阻留菌体，滤出的是含代谢产物的培养液，浓缩的菌液回流发酵罐再发酵。同时控制流加泵添加新鲜培养基以保持发酵液体积不变。抑制性产物不断被排除，产物抑制作用减弱；营养有补充；菌体不流失，可以达到很高的密度，显著提高特定产物的比生产率。但对细胞有剪切损伤、罐内分布不够均匀。

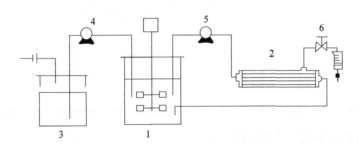

图 3-27.1　过滤培养系统简图
1. 发酵罐；2. 中空纤维过滤装置；3. 培养液贮存罐；4、5. 泵；6. 阀门

【实验器材】

乳链球菌（*Streptococcus lactis*）No3；MH 培养基，10 mol/L NaOH 溶液；分光光度计，中空纤维过滤装置，发酵罐，培养基贮存罐等。

【操作步骤】

1. 培养初期　　菌种活化后按 5% 的量接种于装有 MH 培养基的发酵罐中，30℃静止培养 4 h，流加 10 mol/L NaOH 溶液保持发酵罐中发酵液 pH 在 6.5 以上，在此阶段乳链球菌适应培养液中的环境（延迟期）。

2. 发酵阶段　　将发酵全液经泵泵入中空纤维膜过滤装置中，滤液通过阀门不断流出，被浓缩的菌体返回发酵罐中，同时从贮存罐中向发酵罐内补充培养液，以维持发酵罐中料液量的恒定。中空纤维膜截留相对分子质量为 6 万，过滤面积为 2 m²。

3. 测定　　以接种前的发酵液作空白，每隔 2 h 取发酵罐的菌液，比浊法测定其 OD_{600}，判断发酵罐菌液浓度的变化。

4. 判断发酵结束　　当 OD_{600} 不再有明显变化时结束发酵。

【实验报告】

1. 实验结果　　记录每 2 h 测定的 OD_{600}，以时间为横坐标，OD_{600} 为纵坐标，绘制 OD_{600}-时间曲线。

2. 思考题

1）乳球菌素产生于菌体生长的哪个阶段？为增加其产量应采取哪些方法？

2）使用中空纤维膜有哪些优缺点？

【注意事项】

1. 中空纤维膜使用前后要用 1 mol/L NaOH 溶液和蒸馏水清洗，以防止膜堵塞。

2. 发酵中要流加 10 mol/L NaOH 溶液以保持发酵罐中的 pH 恒定。

（魏淑珍）

实验 3-28 乳酸菌发酵制作酸奶及其分离纯化

【目的要求】

掌握酸奶制作的原理、方法及从酸奶中分离、纯化乳酸菌的方法。

【基本原理】

牛奶的 pH 约为 5.8，其中的蛋白质主要是酪蛋白。牛奶经巴氏消毒后冷却，加入乳酸菌发酵剂在适当温度下（40～45℃，以 43℃ 为最佳）培养，牛奶中的乳糖将被发酵成乳酸，牛奶逐渐酸化，酪蛋白的钙游离出来与乳酸结合生成乳酸钙。当 pH 达到 5.2～5.3，酪蛋白粒子就失去稳定开始沉淀，pH 降到酪蛋白等电点（4.6～4.7）时完全沉淀，这些蛋白质沉淀物可将脂肪球和含有可溶性成分的乳清包起来使制品呈凝胶状；并使部分酪蛋白降解生成脂肪、乙醛、双乙酰、丁二酮、丙酮及挥发性脂肪酸（甲酸、己酸、辛酸等）和醇类等风味物质。酸奶发酵通常是由双菌或多菌混合培养实现的。杆菌先分解酪蛋白为氨基酸和小肽，促进了球菌的生长；球菌产生的甲酸又刺激杆菌产生大量乳酸和部分乙醛。

随着乳酸含量的增加，发酵菌本身会被抑制，其中乳酸离子对发酵菌的危害比氢离子大。低酸度乳中乳酸含量为 0.85%～0.95%，高酸度乳中乳酸含量为 0.95%～1.20%，低于有些乳酸菌的耐性界限（嗜热链球菌能耐受 0.8%，保加利亚乳杆菌能耐受 1.7%），故不能使乳酸菌全部停止生长，要抑制乳酸菌生长必须使产品冷却。

制作酸奶的乳酸菌大多为耐氧菌，在厌氧条件下进行乳酸发酵，也可用它们制作泡菜。

冷却后冷藏除可抑制菌体生长、降低酶的活性、延长保存期外，还可促进香味物质产生、改善酸奶硬度。香味物质产生的高峰期一般在制作后 4 h 或更长时间，要使酸奶形成良好的风味需 24 h。酸奶冰点在 -1℃，延长保存期冷藏温度应控制在 0℃ 左右。

在发酵过程中乳糖被降解、减少了个别人对乳糖的不适应；蛋白质被部分降解，易于消化吸收；产生的乳酸有利于钙的吸收；产生一些香味物质，形成独特风味；乳酸菌进入人体后增加肠道益生菌，有利于消化道健康和营养物质的消化吸收。

【实验器材】

保加利亚乳杆菌（*Lactobacillus bulgaricus*）和嗜热链球菌（*Streptococcus thermophilus*）或乳酸链球菌（*Streptococcus Lactis*）等菌种；鲜牛奶或奶粉，白糖；大烧杯，天平，灭菌锅，超净工作台，酸奶瓶或塑料杯，恒温培养箱，无菌吸管，铂耳一支，无菌量筒，试管，锥形瓶，酒精灯，冰箱等。

【操作步骤】

1. 菌种活化   活化按无菌操作进行，菌种为液体时用无菌吸管取 1～2 ml 接种于装有灭菌脱脂奶的试管中，菌种为粉状时用铂耳取少量接种混合，置于恒温箱中 40～45℃ 培养活化 12～48 h（以凝固为准）。活化次数依菌种活力确定，一般活化 2 或 3 次。

2．调制发酵剂

（1）母发酵剂 用脱脂奶量 1%～2% 充分活化的菌种，接种于盛有灭菌脱脂奶的锥形瓶中，充分混匀后置于恒温箱中培养，供制取生产发酵剂用。

（2）生产发酵剂 接种 1%～2% 的母发酵剂于盛有灭菌脱脂奶的锥形瓶中，充分混匀后置于 42～45℃温箱中培养 12 h，至牛奶凝固结实，供生产酸奶制品时使用。

（3）发酵剂质量检查 质量合格的发酵剂凝块硬度适宜，均匀而细滑，有弹性，无龟裂、气泡及乳清分离，酸味、风味与活力等均符合菌种特性要求。达到上述质量的生产发酵剂准予用于生产酸奶制品。调制好的发酵剂不立即使用时应置于冰箱中保存。

3．酸奶制作

（1）原料检测 检测鲜牛奶的新鲜度、密度、总干物质等，控制非脂干物质不低于 8.5%，比重计读数在 1.029～1.031；如果不够，应添加脱脂奶粉。同时应检测抗生素等，确保原料满足发酵要求。

（2）混合、灭菌 鲜奶加白糖 7%～10%（或奶粉加水 7～10 倍稀释配成还原奶，m/V，加白糖 6%～10%），混匀，85℃灭菌 20 min 或 90℃灭菌 15 min，加热期间注意搅拌几次。

（3）冷却 将灭菌奶取出用冷水冷却至 40～45℃时接种。

（4）接种 先用洁净的无菌勺将发酵剂表层 2～3 cm 去掉，再用无菌玻璃棒搅成稀奶油状。用洁净无菌量筒分别量取牛奶量 2%～3% 的生产发酵剂，先用等量灭菌奶混匀后倒入冷却奶中，充分混匀。

（5）分装 混匀后尽快分装于无菌的酸奶瓶中，再用纸包好瓶口。或分装于一次性塑料杯，用保鲜膜、橡皮筋封妥杯口。

（6）培养、冷却后熟 置于 43℃恒温箱中培养发酵 2～3 h，达到凝固状态（pH 4.2）。发酵结束后于 4～5℃贮藏 24 h 后熟。

评定酸奶质量的指标有理化指标和微生物学指标两类。酸奶要求酸度（乳酸）为 0.75%～0.85%，含乳酸菌 $\geqslant 1.0 \times 10^7$/100 ml，不得检出致病菌，含大肠埃希氏菌 $\leqslant$ 40/100 ml。本实验中产品质量以品尝时有良好的口感和风味为主，同时观察产品外观，包括凝块状态、色泽洁白度、表层光洁度、无气泡、无乳清析出，具有悦人的香味和口感等。合格的酸奶应在 4℃贮藏，可保存一周。

4．菌种分离

（1）倒平板 将 MRS 琼脂培养基和马铃薯牛奶琼脂培养基加热熔化，冷却至 45℃左右，分别倒 3 个平板，冷凝备用。

（2）稀释酸奶 对酸奶进行 10：1 的系列稀释。

（3）平板分离 取适当稀释度（10^{-4} 或 10^{-5}）的悬液用浇注平板法或涂布平板法分离单菌落，也可用接种环直接蘸取酸奶原液进行平板划线分离。

（4）保温培养 将分离培养皿平板放入厌氧罐中，采用抽气换气法或加焦性没食子酸（20 g）及 1.5% NaOH 溶液（20 ml）的方法造成厌氧环境，置 37℃温箱中培养 2～3 d。

（5）菌落选择 酸奶中乳酸菌在马铃薯牛奶琼脂培养基上有 3 种不同形态的菌落。

1）扁平型菌落：直径 2～3 mm，边缘不整齐，薄而透明，染色后镜检细胞杆状。

2）半球状菌落：直径 1～2 mm，隆起呈半球状，高约 0.5 mm，边缘整齐，四周有酪蛋白水解的透明圈，染色后镜检细胞为链球状。

3）礼帽形菌落：直径 1～2 mm，边缘较整齐，中央隆起，四周较薄，有酪蛋白水解的透明圈，染色后镜检细胞呈链球状。

（6）单菌株发酵试验　　将上述 3 种单菌落及其组合分别在牛奶中扩大培养后，以 10% 接种量接入消毒牛奶做单菌株发酵试验，品尝并评价何种组合比较合理。

【实验报告】

1. 实验结果

1）从色、香、味、形 4 方面描述制品质量，找出差距，分析成败原因。

2）将用单菌和混合菌发酵制得的酸奶品评结果记录于表 3-28.1 中。

表 3-28.1　酸奶品评结果记录表

菌种类型	pH	凝集程度	口感	香味	异味	产乳酸	评价
杆菌							
球菌							
杆菌／球菌（1：1）							
杆菌／球菌（2：3）							

2. 思考题

1）牛奶形成凝胶的原因是什么？

2）为什么用混合菌发酵而不用单一菌？

【注意事项】

1. 牛奶消毒要掌握适宜的时间和温度，否则达不到消毒目的或破坏酸奶风味。

2. 以蜂蜜代替白糖口味更好。选择优良的菌种接种，用不含抗生素的优质奶作原料。

3. 无灭菌设备、无菌环境时，如家庭可用奶锅消毒，用市售酸奶作菌种，加大接种量，以 5 袋鲜奶∶1 瓶酸奶的比例为宜。夏季室温，冬季放置于室内较暖和处即可。

4. 如产品有乳清析出，是因为鲜奶水分含量较大，家庭自制无所谓，若为商品，要注意选择未加水的优质鲜奶。

5. 本法采用先加入发酵剂后分装的发酵方法，故加发酵剂后应尽快分装完毕。

6. 整个过程以无菌操作规程进行，严防杂菌污染。

（蔡信之）

第四单元　环境微生物学检测

实验3-29　水的细菌学检查

【目的要求】

1. 学习水样的采取方法和细菌总数及大肠菌群数的检测方法。

2. 了解细菌总数与大肠菌群数的检测原理及其在饮水中的重要性。

【基本原理】

水质日常检测指标有色度、浊度、细菌总数、大肠菌群、余氯、铁和锰7项。水中细菌总数可说明水被有机物污染的程度。根据水中大肠菌群数可判断水源是否被粪便污染，并推测水源受肠道病原菌污染的可能性。因此，饮用水是否合乎国家卫生标准，通常要测定水中细菌总数和大肠菌群数两项重要指标。大肠菌群是一群能发酵乳糖的无芽孢的革兰氏阴性杆菌，需氧或兼性厌氧，在乳糖培养基中经37℃培养24 h，能产酸产气。主要由肠杆菌科的埃希氏菌属、柠檬酸杆菌属、克雷伯氏菌属和肠杆菌属4属组成。

我国饮用水卫生标准（GB5749—1985）规定1 ml自来水总菌数不超过100个；每升自来水中大肠菌群不超过3个，GB5749—2006规定每100 ml饮用水中不得检出大肠菌群。

水中细菌种类繁多，生长条件各异。在一种条件下要使水中所有细菌都生长是不可能的，通常用牛肉膏蛋白胨琼脂培养基测得水中细菌总数的近似值。现已有多种快速、简便的微生物检测仪、试剂盒（纸或卡）、测菌管等可用于野外测定水中细菌、霉菌及酵母菌数量。

【实验器材】

牛肉膏蛋白胨琼脂培养基，乳糖蛋白胨发酵管（有倒置小套管），伊红亚甲蓝琼脂培养基；无菌锥形瓶，无菌带塞玻璃瓶，无菌培养皿，无菌吸管、试管，无菌过滤器，无菌水等。

【操作步骤】

1. 水样的采取

（1）自来水　　先将自来水龙头用清洁的布擦净，再用火焰灼烧3 min灭菌，再开水龙头使水流5 min，以无菌锥形瓶接取水样，迅速测定。

（2）池（河、湖）水　　应取离岸边较远（5 m）、距水面15 cm的水样。将无菌带塞玻璃瓶口向下浸入水中，再翻转过来，除去玻璃塞，盛满后塞好，从水中取出。有时需用特制的采样器（图3-29.1）取水样，采样时将采样器坠入所需深度，拉起瓶盖绳打开瓶盖，取到水样后再松开瓶盖绳，自行盖好瓶盖，然后用采样绳取出采样器。最好立即检查，否则需放入冰箱中保存，但不能超过24 h。较清洁的水12 h内、污水6 h内测结束。

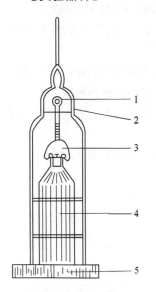

图3-29.1　采样器

1. 开瓶绳索；2. 铁框；3. 瓶盖；
4. 水样瓶；5. 沉坠

2. 细菌总数的测定

（1）自来水

1）用无菌吸管分别吸 1 ml 水样于两套无菌平皿中。

2）分别倒约 15 ml 熔化并冷至 45℃左右的牛肉膏蛋白胨琼脂培养基，立即旋转混匀。

3）另取一无菌培养皿，倾注牛肉膏蛋白胨琼脂培养基 15 ml 作空白对照。

4）凝固后倒置于 37℃培养 48 h。两套平皿的平均菌落数即为 1 ml 水样的细菌总数。

（2）池水、河水或湖水

1）稀释水样。取 3 支无菌试管，分别加 9 ml 无菌水。加 1 ml 水样到第一管内摇匀，再自第一管中取 1 ml 至第二管内，如此稀释到第三管，稀释度分别为 10^{-1}、10^{-2}、10^{-3}。稀释倍数依水样污浊度而定，以培养后平板菌落数在 30～300 个的稀释度最为合适。若 3 个稀释度的菌数均多到或少到无法计数，则需增加或减少稀释倍数。一般中等污秽水样取 10^{-1}、10^{-2}、10^{-3} 3 个连续稀释度，污秽严重的取 10^{-2}、10^{-3}、10^{-4} 3 个连续稀释度。

2）吸取最后 3 个稀释度水样各 1 ml 加到无菌培养皿中，每一稀释度重复两次。

3）各倾注 15 ml 已熔化并冷却至 45℃左右的牛肉膏蛋白胨琼脂培养基，立即摇匀。

4）凝固后倒置于 37℃培养箱中培养 48 h。

5）菌落计数方法如下。

A. 先计算相同稀释度的平均菌落数。若其中一个培养皿有较大片状菌苔生长则不应采用，而应以无片状菌苔生长的培养皿作为该稀释度的平均菌落数。若片状菌苔的大小不到培养皿的一半，而其余的一半菌落又很均匀时，则可将此一半的菌落数乘以 2 代表全培养皿的菌落数，然后再计算该稀释度的平均菌落数。

B. 选择平均菌落数在 30～300，当只有一个稀释度的平均菌落数符合此范围时，则以该稀释度平均菌落数乘以其稀释倍数，即为该水样的细菌总数（表 3-29.1，例 1）。

表 3-29.1　计算菌落总数方法举例

例次	不同稀释度的平均菌落数			两个稀释度菌落数的比值	菌落总数 /（个 /ml）	备注
	10^{-1}	10^{-2}	10^{-3}			
1	1 365	164	20	—	16 400 或 1.64×10^4	
2	2 760	295	46	1.6	37 750 或 3.8×10^4	
3	2 890	271	60	2.2	27 100 或 2.7×10^4	两位以后的数字采取四舍五入的方法去掉
4	无法计数	1 650	513		513 000 或 5.1×10^5	
5	27	11	5		270 或 2.7×10^2	
6	无法计数	305	12		30 500 或 3.1×10^4	

C. 若有两个稀释度的平均菌落数在 30～300，则按两者菌落总数的比值决定：比值小于 2 取两者的平均数；大于 2 则取其中较小的菌落总数（表 3-29.1，例 2 及例 3）。

D. 若所有稀释度的平均菌落数均大于 300，则应按稀释度最高的平均菌落数乘以稀释倍数决定（表 3-29.1，例 4）。

E. 若所有稀释度的平均菌落数均小于 30，则应按稀释度最低的平均菌落数乘以稀释倍数决定（表 3-29.1，例 5）。

F. 若所有稀释度的平均菌落数均不在 30～300，则以最接近 30 或 300 的平均菌落数乘以稀释倍数决定（表 3-29.1，例 6）。

3. 大肠菌群检测——滤膜法　　用滤膜过滤水样使其中的细菌截留在滤膜上，将滤膜放在选择性培养基上培养，计数特征性菌落。它是多管发酵法的替代方法（图 3-29.2），简单、快速，能测定大体积的水样，是城市水厂常用的方法。但不适用于杂质多的水样。

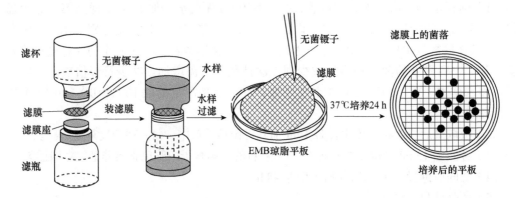

图 3-29.2　滤膜法测定示意图

（1）滤膜清洗　　将滤膜（直径 35 mm，孔径 0.45 μm）放入有蒸馏水的烧杯中煮沸 3 次，每次 15 min。前两次煮沸后需更换水，并洗涤 2 或 3 次，以洗去滤膜上残留的溶剂。

（2）滤器灭菌　　滤膜滤器分别用牛皮纸包扎，0.1 MPa 灭菌 20 min。

（3）过滤水样　　用无菌镊子将无菌滤膜贴在已灭菌的滤床上，粗糙面向上，固定好滤器。此滤器还可配合使用不同的滤膜、鉴别培养基或试剂，用以检测细菌总数、粪链球菌、沙门氏菌、金黄色葡萄球菌等。将抽滤设备如真空泵、抽滤龙头或大号注射针筒等连接到滤瓶上的抽气管。将清洁水样 500 ml 注入滤器中，加盖，抽滤。所滤水样量以培养后菌落数不多于 50 个为宜。一般清洁的深井水或经处理过的河（湖）水可取 300～500 ml；较清洁的河水可取 1～100 ml；严重污染的水先稀释；未知的水样可做 3 个稀释度。

（4）培养　　水样滤完后加等量无菌水继续抽滤，以冲洗滤器壁，滤后抽气 5 s 关闭真空泵。用无菌镊子取下滤膜，将无菌的面贴在伊红亚甲蓝平板培养基上，膜下不得有气泡，37℃倒置培养 24 h。有的滤膜含有干燥的大肠菌群鉴别培养基则直接放培养皿内培养。

（5）镜检　　挑取符合下列特征的菌落进行涂片、革兰氏染色和镜检：① 深紫黑色，具有金属光泽的菌落；② 紫黑色，不带或略带有金属光泽的菌落；③ 淡紫红色，中心颜色为较深紫色的菌落。

（6）糖发酵　　凡镜检为革兰氏染色阴性、无芽孢的杆菌，每个菌落接种一支乳糖蛋白胨发酵管，经 37℃培养 24 h 产酸产气者为大肠菌群阳性。

（7）结果计算　　1 L 水样中大肠菌群数 = 滤膜上生长的大肠菌群菌落数 / 水样（L）。

【实验报告】

1．实验结果

1）细菌总数测定：将自来水和池水、河水或湖水细菌总数测定结果填入表 3-29.2 和表 3-29.3。

表 3-29.2　自来水细菌总数测定结果

平板	菌落数	1 ml 自来水中细菌总数
1		
2		

表 3-29.3　池水、河水或湖水细菌总数测定结果

稀释度	平板		菌落数		平均菌落数		计算方法		细菌总数 /（个 /ml）	
	1	2	1	2	1	2	1	2	1	2
10^{-1}										
10^{-2}										
10^{-3}										

2）大肠菌群检查：报告过滤水样数量、特征菌落数及 1 L 水样中的大肠菌群数。

2．思考题

1）检测自来水的细菌总数时为什么要做空白对照试验？如果空白对照的平板有少数几个菌落说明什么？有很多菌落又说明什么？

2）据自来水的细菌总数和大肠菌群数测定结果，你所测定的水样是否符合国家饮用水的卫生标准？你所测定的水源，水的污染程度如何？

3）用滤膜法检查大肠菌群有什么优点？若水中有大量霍乱弧菌，用此法检测大肠菌群能否得到阳性结果？为什么？

【注意事项】

1．自来水取样时一定要避免在取样中造成污染。

2．池水、河水或湖水取样时要注意取样的位置，使其水样具有代表性。

3．倾注培养基时一定要注意温度，以免因温度太高而杀死一部分细菌。并要及时旋转平皿混合均匀，以防培养后菌落分布不匀。

4．滤膜必须紧贴培养基，防止膜下有气泡，影响测定结果。

（蔡信之）

实验 3-30　利用发光细菌检测水体生物毒性

【目的要求】

掌握发光细菌检测生物毒性的基本原理和操作方法。

【基本原理】

发光细菌检测法是利用一种非致病的明亮发光杆菌作指示微生物，以其发光强度的变化为指标，测定环境中有毒有害物质的生物毒性。

细菌的发光过程是菌体内光呼吸过程，为呼吸链上的一个侧支。菌体借助活细胞内ATP、萤光素（FMN）和萤光素酶发光，该光波长在 490 nm 左右。其化学反应过程是

$$FMNH_2 + RCHO + O_2 \xrightarrow{\text{细菌萤光素酶}} FMN + RCOOH + H_2 + h\nu$$

细菌的发光过程极易受外界条件的影响。干扰或损害细菌呼吸或生理过程的因素都能使细菌的发光强度改变。发光细菌接触有毒有害物质时发光强度立即变化。随着有毒物质浓度的增加，发光减弱。这种发光强度的变化可用精密的测光仪定量测定。因此，可根据发光强度的变化检测环境污染物的急性生物毒性。发光细菌生物毒性检测法具有快速、简便、灵敏度高等特点，已广泛用于有毒物质的筛选和环境污染生物学评价等领域。

【实验器材】

明亮发光杆菌 T_3 小种；工业废水；液体培养基（酵母膏 5.0 g，胰蛋白胨 5.0 g，NaCl 30.0 g，Na_2HPO_4 5.0 g，KH_2PO_4 1.0 g，甘油 3.0 g，蒸馏水 1000 ml，pH 7.0），斜面培养基（配方同上，琼脂 16.0 g，pH 7.0）；稀释液（2% NaCl 溶液，3% NaCl 溶液，保存于 4℃冰箱中）；参比毒物（0.02～0.24 mg/L $HgCl_2$ 系列标准溶液）；电子天平，DXY-2 型生物毒性检测仪，培养箱，恒温摇床，水浴锅，超净工作台；容量瓶（50 ml、1000 ml），移液管（1 ml、10 ml），接种环，比色皿，微量注射器（10 μl），具塞试管，试管架，酒精灯等。

【操作步骤】

1. 参比毒物 0.02～0.24 mg/L $HgCl_2$ 系列标准溶液配制

（1）2000 mg/L $HgCl_2$ 母液配制　　准确称取 $HgCl_2$ 0.1 g 于 50 ml 容量瓶中，用 3% NaCl 溶液溶解并定容至刻度，备用。

（2）2 mg/L $HgCl_2$ 工作液配制　　用移液管准确吸取 $HgCl_2$ 母液 1 ml 于 1000 ml 容量瓶中，用 3% NaCl 溶液稀释至刻度。

（3）0.02～0.24 mg/L $HgCl_2$ 系列标准溶液配制　　取 12 只 50 ml 容量瓶，按表 3-30.1 加入 2 mg/L $HgCl_2$ 工作液，再用 3% NaCl 溶液稀释至刻度。

表 3-30.1　$HgCl_2$ 系列标准溶液配制加样表

2 mg/L $HgCl_2$ 加入量 /ml	标液 $HgCl_2$ 浓度 /（mg/L）	2 mg/L $HgCl_2$ 加入量 /ml	标液 $HgCl_2$ 浓度 /（mg/L）
0.5	0.02	3.5	0.14
1.0	0.04	4.0	0.16
1.5	0.06	4.5	0.18
2.0	0.08	5.0	0.20
2.5	0.10	5.5	0.22
3.0	0.12	6.0	0.24

2. 菌液制备（可用其中一种方法制备菌液）

（1）发光细菌新鲜菌悬液的制备

1）斜面菌种培养：提前取保存菌种接种于新鲜斜面上 20℃培养 24 h，再接种于新鲜斜面 20℃培养 24 h，再接种于新鲜斜面 20℃培养 12 h 备用。每次接种量不超过一环。

2）液体培养：取上述培养 12 h 斜面培养物一环接种于装有 50 ml 液体培养基的 250 ml 锥形瓶中，20℃振荡培养 12～14 h，转速 184 r/min。

3）菌悬液制备：将培养液稀释至 10^8～10^9/ml。

4）菌悬液初始发光度测定：取 4.9 ml 3% NaCl 溶液于比色管中，加入新鲜菌悬液 10 μl，混匀，置于生物毒性检测仪上测量发光度。要求发光度不低于 800 mV，置于冰浴中备用。注意测定前打开生物毒性检测仪预热 15 min。

（2）菌液复苏

1）复苏：取发光菌冻干粉置于冰浴中，加预冷的 2% NaCl 溶液 0.5 ml，充分摇匀，复苏 2 min，使其具有微微绿光。

2）菌悬液初始发光度测定：测定方法同上。要求初始发光度不低于 800 mV。

3. 生物毒性测定

（1）水样处理　　按 3% 的比例加入 NaCl。如果水样浊度大，需静置后取上清液。

（2）试验浓度选择　　按等对数间距或百分浓度取 3～5 个试验浓度，编号并注明采样点。

（3）加样　　按表 3-30.2 将具塞试管排列在试管架上，并注明标记。每个测定试样均配一管对照（CK），并设 3 次重复。

表 3-30.2　生物毒性测定加样表

后排	CK	CK	CK	CK	⋯	CK	CK	CK	CK	CK	⋯	CK
前 3 排	0.02	0.04	0.06	0.08	...	0.24	样品 1	样品 2	样品 3	样品 4	...	样品 N
前 2 排	0.02	0.04	0.06	0.08	...	0.24	样品 1	样品 2	样品 3	样品 4	...	样品 N
前 1 排	0.02	0.04	0.06	0.08	...	0.24	样品 1	样品 2	样品 3	样品 4	...	样品 N
组别	参比毒物组						样品组					

1）在每支 CK 管中加入 2 ml 或 5 ml 3% NaCl 溶液。

2）在参比毒物组（前 1～3 排）各试管中加 2 ml 或 5 ml 相应浓度的 $HgCl_2$ 标准溶液。

3）在样品组（前 1～3 排）各试管中加 2 ml 或 5 ml 待测样品。每个样品更换移液管。

（4）测定　　按照参比毒物管（前）、CK（后）、样品管（前）、CK（后）的顺序，用 10 μl 微量注射器在各试管中加入菌液 10 μl，加上试管塞，混匀。准确作用 5 min 或 15 min，依次测定发光强度，记录。注意在每管中加菌液时要精确计时，精确到秒。

【实验报告】

1. 结果计算

1）相对发光率和相对抑光率。

相对发光率（%）＝氯化汞管或样品管发光度／对照管发光度 ×100%

相对抑光率（%）＝（对照管发光度－氯化汞管或样品管发光度）/对照管发光度×100%

2）计算各检测样的相对发光率、平均相对发光率、相对抑光率，将结果填入表 3-30.3。

表 3-30.3　发光细菌检测法测定结果

分析号	加菌液时间	反应时间	发光度 /mV	相对发光率 /%	平均相对发光率 /%	相对抑光率 /%

2．结果评价

1）显著性检验：分别建立参比毒物浓度、样品浓度与其相对发光率的线性回归方程，求出其相关系数 r 并对其进行显著性检验。

2）评价样品的相对生物毒性：建立参比毒物浓度与其相对抑光率的线性回归方程，求出样品的生物毒性相当于参比毒性的水平，并评价待测样品的生物毒性。

3）求半数效应浓度（EC_{50}）值：以参比毒物浓度或样品浓度对数为横坐标，以相对发光率或相对抑光率为纵坐标，在半对数坐标纸上作图，求 EC_{50} 值，以 EC_{50} 值评价样品的生物毒性。

3．思考题

1）如果参比毒物浓度与其相对发光率的线性回归方程的相关系数 r 和样品稀释浓度与其相对发光率的线性回归方程的相关系数 r 均未达到显著水平，该如何做？

2）对有色的样品该如何修正测定方法，以避免对发光细菌毒性测定的干扰？

【注意事项】

1．测定时室温必须控制在 20～25℃。同一批样品在测定中要求温度波动不超过 1℃。所以，冬、夏季节测定宜在室内采用空调控温，并且所有测试器皿、试剂、溶液等均需于测定前 1 h 置于控温的测试室内。

2．对有色的样品测定，需要对测定方法进行修正，采用常规方法测定会有干扰。

3．对污染后水的毒性测定要在采后 6 h 内进行。否则，应在 4℃ 保存，但不超过 24 h。

4．报告中必须注明采样和测定的时间。

（蔡信之）

实验 3-31　富营养化水体中藻类检测（叶绿素 a 法）

【目的要求】

掌握评价富营养化水体的意义、方法及叶绿素 a 法测定水中藻类的原理、方法。

【基本原理】

地表水因受氮、磷等物质的污染，藻类等浮游生物大量生长，水质恶化，鱼虾死亡。监测水体中藻类的种群和数量可作为评价水体富营养化的指标。叶绿素 a 是藻类体内重要的组成成分，在藻类中占有机质干重的 1%～2%，测定叶绿素 a 可估算水体中藻类生物量，反映水体被污染程度，评价水体富营养化水平（表 3-31.1）。

表 3-31.1　水体富营养化评价表

项目	贫营养型	中营养型	富营养型
叶绿素 a 浓度 /（μg/L）	<4	4~10	10~150

　　叶绿素提取液中的叶绿素 a 和叶绿素 b 不溶于水，溶于有机溶剂（如丙酮、乙醇）。实验中以研磨法破碎藻类的细胞壁，用有机溶剂丙酮溶液提取叶绿素 a，将提取液离心分离后，分别测定 750 nm、663 nm、645 nm、630 nm 的光密度值（663 nm 和 645 nm 分别是叶绿素 a、叶绿素 b 的吸收波长），计算叶绿素的浓度。

【实验器材】

　　1% $MgCO_3$ 悬浮液（称取 1.0 g 细粉末 $MgCO_3$ 悬浮于 100 ml 蒸馏水中，每次使用时要充分摇匀），90% 丙酮溶液（90 ml 丙酮中加 10 ml 蒸馏水）；分光光度计，冷冻离心机，冰箱，玻璃砂芯过滤装置，真空泵，研钵（直径小于 80 mm），微孔滤膜（亲水性，孔径 0.45 μm，直径 50 mm），量筒，微量移液器及吸头，离心管，具塞刻度试管等。

【操作步骤】

　　1. 水样采集　　采集量视水体中浮游植物的多少而定，一般应采集 0.5~2 L，采集在玻璃或聚乙烯瓶里。放在阴凉处，避免阳光直射。如不能立即测定，则应置于 4℃冰箱中保存。

　　2. 藻类过滤　　在玻砂过滤装置上装好微孔滤膜，取 50~500 ml 水样，加 $MgCO_3$ 悬浮液（每升水样加 1 ml），充分搅匀后减压过滤。缓慢加入水样，滤膜堵塞后更换新滤膜。

　　3. 叶绿素 a 提取　　取下滤膜置于研钵中，加入 3 ml 90% 丙酮溶液，研磨，使藻细胞破碎成匀浆。用微量移液器将匀浆移入 10 ml 刻度离心管中，用 90% 丙酮溶液冲洗研钵 3 次，冲洗液并入离心管中，补加 90% 丙酮溶液至 10 ml，塞紧，混匀后于 4℃冰箱中提取 24 h。

　　4. 离心　　提取后 3500~4000 r/min 离心 10 min，上清液移入 10 ml 具塞刻度试管中。离心管中再加少量 90% 丙酮溶液，再次混匀并离心，合并上清液，定容至 10 ml。

　　5. 测定　　分别测定提取液在 750 nm、663 nm、645 nm、630 nm 处的光密度值。选择比色池的光程长度或稀释度，使其 OD_{663} 值在 0.2~1.0。以 90% 内酮溶液作空白。

　　6. 计算　　将样品提取液在 663 nm、645 nm、630 nm 波长下测定的光密度值分别减去 750 nm 下的光密度值，为非选择性本底物光吸收校正值。提取液叶绿素 a 的浓度：

$$C_{a,\text{提取液}} = 11.64 \times (OD_{663} - OD_{750}) - 2.16 \times (OD_{645} - OD_{750}) + 0.1 \times (OD_{630} - OD_{750})$$

　　水样中叶绿素 a 的浓度：$C_{a,\text{水样}} = \dfrac{C_{a,\text{提取液}} \times V_{\text{丙酮}}}{V_{\text{水样}}}$

式中，$C_{a,\text{提取液}}$ 为样品提取液中叶绿素 a 浓度（μg/L）；$V_{\text{丙酮}}$ 为提取液的定容体积（ml）；$V_{\text{水样}}$ 为过滤水样的体积（L）；$C_{a,\text{水样}}$ 为水样中叶绿素 a 浓度（μg/L）。

【实验报告】

　　1. 实验结果　　在表 3-31.2 中记录提取液在 663 nm、645 nm、630 nm 及 750 nm 的光密度值，并根据上式计算水样中叶绿素 a 的浓度，判断水体的富营养化水平和污染程度。

表 3-31.2　藻类中叶绿素 a 的测定结果记录表

水样	$V_{水样}$/L	$V_{丙酮}$/ml	OD_{750}	OD_{663}	OD_{645}	OD_{630}	叶绿素 a 浓度/(μg/L)

2. 思考题

1）如何保证叶绿素 a 测定的准确性？主要应注意哪些问题？

2）藻类细胞破碎的方法除了研磨法外，还有哪些方法可以采用？

【注意事项】

1. 使用的玻璃器皿和比色皿不要用酸浸泡或洗涤，以免酸化引起叶绿素 a 分解。

2. 叶绿素提取液对光敏感，研磨要迅速，提取操作要尽量在避光或弱光条件下进行。

3. 750 nm 处的光密度值是用来校正 90% 的丙酮溶液浑浊度的。公式中各波长的光密度值减去 750 nm 的光密度值，作为已校正过的光密度值。750 nm 的光密度值大于 0.005 时，应将溶液再次离心，重新测定光密度值。

4. 减压过滤中，叶绿素 a 分子的酸化会造成叶绿素 a 降解。加入 $MgCO_3$ 的作用是防止酸化引起叶绿素 a 分解，并能增进藻类细胞滞留在滤膜上。

（翟硕莉）

实验 3-32　利用微生物吸附法去除水体中重金属

【目的要求】

掌握微生物吸附法去除废水中重金属的意义、应用、机理和方法。

【基本原理】

重金属污染主要是指生物毒性显著的铬、镉、铅、铜、汞、砷等重金属及其化合物造成的环境污染，当这类物质通过食物链或皮肤、呼吸道等途径进入人体后会使蛋白质失活，严重危害健康。重金属污染的治理已成为环境保护的一个十分重要的方面。

重金属污染治理有化学法、物理法和生物法。生物法中微生物最重要，细菌、真菌、藻类等都对金属离子有很强的吸附能力。微生物具种类多、选择吸附能力强、处理效率高、投资少、操作易、运行费用低、无二次污染、可回收贵金属等优点，发展前景广阔。

微生物种类多，结构复杂，同一微生物与不同重金属之间亲和力不同，吸附机理较复杂。主要有：①细胞表面吸附。通常环境条件下微生物细胞带负电荷，金属离子与细胞表面带负电荷的阴离子相互结合；细菌的黏液和荚膜也可直接吸附金属离子。②代谢产物固定。微生物代谢可产生很多代谢产物，如有机物、H_2S 等，H_2S 可与金属离子生成硫化物沉淀。有些微生物可分泌聚多糖、脂多糖、糖蛋白、可溶性氨基酸等，能够络合或沉淀重金属。③代谢活动转化。有些细菌在厌氧条件下可将 Cr^{6+} 还原为无毒的 Cr^{3+}，Cr^{3+} 在碱性条件下生成 $Cr(OH)_3$ 沉淀被除去；铁细菌在酸性条件下可将

Fe^{2+} 氧化为 Fe^{3+}，形成沉淀被除去。④细胞吸收。有些微生物利用某种酶能将重金属离子吸收到细胞内。

微生物菌体对金属离子的吸附受多种因素的影响，主要有菌体的培养时间、处理方法及吸附的温度、pH、时间等，如菌体的培养时间和处理方法都会改变其表面电荷的性质与密度，从而影响其表面对重金属的吸附。细胞中的蛋白质对吸附有重要作用。

吸附于生物吸附剂上的金属离子可用适当的方法（如降低溶液 pH 或加入更强的配位体等）解吸附，从而回收金属。

【实验器材】

酿酒酵母；PDA 培养基；重铬酸钾，0.1 mol/L HCl 溶液，1∶1 H_2SO_4 溶液（将 H_2SO_4 与同体积蒸馏水混合），1∶1 H_3PO_4 溶液（将 H_3PO_4 与同体积蒸馏水混合），二苯碳酰二肼，丙酮；分光光度计，精密 pH 计，高压蒸汽灭菌锅，电子天平，冷冻离心机，摇床，培养箱，容量瓶（50 ml、500 ml、1000 ml），量筒，棕色瓶，锥形瓶，移液管，离心管等。

【操作步骤】

1. 菌体培养　　将酿酒酵母接种到 PDA 培养中，28℃摇床培养 24 h 至对数期，转速为 180 r/min。5000 r/min 离心 10 min，收集菌体。

2. 菌体预处理　　用无菌蒸馏水洗涤菌体 3 次，5000 r/min 离心 10 min。将菌体按 1∶100〔菌体鲜种（g）∶处理液体积（ml）〕浸在 0.1 mol/L HCl 溶液中，28℃摇床振荡 6 h，离心并用无菌蒸馏水洗涤 3 次，收集菌体。以未经预处理的湿菌体作对照。

3. 六价铬标准曲线的绘制

（1）铬标准溶液　　称取于 110℃干燥 2 h 的重铬酸钾（0.282 9±0.000 1）g，用蒸馏水溶解后，移入 1000 ml 容量瓶中，定容，六价铬浓度为 0.1 mg/ml。再吸取此溶液 5.0 ml 至 500 ml 容量瓶中，定容，六价铬浓度为 1 μg/ml。

（2）显色剂的配制　　称取二苯碳酰二肼 0.2 g，溶于 50 ml 丙酮中，加水稀释至 100 ml，摇匀，贮存于棕色瓶，置于 4℃冰箱中。

（3）绘制标准曲线　　向 50 ml 容量瓶中分别加 0.00 ml、0.20 ml、0.50 ml、1.00 ml、2.00 ml、4.00 ml、6.00 ml、8.00 ml、10.00 ml 铬标准溶液，加适量蒸馏水稀释，加 0.5 ml 1∶1 H_2SO_4 溶液和 0.5 ml 1∶1 H_3PO_4 溶液，摇匀，加 2 ml 显色剂，加水至刻度，摇匀，10 min 后，540 nm 处测光密度值，绘制六价铬标准曲线。空白则以不加铬标准液，仅用 50 ml 水代替，其他步骤完全相同。

4. 吸附实验　　称 4.0 g（湿重）菌体加入铬浓度为 50 mg/L 的 0.1 L 重铬酸钾溶液中，调节溶液 pH 至 5.0，室温振荡 1 h，离心取上清液，按照步骤 3 的（3）处理，540 nm 波长下测上清液的光密度值，代入标准曲线对应的回归方程，计算残留的六价铬浓度。

5. 解吸实验　　将吸附了重金属的酿酒酵母投入 0.1 mol/L HCl 溶液中，28℃条件下解吸（振荡）1 h，离心，再用蒸馏水洗涤解吸后的菌体 3 次，离心备用。

6. 菌体回用实验　　重复步骤 4 和 5，进行菌体回用实验。

【实验报告】

1. 实验结果　　将实验结果记录在表 3-32.1 中，并对实验结果进行分析。

表 3-32.1 酵母菌吸附六价铬结果记录表

菌体	吸附前六价铬浓度 /（mg/ml）	吸附后六价铬浓度 /（mg/ml）
未经预处理的菌体		
0.1 mol/L HCl 溶液处理后的菌体		
第一次回用菌体		

2. 思考题

1）比较 0.1 mol/L HCl 溶液预处理后的菌体和未经预处理的菌体吸附六价铬能力的差异，并分析原因。

2）除预处理外，还有哪些因素会影响吸附效果？其机理是什么？

【注意事项】

1. 二苯碳酰二肼作为显色剂，颜色变深后，不能使用。

2. 吸附实验的处理步骤、实验条件必须与绘制标准曲线的完全相同。

（翟硕莉）

实验 3-33 水中五日生化需氧量的测定

【目的要求】

掌握污水五日生化需氧量（BOD_5）测定的基本原理、操作步骤及其计算方法。

【基本原理】

生活污水和工业废水中都含有各种有机污染物，进入天然水域后需存在于其中的微生物（或人工接种的分解菌）经生长繁殖与代谢转化后将其缓慢分解。微生物在生长中要消耗水中大量的溶解氧，导致鱼类等生物因缺氧而死亡，使水质恶化。因此，测定水体中生化需氧量就能间接地判定水体受有机质污染的程度与水体的质量。

测定较清洁的水中溶解氧可用碘量法或膜电极法等，对污染严重的水则无能为力。BOD_5 是指水中的好氧菌在特定培养条件下，5 d 内所消耗的该系统中溶解氧的量。通常用 1 L 待测水样在 20℃封闭条件下培养 5 d，微生物在分解水中有机物时所消耗的溶解氧量。分别测定水样在培养前后的溶解氧，两者之差即为 BOD_5 值，以氧耗（mg/L）表示。一般清洁河水的 BOD_5 值≤2 mg/L，大于 10 mg/L 时就会散发恶臭味，高浓度有机工业废水的 BOD_5 值可达数千、数百万毫克每升，城市污水 200 mg/L 左右。生产用水要求 BOD_5 值＜5 mg/L，饮用水应小于 1 mg/L。

大多数污水样品因含较多的有机物，测定前要用含饱和溶解氧的水（"稀释水"）稀释，以降低其有机物的浓度并保证有充足的溶解氧，以利于微生物生长繁殖分解有机物。稀释程度应使微生物在培养中所消耗的溶氧量大于 2 mg/L，剩余溶解氧在 1 mg/L 以上。

为保证微生物正常代谢的需要，稀释水中除含饱和溶解氧外，还应加入一定量的无机营养盐和缓冲溶液。含菌量偏少或一般微生物难降解或有毒的工业废水应接种能分解针对性有机物的微生物。如果水样显碱性或酸性，可用 $NaHCO_3$ 中和。测定以氯消毒的污水要用硫代硫酸钠（约 0.05 mol/L）脱除其中的余氯，再调节 pH，并用稀释水稀释后接种培养。冬季常因水体中有藻类等生长，水样中会含过饱和的溶解氧，应在 20℃室温下剧烈振荡去除过饱和溶解氧，再用 20℃饱和"稀释水"稀释，接种，然后进行培养测定。

【实验器材】

$MnSO_4$ 溶液，碱性 KI 溶液，浓 H_2SO_4，1% 淀粉指示液，稀 H_2SO_4，硫代硫酸钠溶液，$CaCl_2$ 溶液［称取 27.5 g 化学纯（以下同）无水 $CaCl_2$ 溶于蒸馏水中，稀释到 1000 ml］，$FeCl_3$ 溶液（称取 0.25 g $FeCl_3$ 溶于蒸馏水中，稀释到 1000 ml），$MgSO_4$ 溶液（称取 22.5 g $MgSO_4$ 溶于蒸馏水中，稀释到 1000 ml），磷酸盐缓冲溶液（称取 8.5 g KH_2PO_4、21.75 g K_2HPO_4、33.4 g Na_2HPO_4 和 1.7 g NH_4Cl，溶于 500 ml 蒸馏水中，稀释到 1000 ml，此缓冲溶液的 pH 为 7.2）；培养箱，大玻璃瓶（3000 ml），量筒（1000 ml），培养瓶（250 ml），胖肚移液管（100 ml、40 ml、25 ml、10 ml、5 ml），刻度移液管（10 ml、5 ml、2 ml）等。

【操作步骤】

1. 稀释水的配制　　使蒸馏水的溶解氧成为 20℃时的饱和溶解氧，在这含饱和溶解氧蒸馏水中，每 1000 ml 加入上述 4 种溶液（$CaCl_2$ 溶液、$FeCl_3$ 溶液、$MgSO_4$ 溶液、磷酸盐溶液）各 1 ml，混匀。稀释水的 pH 为 7.2，其 BOD_5 值应小于 0.2 mg/L。

2. 水样的预处理　　pH 超出 7.5 或小于 6.5 的水样可用 HCl 或 NaOH 溶液调至 pH 7 左右，但用量不能超过水样体积的 0.5%；含有少量游离氯的水样放置 2 h 后游离氯即消失；从水温较低或富营养化湖泊采集的水样可能含有过饱和溶解氧，应将水样迅速升温至 20℃，充分振荡并不断开塞赶出过饱和溶解氧；含有毒物水样可提高稀释倍数或接种经驯化的微生物。

3. 测定化学需氧量（COD）值　　测定污水的 COD_{Mn} 值或 COD_{Cr} 值。

4. BOD_5 培养液配制　　根据测得的 COD 值分别乘以系数 0.075、0.15、0.225 获得 3 个稀释倍数。先用虹吸管将 1/3 的稀释水沿壁引入 1000 ml 量筒中，再用移液管吸取所需水样加入量筒中，最后用稀释水稀释到所需体积，小心混匀。有机质少的地面水不稀释。

5. 虹吸法分装　　将配好的水样用虹吸法引入两个培养瓶中，至完全充满，盖好盖子，水封。此为第一种稀释倍数的培养液（整个操作过程应避免产生气泡）。

6. 其他稀释度　　其余几种稀释倍数的培养液也可按上述操作方法稀释与分装。

7. 空白对照培养　　用培养瓶分装两瓶稀释水作空白对照培养。

8. 培养前测定　　检查瓶子的编号，每档稀释倍数中取 1 瓶及 1 瓶空白液，分别测定（碘量法等）其当天的溶解氧，即未培养前各培养瓶内的溶氧值。

9. BOD_5 培养　　将各培养瓶用水密封，然后送入 20℃培养箱中静止培养 5 d。

10. 5 d 培养后测定　　从开始培养算起，5 个整昼夜后取出测定各培养瓶内溶解氧。

【实验报告】

1. 实验结果　　计算 BOD_5 值的方法有几种，现以水质法的计算为例简介如下。

$$BOD_5(O_2，mg/L) = \frac{[(D_1-D_2)-(B_1-B_2)]f_1}{f_2}$$

式中，D_1 为水样培养液在培养前的溶解氧含量（mg/L）；D_2 为水样培养液在培养后的溶解氧含量（mg/L）；B_1 为稀释水在培养前的溶解氧含量（mg/L）；B_2 为稀释水在培养后的溶解氧含量（mg/L）；f_1 为稀释水在水样培养液中所占的比例；f_2 为水样在水样培养液中所占的比例。

2．思考题

1）微生物在 BOD_5 值测定中的主要作用是什么？

2）在 BOD_5 值测定中应注意哪些方面？为什么？

3）适宜于 BOD_5 测定的样品培养液中的含氧量应控制在什么范围？如何对测试样品进行预测与稀释？

【注意事项】

1．严格控制培养的温度和时间。及时测定溶解氧，规定要在取水样后立即测定溶解氧，取样与测定的时间间隔不要太长，不超过 4 h。取几个稀释度 BOD_5 的平均值作结果。

2．培养瓶中要充满水样，不能留有空气气泡，残留空气泡中的氧也会影响分析结果，常使测定值偏高。

（蔡信之）

实验 3-34　微生物传感器法测定 BOD 值

【目的要求】

掌握微生物传感器测定生化需氧量（BOD）值的工作原理、操作流程与使用方法。

【基本原理】

微生物传感器测定仪（BOD 仪）的结构包括微生物传感器、放大器和记录仪三部分。主体构件传感器是由固定化微生物活细胞（对广泛底物具有外源呼吸的假单胞杆菌 A4 菌株）的功能膜和氧电极组成。其工作原理是：当待测水样中存在可生物氧化的有机物时，原处于内源状态的微生物即进行外源呼吸，耗氧使生物膜周围的养分压下降，改变氧电极输出电流的强度。电流强度随 BOD 浓度的增加而降低，在一定范围内呈线性关系，因此通过传感器输出的电流值可以测定待检样品的 BOD 浓度。因其操作简便，重现性好（与 BOD_5 结果相关性好），灵敏快速，对废水监测和处理有指导作用，应用广泛。

【实验器材】

微生物传感器 MS-1 BOD 测定仪；10 μl、50 μl、100 μl、500 μl 微量进样器各一支。

BOD 标准溶液：配制 10 倍浓度葡萄糖（GGA）溶液，每 100 ml 标准溶液内含 150 mg 葡萄糖和 150 mg 谷氨酸，其 $BOD_5 =（2000 \pm 37）$ mg/L，可在 4℃存放一周。

磷酸盐缓冲液：0.1 mol/L 磷酸盐缓冲液，每 1000 ml 缓冲液内含 $Na_2HPO_4 \cdot 12H_2O$ 35.82 g 和 $NaH_2PO_4 \cdot 2H_2O$ 16.605 g，pH 7.2。将其贮存和分装于液体定量分装瓶。

【操作步骤】

1．仪器调整

（1）通电预热　按仪器使用说明操作。接通电源后，预热 20 min 保持恒速搅拌，水浴温度控制在（29±0.5）℃。

（2）校正零点　　将测氧仪校正到机械零点。

（3）微调满度　　转动测氧仪灵敏度旋钮，并结合调节灵敏度微调，使传感器输入信号达到满度（即仪器指针指到 200 mmHg 或 21% 处）。

（4）稳定进样　　观察 2 min，待指针无漂移或记录仪绘制的基线呈平直时，即可用微量进样器加样进行测定。

2. 标准曲线的绘制

（1）加标准溶液　　用微量进样器向盛有 5 ml 磷酸盐缓冲溶液的测量杯中分别加入 2.5 μl、25 μl、50 μl 和 75 μl GGA 标准溶液，其 BOD 终浓度分别为 1 mg/L、10 mg/L、20 mg/L 和 30 mg/L。

（2）记录读数　　记下从加样至指针重新稳定所下降的读数（mmHg）和经过的时间（min），稳定的判断以指针在 2 min 内不再摆动或记录仪绘出的线重新平直为准。

（3）绘制标准曲线　　在坐标纸上绘制标准曲线，纵坐标为读数下降值，横坐标为 BOD_M（即用微生物传感器测得 GGA 溶液的 BOD 值）。

3. 废水样品的测定

（1）样品预保温　　将样品盛于小玻璃杯内 28℃ 预保温 5 min。

（2）进样或稀释进样　　用微量进样器取 100 μl 废水样品加入盛有 5 ml 磷酸盐缓冲液的测量杯。若废水浓度过高（BOD>200 mg/L），需先适当稀释后测定；若废水浓度太低（BOD<10 mg/L），可增大加样量，但不宜超过 500 μl（即不超过测量液总体积的 10%）。

（3）测量与记录　　仪器指针重新稳定后记下读数。从标准曲线中查出相应 BOD_C 值。

【实验报告】

1. 实验结果　　绘制标准曲线图，写出测定数据。按下式计算样品的 BOD_M 值。

$$BOD_M＝BOD_C/ 加样体积（缓冲液体积＋样品体积）$$

2. 思考题

1）微生物传感器（BOD 仪）测定污水有机物含量的原理是什么？

2）要维持微生物传感器的正常生理状态需如何护理？为什么？

3）微生物传感器测定中要注意些什么？

【注意事项】

1. 微生物传感器属于生物制品，使用时应严格控制实验条件，不宜在高温、高盐、强酸、强碱等极端环境条件下使用。

2. 在无正式测定期间，每日也需用含有机质的水溶液使生物膜"活化"一次（常为 10 min），使工作菌株生物膜能保持正常的生理活性状态。

3. 与其他电极一样，微生物传感器在临用前需经过标定。标定可用 GGA 溶液（BOD＝100 mg/L）进行，废水测定数据应按当天标定值计算。

（蔡信之）

实验 3-35　用埃姆斯试验检测诱变剂和致癌剂

【目的要求】

掌握埃姆斯（Ames）试验检测诱变剂和致癌剂的基本原理和常用方法。

【基本原理】

癌症是威胁人类生命最严重的疾病之一。各种化学物质不断产生，广泛使用，而许多化学物质都有致癌作用。迅速、准确地检测致癌物质是食品安全的重要方面。Ames 等发现 90% 以上的诱变剂是致癌物质，他们创立了一种快速测定法，利用鼠伤寒沙门氏菌（*Salmonella typhimurium*）组氨酸缺陷型（his^-）菌株的回复突变来检测物质的诱变性及致癌性。这些菌株在不含组氨酸的基本培养基不能生长，但遇到诱变剂可发生回复突变，his^- 变为 his^+，在基本培养基也能生长，形成肉眼可见的菌落。可以在短时间内，根据回复突变发生的频率判断该物质是否具有诱变性或致癌性，并能区别突变的类型（置换或移码突变）。

这组检测菌株含有下列突变：①组氨酸基因缺失（his^-）并延伸到生物素基因，根据选择性培养基上出现 his^+ 的回复突变率可测出诱变剂或致癌物的诱变效率；②脂多糖屏障丢失（rfa），该菌株的细胞壁基因有缺陷，使待测物容易进入细胞内；③紫外线切除修复系统缺失（$\Delta UVrB$），同时其附近的硝基还原酶和生物素基因缺失（bio^-），使致癌物引起的遗传损伤的修复降低到最小的程度；④抗药性标记 R，表示某些菌株具有抗氨苄青霉素（ampicillin）的质粒，从而提高了检出的灵敏性。

常用的几株鼠伤寒沙门氏菌组氨酸缺陷型命名为 TA1535、TA1537、TA1538、TA98、TA100、TA97 及 TA102 等。这是一系列特异的营养缺陷型沙门氏菌株。菌株 TA1535 含有一个碱基置换突变，能检测引起置换突变的诱变剂。TA1537、TA1538 在重复的 GC 碱基对序列中有一个移码突变，能检测引起移码突变的诱变剂。TA100 和 TA98 是上述菌株分别加上一个抗药性转移因子 pKM101 质粒后的菌株（质粒易丢失，应尽量减少传代）。TA102 是一新的菌株。一种阳性待检物对一菌株可表现出致突变性，而对另一菌株可表现出阴性结果。因此，检测待检物时宜采用多个菌株同时试验，以便取得可靠的结果。

有的致癌物的诱变性是被哺乳动物肝细胞中的羟化酶系统活化的，细菌没有这种酶系统，加入鼠肝匀浆的微粒体酶系统能增加检测的灵敏度。

大量资料表明埃姆斯试验阳性和致癌性之间有十分明显的相关性，其阳性结果与致癌物吻合率高达 83%。一旦测出某种物质能引起突变，就将该物质用于动物试验，以确证其致癌性。

埃姆斯试验的优点：方法灵敏，检出率高，经试验 90% 的化学致癌物都可获得阳性结果；比较简便、易行，不需特殊器材，容易推广；缺点：微生物的 DNA 修复系统比哺乳动物简单，基因不如哺乳动物多，不能完全代表哺乳动物的实际情况。目前在致突变试验中占重要位置，为首选的试验方法。该试验也称为鼠伤寒沙门氏菌 / 哺乳动物微粒体试验。

【实验器材】

1. 菌种　　鼠伤寒沙门氏菌常用的几个测试菌株的遗传特性如表 3-35.1 所示。

表 3-35.1　测试菌株的遗传特性

菌株	组氨酸缺陷	脂多糖屏障丢失	UV 修复缺失	生物素缺陷	抗药因子	检测的突变型
TA1535	his^-	rfa	Δ UVrB	bio^-	—	置换
TA100	his^-	rfa	Δ UVrB	bio^-	R	置换
TA1537	his^-	rfa	Δ UVrB	bio^-	—	移码
TA98	his^-	rfa	Δ UVrB	bio^-	R	移码
S-CK 野生型	his^+	不缺失	不缺失	bio^+	—	—

2. 培养基

（1）底层培养基　　葡萄糖 20 g，柠檬酸 2 g，$K_2HPO_4 \cdot 3H_2O$ 3.5 g，$MgSO_4 \cdot 7H_2O$ 0.2 g，琼脂（优质）12 g，蒸馏水 1000 ml，pH 7.0，分装，0.05 MPa 灭菌 20 min。用量 1000 ml。

（2）组氨酸-生物素混合液　　称 31 mg L-盐酸组氨酸和 49 mg 生物素溶于 40 ml 蒸馏水。

（3）上层培养基　　0.5 g NaCl，0.6 g 优质琼脂，加 90 ml 蒸馏水，加热溶化后定容，然后加入 10 ml 组氨酸-生物素混合液，摇匀后分装于小试管 80 支，每支 3 ml，0.05 MPa 灭菌 15 min。用量 250 ml。

（4）NaCl 琼脂　　0.5 g NaCl，0.6 g 优质琼脂，加 90 ml 蒸馏水，加热溶化后定容。分装小试管 25 支，每支 3 ml，0.05 MPa 灭菌 15 min。用量 100 ml。

（5）牛肉膏蛋白胨培养基　　配方见附录二。用量 500 ml。

（6）牛肉膏蛋白胨培养液　　在牛肉膏蛋白胨培养基未加琼脂前，分装 10 支试管，每支 5 ml。

3. 鼠肝匀浆（S-9）上清液　　选成年雄性健壮大白鼠 3 只（体重约 300 g/只），称重，按每公斤体重腹腔注射诱导物五氯联苯油溶液 2.5 ml（五氯联苯用玉米油配制，浓度为 200 mg/ml）提高酶活力。注射后第 5 天杀鼠，杀前鼠禁食 24 h，取 3 只大白鼠的肝脏合并称重，用冷的 0.15 mol/L KCl 溶液洗涤 3 次，剪碎，每克肝脏（湿重）加 3 ml 0.15 mol/L KCl 溶液，制成匀浆，离心（9000 r/min 10 min），取上清液（S-9）分装于安瓿管，每管 2 ml，液氮速冻，−20℃冷藏。所用器皿、刀剪、溶液都需保持无菌，并在冰浴中操作。

4. 鼠肝匀浆（S-9）混合液　　制备方法如下。

（1）0.2 mol/L pH 7.4 磷酸盐缓冲液的配制　　称 $Na_2HPO_4 \cdot 12H_2O$ 7.16 g、KH_2PO_4 2.72 g，加水至 100 ml，灭菌后备用。

（2）盐溶液　　称 $MgCl_2$ 8.1 g，KCl 12.3 g，加水至 100 ml，灭菌后备用。

（3）NADP（辅酶 Ⅱ）和葡萄糖-6-磷酸（G-6-P）使用液　　每 100 ml 使用液含 NADP 297 mg，G-6-P 152 mg，0.2 mol/L pH 7.4 的磷酸盐缓冲液 50 ml，盐溶液 2 ml，加水至 100 ml。细菌过滤器过滤除菌，无菌试验后分装每小瓶 10 ml，−20℃贮存备用。

（4）S-9 混合液　　取 2 ml S-9 加入 10 ml NADP 和 G-6-P 使用液（将低温贮存的 S-9 和使用液室温下融化后现配现用），混合液置冰浴中，用后多余部分弃去。

5. 待测样品　　可选有致癌可能的化妆品如染发液或化工厂废水，将样品溶于无菌蒸馏水配成每 0.1 ml 待测液含百分之几微克至千分之几微克（最高不能超过该物的抑菌浓度）的 3 个不同浓度。若样品不溶于水则用二甲基亚砜（DMSO）溶解，仍不能溶则选 95% 乙醇溶液、丙酮、甲酰胺、乙腈、四氢呋喃等作溶剂配制。

6. 试剂　　50 μg/ml、250 μg/ml、500 μg/ml 亚硝基胍（NTG），用 0.05 ml 甲酰胺助溶后以 pH 6、0.1 mol/L 的磷酸盐缓冲液配制；8 mg/ml 氨苄青霉素溶液，用 0.02 mol/L NaOH 溶液配制；50 μg/ml、5 μg/ml 黄曲霉毒素 B_1 溶液；1 mg/ml 结晶紫；0.85% 生理盐水，0.15 mol/L KCl 溶液。

7. 器皿　　培养皿，移液管，试管，15 W 紫外灯，水浴锅，滤纸片（直径 6 mm 厚滤纸），镊子，黑纸，注射器，台秤，剪刀，烧杯，匀浆管，高速离心机，血清瓶等。

【操作步骤】

1. 检测菌株遗传性状鉴定　　检测菌株需先鉴定其主要遗传性状，符合要求的才能用。

（1）组氨酸和生物素营养缺陷型鉴定　　将检测菌株 TA1535、TA1537、TA100、TA98、S-CK 等于实验前一天分别挑一环到 5 ml 牛肉膏蛋白胨培养液中，37℃培养过夜，离心，洗涤 4 次。制成浓度为（1～2）× 10^9/ml 的菌悬液。倒 10 皿底层平板，取 10 支 NaCl 琼脂熔化后在 48℃水浴中保温，分别吸取各试验菌液 0.1 ml 到各试管中，搓匀后立即倾注到底层平板上，每个菌株两皿。用记号笔在各培养皿背面均匀地划 3 个区，在一区中心 A 点加微量组氨酸固体（1/2 芝麻粒大小），二区中心 B 点加组氨酸和生物素混合液一小滴，三区 C 点不加作对照，37℃培养两天观察结果。证明除对照菌株外其他都是组氨酸和生物素缺陷型。

（2）脂多糖屏障丢失（*rfa*）的鉴定　　*rfa* 突变体表面脂多糖屏障遭破坏，一些大分子可穿过细胞壁、细胞膜进入体内，抑制菌体生长，而野生型不受影响。倒牛肉膏蛋白胨培养基平板 10 皿，取 10 支 NaCl 琼脂试管按"组氨酸和生物素标记的鉴定"的方法制备带菌平板，每菌株两皿。在平板中心放一张直径 6 mm 无菌滤纸，加 10 μl 结晶紫溶液（1 mg/ml），37℃培养过夜，测量抑菌圈直径。若滤纸片周围出现抑菌圈，直径＞14 mm，说明 *rfa* 丢失。

（3）抗药性因子（R）鉴定　　倒牛肉膏蛋白胨培养基平板 4 皿，在其中心加 0.01 ml 氨苄青霉素溶液，用接种环轻轻涂成一条带，置 37℃待干。用记号笔标记，分别挑一环试验菌株，按与氨苄青霉素带垂直的方向划线，每皿间隔划 3 个菌株（含一对照），每个菌株划两皿，37℃培养过夜，观察结果。含 R 因子者在划线部分可生长。R 因子易丢失应经常鉴定。

（4）紫外线修复缺失（ΔUVrB）鉴定　　倒肉汤培养基平板 4 皿，每皿划 3 条不同试验菌的菌带，做两个重复。用无菌黑纸遮盖培养皿的 1/2，置于 15 W 紫外灯下（距离 30 cm），照射 10 s，在暗室内红灯下操作，照好后用黑纸包好，37℃培养过夜，观察结果。紫外线修复缺失的菌株经照射后不能生长，有黑纸遮盖的部分可生长。

2. 待测样品致突变性检测　　有点滴法和掺入法，每次试验均应设对照以便比较结果。

（1）诱变作用的初检（点滴法）　　此法简单，不够精确，仅能做初步的定性试验。

1）NTG 的诱变作用。倒底层培养基平板 9 皿，熔化上层培养基 9 支放入 48℃水浴中保温。将在 37℃培养约 17 h 的 TA1535、TA100、TA98 3 个菌株的菌液稀释 20 倍后，各吸 0.2 ml 菌液加入上层培养基试管，混匀后迅速倾入底层平板上，每个菌株做 3 皿重复。凝固后分别加 50 μg/ml、250 μg/ml、500 μg/ml 的 NTG 各 0.02 ml 到直径 6 mm 无菌厚圆滤纸片上，每片分别是 1 μg、5 μg 和 10 μg，轻轻地、均匀地放在上层平板上，每皿 3 片，37℃培养两天后观察结果。凡在滤纸片周围长出一圈菌落者可认为该样品具有致突变性。菌落数大于 10 个为（＋），大于 100 个为（＋＋），大于 500 个为（＋＋＋）。若少于 10 个菌落，则该样品不具突变性，为（－）。菌落密集圈外的零散菌落是自发回复突变的结果。

　　2）黄曲霉毒素 B_1 的诱变作用。有些诱变剂和致癌剂要经肝匀浆酶系统活化后才能被测出，黄曲霉毒素就是这类物质之一。在测试的前一周事先制备好肝匀浆 S-9 和含有 G-6-P 与 NADP 的 pH 7.4 的盐溶液，分别低温保存，实验前将这两部分化冻后按所需量混合制成 S-9 混合液，本实验取 2 ml S-9 加入 10 ml pH 7.4 的盐溶液，置冰浴中备用。倒底层培养基平板 24 皿，熔化上层培养基 24 支，放入 48℃水浴中保温。将在 37℃培养约 17 h 的 TA1535、TA100、TA98 3 个菌株的菌液稀释 20 倍后，各吸 0.2 ml 菌液分别加到上层培养基试管，每个菌株 8 支，其中 4 支加 S-9 混合液各 0.2 ml，另 4 支不加，混匀后迅速倾入底层平板上（S-9 混合液加入后要立即倾入平皿，以免酶在 48℃中失活）。待凝固后在皿中心放一厚的圆滤纸片，取 2 皿已加 S-9 混合液和 2 皿不加者分别加 0.02 ml 黄曲霉毒素 B_1 溶液（每毫升含有 50 μg 黄曲霉毒素 B_1）。37℃培养 2 d 后观察结果（方法同上）。

　　（2）突变频率测定（掺入法）　　只有严格测定诱发回复突变频率后才能得到阳性或阴性的肯定结论。

　　1）NTG 诱发回复突变率。倒底层培养基平板 12 皿，熔化上层培养基 12 支，48℃水浴保温。分别吸取稀释 20 倍的菌液各 0.2 ml 和 NTG（50 μg/ml）0.1 ml 放入各管上层培养基中，混匀后立即倒到底层平板上，每个菌株 2 皿，每皿含 NTG 5 μg。另外分别吸取 0.2 ml 菌液加入各管上层培养基中，混匀后立即倒到底层平板上作对照，每个菌株 2 皿。37℃培养 2 d 后观察结果，计算自发回复突变率和诱发回复突变率。凡诱发回复突变率超过自发回复突变率两倍以上者属阳性，低于两倍者属阴性。为了计算突变率，必须同时测定各菌液的活菌数目。为此需将上述 3 个菌株的 20 倍稀释液再稀释至 10^{-6}，各取 0.1 ml 与肉汤培养基混均，各菌株 4 皿，37℃培养 2 d 后计数。

　　2）黄曲霉毒素 B_1 诱发回复突变频率。倒底层培养基平板 24 皿，熔化上层培养基 24 支，48℃水浴保温。分别吸取稀释 20 倍的菌液各 0.2 ml 到上层培养基试管，每个菌株 8 支，其中 4 支加 S-9 混合液各 0.2 ml，另 4 支不加。分别取 2 支加 S-9 混合液和 2 支不加者，各加 5 μg/ml 黄曲霉毒素 B_1 溶液 0.2 ml（即每皿含有 1 μg 黄曲霉毒素 B_1），混匀后立即倒到底层平板上。其余 4 支不加黄曲霉毒素 B_1 者也摇匀倾到底层平板上。待凝固后置 37℃培养 2 d 后计数回复突变菌落。同时做活菌计数。

　　观察结果时，无论是掺入法还是点滴法，一定要在琼脂表面长出的回复突变菌落的下面衬有一层菌苔时，方能确认为 his⁺ 回复突变菌落。这是由于下面的菌苔是 his⁻ 菌株利用了上层培养基内微量组氨酸和生物素生长的，经数次分裂后其中一部分 his⁻ 菌可自

发回复突变为 his^+，并继续繁殖形成 his^+ 的菌落。

3．对照设计及结果评估　　每次试验均需设自发回复突变、阳性及阴性 3 项对照。

（1）自发回复突变对照　　做法与掺入法基本相同，只是在上层琼脂试管内仅加 0.1 ml 菌液、0.5 ml S-9 混合液，不加待测样品液。37℃培养 2 d 观察在下层培养基上长出的菌落表示为该菌自发回复突变体。记录并计算每组平皿菌落平均数（R_c）。

$$突变率（MR）=\frac{每皿诱变菌落均数（R_t）}{每皿自发回复突变菌落均数（R_c）}$$

只有当突变率＞2 时才能认为样品属埃姆斯试验阳性。试验样品浓度达 500 μg/ 皿仍未出现阳性结果，便可报告该待测样品属埃姆斯试验阴性。

对于阳性结果的样品，其试验结果尚要经统计分析，若计算剂量与回变菌落之间有可重复的相关系数，经相关显著性检验，最后才能确认为阳性。

（2）阴性对照　　为说明样品确为埃姆斯试验阳性而与配制样品液所用溶剂无关，阴性对照物采用配制样品时的溶剂如水、二甲基亚砜、乙醇等。

（3）阳性对照　　在检测样品的同时，可选一种已知有突变性的化学药品代替样品做平行试验，将其结果与样品的结果比较，可以看出试验的敏感性和可靠性。本试验以亚硝基胍和黄曲霉毒素 B_1 为例说明试验的方法。亚硝基胍是常用的诱变剂，常引起碱基对的置换；黄曲霉毒素 B_1 的诱变性能需经肝细胞微粒体酶系的激活。这两种诱变剂毒性都很强，使用时应特别小心。试验步骤总结见图 3-35.1。

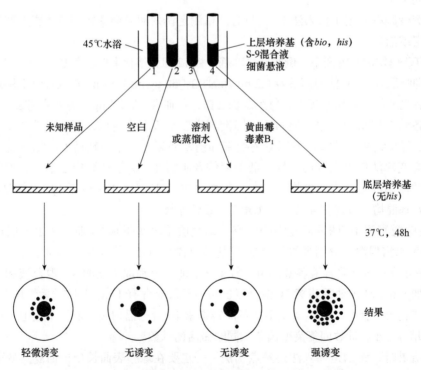

图 3-35.1　埃姆斯试验检测诱变剂和致癌剂过程示意图

1. 未知样品；2. 自发回复突变；3. 阴性对照；4. 阳性对照

【实验报告】

1. 实验结果　　做好检测记录，按记录计算检测结果并报告。

1）记下测试菌株的鉴定结果。组氨酸和生物素标记的鉴定；脂多糖屏障丢失的鉴定；抗药性的鉴定；紫外线切除修复缺失的鉴定。

2）将 NTG 和黄曲霉毒素 B_1 诱变作用初检结果分别记入表 3-35.2 和表 3-35.3 中。

表 3-35.2　NTG 诱发回复突变的初检结果

菌株	NTG 含量 /（μg / 皿）					
	1		5		10	
	①	②	①	②	①	②
TA1535						
TA100						
TA98						

表 3-35.3　黄曲霉毒素 B_1 诱发回复突变的初测结果

菌株	黄曲霉毒素 B_1（1 μg/ 皿）				对照			
	加 S-9		不加 S-9		加 S-9		不加 S-9	
	①	②	①	②	①	②	①	②
TA1535								
TA100								
TA98								

3）将 NTG 和黄曲霉毒素 B_1 诱发回复突变频率测定结果记在表 3-35.4 和表 3-35.5 中。

表 3-35.4　NTG 诱发回复突变频率

菌株	活菌计数			自发回复突变率 /%			诱发回复突变率 /%		
	①	②	平均	①	②	平均	①	②	平均
TA1535									
TA100									
TA98									

表 3-35.5　黄曲霉毒素 B_1 诱发回复突变频率

菌株	诱发回复突变率 /%（加黄曲霉毒素 B_1）						自发回复突变率 /%（不加黄曲霉毒素 B_1）					
	加 S-9			不加 S-9			加 S-9			不加 S-9		
	①	②	平均	①	②	平均	①	②	平均	①	②	平均
TA1535												
TA100												
TA98												

4）将样品检测结果填入表 3-35.6 中，按下式计算样品的突变率。

$$所测样品突变率 = \frac{样品每皿诱变菌落均数}{每皿自发回复突变菌落数} \times 100\%$$

表 3-35.6　样品的检测结果

试验内容		培养皿上长出的菌落数		
		1	2	平均
样品测定				
对照	自发回复突变			
	阳性物			
	阴性物			

2．思考题

1）埃姆斯试验的理论根据是什么？加 S-9 混合液有什么作用？

2）测试菌株的遗传性状与鉴定结果是否一致？试说明理由。

【注意事项】

1．鼠伤寒沙门氏菌是条件致病菌，所有用过的器皿应放入 5% 石炭酸中或煮沸灭菌，培养基也应经煮沸后倒弃。

2．肝匀浆的提取应重视无菌操作，并应做无菌测定。如无低温条件，提取过程应尽可能用冰浴保持低温。S-9 混合液要在使用时配制。

3．倒底层培养基时，待熔化好的培养基冷至 45～50℃时倒皿，尽可能减少平板表面的水膜，防止上层"滑坡"，预先在 37℃过夜更好。倒上层培养基时动作要快，防止凝固。

4．NTG 和黄曲霉毒素 B_1 都是强烈致癌物，操作时要胆大心细，切勿用嘴吸取，用过的器皿要放入 0.5 mol/L 硫代硫酸钠溶液中解毒后方可清洗。

（陈　龙）

实验 3-36　空气中微生物的检测

【目的要求】

1．了解空气中微生物的分布，比较实验室和无菌室空气中微生物的数量和种类。

2．掌握空气中微生物的检测和计数的基本原理和常用方法。

【基本原理】

由于气流、灰尘和水的流动，以及人类和动物的活动、植物体表脱落等原因，空气中有相当数量的微生物存在。空气的含菌量对发酵生产、科学实验、人们生活影响很大。

根据空气采样方法，可将检测空气中微生物的方法分为沉降法、过滤法、撞击法。

沉降法是将平板在空气中暴露一定时间，培养后计数菌落，计算 1 m³ 被检空气中的菌数。按奥氏计算法，100 cm² 培养基表面 5 min 沉降的菌数相当于 10 L 空气中所含的菌数。该法操作简单，使用普遍。由于只有一定大小的颗粒在一定时间内才能降落到培养基上，所测结果比实际数少，也无法测定空气量，仅能粗略检测空气中微生物的种类与数量。

　　过滤法是使定量的空气通过某种液体吸收剂（图 3-36.1）吸收空气中的尘粒及其表面的微生物，然后取此吸收剂定量培养，计数菌落。也可用抽气泵以 10 L/min 的流量抽滤空气。还可自制"便携式空气采样器"：用一 500 ml 生理盐水瓶装定量的自来水，于胶塞上分别插入医用 16 号采血针头和 12 号穿刺针头（外端连接有调节水夹的直径 0.5 cm、长约 20 cm 的乳胶管）各一枚，作空气抽滤瓶。另用一 250 ml 生理盐水瓶装 50 ml 水，胶塞上分别插入 14 号采血针头和 12 号穿刺针头各一枚，包扎灭菌，作空气接收瓶。临用时将两瓶用

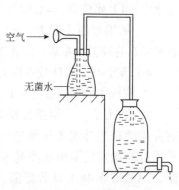

图 3-36.1　过滤法装置

一直径 0.5 cm、长约 40 cm 的乳胶管连接，倒置抽滤瓶，打开水夹，即可定量采集气样。

　　撞击法以缝隙采样器（图 3-36.2）等与真空泵连接使空气以一定流速穿过狭缝撞击在平板表面，缝隙长度为平皿半径，平板与缝的间隙为 2 mm，平板以一定转速旋转，使细菌均匀分布在平板上，转动一周后取出，37℃培养 48 h，计数菌落。根据菌落数、采样时间、空气流量计算单位空气含菌量。所用采样器对空气中细菌的捕获率要在 95% 以上。

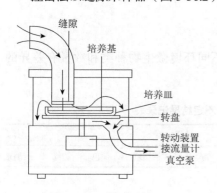

图 3-36.2　缝隙采样器

【实验器材】

　　牛肉膏蛋白胨培养基，马铃薯蔗糖培养基；无菌水，无菌平皿若干套，锥形瓶，玻璃瓶（4 L，下端有侧管），吸管，酒精灯，培养箱等。

【操作步骤】

　　1. 沉降法

　　（1）倒平板　　临用前将培养基熔化，冷却至 50℃左右，各倒 3 个平板备用。

　　（2）检测　　打开无菌平板的皿盖，在无菌室和无人走动的普通实验室分别暴露 5 min，盖上皿盖。每个处理均设 3 个重复。通常设 5 个采样点，墙角对角线交点为一个采样点，该点与墙角连线的中点为另 4 个采样点。采样高度为 1.2～1.5 m，离墙壁 1 m 以上，避开空调、门窗等空气流通处。最好在采样时关闭空调、门窗等，尽量避免空气流动，以免影响结果。

　　（3）培养　　将细菌和真菌培养基平板分别在 37℃和 28℃倒置培养 1～2 d 后连续观察，注意不同菌落出现的顺序及大小、形状、颜色、干湿等变化，计数菌落。

　　（4）计算　　根据奥氏公式计算 1 m³ 被检空气中的细菌或霉菌数。

$$空气中的细菌或霉菌数 /m^3 = N \times 100 \times 100 / \pi r^2$$

式中，N 为平板上菌落数；r 为平皿底半径（cm）。

2．过滤法

1）将仪器按图 3-36.1 安装，在下面的蒸馏水瓶装满 4 L 水，锥形瓶装 50 ml 无菌水。

2）打开蒸馏水瓶下口塞使瓶内水慢慢流出，环境中空气被吸入，经喇叭口进入锥形瓶水中，4 L 水流完，4 L 空气中的微生物就被过滤在 50 ml 无菌水中。

3）从锥形瓶中吸取 1 ml 无菌水于无菌培养皿内，重复 3 皿，倒入熔化并冷却至 45℃左右的琼脂培养基，旋转混匀，凝固后保温培养。

4）培养 48 h 后计数平板上菌落，按下式计算每升空气中的细菌数。

空气中的细菌数 /L＝1 ml 吸收剂（水）培养后菌落数（3 皿平均）× 50 /4

3．撞击法　　可据此法实验原理测定无菌空气管道中无菌空气的含菌量。检测前先用酒精棉球消毒压缩空气排气口，并使无菌空气排空 1 min，再将制备好的琼脂平板打开皿盖使平板培养基表面对准排气口 1 min，盖好皿盖，37℃培养 24 h 计数细菌，28℃培养 48 h 计数霉菌。每种培养基重复 3 皿。根据以下公式计算单位体积空气含菌量。

$$空气中的菌数（个 / m^3）＝ 1000×N/（V×t）$$

式中，V 为空气流量（L/ min）；t 为采样时间（min）；N 为平均菌落数。

【实验报告】

1．实验结果

1）将沉降法实验结果记在表 3-36.1 中，分析不同环境微生物种类和数量有差异的原因。

表 3-36.1　不同环境空气中微生物测定结果记录表

采样环境	培养基类型	菌落平均数	菌落类型	特征描写							
				大小	形状	干湿	隆起度	透明度	颜色	边缘	质地
无菌室	细菌培养基										
	真菌培养基										
普通实验室	细菌培养基										
	真菌培养基										

2）将过滤法实验结果记录在表 3-36.2 中，并报告 1 m³ 检测空气中的细菌总数。

表 3-36.2　过滤法实验测定结果记录表

菌落数				空气中的细菌数 /（个 /m³）
平板 1	平板 2	平板 3	平均	

3）将撞击法实验结果记在表 3-36.3 中，并报告 1 m³ 检测空气中的细菌和霉菌总数。

表 3-36.3　撞击法实验测定结果记录表

平板	细菌菌落数	细菌数 / (个 /m³)	平板	霉菌菌落数	霉菌数 / (个 /m³)
1			1		
2			2		
3			3		
平均			平均		

2. 思考题

1）用沉降法测定空气中微生物数量时，如果空气污浊或清洁，培养基平板打开暴露的时间是否应适当缩短或延长？为什么？

2）过滤法测定空气中微生物数量，水龙头的水为什么不宜流得过快？

3）比较沉降法和过滤法测定空气中微生物数量的结果，有何异同？为什么？

4）哪些因素会影响测定结果？试说明理由和应采取的措施。

【注意事项】

1. 用沉降法测定空气中微生物数量时，应尽量避免空气流动，以免影响测定结果。

2. 过滤法测定空气中微生物数量，水龙头的水不宜流得过快，以免影响过滤效果。

3. 过滤法和撞击法测定空气中微生物数量，必须仔细检查装置的气密性，防止漏气。

（黄君红）

主要参考文献

蔡信之. 1996. 微生物学 [M]. 上海：上海科学技术出版社.

蔡信之，黄君红. 2002. 微生物学 [M]. 2版. 北京：高等教育出版社.

蔡信之，黄君红. 2010. 微生物学实验 [M]. 3版. 北京：科学出版社.

陈珊，刘东波，李凡. 2011. 微生物学实验指导 [M]. 北京：高等教育出版社.

东秀珠，蔡妙英. 2001. 常见细菌系统鉴定手册 [M]. 北京：科学出版社.

杜连祥，路福平. 2005. 微生物学实验技术 [M]. 北京：中国轻工业出版社.

范秀容，李广武，沈萍. 1989. 微生物学实验 [M]. 2版. 北京：高等教育出版社.

胡开辉. 2004. 微生物学实验 [M]. 北京：中国林业出版社.

黄秀梨，辛明秀. 2008. 微生物学实验指导 [M]. 2版. 北京：高等教育出版社.

钱存柔，黄仪秀. 2008. 微生物学实验教程 [M]. 2版. 北京：北京大学出版社.

沈萍，陈向东. 2007. 微生物学实验 [M]. 4版. 北京：高等教育出版社.

沈萍，范秀容，李广武. 1999. 微生物学实验 [M]. 3版. 北京：高等教育出版社.

宋大新，范长胜. 1993. 微生物学实验技术教程 [M]. 上海：复旦大学出版社.

唐丽杰. 2005. 微生物学实验 [M]. 哈尔滨：哈尔滨工业大学出版社.

肖琳，杨柳燕. 2004. 环境微生物实验技术 [M]. 北京：中国环境科学出版社.

杨民和. 2012. 微生物学实验 [M]. 北京：科学出版社.

杨文博. 2004. 微生物学实验 [M]. 北京：化学工业出版社.

袁丽红. 2010. 微生物学实验 [M]. 北京：化学工业出版社.

赵斌，何绍江. 2013. 微生物学实验教程 [M]. 北京：高等教育出版社.

周德庆. 1986. 微生物学实验手册 [M]. 上海：上海科学技术出版社.

周德庆，徐德强. 2013. 微生物学实验教程 [M]. 3版. 北京：高等教育出版社.

Alexander SK. 2004. Laboratory Exercises in Organismal and Molecular Microbiology [M]. New York: McGraw-Hill Companies Inc.

Atlas RM. 1995. Laboratory Manual -Experimental Microbiology [M]. Missouri: Mosby-year Book, Inc.

Benson HJ. 1998. Microbiological Applications Laboratory Manual in General Microbiology [M] .7th ed. New York: The McGraw-Hill Companies Inc.

Madigan MT. 2006. Brock's Biology of Microorganisms [M] .11th ed. New Jersey: Prentice Hall.

Norrell SA. 2003. Microbiology Laboratory Manual [M] .2nd ed. New Jersey: Pearson Education, Inc.

附　录

附录一　染色液的配制

（一）吕氏（Loeffler）碱性亚甲蓝染色液

A 液：亚甲蓝（甲烯蓝、美蓝）　　0.3 g

　　　95% 乙醇溶液　　　　　　　30 ml

B 液：KOH　　　　　　　　　　0.01 g

　　　蒸馏水　　　　　　　　　100 ml

分别配制 A 液和 B 液，配好后混合即可。

（二）齐氏（Ziehl）石炭酸复红液

A 液：碱性复红（basic fuchsin）　0.3 g

　　　95% 乙醇溶液　　　　　　　10 ml

B 液：石炭酸　　　　　　　　　5.0 g

　　　蒸馏水　　　　　　　　　95 ml

将碱性复红在研钵中研磨后逐渐加入 95% 乙醇溶液，继续研磨使其溶解，配成 A 液。

将石炭酸溶解于蒸馏水中配成 B 液。

混合 A 液和 B 液即成。通常将此混合液稀释 5～10 倍使用，稀释液易变质失效，一次不宜多配。

（三）革兰氏（Gram）染色液

1. 草酸铵结晶紫液

A 液：结晶紫（crystal violet）　　2 g

　　　95% 乙醇溶液　　　　　　　20 ml

B 液：草酸铵（ammonium oxalate）0.8 g

　　　蒸馏水　　　　　　　　　80 ml

混合 A、B 二液，静置 48 h 后过滤使用。

2. 卢氏（Lugol）碘液

碘片　　　　　　　　　　　　1.0 g

KI　　　　　　　　　　　　　2.0 g

蒸馏水　　　　　　　　　　　300 ml

先将 KI 溶解在少量蒸馏水中，再将碘片溶解在碘化钾溶液中，待碘全溶后加足蒸馏水即成。

3. 95% 乙醇溶液

4. 0.5% 番红染色液

番红（safranine O）　　　　　2.5 g

95% 乙醇溶液　　　　　　　　100 ml

将配好的番红乙醇溶液作为母液保存于不透气的棕色瓶中，用时吸取 20 ml 与 80 ml 蒸馏水混匀即成。

（四）芽孢染色液

1. 孔雀绿液

孔雀绿（malachite green）　　5 g

蒸馏水　　　　　　　　　　　100 ml

2. 0.5% 番红染色液　　与革兰氏染色液中的番红染色液相同。

（五）荚膜染色液

1. 黑色素水溶液（或碳素绘图墨水）

黑色素（nigrosin）　　　　　5 g

蒸馏水　　　　　　　　　　　100 ml

福尔马林　　　　　　　　　　0.5 ml

将黑色素在蒸馏水中煮沸 5 min，然后加入福尔马林作防腐剂。

2. 番红染色液　　与革兰氏染色液中的番红染色液相同。

（六）鞭毛染色液（银染法）

A 液：单宁酸　　　　　　　　　5 g

　　　$FeCl_3$　　　　　　　　　1.5 g

　　　蒸馏水　　　　　　　　　100 ml

　　　甲醛溶液（15%）　　　　　2 ml

　　　NaOH 溶液（1%）　　　　　1.0 ml

4℃冰箱内保存可使用多周，保存期延长会产生沉淀，过滤后仍可使用，只是色泽稍淡点。

B 液：$AgNO_3$　　　　　　　　　2 g

　　　蒸馏水　　　　　　　　　100 ml

将 $AgNO_3$ 溶解，取出 10 ml 备用，向其余的 90 ml $AgNO_3$ 溶液滴加浓氨水，使之成为很浓的悬浮液，再继续滴加氨水，直到新形成的沉淀又刚刚溶解为止。再将备用的 10 ml $AgNO_3$ 溶液慢慢滴入，边滴边搅动，出现薄雾，但轻轻搅动后，薄雾状沉淀又消失，再滴加 $AgNO_3$ 溶液至搅动后仍呈现轻微而稳定的薄雾状沉淀为止。此染色剂在 4℃冰箱并避光、隔绝空气保存可用多周，如雾重则银盐沉淀析出，不宜使用。

（七）乳酸石炭酸棉蓝染色液

石炭酸	10 g
乳酸（比重 1.21）	10 ml
甘油	20 ml
蒸馏水	10 ml
棉蓝（cotton blue）	0.02 g

将石炭酸加在蒸馏水中加热溶解，然后加入乳酸和甘油，最后加入棉蓝，使其溶解即成。

（八）富尔根氏核染色液

1. 席夫（Schiff）试剂　将 1 g 碱性复红加入 200 ml 煮沸的蒸馏水中，振荡 5 min，冷却至 50℃左右过滤，再加入 1 mol/L HCl 溶液 20 ml，摇匀。等冷却至 25℃时，加偏重亚硫酸钠（$Na_2S_2O_5$）3 g，摇匀后装在棕色瓶中，用黑纸包好，放在暗处过夜，此时试剂应为淡黄色（如为粉红色，则不能用），再加中性活性炭过滤，滤液振荡 1 min 后，再过滤，将此滤液置于冷暗处备用（注意：过滤需在避光条件下进行）。

在整个操作过程中所用的一切器皿都需十分清洁、干燥，以消除还原性物质。

2. Schandium 固定液

A 液：饱和升汞水溶液 50 ml 加 95% 乙醇溶液 25 ml 混合即得。

取 A 液 9 ml 加冰醋酸 1 ml，混匀后加热至 60℃。

3. 亚硫酸水溶液　10% 偏重亚硫酸钠水溶液 5 ml、1 mol/L HCl 溶液 5 ml 加蒸馏水 100 ml 混合即得。

（九）亚甲蓝（Levowitz weber）染色液

在盛有 52 ml 95% 乙醇溶液和 44 ml 四氯乙烷的锥形瓶中，慢慢加入 0.6 g 氯化亚甲蓝，旋摇锥形瓶，使其溶解。在 5～10℃下放置 12～24 h，再加 4 ml 冰醋酸。用优质滤纸过滤。贮存于清洁的密闭容器中。

（十）液泡染色液

0.1% 中性红溶液（用自来水配制）。

（十一）伊红染色液

伊红	5.0 g
蒸馏水	100 ml

（十二）质型多角体染色液 I

天青Ⅱ曙红（Azur Ⅱ eosin）	3.0 g
天青Ⅱ（Azur Ⅱ）	0.8 g
甘油	250 ml
甲醇（无丙酮）	250 ml

（十三）质型多角体染色液 Ⅱ

萘酚蓝黑（氨基黑）	0.1 g
蒸馏水	20.0 ml
100% 甲醇	50 ml
冰醋酸	30.0 ml

（十四）吉姆萨染色液

吉姆萨	0.5 g
中性甘油	33.0 ml
甲醇	133.0 ml

将吉姆萨粉在研钵内研细，再逐滴加入中性甘油，继续研磨，最后加入全部甲醇，混合后于 60℃水浴中 1 h，冷却后过滤即为原液。染色时取吉姆萨原液 1 ml 加 19 ml pH 7.4 磷酸盐缓冲液混匀后使用。

（十五）甘油明胶封片剂

甘油	35 ml
明胶	5 g
蒸馏水	30 ml
石炭酸（每 100 ml甘油明胶中加）	1 g

先将明胶于水中浸透，加热至 35℃，溶化后加入甘油和石炭酸搅拌，用纱布过滤。

（十六）明胶石炭酸封片剂

冰醋酸	28 ml
明胶	10 g
石炭酸	28 g

先将石炭酸溶于冰醋酸中，加入明胶，不加热任其溶化，最后加入甘油 10 滴，搅匀即得，如太干则加冰醋酸稀释。

附录二　培养基的配制

（一）牛肉膏蛋白胨培养基（培养一般细菌用）

牛肉膏	3 g	NaCl	5 g
蛋白胨	10 g	琼脂	15～20 g
		自来水	1000 ml
		pH	7.2～7.4

121℃灭菌 20 min。

（二）淀粉琼脂培养基（高氏 1 号培养基，培养放线菌用）

可溶性淀粉	20 g
KNO$_3$	1 g
NaCl	0.5 g
K$_2$HPO$_4$·3H$_2$O	0.5 g
MgSO$_4$·7H$_2$O	0.5 g
FeSO$_4$·7H$_2$O	0.01 g
琼脂	15～20 g
自来水	1000 ml
pH	7.2～7.4

配制时，先用少量冷水将淀粉调成糊状，倒入沸水中，用火加热，边搅拌边加入其他成分，溶化后补足水至 1000 ml，调 pH。121℃灭菌 20 min。

（三）查氏（Czapek）培养基（培养霉菌用）

NaNO$_3$	2.0 g
K$_2$HPO$_4$·3H$_2$O	1 g
KCl	0.5 g
MgSO$_4$·7H$_2$O	0.5 g
FeSO$_4$·7H$_2$O	0.01 g
蔗糖	30 g
琼脂	15～20 g
自来水	1000 ml
pH	自然

121℃灭菌 20 min。

（四）马丁（Martin）琼脂培养基（分离真菌用）

葡萄糖	10 g
蛋白胨	5 g
KH$_2$PO$_4$·3H$_2$O	1 g
MgSO$_4$·7H$_2$O	0.5 g
1/3000 孟加拉红（rose bengal，玫瑰红水溶液）	100 ml
琼脂	15～20 g
2% 去氧胆酸钠（单独灭菌）	20 ml
pH	自然
蒸馏水	800 ml

112.6℃灭菌 30 min。

临用前加入 2% 去氧胆酸钠溶液和 0.03%

链霉素稀释液 100 ml，使每毫升培养基中含链霉素 30 μg。

（五）马铃薯葡萄糖培养基（简称 PDA 培养基，培养真菌用）

马铃薯（去皮）	200 g
蔗糖（或葡萄糖）	20 g
琼脂	15～20 g
自来水	1000 ml
pH	自然

将马铃薯洗净、切成小块煮沸 30 min，用双层纱布过滤，再加糖及琼脂，溶化后补足水至 1000 ml。121℃灭菌 20 min。

（六）豆芽汁蔗糖（或葡萄糖）培养基

黄豆芽	100 g
蔗糖（或葡萄糖）	50 g
自来水	1000 ml
pH	自然

称新鲜黄豆芽 100 g 放入烧杯中，加自来水 1000 ml，煮沸 30 min，用纱布过滤。补足水至 1000 ml，再加入蔗糖（或葡萄糖）50 g，煮沸溶化。121℃灭菌 20 min。

（七）麦芽汁琼脂培养基

1）取大麦或小麦若干，用水洗净，浸泡6～12 h，置于 15℃阴暗处发芽，覆盖纱布，每天早、中、晚各淋水一次，麦根伸长至麦粒的两倍时停止发芽，摊开晒干或 50℃以下烘干，贮存备用。

2）将干麦芽磨碎，一份麦芽加 4 份水，在 63℃水浴中糖化 6～8 h，糖化程度可用碘液滴定来测定，滴检至呈黄色到无色时表示糖化已完成。

3）将糖化液用 4～6 层纱布过滤，滤液如浑浊不清，可用鸡蛋白澄清：将一个鸡蛋白加水约 20 ml，调匀至生泡沫为止，然后倒在糖化液中搅拌煮沸后再过滤。

4）将滤液稀释到 5～6 °Bé，pH 约 6.4，加入 2% 琼脂即成。

分装后 121℃灭菌 20 min。

（八）无氮培养基（自生固氮菌、钾细菌）

甘露醇（或葡萄糖）	10 g
KH$_2$PO$_4$	0.2 g
MgSO$_4$·7H$_2$O	0.2 g
NaCl	0.2 g

$CaSO_4 \cdot 2H_2O$	0.1 g
$CaCO_3$	5 g
蒸馏水	1000 ml
琼脂	15～20 g
pH	7.2～7.4

113℃灭菌 30 min。

（九）半固体牛肉膏蛋白胨培养基

牛肉膏蛋白胨液体培养基	100 ml
琼脂	0.35～0.4 g
pH	7.6

121℃灭菌 20 min。

（十）半合成培养基

$(NH_4)_3PO_4$	1 g
KCl	0.2 g
$MgSO_4 \cdot 7H_2O$	0.2 g
豆芽汁	10 ml
琼脂	20 g
蒸馏水	1000 ml
pH	7.0

加 12 ml 0.04% 的溴甲酚紫（pH 5.2～6.8，颜色由黄变紫，作指示剂）。121℃灭菌 20 min。

（十一）油脂培养基

蛋白胨	10 g
牛肉膏	5 g
NaCl	5 g
菜油或花生油	10 g
1.6% 中性红水溶液	1 ml
琼脂	15～20 g
蒸馏水	1000 ml
pH	7.2

121℃灭菌 20 min。

注：不能使用变质油；油、琼脂、水先加热；pH 调好后再加入中性红；分装时需不断搅拌，使油脂均匀地分布于培养基中。

（十二）淀粉培养基

蛋白胨	10 g
NaCl	5 g
牛肉膏	5 g
可溶性淀粉	2 g
蒸馏水	1000 ml
琼脂	15～20 g

121℃灭菌 20 min。

（十三）蛋白胨水培养基

蛋白胨	10 g
NaCl	5 g
自来水	1000 ml
pH	7.6

121℃灭菌 20 min。

（十四）糖发酵培养基

蛋白胨水培养基	1000 ml
1.6% 溴甲酚紫乙醇溶液	1～2 ml
pH	7.4

另配 20% 糖溶液（葡萄糖、乳糖、蔗糖等）各 10 ml。

制法：①将含指示剂的蛋白胨水培养基（pH 7.4，10 ml）分别装于试管中，在每管内放一倒置的小玻管；②将已分装好的蛋白胨水和 20% 糖液分别灭菌，前者 121℃、20 min，后者 113℃、30 min；③灭菌后每管以无菌操作加 20% 无菌糖液 0.5 ml（10 ml 培养基加 20% 糖液 0.5 ml，成 1% 的浓度）。

配制用的试管必须洗干净，避免结果混乱。倒置的小玻管内必须充满培养液。

（十五）明胶培养基

牛肉膏蛋白胨液	100 ml
明胶	12～18 g
pH	7.2～7.4

在水浴锅中将上述成分溶化，不断搅拌。溶化后调 pH 7.2～7.4。112.6℃灭菌 30 min。

（十六）H_2S 试验用培养基

蛋白胨	20 g
NaCl	5 g
柠檬酸铁铵	0.5 g
$Na_2S_2O_3 \cdot 5H_2O$	0.5 g
琼脂	8～10 g
蒸馏水	1000 ml
pH	7.2

将蛋白胨、琼脂熔化，冷却至 60℃加入其他成分。分装试管。112.6℃灭菌 30 min，直立搁置，备用。

（十七）缓冲葡萄糖蛋白胨水培养基（BP）

| 蛋白胨 | 10 g |
| 葡萄糖 | 5 g |

NaCl	5 g
Na_2HPO_4	9 g
KH_2PO_4	2 g
蒸馏水	1000 ml

将上述各成分溶于 1000 ml 水中，调 pH 7.2，过滤。分装试管，每管 10 ml，112℃灭菌 30 min。

（十八）柠檬酸盐培养基

$NH_4H_2PO_4$	1 g
K_2HPO_4	1 g
NaCl	5 g
$MgSO_4$	0.2 g
柠檬酸钠	2 g
琼脂	15～20 g
蒸馏水	1000 ml
1% 溴麝香草酚蓝乙醇溶液	10 ml

将上述各成分加热溶解后，调 pH 至 6.8，然后加入指示剂，摇匀，用脱脂棉过滤。制成后为黄绿色，分装试管。121℃灭菌 20 min 后制成斜面。

（十九）乙酸铅培养基

牛肉膏蛋白胨琼脂	100 ml
硫代硫酸钠	0.25 g
10% 乙酸铅水溶液	1 ml

将牛肉膏蛋白胨琼脂培养基 100 ml 加热熔化，待冷却至 60℃时加入硫代硫酸钠 0.25 g，调 pH 至 7.2，分装于锥形瓶中，115℃灭菌 15 min，取出后冷却至 55～60℃，加入 10% 乙酸铅水溶液（无菌）1 ml，混匀后倒入灭菌试管或平皿中。

（二十）玉米粉蔗糖培养基

玉米粉	60 g
KH_2PO_4	3 g
维生素 B_1	100 mg
蔗糖	10 g
$MgSO_4 \cdot 7H_2O$	1.5 g
自来水	1000 ml

121℃灭菌 30 min，维生素 B_1 单独灭菌 15 min 后另加。

（二十一）酵母膏麦芽汁培养基

麦芽粉	3 g
酵母膏	0.1 g

水	1000 ml

121℃灭菌 20 min。

（二十二）玉米粉综合培养基

玉米粉	5 g
KH_2PO_4	0.3 g
酵母浸膏	0.3 g
葡萄糖	1 g
$MgSO_4 \cdot 7H_2O$	0.15 g
自来水	1000 ml

121℃灭菌 30 min。

（二十三）复红亚硫酸钠培养基（远藤氏培养基）

蛋白胨	10 g
乳糖	10 g
K_2HPO_4	3.5 g
琼脂	20 g
蒸馏水	1000 ml
无水 Na_2SO_3	5 g 左右
5% 碱性复红乙醇溶液	20 ml

先将琼脂加入 900 ml 蒸馏水中，加热溶解，再加入 K_2HPO_4 及蛋白胨，使之溶解，补足蒸馏水至 1000 ml，调 pH 至 7.2～7.4。加入乳糖混匀、溶解，115℃灭菌 20 min。称取 Na_2SO_3 置于一支无菌空试管中，加入无菌水少许使之溶解，再在沸水浴中煮 10 min，立即滴加于 20 ml 5% 碱性复红乙醇溶液中，直至深红色褪成淡粉红色为止。将此 Na_2SO_3 与碱性复红的混合溶液全部加至上述已灭菌并保持液态的培养基中，充分混匀，倒平板，放于冰箱中备用。贮存时间不宜超过两周。

（二十四）石蕊牛奶培养基

1. 脱脂牛奶的制备　将新鲜牛奶置沸水浴中加热 20 min，取出冷却，吸出下层牛奶，除去上层乳脂，重复 3 次至牛奶中乳脂全部脱去。

2. 2.5% 石蕊水溶液的配制

石蕊	2.5 g
蒸馏水	100 ml

将石蕊浸泡在蒸馏水中过夜（或更长的时间），石蕊变软易于溶解，溶解后过滤备用。

3. 石蕊牛奶的配制

2.5% 石蕊水溶液	4 ml
脱脂牛奶	100 ml

配制好的石蕊牛奶颜色为丁香花紫色，分装试管，每管 10 ml，108℃蒸汽灭菌 20 min。

（二十五）LB（Luria-Bertani）培养基

蛋白胨	10 g
酵母膏	5 g
NaCl	10 g
蒸馏水	1000 ml
pH	7.0

121℃灭菌 20 min。需要时也可在其中加入 0.1% 的葡萄糖。配制固体培养基时加入琼脂 15～20 g。

（二十六）完全培养基（TYG 培养基）

胰蛋白胨	10 g
酵母浸膏	5 g
K_2HPO_4	3 g
葡萄糖	1 g
琼脂	15～20 g
蒸馏水	1000 ml
pH	7.0

121℃灭菌 20 min。

（二十七）基本培养基（药品均用分析纯，琼脂需洗涤，器皿应洁净）

$(NH_4)_2SO_4$	1 g
K_2HPO_4	10.5 g
KH_2PO_4	4.5 g
柠檬酸钠	0.5 g
蒸馏水	1000 ml

121℃灭菌 20 min。需要时灭菌后加入：

20% 糖液	10 ml
1% 维生素 B_1 液	0.5 ml
20% $MgSO_4 \cdot 7H_2O$	1 ml
50 mg/ml 链霉素	4 ml
10 mg/ml 氨基酸	4 ml
pH	自然～7.0

（二十八）YEPD 培养基

蛋白胨	20 g
酵母粉	10 g
葡萄糖	20 g
琼脂	12 g
蒸馏水	1000 ml
pH	6.0

121℃灭菌 20 min。

（二十九）YNB 基本培养基（用于酵母原生质体融合）

酵母基础氮素（YNB）	6.7 g
葡萄糖	10 g
琼脂粉	12 g
蒸馏水	1000 ml
pH	6.0
微量元素液	1 ml

121℃灭菌 20 min。灭菌后补充生物素 10 mg/L、混合氨基酸溶液 10 ml（甲硫氨酸 5 mg、赖氨酸 5 mg、异亮氨酸 5 mg、谷氨酸 5 mg）。用于单亲本菌种培养时则需添加相应的 Ade 和 His。

微量元素溶液配制：H_3PO_4 10 ml，$ZnSO_4 \cdot 7H_2O$ 70 mg，$CuSO_4 \cdot 5H_2O$ 10 mg，$CaCl_2 \cdot 2H_2O$ 50 mg，蒸馏水 1000 ml。

（三十）伊红亚甲蓝培养基（EMB 培养基）

蛋白胨水琼脂培养基	100 ml
20% 乳糖溶液	2 ml
2% 伊红水溶液	2 ml
0.5% 亚甲蓝水溶液	1 ml

将已灭菌的蛋白胨水琼脂培养基（pH 7.4）加热熔化，冷却至 60℃左右时，再把已灭菌的乳糖溶液、伊红水溶液及亚甲蓝水溶液按上述量以无菌操作加入。摇匀后立即倒平板。乳糖在高温灭菌时易被破坏，必须严格控制灭菌温度，115℃灭菌 20 min。

（三十一）乳糖蛋白胨培养液（"水的细菌学检查"用）

蛋白胨	10 g
牛肉膏	3 g
乳糖	5 g
NaCl	5 g
1.6% 溴甲酚紫乙醇溶液	1 ml
蒸馏水	1000 ml

将牛肉膏、蛋白胨、乳糖及 NaCl 加热溶解于 1000 ml 蒸馏水中，调 pH 至 7.2～7.4。加入 1.6% 溴甲酚紫乙醇溶液 1 ml，充分混匀，分装于有小倒管的试管中。115℃灭菌 20 min。

（三十二）RCM 培养基（强化梭菌培养基，培养厌氧菌）

蛋白胨	10 g
牛肉膏	10 g
酵母膏	3 g

葡萄糖	5 g
无水乙酸钠	3 g
可溶性淀粉	1 g
盐酸半胱氨酸	0.5 g
NaCl	5 g
琼脂	15～20 g
蒸馏水	1000 ml
pH	7.4

（三十三）TYA 培养基（胰蛋白胨酵母膏乙酸盐琼脂培养基，培养厌氧菌用）

葡萄糖	40 g
胰蛋白胨	6 g
$MgSO_4 \cdot 7H_2O$	0.2 g
$FeSO_4$	0.01 g
酵母膏	2 g
牛肉膏	2 g
琼脂	15～20 g
自来水	1000 ml
乙酸钠	3 g
KH_2PO_4	0.5 g
pH	6.2

（三十四）庖肉培养基

1）取已去肌膜、脂肪的牛肉 500 g，切成小方块，置于 1000 ml 蒸馏水中，以弱火煮 1 h，用纱布过滤，挤干肉汁，将肉汁保留备用。将肉渣用绞肉机绞碎或用刀切成细粒。

2）将保留的肉汁加蒸馏水，使总体积达 2000 ml，再加入蛋白胨 20 g、葡萄糖 2 g、NaCl 5 g 及绞碎的肉渣，置于烧瓶中，摇匀，加热使蛋白胨溶化。

3）测溶液 pH 并调至 8.0，在瓶外壁标明液体高度，再煮沸 10～20 min，补足水量后调 pH 至 7.4。

4）将溶液和肉渣摇匀后分装于试管中，肉渣占培养基 1/4 左右。经 121℃灭菌 15 min后备用。如当天不用，应以无菌操作加入无菌石蜡凡士林，以隔绝氧气。

（三十五）卵黄琼脂培养基

肉浸液	1000 ml
蛋白胨	15 g
NaCl	5 g
琼脂	25～30 g
pH	7.5

用前 4 种成分配制培养基，分装每瓶 100 ml，121℃灭菌 15 min。临用时加热熔化培养基冷却至 50℃，每瓶内加入 2 ml 50% 葡萄糖水溶液和 10～15 ml 50% 卵黄盐水悬液，摇匀倒平板。

（三十六）明胶磷酸盐缓冲液

明胶	2 g
Na_2HPO_4	4 g
蒸馏水	1000 ml
pH	6.2

将各成分混匀，加热溶解，调整 pH，121℃灭菌 15 min。

（三十七）DHL 琼脂

蛋白胨	20 g
牛肉膏	3 g
乳糖	10 g
蔗糖	10 g
去氧胆酸钠	1 g
硫代硫酸钠	2.3 g
柠檬酸钠	1 g
柠檬酸铁铵	1 g
中性红	0.03 g
琼脂	18～20 g
蒸馏水	1000 ml
pH	7.3

将除中性红和琼脂以外的各成分溶解于 400 ml 蒸馏水中，调整 pH。再将琼脂于 600 ml 蒸馏水中，加热溶解。两液合并，加入 0.5% 中性红水溶液 6 ml，待冷却至 50～55℃时倒平板。

（三十八）EMB 琼脂

蛋白胨	10 g
乳糖	10 g
K_2HPO_4	2 g
琼脂	17 g
2% 伊红 Y 溶液	20 ml
0.65% 亚甲蓝溶液	10 ml
蒸馏水	1000 ml
pH	7.2

将蛋白胨、磷酸盐和琼脂溶解于 1000 ml 蒸馏水中，调整 pH。分装于锥形瓶中，121℃灭菌 15 min，备用。临用时加热熔化琼脂，加入已灭菌乳糖，待冷却至 50～55℃时加入伊

红 Y 和亚甲蓝，摇匀，倒平板。

（三十九）HE 琼脂

蛋白胨	12 g
牛肉膏	3 g
乳糖	12 g
蔗糖	12 g
水杨素	2 g
胆盐	20 g
NaCl	5 g
琼脂	18～20 g
蒸馏水	1000 ml
0.4% 溴麝香草酚蓝	16 ml
Andrade 指示剂	20 ml
甲液	20 ml
乙液	20 ml
pH	7.5

将前 7 种成分溶解于 400 ml 蒸馏水中作为基础液，将琼脂加入 600 ml 蒸馏水中，加热溶解。将甲液和乙液加入基础液中，调整 pH，再加入指示剂，然后与琼脂液合并。待冷却至 50～55℃时倒平板。

注：①此培养基不可高压灭菌。②甲液：硫代硫酸钠 34 g，柠檬酸铁铵 4 g，蒸馏水 100 ml。③乙液：去氧胆酸钠 10 g，蒸馏水 100 ml。④ Andrade 指示剂：酸性复红 0.5 g，1 mol/L NaOH 溶液 16 ml，蒸馏水 100 ml。将复红溶解于蒸馏水中，加入 NaOH 溶液，数小时后如复红褪色不全，再加 NaOH 溶液 1～2 ml。

（四十）ONPG 培养基

邻硝基酚 β-D-半乳糖苷（ONPG）	60 mg
0.01 mol/L 磷酸钠缓冲液（pH 7.5）	10 ml
1% 蛋白胨水溶液（pH 7.5）	30 ml

将 ONPG 溶于缓冲液中，加蛋白胨水，过滤除菌。分装于 10 mm×75 mm 试管，每管 0.5 ml，塞紧。

试验方法：自琼脂斜面上挑取一满环培养物接种，于（36±1）℃培养 1～3 h 和 24 h 观察结果。如果 β-半乳糖苷酶产生，则在 1～3 h 变黄色；如无此酶则 24 h 不变色。

（四十一）SS 琼脂

1. 基础培养基

多胨	5 g
牛肉膏	12 g
三号胆盐	3.5 g
琼脂	17 g
蒸馏水	1000 ml

将牛肉膏、多胨和胆盐溶解于 400 ml 蒸馏水中。再将琼脂加到 600 ml 蒸馏水中，加热溶解。两液混合，121℃灭菌 15 min。保存备用。

2. 完全培养基

基础培养基	1000 ml
乳糖	10 g
柠檬酸钠	8.5 g
硫代硫酸钠	8.5 g
10% 柠檬酸铁溶液	10 ml
1% 中性红溶液	2.5 ml
0.1% 煌绿溶液	0.33 ml

加热熔化基础培养基，按比例加入上述除染料以外的各成分，充分混合均匀，调整 pH 至 7.0。加入中性红和煌绿溶液，待冷至 50～55℃时倒平板。

注：①配制好的完全培养基宜当日使用或保存于冰箱中 48 h 内使用；②煌绿溶液配制好后应在 10 d 内使用。

（四十二）丙二酸钠培养基

酵母浸膏	1 g
$(NH_4)_2SO_4$	2 g
K_2HPO_4	0.6 g
KH_2PO_4	0.4 g
NaCl	2 g
丙二酸钠	3 g
0.2% 溴麝香草酚蓝	12 ml
蒸馏水	1000 ml
pH	6.8

将酵母浸膏和盐类溶解于蒸馏水中，调整 pH，再加入指示剂，分装于试管中，121℃灭菌 15 min。

试验方法：用新鲜的琼脂培养物接种，于（36±1）℃培养 48 h 观察结果。阳性者培养基由绿变蓝。

（四十三）葡萄糖半固体发酵管

蛋白胨	1 g
牛肉膏	0.3 g
葡萄糖	1 g
NaCl	0.5 g
琼脂	0.3 g
1.6% 溴甲酚紫乙醇溶液	0.1 ml
蒸馏水	100 ml
pH	7.4

将蛋白胨、牛肉膏、NaCl 溶于蒸馏水中，调整 pH 后加入琼脂，加热溶解。再加入指示剂和葡萄糖，分装于小试管中。121℃灭菌 15 min。

（四十四）5% 乳糖发酵管

蛋白胨	0.2 g
NaCl	0.5 g
乳糖	5 g
2% 溴麝香草酚蓝水溶液	1.2 ml
蒸馏水	100 ml
pH	7.4

将除乳糖外的各成分加热溶解于 50 ml 蒸馏水中，调 pH 至 7.4。将乳糖溶解于另外 50 ml 蒸馏水中。分别于 115℃灭菌 20 min。将两液混匀，以无菌操作分装于无菌小试管中。

（四十五）氨基酸脱羧酶试验培养基

蛋白胨	5 g
酵母浸膏	3 g
葡萄糖	1 g
蒸馏水	1000 ml
1.6% 溴甲酚紫乙醇溶液	1 ml
L-氨基酸 （DL-氨基酸）	0.5（1）g/100 ml
pH	6.8

将除氨基酸以外的成分加热溶解，分装于锥形瓶中，每瓶 100 ml，分别加入各种氨基酸：赖氨酸、精氨酸和鸟氨酸。L-氨基酸加 0.5 g，DL-氨基酸加 1 g。调整 pH 至 6.8。对照不加氨基酸。分装于无菌小试管中，每管 0.5 ml，上面滴加一层液体石蜡，115℃灭菌 10 min。

试验方法：用新鲜的琼脂培养物接种，于（36±1）℃培养 18～24 h，观察结果。氨基酸脱羧酶阳性者产碱，培养基应呈紫色。阴性者无碱性产物，但葡萄糖产酸故培养基变为黄色。对照管应为黄色。

（四十六）氯化镁孔雀绿（MM，R10）增菌液

甲液：胰蛋白胨	5 g
NaCl	8 g
KH_2PO_4	1.6 g
蒸馏水	1000 ml
乙液：MgCl_2（化学纯）	40 g
蒸馏水	100 ml
丙液：0.4% 孔雀绿水溶液	

分别按上述成分配制，121℃灭菌 15 min，备用。临用时取甲液 90 ml、乙液 9 ml、丙液 0.9 ml，以无菌操作混合即可。

（四十七）尿素培养基

蛋白胨	1 g
NaCl	5 g
葡萄糖	1 g
KH_2PO_4	2 g
0.4% 酚红溶液	3 ml
琼脂	20 g
蒸馏水	1000 ml
20% 尿素溶液	100 ml
pH	7.2

将除尿素和琼脂以外的成分配好，调整 pH，加入琼脂，加热溶化，分装于锥形瓶中，121℃灭菌 15 min。冷却至 50～55℃时加入经过滤除菌的尿素溶液，尿素的终浓度为 2%。最终 pH 为 7.2。倒斜面。

试验方法：用新鲜的琼脂培养物接种，于（36±1）℃培养 24 h 观察结果。尿素酶阳性者产碱，培养基变为红色。

（四十八）KCN 培养基

蛋白胨	10 g
NaCl	5 g
Na_2HPO_4	5.64 g
NaH_2PO_4	0.225 g
蒸馏水	1000 ml
pH	7.6
0.5% KCN 溶液	1000 ml

将除 KCN 以外的成分配好，分装于锥形瓶中，121℃灭菌 15 min。放在冰箱内充分冷却。每 100 ml 培养基加 0.5% KCN 溶液 2 ml（终浓度 1：10 000），分装于 12 mm×100 mm 无菌试管中，每管 4 ml。立即用无菌橡皮塞塞紧，放

在 4℃冰箱中至少可保存两个月。同时，将不加 KCN 的培养基作对照，分装试管，备用。

试验方法：用新鲜的琼脂培养物接种于蛋白胨水中制成稀释菌液，挑取一环接种于 KCN 培养基。另挑一环接种于对照培养基。（36±1）℃培养 2 d 观察结果。有细菌生长即为阳性（不抑制），经 2 d 培养，细菌不生长为阴性（抑制）。

注：①KCN 剧毒，使用须小心，勿粘染，以防中毒；②夏季培养基应在冰箱中分装，立即塞紧试管，以免 KCN 分解。

（四十九）三糖铁琼脂（TSI）

蛋白胨	20 g
牛肉膏	5 g
葡萄糖	1 g
乳糖	10 g
蔗糖	10 g
硫代硫酸钠	0.2 g
硫酸亚铁铵	0.2 g
NaCl	5 g
琼脂	12 g
酚红	0.025 g
蒸馏水	1000 ml
pH	7.4

将除酚红和琼脂以外的各成分溶解于蒸馏水，调整 pH。加入琼脂，加热溶化，加 0.2% 酚红水溶液 12.5 ml，摇匀，分装于试管中，分装量宜多点以得到较高底层。121℃灭菌 15 min。摆置高层斜面备用。

（五十）四硫酸钠煌绿（TTB）增菌液

1. 基础培养基成分

多胨	5 g
胆盐	1 g
CaCO$_3$	10 g
硫代硫酸钠	30 g
蒸馏水	1000 ml

2. 碘溶液成分

碘	6 g
KI	5 g
蒸馏水	20 ml

将基础培养基的各成分溶解于蒸馏水中，分装每瓶 100 ml，分装时注意随时摇匀，121℃灭菌 15 min。临用时每 100 ml 基础培养基中加入碘溶液 2 ml，0.1% 煌绿溶液 1 ml。

（五十一）亚硫酸铋琼脂（BS）

蛋白胨	10 g
牛肉膏	5 g
葡萄糖	5 g
Na$_2$HPO$_4$	4 g
硫酸亚铁	0.3 g
Na$_2$SO$_3$	6 g
煌绿	0.025 g
柠檬酸铋铵	2 g
琼脂	20 g
蒸馏水	1000 ml
pH	7.5

将前面 5 种成分溶解于 300 ml 蒸馏水中；将柠檬酸铋铵和亚硫酸钠另用 50 ml 蒸馏水溶解；将琼脂用 600 ml 蒸馏水加热溶解，冷至 80℃。将以上 3 种溶液合并，补足蒸馏水至 1000 ml，调整 pH。加 0.5% 煌绿水溶液 5 ml，摇匀，冷至 50～55℃时倒平板。

注：此培养基不需高温灭菌，制备中不宜过分加热，以免降低其选择性；使用前一天制备，贮存于室温暗处，不超过 48 h。

（五十二）亚硒酸盐胱氨酸（SC）增菌液

蛋白胨	5 g
乳糖	4 g
亚硒酸氢钠	4 g
Na$_2$HPO$_4$	5.5 g
KH$_2$PO$_4$	4.5 g
L-胱氨酸	0.01 g
蒸馏水	1000 ml

1% L-胱氨酸-氢氧化钠溶液配制：称取 L-胱氨酸 0.1 g 或 DL-胱氨酸 0.2 g，加 1 mol/L NaOH 溶液 1.5 ml 溶解，再加入蒸馏水 8.5 ml 即成。

将除亚硒酸氢钠和 L-胱氨酸以外的各成分溶解于 900 ml 蒸馏水中，加热煮沸，冷却备用。将亚硒酸氢钠用 100 ml 蒸馏水煮沸溶解，冷却，以无菌操作与上液混合。再加入 1% L-胱氨酸-NaOH 溶液 1 ml。分装于无菌细口瓶中，每瓶 100 ml，pH 应为 7.0±0.1。

（五十三）GN 增菌液

胰蛋白胨	20 g
葡萄糖	1 g

甘露醇	2 g
柠檬酸钠	5 g
去氧胆酸钠	0.5 g
KH_2PO_4	1.5 g
K_2HPO_4	4 g
NaCl	5 g
蒸馏水	1000 ml
pH	7.2

将各成分加热溶解于1000 ml蒸馏水中，调整pH。分装于锥形瓶中，每瓶30 ml，115℃灭菌15 min。

（五十四）苯丙氨酸培养基

酵母浸膏	3 g
L-苯丙氨酸	1 g
Na_2HPO_4	1 g
NaCl	5 g
琼脂	12 g
蒸馏水	1000 ml

将各成分加热溶解于1000 ml蒸馏水。分装于试管中，121℃灭菌15 min。制成斜面。

试验方法：用新鲜的大量琼脂培养物接种于苯丙氨酸培养基，（36±1）℃培养4 h。加两滴10% $FeCl_3$ 溶液，自斜面培养物上方流下，苯丙氨酸脱氨酶阳性者呈深绿色。

（五十五）麦康凯琼脂

蛋白胨	17 g
多胨	3 g
胆盐	5 g
NaCl	5 g
琼脂	17 g
蒸馏水	1000 ml
乳糖	10 g
0.01%结晶紫水溶液	10 ml
0.5%中性红水溶液	5 ml

将蛋白胨、多胨、胆盐和NaCl溶解于400 ml蒸馏水中，调整pH至7.2。将琼脂用600 ml蒸馏水加热溶解。两液混合，分装于锥形瓶中。121℃灭菌15 min。临用时加热熔化培养基，加入已灭菌乳糖，冷至50～55℃时加入结晶紫和中性红水溶液，摇匀倒平板。结晶紫和中性红水溶液配好后须经高压灭菌。

（五十六）葡萄糖铵琼脂

NaCl	5 g

$MgSO_4$	0.2 g
$NH_4H_2PO_4$	1 g
K_2HPO_4	1 g
葡萄糖	2 g
琼脂（用自来水流水冲洗3 d）	20 g
0.2%溴麝香草酚蓝溶液	40 ml
蒸馏水	1000 ml
pH	6.8

先将盐类和糖溶解于蒸馏水，调整pH，再加琼脂，加热溶化，加入指示剂，混匀，分装于试管中。121℃灭菌15 min。制成斜面。

试验方法：用接种针轻轻接触培养物的表面，在盐水管内做成极稀的悬液，肉眼观察不到浑浊，以每一接种环内含菌20～100为宜。将接种环灭菌后挑菌液接种，同样接种一支普通斜面作对照。（36±1）℃培养24 h。阳性者葡糖胺斜面上有正常大小的菌落生长；阴性者不生长，但在对照培养基上生长良好。葡糖胺斜面上有极微小的菌落生长，视为阴性结果。

注：容器须用清洁液浸泡，清水、蒸馏水洗净；新棉花做塞，干热灭菌后用，否则常有杂质污染，易造成假阳性结果。

（五十七）西蒙氏柠檬酸盐琼脂

NaCl	5 g
$MgSO_4$	0.2 g
柠檬酸钠	5 g
K_2HPO_4	1 g
$NH_4H_2PO_4$	1 g
琼脂	20 g
0.2%溴麝香草酚蓝溶液	40 ml
蒸馏水	1000 ml
pH	6.8

先将盐类溶解于蒸馏水，调整pH，再加琼脂，加热溶化，加入指示剂，混匀，分装于试管中。121℃灭菌15 min。制成斜面。

试验方法：挑少量培养物接种，（36±1）℃培养4 d。每天观察结果。阳性者斜面上有菌落生长，培养基由绿色变为蓝色。

（五十八）7.5%氯化钠肉汤培养液

蛋白胨	10.0 g
牛肉膏	3.0 g
NaCl	75 g

蒸馏水	1000 ml
pH	7.4

将上述成分加热溶解，调节 pH，121℃高压灭菌 15 min。

（五十九）血琼脂平板培养基

营养琼脂（pH 7.4～7.6）100 ml
脱纤维羊血（或兔血）5～10 ml

加热熔化琼脂，冷却至 50℃，以无菌操作加入脱纤维羊血，摇匀，倾注平板或分装试管，摆斜面。

（六十）肉浸液肉汤

绞碎牛肉	500 g
蛋白胨	10.0 g
NaCl	5.0 g
K_2HPO_4	2.0 g
蒸馏水	1000 ml
pH	7.4～7.6

将绞碎、去筋膜、无油脂的牛肉 500 g 加蒸馏水 1000 ml，混匀后放冰箱过夜，除去液面浮油，隔水煮沸 30 min，使肉渣完全凝结成块，用绒布过滤，并挤压收集全部滤液，加水补足原量。加入蛋白胨、NaCl、K_2HPO_4，溶解后调节 pH，煮沸，过滤。分装锥形瓶，121℃灭菌 20 min。

（六十一）Baird-Parker 琼脂培养基

胰蛋白胨	10.0 g
酵母膏	1.0 g
牛肉膏	5.0 g
丙酮酸钠	10.0 g
L-甘氨酸	12.0 g
六水合氯化锂	5.0 g
琼脂	20.0 g
蒸馏水	900 ml
pH	7.2±0.2

亚碲酸钾溶液：称取 1 g 亚碲酸钾，加入 100 ml 蒸馏水或去离子水中，通过 0.22 μm 孔径的滤膜过滤除菌，并于（3±2）℃保存不超过 1 个月，若溶液中出现白色沉淀应弃去。

牛纤维蛋白原溶液：称取 5 g 牛纤维蛋白原，加入 100 ml 蒸馏水或去离子水中，临用时配制。

兔血浆和胰酶抑制剂溶液：称取 30 mg 胰酶抑制剂，加入 30 ml 含 EDTA 的兔血浆，临用时配制。

制法：将培养基各基础成分加入蒸馏水中，加热煮沸至完全溶解，调 pH 至 7.2±0.2，121℃灭菌 15 min，冷却至 48℃备用（48℃水浴）。无菌加入预热至 48℃的 1% 亚碲酸钾溶液 2.5 ml、牛纤维蛋白原溶液 75 ml 及兔血浆和胰酶抑制剂溶液 25 ml，混匀后铺平板备用。该平板应立即使用，避免血浆出现沉淀。

（六十二）兔血浆

取柠檬酸钠 3.8 g，加蒸馏水 100 ml，溶解后过滤，装瓶，121℃灭菌 15 min。

兔血浆制备：取 3.8% 柠檬酸钠溶液一份，加兔全血 4 份，混好静置使血液细胞下降，即可得血浆。

（六十三）紫红胆汁琼脂培养基

蛋白胨	7 g
酵母提取物	3 g
乳糖	10 g
胆汁盐	1.5 g
中性红	0.03 g
NaCl	5 g
结晶紫	0.002 g
琼脂	15 g
蒸馏水	1000 ml
pH	7.4

（六十四）玫瑰红钠琼脂培养基

蛋白胨	5.0 g
葡萄糖	10 g
KH_2PO_4	1 g
$MgSO_4 \cdot 7H_2O$	0.5 g
玫瑰红钠（四氯四碘荧光素钠）	0.0133 g
琼脂	20 g
蒸馏水	1000 ml
pH	自然

将除葡萄糖和玫瑰红钠以外的各成分溶解于蒸馏水中，加热煮沸，再加入葡萄糖和玫瑰红钠，混匀，分装于锥形瓶中，115℃灭菌 30 min。

（六十五）酵母浸出粉胨葡萄糖琼脂（YPD）培养基

蛋白胨	10 g
酵母膏	5 g

葡萄糖	20 g
琼脂	20 g
蒸馏水	1000 ml
pH	自然

115℃灭菌 20 min。

（六十六）卵磷脂、吐温 80 营养琼脂培养基

蛋白胨	20 g
牛肉膏	3 g
NaCl	5 g
琼脂	15 g
卵磷脂	1 g
吐温 80	7 g
蒸馏水	1000 ml

将卵磷脂用少量蒸馏水加热溶解，加吐温 80。将除琼脂外的其他成分溶于其余蒸馏水中，加卵磷脂、吐温 80 液，混匀，调 pH 至 7.1～7.2，加琼脂，煮沸溶化，分装，121℃灭菌 20 min。贮于冷暗处。

（六十七）SCDLP（增菌）液体培养基

酪蛋白胨	17 g
大豆蛋白胨	3 g
葡萄糖	2.5 g
K$_2$HPO$_4$	2.5 g
卵磷脂	1 g
吐温 80	7 g
NaCl	5 g
蒸馏水	1000 ml

将各成分加热溶解，充分振荡使沉于底部的吐温 80 混匀，调 pH 至 7.2～7.3，分装，121℃灭菌 15 min。

（六十八）十六烷三甲基溴化铵培养基

蛋白胨	10 g
牛肉膏	3 g
NaCl	5 g
琼脂	20 g
蒸馏水	1000 ml
十六烷三甲基溴化铵	0.3 g

将除琼脂外各成分溶解于蒸馏水中，混匀，调 pH 至 7.4～7.6，加琼脂，煮沸溶化，115℃灭菌 20 min。

（六十九）乙酰胺培养基

| NaCl | 5 g |

MgSO$_4$	0.5 g
酚红	0.012 g
无水 K$_2$HPO$_4$	1.39 g
无水 KH$_2$PO$_4$	0.73 g
乙酰胺	10 g
琼脂	20 g
蒸馏水	1000 ml

将除琼脂、酚红外各成分溶于蒸馏水中，调 pH 至 7.2，加琼脂、酚红，煮沸溶化，121℃灭菌 20 min。

（七十）铜绿假单胞菌色素测定用培养基

蛋白胨	20 g
MgCl$_2$	1.4 g
甘油	10 g
K$_2$SO$_4$	10 g
蒸馏水	1000 ml
琼脂	18 g

将蛋白胨、盐类溶于蒸馏水，调 pH 至 7.4，加琼脂、甘油，加热溶化，分装于试管中。115℃灭菌 20 min。制成斜面备用。

（七十一）硫代乙醇酸盐流体培养基

蛋白胨	15 g
L-胱氨酸	0.75 g
葡萄糖	5 g
酵母浸出粉	5 g
硫代乙醇酸（或硫代乙醇酸钠 0.5 g）	0.3 ml
刃天青	0.001 g
琼脂	0.75 g
蒸馏水	1000 ml
NaCl	2.5 g

除葡萄糖和刃天青外，取上述成分加入蒸馏水内，微温溶解后调 pH 为弱碱性，煮沸，加葡萄糖和刃天青，溶解后摇匀，滤清，调 pH 使灭菌后为 7.1±0.2，分装。115℃灭菌 30 min。

（七十二）硝酸盐蛋白胨水培养基

蛋白胨	10 g
酵母浸膏	3 g
KNO$_3$	2 g
NaNO$_2$	0.5 g
蒸馏水	1000 ml
pH	7.2

将蛋白胨和酵母浸膏加入蒸馏水中，加热溶解，调 pH 至 7.2，煮沸过滤后补足液量，加入 KNO_3 和 $NaNO_2$，溶解混匀，分装到加有小倒管的试管中，115℃灭菌 20 min。

（七十三）MH 培养基

牛肉粉	2.0 g
可溶性淀粉	1.5 g
酸水解酪蛋白	17.5 g
pH	7.4±0.2

将可溶性淀粉用冷水调成糊状，倒入沸水中，搅拌，加热，加入其他成分，溶化后补足水至 1000 ml，调 pH，121℃灭菌 20 min，备用。

（七十四）马铃薯牛奶琼脂培养基（分离乳酸菌用）

马铃薯（去皮）	200 g
脱脂鲜牛奶	100 ml
酵母膏	5 g
琼脂	15～20 g
自来水	1000 ml
pH	7.0

马铃薯去皮，切成小块加自来水约 600 ml 煮沸 30 min，用 4 层纱布过滤，在滤液中加酵母膏及琼脂，溶化后补足水至 1000 ml。调 pH 至 7.0。121℃灭菌 20 min。牛奶单独灭菌，倒培养基前再混合。

（七十五）MRS 培养基（乳酸菌分离、培养、计数用）

蛋白胨	10 g
牛肉膏	10 g
酵母膏	5 g
葡萄糖	20 g
吐温 80	1 ml
K_2HPO_4	2 g
乙酸钠	5 g
柠檬酸二铵	2 g
$MgSO_4 \cdot 7H_2O$	0.58 g
$MnSO_4 \cdot 4H_2O$	0.25 g
蒸馏水	1000 ml
pH	6.2～6.6

（七十六）硝酸盐还原试验培养基

蛋白胨	10 g
NaCl	5 g
KNO_3	2 g

蒸馏水	1000 ml
pH	7.4

（七十七）硝化细菌培养基

KH_2PO_4	0.7 g
$CaCl_2 \cdot 2H_2O$	0.5 g
KNO_2	2 g
$MgSO_4 \cdot 7H_2O$	0.5 g
蒸馏水	1000 ml
pH（可用 5% Na_2CO_3 溶液调节）	8.0

（七十八）耐酚细菌培养基

1）斜面固体培养基：每支牛肉膏蛋白胨固体培养基加浓度为 6 g/L 的苯酚溶液 0.4 ml。

2）液体培养基：在 500 ml 锥形瓶中装 166.6 ml 牛肉膏蛋白胨培养液，用前加 6 g/L 苯酚溶液 5 ml。

（七十九）乳酸菌培养基

蛋白胨	10 g
牛肉膏	10 g
葡萄糖	20 g
酵母膏	5 g
K_2HPO_4	2 g
乙酸钠	5 g
柠檬酸二铵	2 g
$MgSO_4 \cdot 7H_2O$	0.58 g
$MnSO_4 \cdot 4H_2O$	0.25 g
吐温 80	1.0 ml
蒸馏水	1000 ml
pH	6.2～6.6

（八十）3 倍浓缩的牛肉膏蛋白胨液体培养基

将牛肉膏蛋白胨培养基中成分各按 3 倍量配制，蒸馏水仍为 1000 ml。

（八十一）从病死虫体内分离苏云金芽孢杆菌的培养基

1. BPA 培养基

蛋白胨	10 g
牛肉膏	5 g
乙酸钠	34 g
蒸馏水	1000 ml
pH	7.2～7.4

2. BP 培养基

蛋白胨	5 g

牛肉膏	3 g		$MgSO_4$（无水）	0.5 g
琼脂	18 g		琼脂	20.0 g
NaCl	5 g		孟加拉红	0.033 g
蒸馏水	1000 ml		氯霉素	0.1 g
pH	自然		蒸馏水	1000 ml

（八十二）孟加拉红琼脂培养基

蛋白胨	5.0 g
葡萄糖	10.0 g
KH_2PO_4	1.0 g

将各成分于蒸馏水中加热溶解，加蒸馏水至 1000 ml，分装，121℃灭菌 20 min，避光保存。

附录三　常用试剂及溶液的配制

（一）指示剂

1. 甲基红指示剂（M.R 试剂）

甲基红（mthyl red）	0.04 g
95% 乙醇溶液	60 ml
蒸馏水	40 ml

先将甲基红溶于 95% 乙醇溶液中，然后加入蒸馏水即可。变色范围 pH 4.2～6.3，颜色由红变黄。

2. 中性红试剂

中性红	0.04 g
95% 乙醇溶液	28 ml
蒸馏水	72 ml

中性红变色范围 pH 6.8～8.0，颜色由红变黄，常用浓度为 0.04%。

3. 溴甲酚紫指示剂

溴甲酚紫	0.04 g
0.01 mol/L NaOH 溶液	7.4 ml
蒸馏水	92.6 ml

溴甲酚紫变色范围为 pH 5.2～6.8，颜色由黄变紫，常用浓度为 0.04%。

4. 溴麝香草酚蓝指示剂

0.01 mol/L NaOH 溶液	6.4 ml
溴麝香草酚蓝	0.04 g
蒸馏水	93.6 ml

溴麝香草酚蓝变色范围为 pH 6.0～7.6，颜色由黄变蓝，常用浓度为 0.04%。

5. 溴酚蓝指示剂

溴酚蓝	0.04 g
0.01 mol/L NaOH 溶液	7.4 ml
蒸馏水	92.6 ml

溴酚蓝变色范围为 pH 3.0～4.6，颜色由黄变蓝，常用浓度为 0.04%。

6. 溴甲酚绿指示剂

溴甲酚绿	0.04 g
0.01 mol/L NaOH 溶液	7.4 ml
蒸馏水	92.6 ml

溴甲酚绿变色范围为 pH 3.8～5.4，颜色由黄变绿，常用浓度为 0.04%。

7. 甲基橙指示剂

甲基橙	0.04 g
0.1 mol/L NaOH 溶液	1.2 ml
蒸馏水	98.8 ml

甲基橙变色范围为 pH 3.1～4.4，颜色由红变橙黄，常用浓度为 0.04%。

8. 酚酞指示剂

| 酚酞 | 0.1 g |
| 60% 乙醇溶液 | 100 ml |

酚酞变色范围为 pH 8.2～10.0，颜色由无色变红色，常用浓度为 0.1%。

（二）实验用试剂

1. V.P 试剂（乙酰甲基甲醇试剂）

Λ 液：5% α-萘酚无水乙醇溶液

| α-萘酚 | 5.0 g |
| 无水乙醇 | 100 ml |

B 液：40% KOH 溶液

| KOH | 40.0 g |
| 蒸馏水 | 100 ml |

2. 吲哚试剂

对二甲基氨基苯甲醛	2.0 g
95% 乙醇溶液	190 ml
浓 HCl	40 ml

3. 格里斯氏试剂（亚硝酸盐试剂）

A 液：

| 对氨基苯磺酸 | 0.5 g |
| 稀乙酸（10% 左右） | 150 ml |

B液：α-萘胺　　　　　　　　0.1 g

　　　　蒸馏水　　　　　　　　20 ml

　　　　稀乙酸（10%）　　　　150 ml

A液、B液配制后分别保存于棕色瓶中。

4. 二苯胺试剂（硝酸盐试剂）　先将二苯胺 0.5 g 溶于 100 ml 浓 H_2SO_4 中，再将此液倒入 20 ml 蒸馏水中，保存在棕色瓶中。

在培养液中滴加格里斯氏试剂 A、B 液后，溶液如变为粉红色、玫瑰红色、橙色或棕色等表示有亚硝酸盐存在，硝酸盐还原反应为阳性。如无红色出现则可加 1～2 滴二苯胺试剂，如溶液呈蓝色则表示培养液中仍有硝酸盐存在，证明该菌无硝酸盐还原作用；如溶液不呈蓝色，则表示形成的亚硝酸盐已进一步还原成其他物质，故硝酸盐还原仍为阳性。

5. 奈氏（Nessler）试剂（氨试剂）

A液：KI　　　　　　　　　　10.0 g

　　　蒸馏水　　　　　　　　100 ml

　　　HgI_2　　　　　　　　　20.0 g

B液：KOH　　　　　　　　　20.0 g

　　　蒸馏水　　　　　　　　100 ml

将 10.0 g KI 溶于 50 ml 蒸馏水中，在此液中加 HgI_2 颗粒，待溶解后，再加入 KOH、补足蒸馏水，然后再将澄清的液体倒入棕色瓶中贮存。

6. 靛基质试剂

1）柯凡克试剂：将 5 g 对二甲基氨基苯甲醛溶解于 75 ml 戊醇中，再缓慢加入浓 HCl 25 ml。

2）欧波试剂：将 1 g 对二甲基氨基苯甲醛溶解于 95 ml 95% 乙醇溶液中，再缓慢加入浓盐酸 20 ml。

试验方法：挑取少量培养物接种，（36±1）℃培养 2 d，必要时可培养 5 d，加入柯凡克试剂 0.5 ml，轻摇试管，阳性者试剂层呈深红色；或加入欧波试剂 0.5 ml，沿管壁流下，覆盖于培养液表面，阳性者与液面接触处呈玫瑰红色。

7. 氧化酶试剂

1% 盐酸二甲基对苯二胺溶液：少量新鲜配制，冰箱避光保存。

1% α-萘酚乙醇溶液。

（三）实验用溶液

1. 3% 盐酸乙醇溶液

　　浓 HCl　　　　　　　　　3 ml

　　95% 乙醇溶液　　　　　97 ml

2. 1% NaOH 乙醇溶液（碱性乙醇溶液）称取 NaOH 10 g，先用少许水溶解后，再用 95% 乙醇溶液稀释至 1000 ml。

3. 乙醇-福尔马林固定液

　　70% 乙醇溶液　　　　　90 ml

　　福尔马林　　　　　　　10 ml

4. 1% 离子琼脂

　　琼脂粉　　　　　　　　　1 g

　　巴比妥缓冲液　　　　　50 ml

　　蒸馏水　　　　　　　　50 ml

　　1% 硫柳汞溶液　　　　　1 滴

称取琼脂粉 1 g 先加到 50 ml 蒸馏水中，于沸水浴中加热溶解，然后加入 50 ml 巴比妥缓冲液，再加入 1 滴 1% 硫柳汞溶液防腐，分装试管，放于冰箱中备用。

5. 2% 伊红溶液　称取 2.0 g 伊红 Y，加蒸馏水 100 ml，121℃灭菌 20 min。使用时将 2 ml 2% 伊红溶液以无菌操作加入 100 ml 无菌牛肉膏蛋白胨培养基中，摇匀即可。

6. 0.5% 亚甲蓝溶液　称取 0.5 g 亚甲蓝，加蒸馏水 100 ml，121℃灭菌 20 min。使用时将 1 ml 0.5% 亚甲蓝溶液以无菌操作加入 100 ml 无菌牛肉膏蛋白胨培养基中，摇匀即可。

7. 0.1% 孟加拉红溶液　称取 0.1 g 孟加拉红，加蒸馏水 100 ml。使用时将 0.33 ml 0.1% 孟加拉红溶液加入 100 ml 马丁培养基中，摇匀灭菌。

8. 2% 去氧胆酸钠溶液　称取 2.0 g 去氧胆酸钠，加蒸馏水 100 ml，121℃灭菌 20 min。使用时将 2 ml 2% 去氧胆酸钠溶液以无菌操作加入 100 ml 无菌马丁培养基中，摇匀即可。

9. 亚硝基胍溶液（50 μg/ml、250 μg/ml 和 500 μg/ml）　分别称 50 μg、250 μg 和 500 μg 亚硝基胍于 3 支无菌离心管中，各加 0.05 ml 甲酰胺助溶，再各加 0.2 mol/L pH 6.0 的磷酸盐缓冲液 1 ml，摇匀使亚硝基胍完全溶解。黑纸包好，30℃水浴保温备用（临用前现配）。

采用亚硝基胍诱变处理时终浓度为 100 μg/ml，诱变处理时向此亚硝基胍母液中加入 4 ml 对数期培养物即可。亚硝基胍为超诱变剂和"三致物质"（致癌、致畸、致突变），称量药品时需戴手套、口罩，称量纸用后焚烧，用安装橡皮头的移液管取样，沾染亚硝基胍的移液管、离心管、锥形瓶等玻璃器皿用后需浸泡于 0.5 mol /L 硫代硫酸钠溶液中，置通风处过夜，然后用水充分洗净。

10. 黄曲霉毒素 B_1 溶液（5 μg/ml 和 50 μg/ml）　称取 50 μg 和 500 μg 黄曲霉毒素 B_1 分别用少量 0.2 mol /L NaOH 溶液溶解，再分别用蒸馏水定容至 10.0 ml。黄曲霉毒素 B_1 可诱发肝癌，操作时需严格按配制亚硝基胍溶液的要求进行。

11. 5% $NaHCO_3$ 溶液　称取 $NaHCO_3$ 5 g，溶于 100 ml 蒸馏水中。

12. Mg-K 盐溶液　称取 $MgCl_2$ 8.1 g、KCl 12.3 g，加蒸馏水溶解，定容至 100 ml，121℃灭菌 20 min。

13. NADP（辅酶Ⅱ）和 G-6-P（葡萄糖-6-磷酸）使用液　称取 NADP 297 mg 和 G-6-P 152 mg，加入 0.2 mol/L pH 7.4 的磷酸盐缓冲液 50 ml，Mg-K 盐溶液 2 ml，加无菌蒸馏水定容至 100 ml，用滤膜滤菌器过滤除菌，检查无菌后分装于小瓶，每瓶 10.0 ml，−20℃冰箱贮存。

14. 0.5 mol/L 硫代硫酸钠溶液　称取 124 g 硫代硫酸钠溶于去离子水中，定容至 1000 ml，贮于棕色瓶中备用。

15. 0.2 mol/L 磷酸盐缓冲液

1）0.2 mol/L Na_2HPO_4 溶液：称取 35.61 g $Na_2HPO_4 \cdot 2H_2O$ 溶解于蒸馏水中，定容至 1000 ml。

2）0.2 mol/L NaH_2PO_4 溶液：称取 27.6 g $NaH_2PO_4 \cdot H_2O$ 溶解于蒸馏水中，定容至 1000 ml。

附表 3-1　0.2 mol /L 磷酸盐缓冲液

pH	0.2 mol /L Na_2HPO_4 溶液 /ml	0.2 mol /L NaH_2PO_4 溶液 /ml
5.8	8.0	92.0
6.0	12.3	87.7
7.4	81.0	19.0

16. 0.85% 生理盐水　称取 NaCl 0.85 g，加蒸馏水溶解，定容至 100 ml，121℃灭菌 20 min。

17. 无菌液体石蜡　取医用液体石蜡装入锥形瓶中，装量不超过锥形瓶容积的 1/4，塞上棉塞，外包扎牛皮纸，121℃灭菌 30 min，连续灭菌两次，再置于 105～110℃干燥箱中烘烤 2 h 或在 40℃温箱中放置 2 周，除去其中的水分，经无菌检查后备用。

18. 无菌甘油　取甘油装入锥形瓶中，装量不超过锥形瓶容积的 1/4，塞上棉塞，外包扎牛皮纸，121℃灭菌 30 min，再在 40℃温箱中放置 2 周，除去其中的水分，经无菌检查后备用。

19. 质粒制备、转化和染色体 DNA 提取的溶液配制

（1）溶液Ⅰ

葡萄糖溶液　　　　　　　50 mmol/L

Tris-HCl（pH 8.0）　　　25 mmol/L

EDTA　　　　　　　　　10 mmol/L

取葡萄糖（$C_6H_{12}O_6 \cdot H_2O$）1.982 g，双蒸去离子水 160 ml，0.5 mol EDTA 4 ml，1 mol Tris-HCl（pH 8.0）5 ml，用双蒸去离子水定容至 200 ml，121℃灭菌 15 min，4℃贮存。

（2）溶液Ⅱ（新鲜配制）

NaOH 溶液　　　　　　　0.2 mol/L

SDS　　　　　　　　　　1%

取 10 mol/L NaOH 溶液 2 ml，双蒸去离子水 80 ml，10% SDS 10 ml，用双蒸去离子水定容至 100 ml。

（3）溶液Ⅲ（100 ml，pH 4.8）

5 mol/L 乙酸钾　　　　　60 ml

冰醋酸　　　　　　　　　11.5 ml

水　　　　　　　　　　　28.5 ml

配制好的溶液Ⅲ含 3 mol/L 钾盐，50 mol/L 乙酸。

（4）溶液Ⅳ

酚：氯仿：异戊醇=25：24：1（*V/V/V*）

（5）TE 缓冲液

　　Tris-HCl（pH 8.0）　　　　10 mmol/L

　　EDTA（pH 8.0）　　　　　1 mmol/L

121℃灭菌 15 min，4℃贮存。

（6）TAE 电泳缓冲液（50 倍浓贮存液 100 ml）

　　Tris 碱　　　　　　　　　242 g

　　冰醋酸　　　　　　　　　57.1 ml

　　0.5 mol/L EDTA（pH 8.0）　100 ml

使用时用双蒸水稀释 50 倍。

（7）凝胶加样缓冲液 100 ml

　　溴酚蓝　　　　　　　　　0.25 g

　　蔗糖　　　　　　　　　　40 g

（8）1 mg/ml 溴化乙锭（ethidium bromide，EB）

　　溴化乙锭　　　　　　　　100 mg

　　双蒸水　　　　　　　　　100 ml

溴化乙锭是强诱变剂，配制时要戴手套，由教师配制好，贮于棕色试剂瓶中，避光，4℃贮存。

（9）5 mol/L NaCl 溶液　　在 800 ml 水中溶解 292.2 g NaCl，加水定容到 1 L，分装后高压蒸汽灭菌。

（10）CTAB/NaCl　　溶解 4.1 g NaCl 于 80 ml 水中，缓慢加 CTAB（hexadecy trimethy ammonium bromide），边加热边搅拌，如果需要，可加热到 65℃使其溶解，调最终体积到 100 ml。

（11）蛋白酶 K（20 mg/ml）　　将蛋白酶 K 溶于无菌双蒸水或 5 mmol/L EDTA、0.5% SDS 缓冲液中。

（12）1 mol/L $CaCl_2$ 溶液　　在 200 ml 双蒸水中溶解 54 g $CaCl_2 \cdot 6H_2O$，用 0.22 μm 滤膜过滤除菌，分装成 10 ml，贮存于-20℃。

制备感受态细胞时，取出一小份解冻，并用双蒸水稀释到 100 ml，用 0.45 μm 滤膜过滤除菌，然后骤冷至 0℃。

20. 巴比妥缓冲液（pH 8.5，离子强度 0.075 mol/L）

　　巴比妥　　　　　　　　　2.76 g

　　巴比妥钠　　　　　　　　15.45 g

　　蒸馏水　　　　　　　　　1000 ml

21. 蛋白质电泳相关试剂、缓冲液配制

（1）30% 凝胶贮备液

　　丙烯酰胺　　　　　　　　29.1 g

　　亚甲基双丙烯酰胺　　　　0.9 g

加双蒸去离子水至 100 ml。

（2）分离胶缓冲液（1.5 mol/L Tris-HCl 缓冲液）（pH 8.8）

　　Tris　　　　　　　　　　109 g

　　1 mol/L HCl 溶液　　　　144 ml

用双蒸去离子水定容至 300 ml。

（3）浓缩胶缓冲液（0.5 mol/L Tris-HCl 缓冲液）（pH 6.8）

　　Tris　　　　　　　　　　6 g

　　1 mol/L HCl 溶液　　　　48 ml

用双蒸去离子水定容至 100 ml。

（4）电泳缓冲液（pH 8.3）

　　Tris　　　　　　　　　　6 g

　　甘氨酸　　　　　　　　　29 g

　　SDS　　　　　　　　　　2.5 g

用去离子水定容至 2500 ml。

（5）固定液

　　乙醇　　　　　　　　　　50 ml

　　冰醋酸　　　　　　　　　10 ml

用去离子水定容至 100 ml。

（6）染色液

　　考马斯亮蓝 R-250　　　　0.25 g

　　乙醇　　　　　　　　　　40 ml

　　冰醋酸　　　　　　　　　10 ml

用去离子水定容至 100 ml。

（7）脱色液

　　乙醇　　　　　　　　　　40 ml

　　冰醋酸　　　　　　　　　10 ml

用去离子水定容至 100 ml。

22. Hanks 液

（1）贮存液（药品须用分析纯，按配方顺序加入，用适量双蒸水溶解，待前种药品溶解后再加后一种，补足水量）

A 液：① NaCl 80 g，KCl 4 g，$MgSO_4 \cdot 7H_2O$ 1 g，$MgCl_2 \cdot 6H_2O$ 1 g，用双蒸水定容至 450 ml；② $CaCl_2$ 1.4 g，用双蒸水定容至 50 ml。将①液和②液混合，加氯仿 1.0 ml 即成 A 液。

B 液：$Na_2HPO_4 \cdot 12H_2O$ 1.52 g，KH_2PO_4 0.6 g，酚红 0.2 g（酚红应先在研钵中磨细，

然后按配方顺序一一溶解），葡萄糖 10 g，用双蒸水定容至 500 ml，最后加氯仿 1 ml。

（2）应用液　　取上述贮存液的 A 液和 B 液各 25 ml，加双蒸水定容至 450 ml，112℃灭菌 20 min。置于 4℃保存。使用前用无菌 3% NaHCO₃ 溶液调至所需 pH。

23．SSPE 溶液　　SSPE 溶液通常配成 20× 贮备液：3.6 mol/L NaCl 溶液、200 mmol/L NaH₂PO₄ 溶液（pH7.4）、20 mmol/L EDTA-Na₂（pH7.4）。121℃高压灭菌 10 min。

24．X 线片显影液　　自来水（50℃）800 ml，对甲氨基酚磷酸盐 4.0 g，无水亚硫酸钠 65.0 g，对苯二酚 10.0 g，无水碳酸钠 45.0 g，溴化钾 5.0 g。先将水加热至 50℃，再逐个加入上述试剂（注意：一定要待前一种试剂完全溶解后方可加入后一种）。用水补至 1000 ml，贮于棕色瓶中于 4℃保存。

25．X 线片定影液　　自来水（50℃）650 ml，硫代硫酸钠 240.0 g，无水硫酸钠 15.0 g，质量分数为 98% 的乙酸 15 ml，硫酸铝钾 15.0 g。先将水加热至 50℃，再逐个加入上述试剂（注意：一定要待前一种试剂完全溶解后方可加入后一种）。用水补至 1000 ml，贮于棕色瓶中于 4℃保存。

26．高渗缓冲液（ST）　　0.5 mol/L 蔗糖溶液，10 mmol/L MgCl₂ 溶液，10 mmol/L Tris-HCl（pH 7.4），121℃高压灭菌 20 min。

27．EDTA 溶液（0.5 mol/L，pH 8.0）　EDTA 钠盐 186.1 g，NaOH 20 g，加蒸馏水至 1000 ml，121℃高压灭菌 20 min。

附录四　常用消毒剂的配制

（一）5% 石炭酸溶液

石炭酸（苯酚）	5.0 g
蒸馏水	100 ml

（二）0.1% 升汞水（剧毒）

升汞（HgCl₂）	1 g
盐酸	2.5 ml
水	997.5 ml

（三）10% 漂白粉溶液

漂白粉	10 g
蒸馏水	100 ml

（四）5% 甲醛溶液

甲醛原液（40%）	100 ml
蒸馏水	700 ml

（五）3% 过氧化氢

30% 过氧化氢原液	100 ml
蒸馏水	900 ml

（六）75% 乙醇溶液

95% 乙醇溶液	75 ml
蒸馏水	25 ml

（七）2% 来苏尔（煤酚皂液）

50% 来苏尔	40 ml
蒸馏水	960 ml

（八）0.25% 新洁尔灭

5% 新洁尔灭	5 ml
蒸馏水	95 ml

（九）0.1% 高锰酸钾溶液

高锰酸钾	1 g
蒸馏水	1000 ml

（十）3% 碘酊

碘	3 g
KI	1.5 g
95% 乙醇溶液	100 ml

（十一）1% 结晶紫液（紫药水）

医用粉剂甲紫	1 g
蒸馏水	100 ml

（十二）红汞（红药水）

红汞（HgI₂）	2 g
蒸馏水	100 ml

附录五　洗涤液的配制及玻璃器皿的洗涤

（一）洗涤液的配制

1．铬酸洗涤液的配制　　洗涤液分浓配方与稀配方两种。

浓配方：

重铬酸钾（钠）（工业用）	50.0 g
自来水	150.0 ml
浓 H₂SO₄（工业用）	800.0 ml

稀配方：

重铬酸钾（钠）（工业用）	50.0 g
自来水	850.0 ml

浓 H₂SO₄（工业用）　　　　　　100.0 ml

配法：两配方都是将重铬酸钾（钠）溶解在自来水中（可慢慢加热），冷却后再徐徐加入浓 H₂SO₄，边加边搅拌，配好的洗涤液为棕红色，存放于有盖的棕色容器内备用，防止氧化变质和吸湿稀释。此液具有极强的氧化、去污作用，且可多次使用，每次用后倒入原瓶中贮存，直至洗涤液变成墨绿色，才失去效用。

此液仅限于洗涤玻璃和陶瓷器具，金属及塑料器皿不能用此洗涤液洗涤。玻璃器皿不宜在洗液中浸泡太久，否则会使玻璃变质。用洗涤液进行洗涤时，投入的器具要尽量干燥，避免使洗液稀释。欲加快作用速度，可将洗涤液加热至 40～50℃进行洗涤。

器皿上带有大量有机质时，不可直接用洗涤液洗涤，应尽量先行清除后再用洗涤液洗涤，否则洗涤液会很快失效。

洗涤液有强腐蚀性，如溅于桌椅上，应立即用水冲洗或用湿布擦去。皮肤或衣服上沾有洗涤液，应立即用水冲洗，然后再用碳酸钠溶液或氨水洗。

2. 5% 草酸溶液　　可洗去高锰酸钾的痕迹。

3. 尿素洗涤液　　蛋白质的良好溶剂，适用于洗涤盛蛋白质制剂及血样的容器。

4. 乙醇与浓硝酸混合液　　最适合于洗净滴定管，在滴定管中加入 3 ml 乙醇，再沿管壁慢慢加入 4 ml 浓 HNO₃，盖住管口。利用产生的氧化氮洗净滴定管。

5. 有机溶液　　丙酮、乙醇、乙醚等可洗脱油脂、脂溶性染料等污痕。二甲苯可洗去油漆污垢。

（二）玻璃器皿的洗涤

1. 初用玻璃器皿的洗涤　　新玻璃器皿含有游离碱，先在 2% HCl 溶液浸泡数小时后再用清水洗净；也可先用肥皂水或去污粉洗涤，再用自来水洗净。最后用蒸馏水冲洗 2 或 3 次。晾干或烘干备用。

2. 常用玻璃器皿的洗涤　　试管、烧杯、锥形瓶、培养皿、量筒等一般玻璃器皿可先用自来水洗至无污物，再用毛刷蘸取去污粉（掺有洗衣粉）刷洗，细心洗净内外壁，用自来水充分冲洗干净后再用蒸馏水冲洗 2 或 3 次。晾干或烘干后备用。移液管、滴定管、容量瓶等量器使用后要立即浸泡于凉水中，勿使其干涸。工作完毕后用流水冲洗，晾干后浸泡于铬酸洗液或 2% HCl 溶液中 2～3 h，取出再用自来水充分冲净，最后用蒸馏水冲洗 2～3 次。晾干或烘干后备用。

3. 带油污玻璃器皿的洗涤　　带油污的玻璃器皿在洗刷前应尽量除去油腻，再用 10% NaOH 溶液浸泡 0.5 h 去掉油污，最后用肥皂水和热水刷洗。用过液体石蜡等矿物油的锥形瓶、试管等器皿洗刷前要先在水中煮沸或高压蒸汽灭菌，再浸泡在汽油里使黏附于器壁上的矿物油溶解，汽油倒出后放置片刻待汽油挥发完再按新玻璃器皿洗涤；带有凡士林的玻璃器皿在洗刷前要用经乙醇或丙酮浸泡过的棉花擦去油污，也可将油污清洗剂喷于油污上，2～3 min 后用干布擦净，再依前法洗净。

4. 带菌玻璃器皿的洗涤　　带有活菌的载玻片、盖玻片可先浸于 5% 石炭酸或 2% 来苏尔溶液中 1 h，再用竹夹子（不用手）取出载玻片、盖玻片，依上法冲洗干净，用软布擦干后放于培养皿中备用；吸过菌液的移液管、滴管等用后立即投入盛有 5% 石炭酸或 2% 来苏尔溶液的高筒玻璃标本缸（缸底垫有玻璃棉以防损坏管尖）中过夜，再经 121℃灭菌 15 min，取出后用钢针取出管中上端的棉花，再依前法清洗干净，烘干备用；培养过微生物的培养皿、试管、锥形瓶等应先经 121℃灭菌 15 min，趁热倒出其中的培养物，用热水洗涤，最后用自来水冲洗。少数实验如营养缺陷型菌株筛选、微生物遗传学实验等对玻璃器皿清洁度要求较高，先按常用玻璃器皿洗涤方法进行初洗、晾干，再将其浸于铬酸洗液中 24～36 h，取出沥去多余洗液后用自来水充分冲洗，最后先后用去离子水、双蒸水冲洗 2 或 3 次。晾干或烘干、包扎、灭菌后备用。

5. 除菌滤器的化学洗涤　　经细菌过滤后的滤器，应立即加入洗涤液抽滤一次，洗涤液的用量，可按滤器的容量来决定。在洗涤液未滤尽前，取下滤器将其浸泡在铬酸洗涤液中 48 h，滤片的两面均需完全接触溶液，然后取出用蒸馏水抽滤洗净，烘干即可。

（蔡信之）

扫描下方二维码阅读相关拓展资料

《微生物学实验（第四版）》教学课件索取方式

凡使用本书作为教材的主讲教师，可获赠教学课件一份。欢迎通过以下两种方式之一与我们联系。本活动解释权在科学出版社。

1. 关注微信公众号"科学EDU"索取教学课件

关注→"教学服务"→"课件申请"

2. 填写教学课件索取单拍照发送至联系人邮箱

姓名：		职称：		职务：	
电话：		QQ：		电邮：	
学校：		院系：		本门课程学生数：	
地址：		邮编：			
您所代的其他课程及使用教材：					
书名：		出版社：			
您对《微生物学实验（第四版）》的评价及修改意见：					

联系人：席慧编辑　　　咨询电话：010-64000815　　　电子邮箱：xihui@mail.sciencep.com